# 深入理解 Kubernetes 网络系统原理

韩相国 ◎ 著

UNDERSTANDING
KUBERNETES
NETWORK SYSTEM

机械工业出版社
CHINA MACHINE PRESS

#### 图书在版编目（CIP）数据

深入理解 Kubernetes 网络系统原理 / 韩相国著. --
北京：机械工业出版社，2024.12. -- ISBN 978-7-111-
76857-9

I．TP316.85

中国国家版本馆 CIP 数据核字第 20245W63L2 号

机械工业出版社（北京市百万庄大街 22 号　邮政编码 100037）
策划编辑：孙海亮　　　　　　　　　责任编辑：孙海亮
责任校对：张雨霏　杨　霞　景　飞　责任印制：郜　敏
三河市国英印务有限公司印刷
2025 年 1 月第 1 版第 1 次印刷
186mm×240mm・27.5 印张・612 千字
标准书号：ISBN 978-7-111-76857-9
定价：109.00 元

| 电话服务 | 网络服务 |
| --- | --- |
| 客服电话：010-88361066 | 机 工 官 网：www.cmpbook.com |
| 　　　　　010-88379833 | 机 工 官 博：weibo.com/cmp1952 |
| 　　　　　010-68326294 | 金 书 网：www.golden-book.com |
| **封底无防伪标均为盗版** | 机工教育服务网：www.cmpedu.com |

# 前言

## 为什么写本书

随着虚拟化技术的快速发展，越来越多的公司选择将产品从本地机房迁移到云端运行，而这些产品无一例外都是通过网络对外提供服务的。为了能更好地应用网络通信技术，我们有必要了解虚拟化网络背后的运作机制，理解各网络组件的工作原理及特性，并将理论知识应用到产品开发中，提升产品质量。

目前市面上既有很多讲述网络技术理论的著作，也有很多讲述虚拟化网络应用的书籍。前者更多专注于网络协议、组网等技术细节，偏重于理论；后者则从使用者的角度出发讲述如何使用虚拟化网络。这两类书籍对于运维和一般的技术人员来说基本够用，但是对于专门从事虚拟化网络技术开发、设计的人员来说，这些书的深度远远不够。本书期望在这两类书籍之间取得平衡：结合实际应用讲述虚拟化网络技术背后的工作原理，让读者不仅知道该如何使用虚拟化网络，还知道为什么要这样用。

本书从内核实现的角度出发分析虚拟化网络的工作原理，重点描述其功能的实现，使读者从根本上理解虚拟化网络原理，对于希望深入研究虚拟化网络技术的读者来说有较高的阅读价值。软件技术属于系统性的工程，一个人如果既了解内核网络的实现原理，又熟悉应用软件的业务场景，无疑就可以从全局的角度思考产品的解决方案，做出最合理的选择。

## 本书读者对象

本书适合计算机网络从业人员阅读，包括但不限于以下读者群体。

- 通信、IT企业中从事网络应用的开发人员和软件架构师。
- 从事网络管理、运维的企事业技术人员。
- 高等院校、研究所中网络技术相关专业的学生和学术研究人员等。

如果你对虚拟化网络技术感兴趣或者从事相关的工作，且想对网络背后的工作原理寻根究底，那么本书会是一个不错的选择。

在阅读本书之前你需要：

- 具备一定的 Linux 系统操作经验，熟悉 Linux 的基本命令；
- 具备一定的计算机网络理论基础知识，如了解网络概念、网络组网基础；
- 具备一定的 Kubernetes 操作基础知识，理解 Kubernetes 的基本概念；
- 最好了解或者学习过 Linux 内核源码。

## 如何阅读本书

首先，本书针对网络技术从业者的实际需求，进行了对关键内容的把握和对讲解深度的平衡。例如，以往读者如果想深入了解 Linux 内核网络的实现细节，要么自己阅读内核源码，要么参考内核专业书籍，或者将两种方式相结合。市面上关于 Linux 内核网络的图书虽然系统地讲解了 Linux 内核的实现原理，适合做 Linux 内核开发的人员阅读，但对于仅需要大致了解 Linux 内核网络而无须深入钻研的读者来说太过复杂和冗长。因此，本书从应用的角度出发，呈现 Linux 内核网络功能的主体脉络，既对虚拟化网络的关键技术点详细展开讲解，又不会对内核技术的细节过分深入解读，做到"够用"即可。

其次，本书围绕"Kubernetes 网络系统原理"这一主题进行了体系化的阐述，除了核心基础知识以外，还提供了重要的拓展知识，涵盖了进阶理论和实践操作。读者阅读本书后，能掌握 Kubernetes 网络的整体脉络，从而将其应用于场景实践。

具体来说，本书内容如下。

### 第一篇：通用网络技术

- 第 1 章关注基础理论，介绍虚拟化网络中使用的各种基础技术，读者掌握这些基础后能更好地支撑虚拟化网络实践。
- 第 2～4 章关注技术进阶理论，讲解 Linux 内核是如何实现这些通用网络技术的，适用于想要了解网络背后工作原理的读者。

### 第二篇：容器网络技术原理

- 第 5 章结合第 4 章介绍的虚拟网络设备，介绍三种跨网络命名空间通信解决方案，并以实例化的方式进行功能验证。
- 第 6 章以 Docker 引擎为例，介绍三种跨网络命名空间通信解决方案在容器技术中的应用，实现容器网络的互通互联。

- ➢ 第 7 章结合实际应用讲解 Kubernetes 网络通信原理，包括 Pod 网络、service 网络和 Ingress 网络。

**第三篇：Kubernetes 网络插件原理**

- ➢ 第 8 章介绍 Kubernetes CNI 网络插件的概念及其在系统中所处的位置，并结合 flannel 插件讲解 CNI 插件的工作原理。最后，手动实现 Kubernetes 使用 macvlan/ipvlan 网络作为默认网络功能。
- ➢ 第 9 章结合虚拟化网络知识实现 glue 插件。该插件使用 macvlan/ipvlan 作为 Kubernetes 默认网络插件。

**附录**

拓展介绍了 mount 用法、pod 网络命名空间程序、CNI 插件测试程序以及测试工具 rawudp 程序，便于读者更好地理解及应用 Kubernetes 网络技术。

## 勘误与支持

本书的所有内容均经过实际测试。然而，尽管我本人及帮助我的人已经尽了最大努力，但是本书仍难免存在疏漏之处。如果读者发现任何问题，或者对本书有任何意见，请通过邮件联系我：han.xiangguo@zte.com.cn。

本书中的示例源代码和完整工程可以在 GitHub 或者 Gitee 站点下载：

- ➢ GitHub 地址：https://github.com/understanding-k8s-network-system。
- ➢ Gitee 地址：https://gitee.com/understanding-the-k8s-network。

韩相国

# 目 录 Contents

前 言

## 第一篇 通用网络技术

### 第1章 网络通信基础 3
1.1 网络设备与接口 3
 1.1.1 设备地址 4
 1.1.2 接口别名 6
 1.1.3 子接口 7
1.2 路由 8
 1.2.1 路由条目 9
 1.2.2 路由表 10
 1.2.3 路由配置：通用路由管理 13
 1.2.4 路由配置：策略路由管理 23
1.3 网络地址转换 27
1.4 Netfilter/iptables 29
 1.4.1 iptables 挂载点和链 31
 1.4.2 iptables 表 32
 1.4.3 iptables 命令 39
 1.4.4 iptables 应用 41
1.5 总结 44

### 第2章 Linux 内核网络 45
2.1 Linux 网络协议栈 45
2.2 从 socket 编程开始 48
 2.2.1 UDP 服务端源码 48
 2.2.2 UDP 服务端源码分析 50
2.3 内核接收报文流程 56
 2.3.1 硬件设备接收报文 56
 2.3.2 中断处理下半部 66
 2.3.3 IP 协议层处理 72
 2.3.4 UDP 协议层处理 78
 2.3.5 用户进程接收报文 80
 2.3.6 接收报文中断的亲和性设置 82
 2.3.7 报文接收流程总结 83
2.4 内核发送报文流程 83
 2.4.1 用户进程发送报文 83
 2.4.2 系统调用 84
 2.4.3 UDP 协议层处理 85
 2.4.4 IP 协议层处理 88
 2.4.5 邻居子系统 92
 2.4.6 设备子系统 97

|     |       |                              |     |
| --- | ----- | ---------------------------- | --- |
|     | 2.4.7 | 硬件设备发送报文             | 100 |
|     | 2.4.8 | 发送完成中断                 | 104 |
|     | 2.4.9 | 报文发送流程总结             | 105 |
| 2.5 | 总结  |                              | 105 |

## 第 3 章　Linux 内核路由系统 … 107

| 3.1 | 路由表组织 | 107 |
| --- | --- | --- |
| 3.2 | 关键数据结构 | 111 |
| 3.3 | 路由查找算法 | 116 |
|  | 3.3.1　正向匹配过程 | 116 |
|  | 3.3.2　路由回溯过程 | 119 |
| 3.4 | 路由管理 | 123 |
| 3.5 | 总结 | 124 |

## 第 4 章　Linux 虚拟网络设备 … 125

| 4.1 | 网络命名空间原理 | 125 |
| --- | --- | --- |
|  | 4.1.1　命名空间概述 | 126 |
|  | 4.1.2　网络命名空间 | 127 |
|  | 4.1.3　网络命名空间管理 | 140 |
| 4.2 | 基本网络设备 | 148 |
|  | 4.2.1　网桥 | 148 |
|  | 4.2.2　虚拟网卡对 | 158 |
|  | 4.2.3　macvlan 设备 | 165 |
|  | 4.2.4　ipvlan 设备 | 180 |
| 4.3 | 总结 | 194 |

# 第二篇　容器网络技术原理

## 第 5 章　网络命名空间通信 … 197

| 5.1 | "网桥 + 虚拟网卡对"方案 | 197 |
| --- | --- | --- |
|  | 5.1.1　主机内跨网络命名<br>　　　　空间通信 | 199 |
|  | 5.1.2　跨主机网络通信 | 203 |
| 5.2 | macvlan 方案 | 205 |
|  | 5.2.1　主机内跨网络命名<br>　　　　空间通信 | 207 |
|  | 5.2.2　跨主机网络通信 | 209 |
| 5.3 | ipvlan 方案 | 209 |
|  | 5.3.1　ipvlan L2 工作模式 | 210 |
|  | 5.3.2　ipvlan L3 工作模式 | 212 |
| 5.4 | 总结 | 214 |

## 第 6 章　容器网络 … 215

| 6.1 | Docker 网络模型 | 216 |
| --- | --- | --- |
| 6.2 | Docker 网络配置 | 219 |
| 6.3 | bridge 方案网络通信原理 | 222 |
|  | 6.3.1　同主机的容器间通信 | 222 |
|  | 6.3.2　容器内访问主机外部网络 | 225 |
|  | 6.3.3　容器对外部网络提供服务 | 227 |
|  | 6.3.4　容器直接对外提供服务 | 231 |
|  | 6.3.5　跨主机容器间通信 | 233 |
|  | 6.3.6　跨主机网络通信原理 | 242 |
| 6.4 | macvlan 方案 | 247 |
|  | 6.4.1　网络配置 | 248 |
|  | 6.4.2　容器间通信 | 249 |
|  | 6.4.3　宿主机访问容器网络 | 250 |
| 6.5 | ipvlan 方案 | 251 |
|  | 6.5.1　ipvlan L2 模式 | 251 |
|  | 6.5.2　ipvlan L3 模式 | 251 |
| 6.6 | 总结 | 254 |

## 第 7 章　Kubernetes 网络　　255

7.1　Kubernetes 基础　　257
　7.1.1　软件架构　　257
　7.1.2　基本概念　　258
7.2　Kubernetes 运行环境　　262
　7.2.1　准备运行环境　　263
　7.2.2　网络配置　　267
　7.2.3　创建 pod 和服务　　270
7.3　Pod 网络　　273
　7.3.1　网络环境　　274
　7.3.2　pod 访问本集群其他节点的 pod　　276
　7.3.3　pod 访问集群节点应用　　281
　7.3.4　集群节点应用访问 pod 服务　　283
　7.3.5　Pod 网络通信总结　　284
7.4　Service 网络　　285
　7.4.1　kube-proxy 转发模式　　286
　7.4.2　在 pod 中访问服务　　288
　7.4.3　集群节点应用访问服务　　296
　7.4.4　从集群外部访问服务　　299
　7.4.5　ipvs 模式　　303
7.5　Ingress 网络　　304
　7.5.1　Ingress 资源　　305
　7.5.2　Nginx Ingress 控制器原理　　307
　7.5.3　部署 Nginx Ingress　　309
　7.5.4　实例化验证 Ingress 控制器功能　　312
　7.5.5　Nginx Ingress 转发原理　　316
7.6　总结　　318

## 第三篇　Kubernetes 网络插件原理

## 第 8 章　CNI 网络插件原理及实践　　321

8.1　CNI 插件规范　　321
　8.1.1　配置文件格式　　322
　8.1.2　插件程序列表　　323
　8.1.3　插件运行参数　　324
　8.1.4　委托执行　　325
　8.1.5　插件执行　　325
8.2　CNI 插件实践　　327
　8.2.1　CNI 插件管理网络命名空间配置　　327
　8.2.2　容器网络使用 CNI 插件　　331
8.3　Kubernetes 调用 CNI 插件　　333
8.4　Kubernetes 使用 flannel 插件　　334
　8.4.1　部署 flannel　　334
　8.4.2　flannel 配置　　335
　8.4.3　flannel 插件　　341
8.5　Kubernetes 使用 macvlan 插件　　345
　8.5.1　CNI 配置文件　　346
　8.5.2　配置宿主机网络　　349
　8.5.3　访问服务网络　　351
　8.5.4　pod 内访问服务地址　　352
8.6　Kubernetes 使用 ipvlan 插件　　355
　8.6.1　准备 CNI 配置文件　　359
　8.6.2　宿主机网络配置　　360
　8.6.3　Pod 网络配置　　361
　8.6.4　访问服务网络　　361

8.6.5 访问服务网络分析……………362
8.7 总结…………………………………363

# 第9章 动手实现 CNI 插件……………364

9.1 总体设计………………………………365
    9.1.1 总体流程…………………………365
    9.1.2 地址段规划………………………365
9.2 使用 glue 插件………………………368
    9.2.1 macvlan 模式……………………368
    9.2.2 ipvlan 模式………………………370
9.3 glue 工程说明………………………373
    9.3.1 编译工程…………………………374
    9.3.2 部署文件说明……………………375
9.4 glued 源码分析………………………379
    9.4.1 生成配置文件……………………381
    9.4.2 节点网络配置……………………391

9.4.3 glued 开发总结……………………399
9.5 glue 插件源码分析……………………399
    9.5.1 CNI 插件开发框架………………399
    9.5.2 CNI 插件 ADD 操作……………400
    9.5.3 CNI 插件 DEL 操作……………408
    9.5.4 插件开发总结……………………409
9.6 总结…………………………………410

# 附 录

**附录 A** mount 用法说明………………413

**附录 B** pod 网络命名空间程序………420

**附录 C** CNI 插件测试程序……………422

**附录 D** 测试工具 rawudp 程序………426

# 第一篇 Part 1

# 通用网络技术

- 第 1 章　网络通信基础
- 第 2 章　Linux 内核网络
- 第 3 章　Linux 内核路由系统
- 第 4 章　Linux 虚拟网络设备

本篇为理论内容，讲解虚拟化网络中使用的各种基础技术及其背后的工作原理。读者学完这些理论后能更深入地理解虚拟化网络系统原理，从而更好地支撑实践。

本篇包含以下内容。

- ➤ 第 1 章讲述 Linux 网络设备基础、路由配置、iptables 配置及应用。本章仅介绍虚拟化网络的关键技术点，建议不了解这方面内容的读者完整阅读本章。
- ➤ 第 2 章讲述 Linux 内核收发报文的完整流程。为了减轻阅读压力，本章仅梳理了报文在内核处理流程中的主体脉络，建议读者对照 Linux 内核源码阅读本章。
- ➤ 第 3 章讲述 Linux 内核路由系统的工作原理，并深入分析路由查找过程中正向匹配、回溯过程的实现原理，核心在于最长匹配算法的实现。
- ➤ 第 4 章介绍虚拟化网络的关键技术，包括网络命名空间和虚拟化网络设备的实现原理，后续实践中涉及的所有功能均是以本章的技术为基础实现的。

# 第 1 章  Chapter 1

# 网络通信基础

网络是操作系统提供的核心功能之一，其重要性不言而喻。目前市面上有很多讲述网络通信理论的书籍，所以本书将不再讲述通用的基础网络知识，而是仅对深入理解 Kubernetes 网络系统原理所必备的网络通信技术进行讨论。

本章将介绍以下几个方面内容。

- ➢ **网络设备和接口**：了解网络设备基础，包括设备地址、子接口等。
- ➢ **路由**：路由是网络通信的基础，理解路由原理才能更好地掌握网络通信技术。
- ➢ **iptables 应用**：介绍 iptables 的工作原理及使用方法，以便更深入地理解虚拟化网络。

## 1.1 网络设备与接口

计算机通过物理网卡设备连接以太网，每个物理网卡上可能存在一个或者多个网络接口，网络管理员通过网线或者光纤将网卡设备接口连接到交换机上，从而实现计算机与外部网络的物理连接。

在 Linux 操作系统中，网络设备是内核对物理网卡设备的抽象和封装，它为各种协议实例提供统一的接口，充当硬件设备与应用之间的桥梁。在内核中每个物理网络设备都有自己的设备对象、驱动程序，内核通过统一的接口调用驱动程序，驱动程序控制硬件实现网络通信功能。当然网络设备也不一定与物理设备绑定。例如，虚拟网络设备并无实际硬件支撑，这类设备属于纯软件实现，但是内核并不对其进行区分，内核同等对待物理设备和虚拟设备。在应用程序层面，用户直接对网络设备进行编程，不关心该设备与物理设备的对应关系。

用户可以通过 ifconfig 命令查看当前计算机上安装的网络设备。下面是某台主机的网络设备列表：enp0s8 设备为本机上的一个网络设备，该设备对应一个物理网卡；docker0 设备则是一个虚拟网桥设备，该设备没有对应的物理设备。

```
[root@exp ~]# ifconfig
enp0s8: flags=4163<UP,BROADCAST,RUNNING,MULTICAST>  mtu 1500
        inet 172.16.0.3  netmask 255.255.255.0  broadcast 172.16.0.255
        inet6 fe80::3067:d485:a0ac:a4be  prefixlen 64  scopeid...
        ether 08:00:27:7b:78:5b  txqueuelen 1000  (Ethernet)
        ...
docker0: flags=4163<UP,BROADCAST,RUNNING,MULTICAST>  mtu 1500
        inet 172.22.6.1  netmask 255.255.255.0  broadcast 172.22.6.255
        inet6 fe80::42:46ff:fea4:1439  prefixlen 64  scopeid 0x20<link>
        ether 02:42:46:a4:14:39  txqueuelen 0  (Ethernet)
        ...
```

 注意　有时我们也称网络设备为网络接口设备或者接口，之后不做区分。

### 1.1.1　设备地址

设备是 IP 地址的载体，一般情况下，IP 地址配置在特定的网络设备上，但是地址自身不归设备所有，所有的 IP 地址统一由内核管理。一般情况下，一个网络设备只需要配置一个 IP 地址，但是在某些场景下可能需要给设备配置多个 IP 地址。

- 主机只有一张网卡，但是要求接入多个二层网络中。不同的二层网络使用不同的地址段，本场景下用户可以为网卡设备配置多个地址，每个地址对应一个二层网络。当然，这种组网方式有很多问题，不建议使用。
- 主机对外提供多个服务，每个服务绑定一个独立的地址。例如，一个主机上开启了多个服务，每个服务绑定的端口都是 8080，为了避免端口冲突，此时可以为该主机分配多个地址，每个服务绑定一个地址 +8080 端口。

Linux 系统对接口设备配置多地址没有太多限制，可以给网卡配置同一个网段的多个地址，也可以配置不同网段的地址。当一个网络设备配置了同一个网段的多个地址时，地址属性有主地址和辅地址之分。

- 主地址（Primary IP address）：用户向网卡配置的本网段的第一个地址。
- 辅地址（Secondary IP address）：用户向网卡配置本网段的非第一个地址。

一个设备配置同一个网段地址时只能有一个主地址，但可以有 0 个或者多个辅地址。例如，用户先后给一个网络设备配置了三个地址，分别是 192.168.56.106/24、192.168.56.253/24、192.168.56.254/24，那么用户配置的第一个地址 192.168.56.106/24 就是这个网络设备的主地址，其他地址均为辅地址。

如果用户给一个网络设备配置了多个网段的地址，那么每个网段上都有一个主地址，以及 0 个或者多个辅地址。

接下来进行实例化验证，执行操作前的系统配置如下（仅列出了 enp0s8 设备的关键信息）：

```
[root@exp ~]# ip addr show
...
3: enp0s8: <BROADCAST,MULTICAST,UP,LOWER_UP> mtu 1500 qdisc ...
    inet 192.168.56.106/24 brd 192.168.56.255 scope global dynamic ...
```

查看 IP 地址配置

使用 ifconfig 命令查看网络设备 IP 地址时，结果只能显示第一个地址，如果用户想查看该设备上配置的所有地址，则可以使用 ip 命令。ip 命令为 IPROUTE2 软件包提供的网络管理命令之一，此命令的功能非常强大。在后面的范例中会按照需要使用 ifconfig 或者 ip 命令。

（1）实验 1：同一设备配置同一个网段的多个地址

实验主机 enp0s8 设备已经配置了地址 192.168.56.106/24，下面尝试增加同网段地址：

```
[root@exp ~]# ip addr add 192.168.56.253/24 dev enp0s8
[root@exp ~]# ip addr add 192.168.56.254/24 dev enp0s8
```

系统将 192.168.56.0/24 网段的第一个地址作为主地址，后续增加的地址均作为辅地址。通过 ip 命令查看地址配置，显示如下：

```
[root@exp ~]# ip addr show
...
3: enp0s8: <BROADCAST,MULTICAST,UP,LOWER_UP> mtu 1500 qdisc ...
    inet 192.168.56.106/24 brd 192.168.56.255 scope global ...
    inet 192.168.56.253/24 scope global secondary enp0s8
    inet 192.168.56.254/24 scope global secondary enp0s8
```

其中，辅地址标识为"secondary"。从上述输出看，设备原有的地址 192.168.56.106 为主地址，后续配置的两个地址均为辅地址。

（2）实验 2：同一设备配置不同网段的多个地址

继续在 enp0s8 设备上增加 192.168.57.0/24 网段的 2 个地址，新增的地址与设备现有的地址不是同一个网段：

```
[root@exp ~]# ip addr add 192.168.57.103/24 dev enp0s8
[root@exp ~]# ip addr add 192.168.57.254/24 dev enp0s8
```

查看 IP 地址配置情况：

```
[root@exp ~]# ip addr show
...
3:  enp0s8: <BROADCAST,MULTICAST,UP,LOWER_UP> mtu 1500 qdisc ...
    inet 192.168.56.106/24 brd 192.168.56.255 scope global ...
    inet 192.168.57.103/24 scope global enp0s8
    inet 192.168.56.253/24 scope global secondary enp0s8
    inet 192.168.56.254/24 scope global secondary enp0s8
    inet 192.168.57.254/24 scope global secondary enp0s8
```

命令显示 enp0s8 设备上存在两个主地址和三个辅地址。对于同一个网段的地址，先配置的为主地址，后配置的为辅地址。

### 1.1.2 接口别名

无论网络设备上配置了多少个地址，使用 ifconfig 命令都只能看到一个地址。例如，前面为 enp0s8 网卡配置了 5 个地址，使用 ifconfig 查看系统 IP 地址配置，只能显示一个地址。

```
[root@exp ~]# ifconfig enp0s8
enp0s8: flags=4163<UP,BROADCAST,RUNNING,MULTICAST>  mtu 1500
    inet 192.168.56.106  netmask 255.255.255.0  broadcast 192.168.56.255
    inet6 fe80::6f17:4bd3:7b3e:71fb  prefixlen 64  scopeid 0x20<link>
```

如何解决使用 ifconfig 命令无法看到多地址的问题呢？Linux 提供了接口别名方案。接口别名相当于为接口设备另外起了一个名字，每个别名都可以配置独立的 IP 地址，用户将多出来的地址分别配置到别名设备上就可以了。

接口别名的格式为"<设备名称>:<设备编号>"。例如，enp0s8:1 设备是 enp0s8 设备的一个别名。向别名设备配置 IP 地址，等同于在设备上增加地址。

下面使用 ifconfig 命令为 enp0s8:1 设备配置 IP 地址：

```
[root@exp ~]# ifconfig enp0s8:1 192.168.56.252 netmask 255.255.255.0
```

用户在配置地址前不需要创建 enp0s8:1 设备，因为 enp0s8:1 不是真实存在的设备，仅仅是某个设备的别名。可以认为设备别名仅仅是为了让 ifconfig 命令能够显示多 IP 地址而存在的。

通过 ifconfig 命令查看设备信息，结果如下：

```
[root@exp ~]# ifconfig
...
enp0s8: flags=4163<UP,BROADCAST,RUNNING,MULTICAST>  mtu 1500
    inet 192.168.56.106  netmask 255.255.255.0  broadcast 192.168.56.255
    inet6 fe80::6f17:4bd3:7b3e:71fb  prefixlen 64  scopeid 0x20<link>
    ether 08:00:27:80:fc:28  txqueuelen 1000  (Ethernet)
    ...
enp0s8:1: flags=4163<UP,BROADCAST,RUNNING,MULTICAST>  mtu 1500
    inet 192.168.56.252  netmask 255.255.255.0  broadcast 192.168.56.255
```

```
        ether 08:00:27:80:fc:28  txqueuelen 1000  (Ethernet)
        ...
```

可以看到 ifconfig 命令显示存在两个设备。

为了确定接口别名并没有增加设备，通过 ip 命令查看地址配置情况：

```
[root@exp ~]# ip addr
...
3: enp0s8: <BROADCAST,MULTICAST,UP,LOWER_UP> mtu 1500 qdisc...
    inet 192.168.56.106/24 brd 192.168.56.255 scope global enp0s8
    inet 192.168.57.103/24 scope global enp0s8
    inet 192.168.56.253/24 scope global secondary enp0s8
    inet 192.168.56.254/24 scope global secondary enp0s8
    inet 192.168.57.254/24 scope global secondary enp0s8
    inet 192.168.56.252/24 brd 192.168.56.255 scope global secondary enp0s8:1
```

结果显示最后一行新增的 192.168.56.252/24 地址依旧归属于 enp0s8 设备，只不过该地址绑定的接口设备别名为 enp0s8:1。

由此可见，通过别名配置多地址与使用 ip 命令配置多地址的效果是一样的。

### 1.1.3 子接口

Linux 使用子接口传输带 VLAN 标签的报文，子接口的命名格式为"<设备名称>.<设备编号>"。虽然子接口与接口别名的格式相似，但是两者有本质的区别：子接口设备是独立的设备，通过子接口发出去的报文将被打上 VLAN 标签，而通过接口别名发出去的报文只是普通的报文。

既然子接口是真实的设备，那么使用前要先将其创建出来。通过下面的命令创建一个 VLANID 为 100 的子接口设备，设备名称为 enp0s8.100。

```
ip link add link enp0s8 name enp0s8.100 type vlan id 100
```

启用此设备，并给设备分配一个 IP 地址：

```
ip link set enp0s8.100 up
ip addr add 192.168.58.101/24 dev enp0s8.100
```

查看设备的配置情况：

```
[root@exp ~]# ip addr
3: enp0s8: <BROADCAST,MULTICAST,UP,LOWER_UP> mtu 1500 qdisc ...
    inet 192.168.56.106/24 brd 192.168.56.255 scope global enp0s8
    ...
5: enp0s8.100@enp0s8: <BROADCAST,MULTICAST,UP,LOWER_UP> mtu 1500 ...
    inet 192.168.58.101/24 scope global enp0s8.100
    ...
```

编号为 5 的设备为本次创建的子接口设备，系统按照"enp0s8.100@enp0s8"的格式显示设备名称。其中，@ 前面的字符串表示子接口设备名称，@ 后面的字符串表示子接口绑定的父接口设备名称。

子接口设备的报文收发操作均通过绑定的父接口设备实现。通过子接口发送报文时，内核在设备驱动层为报文打上 VLAN 标签。接收报文时，在子接口设备驱动层剥掉报文中的 VLAN 标签，此过程对应用程序透明。

一旦在父接口设备上创建了子接口，该父接口上就可能传输带 VLAN 标签的报文，相当于此父接口开启了 trunk 模式。所以，当此父接口设备与交换机连接时，需要将与其连接的交换机端口设置为 trunk 模式，否则交换机将丢弃子接口发送的带 VLAN 标签的报文。

## 1.2 路由

Linux 操作系统被广泛应用于服务器、路由器，从家用小型无线路由器到连接 ISP 的企业路由器，再到连接国家 / 地区的 Internet 骨干网的核心路由器，涉及领域极广。至于路由器的重要性，可以毫不夸张地说，没有路由器，就不会有互联网。

一般位于同一个局域网的主机通过二 / 三层交换设备互联，主机之间直接进行二层通信，不需要路由功能。但是当局域网与互联网连接时就需要使用路由器，局域网内的主机访问互联网时，所有的流量均通过路由器转发。图 1-1 是一个典型的局域网组网，局域网内的计算机通过交换机直接连接到一起，局域网内所有计算机通过路由器 R 与外部 Internet 网络连接。

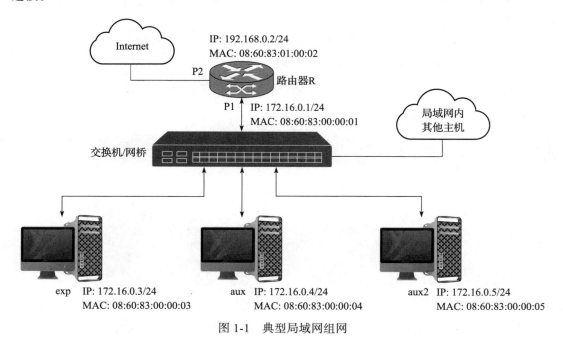

图 1-1 典型局域网组网

一般情况下，局域网内的主机会将路由器作为自己的默认网关。

## 1.2.1 路由条目

登录图 1-1 中的 exp 主机，查看该主机的路由信息，如下：

```
[hxg@exp ~]$ route -n
Kernel IP routing table
Destination     Gateway         Genmask         Flags Metric Ref    Use Iface
0.0.0.0         172.16.0.1      0.0.0.0         UG    0      0        0 enp0s8
172.16.0.0      0.0.0.0         255.255.255.0   U     101    0        0 enp0s8
```

该命令输出了 exp 主机的所有路由条目，每行代表一条路由。

路由的参数说明如下。

- **目的网络（Destination 和 Genmask）**：两个字段分别代表了目的网络和网络掩码，当目的地址和掩码全都是 0 时，此条目为默认路由。
- **出口设备（Iface）**：用于指示内核，匹配此路由条目后，外发的报文从哪个接口设备发出。本例默认路由的出口设备为 enp0s8。
- **网关（Gateway）**：当外发报文的目的 IP 地址不是本地网络的地址时，需要通过网关进行转发，网关也被称为"下一跳"。对于本例来说，exp 主机的默认网关为路由器 R。

用户既可以使用 route 命令查看路由，也可以使用 ip 命令进行查看。ip 命令呈现的结果更加详细，但是不如 route 命令呈现的结果直观。

下面是通过 ip 命令显示的路由信息：

```
[hxg@exp ~]$ ip route
default via 172.16.0.1 dev enp0s8
172.16.0.0/24 dev enp0s8 proto kernel scope link src 172.16.0.3 metric 101
```

对命令输出结果的说明如下。

- 命令输出的第一段表示目的网络，取值为 default（与 0.0.0.0/0 等价）时表示默认路由。
- **via 172.16.0.1**：表示匹配到本路由条目后通过哪个地址转发，即下一跳地址。
- **dev enp0s8**：表示匹配到本条路由后通过 enp0s8 设备进行发送。
- **proto kernel**：表示该路由条目由内核添加。
- **scope link**：表示本路由的作用范围，取值为 link 时表示二层直连。
- **src 172.16.0.3**：表示当外发报文匹配本路由条目时，如果用户未指定源地址，则内核使用 src 参数指定的地址作为源地址。

route 和 ip 命令的执行效果差异较大，后面将根据需要使用 route 或者 ip 命令查看路由配置。

### 路由器转发报文

图 1-2 展示了 exp 主机发送给路由器 R 的 IP 报文，此报文经由路由器转发到外部网络。报文的目的 mac 地址为路由器 R 的 P1 端口的 mac 地址，源 mac 地址为 exp 主机设备的 mac 地址。

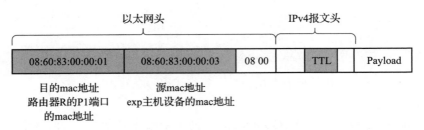

图 1-2　exp 主机发送给路由器 R 的 IP 报文

路由器 R 从 P1 端口收到报文后，再通过 P2 端口向外转发。路由器在执行转发时会修改图 1-2 中灰底的三个字段（不计校验和字段）。

- 将目的 mac 地址修改为路由器的下一跳 IP 地址所对应的 mac 地址。
- 将源 mac 地址修改为路由器的 P2 端口的 mac 地址。
- 使 TTL 值减 1，并且每经过一次路由转发，均使 TTL 值减 1。当 TTL 值减到 0 时，报文将被丢弃。

路由器 R 通过 P2 端口发出去的报文格式参考图 1-3。

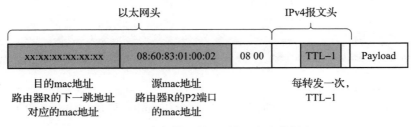

图 1-3　路由器 R 的 P2 端口发出的报文

## 1.2.2　路由表

现在回到基本概念上，什么是路由（Route）？路由是将数据报文从源地址传递到目的地址的路径，数据报文会沿着这条路径传播，实现源和目的之间的双向通信。既然存在路径，那么必然存在选择路径的过程，选择路径的过程即为路由匹配过程，路由匹配的目的是找到接收此报文的下一跳地址。

Linux 内核将报文转发所需的信息全部存储在一个名为**转发信息库**（Forwarding Information Base，FIB）的数据库中，这个数据库就是**路由表**（Route Table）。路由表是整个路由子系统的核心，内核根据路由表的配置转发报文。

内核收到报文后，根据报文的目的地址进行路由匹配（不启用策略路由）。
- 若报文的目的地址为本机，则将报文直接上送到内核协议栈进行处理。
- 若报文的目的地址不是本机，则根据目的地址查找路由，查找成功则将报文转发给下一跳地址，查找失败则将报文丢弃。

外发报文的路由查找过程与接收报文的流程类似，只不过外发报文的路由查找操作位于发送报文流程的最前端，内核首先根据报文的目的地址查找路由，查找成功后才继续转发报文。

用户可以使用"ip route"命令管理系统路由，执行增、删路由命令时不需要指定路由表。这可能令人误以为系统中只有一张路由表，但事实并非如此。开启策略路由功能后，Linux 内核支持多达 255 张路由表，每张路由表有自己唯一的 ID，配置文件 /etc/iproute2/rt_tables 描述了路由表 ID 和表名的映射关系。

以 exp 主机为例，配置文件内容如下：

```
[root@exp ~]# cat /etc/iproute2/rt_tables
255     local
254     main
253     default
0       unspec
```

默认情况下，Linux 主机只有上述 4 张路由表，各表的功能说明见表 1-1。

表 1-1 Linux 的默认路由表

| 表名 | 表 ID | 功能说明 |
| --- | --- | --- |
| main | 254 | 主路由表，描述本机访问特定网络的路由，当"ip route"命令参数未指定路由表时，**默认操作此表** |
| local | 255 | 本地路由表，描述了本机 IP 地址和 loopback 地址的路由，内核将自动维护此表，不建议用户操作此表 |
| default | 253 | default 表一般都是空的，不使用 |
| unspec | 0 | unspec 表并不是真实存在的表。查看此表的内容时，命令将呈现所有路由表的汇总数据 |

### 1. main 表

主路由表，描述了本机访问特定网络的路由。通过"ip route list [ table <tableName> ]"命令可以查看指定路由表的数据，如果命令中不指定"table <tableName>"参数，则默认操作 main 表。例如，下面两个命令均可以显示 main 表的数据：

```
[root@exp ~]# ip route list
[root@exp ~]# ip route list table main
```

```
default via 172.16.0.1 dev enp0s8
172.16.0.0/24 dev enp0s8 proto kernel scope link src 172.16.0.3 ...
172.24.1.0/24 via 172.24.1.0 dev flannel.1 onlink
...
```

对路由条目的说明如下：
- 第一条是默认路由，网关地址为 172.16.0.1，匹配不到其他路由条目时就使用本条目。
- 第二条为 172.16.0.0/24 网络的直连路由，访问本网段的地址可直接进行二层通信。
- 第三条为 172.24.1.0/24 网络的单播路由，对于目的地址位于此网段的报文，其下一跳地址为 172.24.1.0，从 flannel.1 设备发出。

### 2. local 表

local 表描述了本机 IP 地址和 loopback 地址的路由，这些路由仅在本机范围内有效。local 表由内核自动维护，用户不可以向 local 表中添加路由条目，但是可以删除条目（注意删除操作有风险）。

下面是 exp 主机 local 表的数据：

```
[root@exp ~]# ip route list table local
broadcast 127.0.0.0 dev lo proto kernel scope link src 127.0.0.1
local 127.0.0.0/8 dev lo proto kernel scope host src 127.0.0.1
local 127.0.0.1 dev lo proto kernel scope host src 127.0.0.1
broadcast 127.255.255.255 dev lo proto kernel scope link src 127.0.0.1
broadcast 172.16.0.0 dev enp0s8 proto kernel scope link src 172.16.0.3
local 172.16.0.3 dev enp0s8 proto kernel scope host src 172.16.0.3
broadcast 172.16.0.255 dev enp0s8 proto kernel scope link src 172.16.0.3
...
```

与 main 表的内容相比，上述输出中多了第一列。其路由条目的第一列数据描述了本条路由的类型，有 local 和 broadcast 两种。

**（1）local 类型（本地类型）**

local 类型的路由可以按地址类型进行二次分类，第一类是 loopback 地址路由，第二类是配置在设备上的有效 IP 地址路由。

- **loopback 地址路由**：位于 127.0.0.0/8 网段的地址为 loopback 地址，内核将目的地址为此类地址的报文直接上送到协议栈处理。
- **本地地址路由**：对于配置在本机网络设备上的有效 IP 地址，如 exp 主机的 enp0s8 网卡配置的地址为 172.16.0.3，内核会产生一条目标地址为 172.16.0.3 的本地路由。每个本地地址均对应一条 scope 值为 host 的本地路由，此类路由仅在本机范围内使用。

**（2）broadcast 类型（广播类型）**

广播地址有两种：全 1 子网和全 0 子网。例如，enp0s8 设备配置的 IP 地址为 172.16.0.3/24，它的全 0 广播地址为 172.16.0.0，全 1 广播地址为 172.16.0.255。按照惯例，应用程序仅使用全 1 广播地址。

内核在生成路由时，可以同时生成全 1 广播地址和全 0 广播地址的路由：

```
broadcast 127.0.0.0 dev lo proto kernel scope link src 127.0.0.1
broadcast 127.255.255.255 dev lo proto kernel scope link src 127.0.0.1
broadcast 172.16.0.0 dev enp0s8 proto kernel scope link src 172.16.0.3
broadcast 172.16.0.255 dev enp0s8 proto kernel scope link src 172.16.0.3
```

广播类型的路由 scope 值为 link，表示直连网络路由。关于 scope 字段的含义，请参考 1.2.3 节。

3. unspec 表

unspec 表并不是真正存在的表。查看此表的内容时，内核将呈现所有表的汇总数据。unspec 表的 ID 为 0，所以下面这三条命令是等价的：

```
ip route show table 0           # 查看 ID 为 0 的表数据
ip route show table all         # 查看所有表数据
ip route show table unspec      # 查看 unspec 表数据
```

在 exp 主机上执行以上命令，显示结果如下：

```
[root@exp ~]# ip route show table unspec
default via 172.16.0.1 dev enp0s8
172.16.0.0/24 dev enp0s8 proto kernel scope link src 172.16.0.3 metric 101
...
broadcast 127.0.0.0 dev lo table local proto kernel scope link src 127.0.0.1
local 127.0.0.0/8 dev lo table local proto kernel scope host src 127.0.0.1
local 127.0.0.1 dev lo table local proto kernel scope host src 127.0.0.1
broadcast 127.255.255.255 dev lo table local proto kernel scope link src 127.0.0.1
...
```

结果显示的是 local 表和 main 表的合集。

### 1.2.3 路由配置：通用路由管理

理解了路由表后，可以继续深入分析路由管理功能了。

路由管理分为通用路由管理和策略路由管理两部分。

- **通用路由**：根据报文的目标地址进行路由匹配，此过程仅涉及内核提供的默认路由表。
- **策略路由**：提供更多的高级选项。例如，可以根据源 IP 地址、端口号等信息进行路由匹配，以及指定路由表匹配等。

通用路由管理是基础，策略路由管理是锦上添花。本书将分两节来分别描述通用路由管理和策略路由管理。

首先介绍通用路由管理。

使用"ip route"命令执行通用路由管理，其命令帮助信息如下：

```
[root@exp ~]# ip route help
Usage: ip route { list | flush } SELECTOR
       ip route save SELECTOR
       ip route restore
       ip route showdump
       ip route get ADDRESS   [ from ADDRESS iif STRING ]
                              [ oif STRING ] [ tos TOS ]
                              [ mark NUMBER ] [ vrf NAME ]
                              [ uid NUMBER ]
       ip route { add | del | change | append | replace } ROUTE
       ...
```

为方便理解路由原理，下面借助实验的方式来讲解，实验环境如图 1-4 所示。

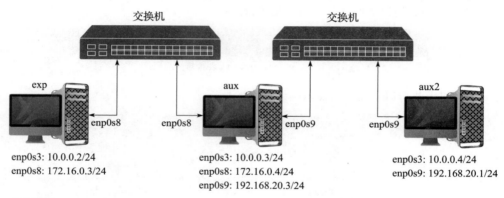

图 1-4  ip route 实验组网

本网络由三台主机和两台交换机组成，组网情况说明如下。
- 每台主机均部署一个管理网络网卡 enp0s3，占用 10.0.0.0/24 网段，外部管理系统通过此网段连接主机。所有主机的网关设置为 10.0.0.1/24，关联 enp0s3 设备。
- exp 主机部署了一个业务网卡，设备名称为 enp0s8，IP 地址为 172.16.0.3/24。
- aux 主机部署了两个业务网卡：设备 enp0s8 与 exp 主机二层直连，IP 地址为 172.16.0.4/24；设备 enp0s9 与 aux 主机二层直连，IP 地址为 192.168.20.3/24[○]。
- aux2 主机部署了一个业务网卡，设备名称为 enp0s9，IP 地址为 192.168.20.1/24。

而 "ip route" 命令的参数比较多，这里选取部分常用的参数介绍。

### 1. type 参数
type 参数用于指定路由类型。

---

[○] 192.168.20.0/24 网段并非国际互联网代理成员管理局（IANA）约定的保留地址段，这里仅用于测试，产品环境下请按照规范要求组网。

命令格式：

```
ip route { add | del | ... } TYPE ...
```

参数取值：

```
TYPE := { unicast | local | broadcast | multicast | throw |
          unreachable | prohibit | blackhole | nat }
```

对 type 参数的说明见表 1-2。

表 1-2 "ip route"命令中 type 参数说明

| 参数 | 描述 |
| --- | --- |
| unicast（单播） | 单播地址路由，描述到达特定目的网络的路由，目的网络一定不是本机二层直连网络。如果在配置路由时未指定路由类型，则默认为单播类型路由 |
| local（本地） | 本机范围内的路由，其目标地址必须是本机地址。local 表保存的均是此类路由 |
| broadcast（广播） | 广播地址路由，其目的地址为广播地址的路由。此类路由同样属于 local 类型的路由。一般情况下，用户没有必要管理 local 和 broadcast 类型的路由，内核自行维护即可 |
| multicast（组播） | 组播路由，允许多个接收者从单一的发送者那里接收数据报文 |
| throw（抛弃） | 匹配到 throw 类型的路由后，内核在当前路由表的查找操作将会失败，如果系统中还存在其他路由表，这个功能将非常有用。当然，如果在当前路由表中查找不到路由，则默认的策略也是 throw |
| unreachable（网络不可达） | 匹配到此类路由后，内核向请求端发送 ICMP unreachable 消息，告知发送端此网络不可达 |
| prohibit（禁止访问） | 匹配到此类路由后，内核向发送端发送 ICMP communication administratively prohibited 消息，告知发送端禁止访问此网络 |
| blackhole（黑洞） | 匹配到此类路由后，报文将被丢弃，发送端收不到任何响应 |
| nat（网络地址转换） | 从 Linux 2.6 版本开始，内核删除了此功能，网络地址转换功能全部通过 Netfilter 框架实现 |

下面对 unicast、unreachable 和 prohibit 三种类型的路由进行细化分析。

（1）unicast（单播路由）

其组网情况参考图 1-4。exp 主机在没有增加任何路由的前提下，无法通过 ping 命令成功访问 aux 主机的 192.168.20.3 地址。

```
[root@exp ~]# ping 192.168.20.3
PING 192.168.20.3 (192.168.20.3) 56(84) bytes of data.
^C
--- 192.168.20.3 ping statistics ---
3 packets transmitted, 0 received, 100% packet loss, time 2040ms
```

其失败原因在于，exp 主机的网关位于管理网络，而管理网络无法访问 192.168.20.0/24 网段。

对此的解决方案是，在 exp 主机上增加访问 192.168.20.0/24 网段的路由，并将下一跳地址设置为 172.16.0.4。

执行"ip route add ..."命令增加路由：

```
ip route add 192.168.20.0/24 via 172.16.0.4
```

执行完成后查看 exp 主机的路由配置：

```
[root@exp ~]# ip route
...
192.168.20.0/24 via 172.16.0.4 dev enp0s8
```

结果显示在系统中增加了一条目的网络为 192.168.20.0/24 的路由，下一跳地址为 aux 主机 enp0s8 设备的地址。

再次尝试执行"ping 192.168.20.3"命令，结果表示网络通信正常。

```
[root@exp ~]# ping 192.168.20.3
PING 192.168.20.3 (192.168.20.3) 56(84) bytes of data.
64 bytes from 192.168.20.3: icmp_seq=1 ttl=64 time=5.56 ms
64 bytes from 192.168.20.3: icmp_seq=2 ttl=64 time=0.892 ms
^C
```

（2）unreachable/prohibit（网络不可达/禁止访问）

匹配到 unreachable 类型的路由后，内核向发送端发送 ICMP unreachable 消息。匹配到 prohibit 类型的路由后，内核向发送端发送 ICMP communication administratively prohibited 消息。下面使用图 1-4 中的三台主机验证 unreachable/prohibit 路由功能。

①实验 1：exp 通过 aux 访问 aux2

在 exp 主机上增加访问 192.168.20.0/24 网段的路由，配置如下：

```
ip route add 192.168.20.0/24 via 172.16.0.4
```

在 aux2 主机上增加访问 172.16.0.0/24 网段的路由，配置如下：

```
ip route add 172.16.0.0/24 via 192.168.20.3
```

exp 主机发起访问 aux2 主机的请求，"ping 192.168.20.1"命令的执行结果如下：

```
[root@exp ~]# ping 192.168.20.1
PING 192.168.20.1 (192.168.20.1) 56(84) bytes of data.
64 bytes from 192.168.20.1: icmp_seq=1 ttl=127 time=1.41 ms
64 bytes from 192.168.20.1: icmp_seq=2 ttl=127 time=0.663 ms
^C
```

结果显示网络通信正常。exp 主机向 aux 发送 ping 请求报文后，aux 主机发现此报文需要转发，于是将报文转发给了 aux2 设备。回程报文的路径与此路径刚好相反，报文转发过程参考图 1-5。

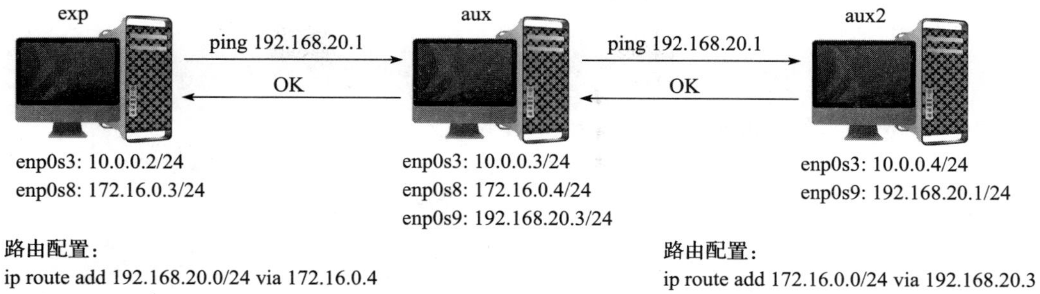

图 1-5　ip route 实验：网络通信正常

②实验 2：exp 通过 aux 访问 aux2，aux 设置 unreachable 路由

在 aux 主机上增加 192.168.20.0/24 网段地址的不可达路由，然后在 exp 主机上发起对 192.168.20.1 的 ping 测试，查看测试结果。

在 aux 主机上增加 unreachable 路由：

```
ip route add unreachable 192.168.20.0/24
```

在 exp 主机上发起"ping 192.168.20.1"请求：

```
[root@exp ~]# ping 192.168.20.1
PING 192.168.20.1 (192.168.20.1) 56(84) bytes of data.
From 172.16.0.4 icmp_seq=1 Destination Host Unreachable
From 172.16.0.4 icmp_seq=2 Destination Host Unreachable
^C
```

命令结果显示目标主机不可达（Destination Host Unreachable）。此应答报文是由 aux 主机发出的，所以 ping 报文并没有发送到 aux2 主机上，报文转发过程参考图 1-6。

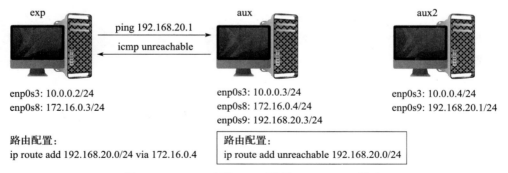

图 1-6　ip route 实验：aux 配置 unreachable 路由

③实验 3：exp 通过 aux 访问 aux2，aux 设置 prohibit 路由

在 aux 主机上增加 192.168.20.0/24 网段的禁止访问路由，然后从 exp 主机发起对 192.168.20.1 的 ping 测试，查看测试结果。

在 aux 主机上增加如下配置：

```
ip route add prohibit 192.168.20.0/24
```

在 exp 主机上发起"ping 192.168.20.1"请求：

```
[root@exp ~]# ping 192.168.20.1
PING 192.168.20.1 (192.168.20.1) 56(84) bytes of data.
From 172.16.0.4 icmp_seq=1 Packet filtered
From 172.16.0.4 icmp_seq=2 Packet filtered
From 172.16.0.4 icmp_seq=3 Packet filtered
```

结果显示目标主机不可访问（Packet filtered），报文转发过程参考图 1-7。

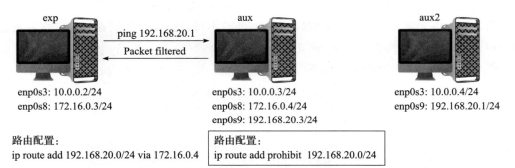

图 1-7　ip route 实验：aux 配置 prohibit 路由

### 2. dev 参数

dev 参数指定本路由关联的设备。

命令格式：

```
ip route { add | del | ... } dev NAME
```

参数取值：NAME 为设备名，如 enp0s8。

配置示例：

```
ip route add 192.168.20.0/24 via 172.16.0.4 dev enp0s8
```

此路由关联的设备为 enp0s8。如果主机上只有一个网络设备二层直连 172.16.0.4，那么此时可以不指定设备，内核会自动找到最合适的设备。

### 3. metric 参数

metric 参数表示路由度量值，系统根据此字段计算到达目的网络的最佳路径。metric 值是一个数字，数值越小则表示网络质量越好，对应的优先级也越高。

命令格式：

```
ip route { add | del | ... } metric NUMBER
```

下面是 exp 主机的路由配置：

```
[root@exp ~]# route -n
Kernel IP routing table
Destination     Gateway         Genmask         Flags   Metric  Ref     Use     Iface
0.0.0.0         10.0.2.2        0.0.0.0         UG      103     0       0       enp0s3
10.0.2.0        0.0.0.0         255.255.255.0   U       103     0       0       enp0s3
172.16.0.0      0.0.0.0         255.255.255.0   U       101     0       0       enp0s8
192.168.20.0    172.16.0.4      255.255.255.0   UG      0       0       0       enp0s8
```

前三条是系统自动生成的，metric 值不为 0；最后一条是用户手工配置的路由，配置时没有指定 metric 参数，所以最后一条的 metric 值为 0。

### 4. protocol 参数

protocol 参数表示协议类型，标识当前路由条目是通过何种方式添加进来的，/etc/iproute2/rt_protos 文件定义了协议类型列表。

命令格式：

```
ip route { add | del | ... } protocol RTPROT
```

参数取值：

```
RTPROTO := [ kernel | boot | static | NUMBER ]
```

RTPROTO 参数取值说明如下。

1）kernel（内核），表示本条路由是内核自动配置的，用户配置一个新地址到接口设备上，内核就会自动添加一条 kernel 属性的路由。例如，向 enp0s8 设备增加地址 172.16.1.3/24，系统自动增加如下路由：

```
[root@exp ~]# ip addr add dev enp0s8 172.16.1.3/24
[root@exp ~]# ip route
172.16.1.0/24 dev enp0s8 proto kernel scope link src 172.16.1.3
...
```

2）boot（启动，默认值），表示此路由是在系统启动过程中添加进来的，或者是用户通过命令添加的非静态路由，此类型的路由在系统重启后会丢失。例如，向系统中增加一条目的网段为 192.168.20.0/24、网关为 172.16.0.4 的路由，使用"ip route"命令查看路由信息，如果没有显示 proto 字段则表示该条目为 boot 类型。

```
[root@exp ~]# ip route
192.168.20.0/24 via 172.16.0.4 dev enp0s8
...
```

3）static（静态），表示静态路由，此类型路由在系统重启后不会丢失。例如，向系统中增加一条目的网段为 192.168.20.0/24、网关为 172.16.0.4 的路由，并设置路由属性为静态路由：

```
ip route add 192.168.20.0/24 via 172.16.0.4 proto static
```

使用"ip route"命令查看路由信息，proto 字段显示为 static 类型：

```
[root@exp ~]# ip route
192.168.20.0/24 via 172.16.0.4 dev enp0s8 proto static
...
```

即便发生系统重启，此路由依旧存在。

4）NUMBER（路由类型编号），用于指定路由类型编号，在配置文件 /etc/iproute2/rt_protos 中保存了系统中支持的路由协议类型：

```
[root@exp ~]# cat /etc/iproute2/rt_protos
#
# Reserved protocols.
#
0       unspec
1       redirect
2       kernel
3       boot
4       static
8       gated
9       ra
10      mrt
11      zebra
12      bird
...
```

一般，除了 static 和 boot 类型外，其他类型很少使用，这里就不一一介绍了。

### 5. scope 参数

scope 参数表示路由范围，用来告诉内核本路由在什么范围内是有意义的。

命令格式：

```
ip route { add | del | ... } scope SCOPE_VAL
```

常用的 scope 参数有以下几种。

1）host（主机范围），只用于本机内部通信的路由，不适用于本机以外的网络。

2）link（直连路由），用于本地二层直连网络。例如，本机地址是 172.16.0.3/24，那么系统中存在一条目的网络为 172.16.0.3/24、scope 为 link 的路由：

```
[root@exp ~]# ip route
172.16.0.0/24 dev enp0s8 proto kernel scope link src 172.16.0.3 metric 101
```

此路由表示本网段二层直连，不需要下一跳。内核会自动为每个本机地址生成一条 scope 值为 link 的路由，用户无须关心。

3）global（全局路由），是指当目的网络不是本机的二层直连网络时，其路由范围为全局。

用户在配置路由时可以不指定 scope，系统根据用户配置的目的网络自动设置 scope，规则如下：

➢ 当用户配置路由的目的网络为本机内部地址时，scope 取值为 host。
➢ 当用户配置的网段不是本机的二层直连网络时，scope 取值为 global。

#### 6. src 参数

src 参数表示匹配到本路由后，如果外发报文时未指定源地址，则内核自动使用 src 参数指定的地址作为源地址。

命令格式：

```
ip route { add | del | ... } src ADDRESS
```

在 enp0s8 网卡上配置第二个地址 172.16.0.103/24，此地址将作为辅地址，配置完成后呈现如下：

```
[root@exp ~]# ip addr add dev enp0s8 172.16.0.103/24
[root@exp ~]# ip addr list enp0s8
2:  enp0s8: <BROADCAST,MULTICAST,UP,LOWER_UP> mtu 1500 qdisc ...
    link/ether 08:00:27:7b:78:5b brd ff:ff:ff:ff:ff:ff
    inet 172.16.0.3/24 brd 172.16.0.255 scope global ...
    inet 172.16.0.103/24 scope global secondary enp0s8
```

在 exp 主机上增加访问 192.168.20.0/24 的路由，并发起 ping 包测试：

```
[root@exp ~]# ip route add 192.168.20.0/24 via 172.16.0.4
[root@exp ~]# ping 192.168.20.1
PING 192.168.20.1 (192.168.20.1) 56(84) bytes of data.
64 bytes from 192.168.20.1: icmp_seq=1 ttl=127 time=5.54 ms
64 bytes from 192.168.20.1: icmp_seq=2 ttl=127 time=1.21 ms
```

在 aux 主机上进行抓包，抓包显示从 exp 主机发起的 ping 请求的源地址为 172.16.0.3：

```
[root@aux ~]# tcpdump -n -i enp0s8 icmp
tcpdump: verbose output suppressed, use -v or -vv for full protocol decode
listening on enp0s8, link-type EN10MB (Ethernet), capture size 262144 bytes
11:13:45.558969 IP 172.16.0.3 > 192.168.20.1: ICMP echo request, id ...
11:13:45.561422 IP 192.168.20.1 > 172.16.0.3: ICMP echo reply, id ...
...
```

用户配置路由时，如果不指定源地址，则内核默认使用出口设备的主地址作为报文的源地址。如果用户期望使用辅地址作为源地址，那么可以在创建路由时通过 src 参数指定源地址。例如，下面的命令指定 172.16.0.103 地址为默认源地址：

```
ip route add 192.168.20.0/24 via 172.16.0.4 src 172.16.0.103
```

查看系统生成的路由信息，源地址已经指定为 172.16.0.103：

```
[root@exp ~]# ip route
192.168.20.0/24 via 172.16.0.4 dev enp0s8 src 172.16.0.103
```

在 exp 上再次发起 ping 包测试，并在 aux 上执行抓包：

```
[root@aux ~]# tcpdump -n -i enp0s8 icmp
tcpdump: verbose output suppressed, use -v or -vv for full protocol decode
listening on enp0s8, link-type EN10MB (Ethernet), capture size 262144 bytes
11:20:02.178566 IP 172.16.0.103 > 192.168.20.1: ICMP echo request, ...
11:20:02.181019 IP 192.168.20.1 > 172.16.0.103: ICMP echo reply, id ...
...
```

抓包显示 ping 请求的源地址为 172.16.0.103。

### 7. via 参数

via 参数用于指定路由的下一跳地址，当 scope 参数为 global 时，路由必须设置 via 参数。外发报文匹配到本路由条目后，内核将此报文转发给下一跳。

命令格式：

```
ip route { add | del | ... } via ADDRESS
```

在 exp 主机上配置两条路由，第一条路由同时指定下一跳地址和出口设备，第二条路由仅指定下一跳地址：

```
ip route add 192.168.20.0/24 via 172.16.0.4 dev enp0s8
ip route add 192.168.30.0/24 via 172.16.0.4
```

内核生成的两条路由如下：

```
[root@exp ~]# ip route
192.168.20.0/24 via 172.16.0.4 dev enp0s8
192.168.30.0/24 via 172.16.0.4 dev enp0s8
```

配置第二条路由时并没有指定出口设备，但是因为指定了 via 参数，所以内核会自动判断访问 172.16.0.4 地址时从哪个设备发出报文，最终生成的路由中的 dev 参数同样是 enp0s8。

### 8. nexthop 参数

配置单路径路由（目的网络只有一个下一跳地址）时可以直接使用 via 参数指定下一跳地址。如果配置多路径路由（目的网络可以通过多个下一跳地址进行访问），则可以通过 nexthop 参数配置多个下一跳地址。

命令格式：

```
INFO_SPEC := NH OPTIONS FLAGS [ nexthop NH ]...
NH := [ encap ENCAPTYPE ENCAPHDR ] [ via [ FAMILY ] ADDRESS ]
      [ dev STRING ] [ weight NUMBER ] NHFLAGS
```

假设 exp 主机发送到 192.168.20.0/24 网络的报文，可以使用 172.16.0.4 和 172.16.0.5 作为下一跳地址，且两个地址的权重分别是 1 和 2，则配置路由的命令：

```
ip route add 192.168.20.0/24 nexthop via 172.16.0.4 weight 1 nexthop via
    172.16.0.5 weight 2
```

查看执行结果：

```
[root@exp ~]# ip route
192.168.20.0/24
        nexthop via 172.16.0.4 dev enp0s8 weight 1
        nexthop via 172.16.0.5 dev enp0s8 weight 2
```

权重参数表示匹配本路由时选中当前下一跳地址的概率。假设下一跳地址 NH1 的权重为 w1，NH2 的权重为 w2，则发送报文的概率如下。

- 通过 NH1 发送报文的概率为 w1/（w1+w2）×100%。
- 通过 NH2 发送报文的概率为 w2/（w1+w2）×100%。

### 1.2.4 路由配置：策略路由管理

默认情况下，内核根据目的地址匹配路由，但是有些时候需要根据 IP 报文的其他参数来进行路由匹配。例如，ISP 运营商希望根据"源 IP 地址 + 端口"的方式来判断当前报文归属哪个用户，然后对该用户的报文做特殊的路由管理。此功能可以通过策略路由实现。

策略路由提供了灵活的数据报文路由机制，其核心为策略路由数据库 RPDB（Routing Policy DataBase）。该数据库中保存了报文匹配规则和对应的处理机制。在策略路由数据库中，每条规则都包括 SELECTOR（选择子）和 ACTION（动作）。

- SELECTOR：报文匹配规则，可以根据报文的源地址、目的地址、入口设备、tos、fwmark 等参数进行报文匹配。如果匹配成功，则执行该条目对应的动作；如果未匹配成功，则继续匹配下一优先级的规则。
- ACTION：规则匹配成功后执行的动作，例如，指定使用哪个路由表执行路由匹配。

Linux 启动时内核自动创建三条规则，用户可以使用"ip rule"命令查看规则列表。下面是 exp 主机的默认规则：

```
[root@exp ~]# ip rule
0:      from all lookup local         # local 表具有最高优先级
32766:  from all lookup main          # main 表的优先级比较低
32767:  from all lookup default       # default 表的优先级最低
```

具体来说，每条规则由如下三段数据组成。

- 优先级：规则数据中第一列数字为优先级，通过":"与后续字段分隔，值越小则优先级越高。
- 选择子：本例为"from all"，表示按源地址匹配，匹配所有报文。

> 动作：本例为"lookup xx"，表示通过哪张路由表执行路由查找。

内核按照规则的优先级顺序进行匹配，匹配成功后则执行该规则对应的动作。

### 1. ip rule 命令说明

用户可以使用"ip rule"命令管理策略路由数据库，其命令帮助信息如下：

```
[root@exp ~]# ip rule help
Usage: ip rule { add | del } SELECTOR ACTION
       ip rule { flush | save | restore }
       ip rule [ list [ SELECTOR ]]
SELECTOR := [ not ] [ from PREFIX ] [ to PREFIX ] [ tos TOS ] [ fwmark FWMARK[/
    MASK] ]
            [ iif STRING ] [ oif STRING ] [ pref NUMBER ] [ l3mdev ]
            [ uidrange NUMBER-NUMBER ]
ACTION :=   [ table TABLE_ID ]
            [ nat ADDRESS ]
            [ realms [SRCREALM/]DSTREALM ]
            [ goto NUMBER ]
            SUPPRESSOR
SUPPRESSOR := [ suppress_prefixlength NUMBER ]
              [ suppress_ifgroup DEVGROUP ]
TABLE_ID  := [ local | main | default | NUMBER ]
```

下面对其中的关键字段进行说明。

**（1）SELECTOR**

SELECTOR 表示选择子，用于描述报文匹配规则。

命令格式：

```
ip rule { add | del } SELECTOR ACTION
SELECTOR := [ not ] [ from PREFIX ] [ to PREFIX ] [ tos TOS ] [ fwmark FWMARK[/
    MASK] ]
            [ iif STRING ] [ oif STRING ] [ pref NUMBER ] [ l3mdev ]
            [ uidrange NUMBER-NUMBER ]
```

可选择的操作类型参考表 1-3。

表 1-3 "ip rule"命令中 SELECTOR 参数介绍

| 参数 | 描述 |
| --- | --- |
| from | 按源地址匹配，例如，指定源地址为 172.16.0.3/32 的报文使用 10 号路由表查找路由，命令执行完成后查看生成的策略路由规则：<br>`[root@exp ~]# ip rule add from 172.16.0.3 table 10`<br>`[root@exp ~]# ip rule list`<br>`32765:  from 172.16.0.3 lookup 10`<br>`...`<br>新添加规则的优先级为 32765，优先级比 main 表高 |
| to | 按目的地址匹配，用法与 from 类似 |

(续）

| 参数 | 描述 |
|---|---|
| tos | 根据报文的服务类型 TOS（Type Of Sevice，服务类型）参数进行匹配 |
| fwmark | 即 firewall mark，用户指定 iptables 规则给报文打上 fwmark 标签，后续内核按照 fwmark 标签选择路由。通过 fwmark 标签将 iptables 规则和路由选择关联起来 |
| iif | 指定报文的入口设备，即报文被哪个设备接收 |
| oif | 指定报文的出口设备，即报文从哪个设备发送 |
| pref | 指定优先级。默认情况下，"ip rule"命令按照规则添加顺序来自动设置规则的优先级，后追加的规则拥有更高的优先级。可以通过本参数人工指定优先级，例如，指定下面规则的优先级为 10：<br>`ip rule add from 172.16.0.3 table 10 pref 10`<br>查看生成的路由规则：<br>`[root@exp ~]# ip rule list`<br>`10:     from 172.16.0.3 lookup 10` |
| uidrange | 根据发送此报文进程的归属用户进行匹配 |

（2）ACTION

ACTION 用于描述规则匹配成功后执行的动作。

命令格式：

```
ip rule { add | del } SELECTOR ACTION
ACTION := [ table TABLE_ID ]
          [ nat ADDRESS ]
          [ realms [SRCREALM/]DSTREALM ]
          [ goto NUMBER ]
          SUPPRESSOR
```

可选择的动作类型参考表 1-4。

表 1-4 "ip rule"命令中 ACTION 参数介绍

| 参数 | 描述 |
|---|---|
| table ID | 匹配成功后，使用指定的路由表执行匹配，ID 为路由表编号 |
| goto | 跳转到指定的规则继续匹配，参数为规则编号 |
| realms | 匹配成功后给报文打上 realm 标签，TC（流量控制）功能根据此标签做报文分类 |

2. 策略路由实验

（1）实验目的

验证系统是否按照规则优先级执行路由匹配。

（2）实验准备

继续使用 1.2.3 节中的组网，参考图 1-4。在 aux 主机上增加 192.168.20.0/24 网段的 unreachable 和 prohibit 路由，分别放入不同的路由表。通过"ip rule"命令配置策略路由，内核根据策略路由选择路由表，验证通信情况。

## （3）实验过程

1）在 aux 主机中增加路由。路由内容如下：

```
ip route add unreachable 192.168.20.0/24
ip route add prohibit 192.168.20.0/24 table 10
```

在 main 表中增加 unreachable 路由，在 10 号表中增加 prohibit 路由，查看路由表：

```
[root@aux ~]# ip route
unreachable 192.168.20.0/24
...
[root@aux ~]# ip route list table 10
prohibit 192.168.20.0/24
```

2）进行 ping 测试。目前路由规则数据库中只有默认规则，所以此时一定会匹配到 main 表中的路由。在 exp 主机上对 192.168.20.1 发起 ping 请求：

```
[root@exp ~]# ping 192.168.20.1
PING 192.168.20.1 (192.168.20.1) 56(84) bytes of data.
From 172.16.0.4 icmp_seq=1 Destination Host Unreachable
From 172.16.0.4 icmp_seq=2 Destination Host Unreachable
```

aux 主机回复消息"Destination Host Unreachable"，证明匹配的是 main 表中的路由。此时路由表和路由规则的对应关系如图 1-8 所示。

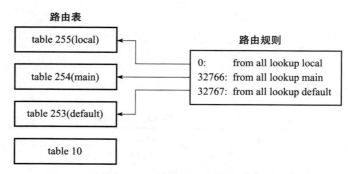

图 1-8　默认规则下路由表和路由规则的对应关系

没有任何规则引用 10 号路由表，所以 table 10 中的路由条目并不生效。

3）在 aux 主机上增加路由规则。增加匹配目的地址 192.168.20.1/32 的路由规则，该规则的动作是在 10 号路由表中执行路由查找。命令执行过程如下：

```
[root@aux ~]# ip rule add to 192.168.20.1 table 10
[root@aux ~]# ip rule
0:      from all lookup local
32765:  from all to 192.168.20.1 lookup 10
32766:  from all lookup main
32767:  from all lookup default
```

新增加的路由规则优先级为 32765，增加完成后规则与路由表的关系如图 1-9 所示。新增加的规则将 10 号路由表的查找优先级提前到第二优先级上，也就是发往目的地址 192.168.20.1 的报文优先使用 10 号路由表的路由。

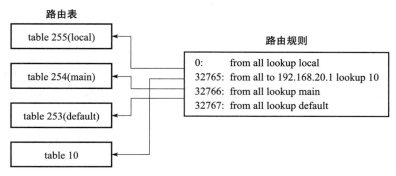

图 1-9　增加新规则后路由表和路由规则的对应关系

4）再次在 exp 主机上执行 ping 测试。在 exp 主机上执行"ping 192.168.20.1"命令，此时 exp 主机回复消息"Packet filtered"，证明匹配的是 10 号路由表中的路由。

```
[root@exp ~]# ping 192.168.20.1
PING 192.168.20.1 (192.168.20.1) 56(84) bytes of data.
From 172.16.0.4 icmp_seq=1 Packet filtered
From 172.16.0.4 icmp_seq=2 Packet filtered
```

**（4）实验总结**

前面只是通过简单的例子了解了策略路由的基本用法，实际上策略路由的功能远不止这些。使用"ip rule"命令创建策略路由的灵活性很高，但是灵活性往往与性能成反比，路由规则越多，那么查找路由所需的时间就越长，所以如果没有特殊要求，则应尽量减少规则数。

## 1.3　网络地址转换

IPv4 使用一个 32 比特的二进制数表达一个 IP 地址，理论上最多可以描述 $2^{32}$（约 43 亿）个地址。但是，随着互联网技术的飞速发展，IPv4 的地址空间已经远远不能满足需求。于是 IPv6 协议出现了。而由于 IPv6 协议与 IPv4 协议并不完全兼容，现存的海量设备没办法快速更新换代，多种因素导致 IPv6 的推行进展缓慢。

在 IPv6 大规模应用之前，人们想尽办法解决 IPv4 地址将被耗尽的问题，其中最有效的办法之一即网络地址转换（Network Address Translation，NAT）技术。网络地址转换是将数据报文中的 IP 地址转换为另一个 IP 地址的过程，根据转换的地址不同分为源地址转换和目的地址转换两种。

（1）源地址转换（Source NAT，SNAT）

对 IP 报文中的源地址进行转换，一般应用在局域网访问公网的场景中，其组网参考图 1-10。

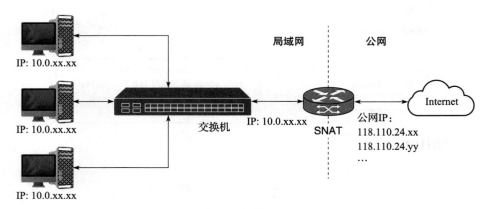

图 1-10　源地址转换的组网

局域网内的所有主机使用私有网段地址，当局域网内的主机访问公网网络时，外发报文到达 NAT 服务器后进行源地址转换，NAT 服务器将报文的源地址替换为公网地址。待 NAT 服务器收到应答报文时，再将应答报文中的目的地址修改回请求端的源地址，然后转发给请求端。用户通过这种方案可以实现局域网内多台主机共享一个或者多个公网 IP 地址的目的，减少公网 IP 地址占用。

（2）目的地址转换（Destination NAT，DNAT）

对 IP 报文中的目的地址进行转换，一般应用在服务提供商网络中，其组网参考图 1-11。

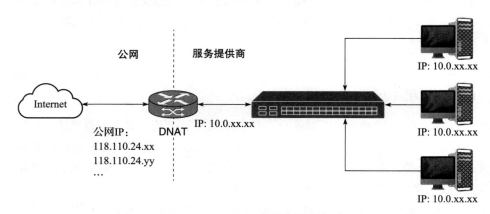

图 1-11　目的地址转换的组网

以网站应用为例，服务提供商对外提供网页、在线音视频服务，由于业务量大，不能由一台服务器承担所有流量，一般服务提供商会在后端部署多台服务器分担流量。而服务提供商不可能把所有后端服务器都暴露在公网中，最主要的原因是要保障安全，当然也因为 IP 地址资源限制等。以图 1-11 为例，服务提供商在最前端部署一台 DNAT 服务器，该服务器分配有公网地址并接收外部请求。DNAT 服务器收到访问请求后，将目的地址转换为内部网络中某后端的地址，然后将流量转发到后端设备上进行处理。后端设备处理完成后再将应答报文转回给 DNAT 服务器，DNAT 服务器将应答报文中的目的地址修改为请求报文的源地址后，将应答报文转回给请求端。

对于大流量、高转发速率的场景，一般需要部署专用的 DNAT 服务器；对于流量较小的场景，可以使用 Linux 内核提供的 Netfilter 功能实现 DNAT 服务器的功能。

## 1.4　Netfilter/iptables

Netfilter 子系统是由 Linux 内核提供的一种通用网络处理框架。内核在整个报文处理流程中预留了 5 个挂载点，并允许用户在这些挂载点注册回调函数，使得用户有机会参与内核的报文处理流程。用户可以在这些挂载点上实现对数据报文的操作，如过滤报文、网络地址转换、转发、丢弃等。

Netfilter 整体架构参考图 1-12。

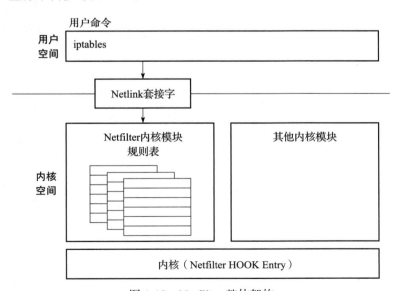

图 1-12　Netfilter 整体架构

可以看到，整体上 Netfilter 的功能分为内核态和用户态两部分。下面针对该架构，从下到上依次进行说明。

➢ **Netfilter HOOK Entry**：内核代码中提供了 5 个挂载点（Hook Point），并允许用户在每个挂载点上挂载自己的处理函数，以达到用户干预内核处理报文流程的目的，实现用户对报文的定制化处理需求。
- **Netfilter 内核模块**：内核模块提供 Netfilter 功能，这些模块提供一系列的规则表，用户通过向表中插入自定义规则实现报文的定制化处理。
- **Netlink 套接字**：Netlink 提供了一种灵活的用户空间与内核空间通信的方法，用于替代 ioctl 系统调用接口，用户态应用直接通过 Netlink 套接字与内核通信。
- **用户空间命令 iptables**：用户调用 iptables 命令向内核模块写入报文处理规则，此命令相当于 Netfilter 功能的外部呈现。

用户使用 iptables 命令执行规则管理，在进入命令之前先了解 iptables 的三个概念：表（Table）、链（Chain）和规则（Rule）。这三者的关系如图 1-13 所示。

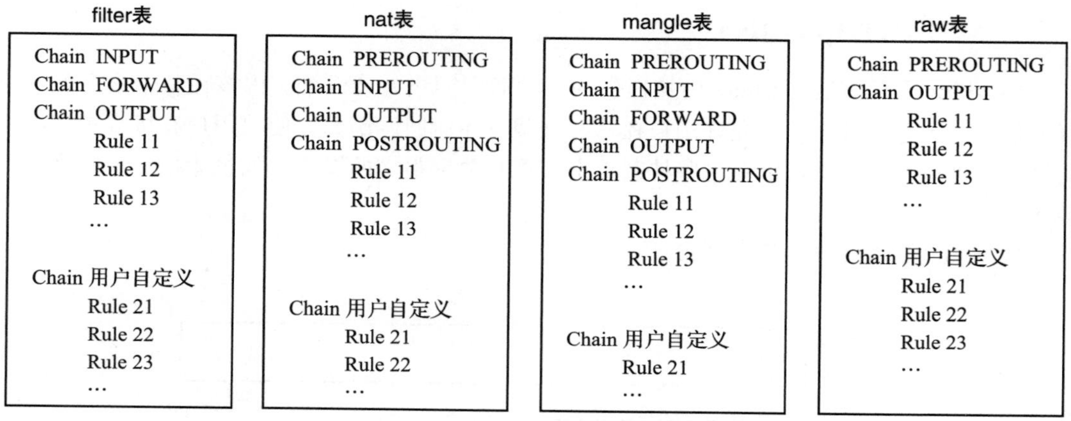

```
filter表                    nat表                        mangle表                    raw表
Chain INPUT                 Chain PREROUTING             Chain PREROUTING            Chain PREROUTING
Chain FORWARD               Chain INPUT                  Chain INPUT                 Chain OUTPUT
Chain OUTPUT                Chain OUTPUT                 Chain FORWARD                 Rule 11
  Rule 11                   Chain POSTROUTING            Chain OUTPUT                  Rule 12
  Rule 12                     Rule 11                    Chain POSTROUTING             Rule 13
  Rule 13                     Rule 12                      Rule 11                     ...
  ...                         Rule 13                      Rule 12
Chain 用户自定义                ...                         Rule 13                   Chain 用户自定义
  Rule 21                   Chain 用户自定义                  ...                        Rule 21
  Rule 22                     Rule 21                   Chain 用户自定义                 Rule 22
  Rule 23                     Rule 22                     Rule 21                     Rule 23
  ...                                                                                 ...
```

图 1-13 iptables 基本概念：表、链和规则

iptables 提供了 4 张表，每张表中包含**预定义链**以及 0 个或者多个**自定义链**，每个链中又可以包含 0 个或者多个**规则**。

- **预定义链**：预定义链是表的**入口链**，此类型的链与 Netfilter 挂载点一一对应，每个表固定包含数个预定义链。用户可以在预定义链中增加规则以跳转到自定义链执行操作，这也是执行自定义链的唯一方法。预定义链设置了默认处理策略，如果该链上的所有规则均未匹配成功，则按照预定义链的默认策略来执行。
- **自定义链**：当规则比较简单时，用户直接在预定义链中增加规则即可，如果规则较为复杂或者存在嵌套调用的情况，则建议放到自定义链中实现。

如果用程序语言来描述这三个概念，则可以将链理解为"函数"，将规则理解为函数中的"语句"，如果某个规则的作用是跳转到其他自定义链执行，则可理解为"函数调用"。规则匹配过程就像函数调用过程，预定义链作为入口链，相当于 main() 函数，内核按照"函数调用"的顺序执行每一条链 / 规则，直到匹配成功。如果该预定义链上所有的规则均匹配失败，则按照预定义链的默认策略来执行。

以 Kubernetes 使用的 filter 表规则为例说明调用过程，执行 iptables 命令，输出如下：

```
[root@exp ~]# iptables -nL

Chain INPUT (policy ACCEPT)
target                      prot  opt  source       destination
KUBE-PROXY-FIREWALL         all   --   0.0.0.0/0    0.0.0.0/0    ctstate NEW
KUBE-NODEPORTS              all   --   0.0.0.0/0    0.0.0.0/0
KUBE-EXTERNAL-SERVICES      all   --   0.0.0.0/0    0.0.0.0/0    ctstate NEW
KUBE-FIREWALL               all   --   0.0.0.0/0    0.0.0.0/0

Chain KUBE-PROXY-FIREWALL (3 references)
target                      prot  opt  source       destination
```

内核接收报文后进入 INPUT 链进行匹配。首先匹配第一条规则，该规则要求与本机建立 TCP 连接的首条报文（ctstate NEW）进入 KUBE-PROXY-FIREWALL 链执行规则匹配。假设本次收到的正是 TCP SYN 报文，此时跳转到 KUBE-PROXY-FIREWALL 链继续处理，本次跳转相当于"函数调用"。继续看 KUBE-PROXY-FIREWALL 链，此链上没有挂载任何规则，"函数调用"返回。回到 INPUT 链后，由于没有匹配到任何结果，所以内核继续匹配下一条规则，转到 KUBE-NODEPORTS 链继续处理，以此类推。

### 1.4.1　iptables 挂载点和链

Netfilter 提供的 5 个挂载点在内核处理流程中的位置参考图 1-14。

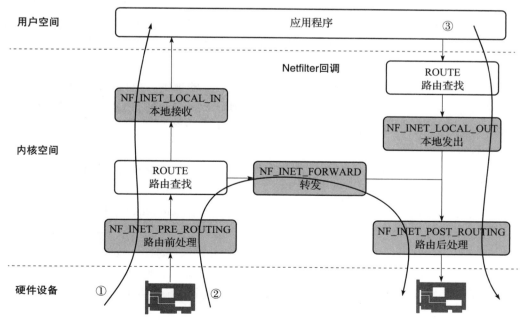

图 1-14　Netfilter 提供的 5 个挂载点及报文处理路径

内核在转发过程中是如何知道该调用哪个 iptables 链的呢？参考图 1-14，Netfilter 的每个挂载点分别对应了 iptables 的一个预定义链。

- NF_INET_PRE_ROUTING：内核收到报文后、路由查找之前的挂载点，对应 PREROUTING 链。
- NF_INET_LOCAL_IN：路由查找完成，内核将报文送到用户应用程序之前的挂载点上，对应 INPUT 链。
- NF_INET_FORWARD：内核根据用户报文内容执行路由查找，当发现收包设备不是当前设备时执行转发操作，转发时内核提供了挂载点供用户使用，此挂载点对应 FORWARD 链。
- NF_INET_LOCAL_OUT：本机的用户态应用程序外发报文的挂载点，对应 OUTPUT 链。
- NF_INET_POST_ROUTING：从本机发出报文前的挂载点，对应 POSTROUTING 链，与 OUTPUT 链的区别在于 POSTROUTING 链可以同时处理本机转发的报文。

图 1-14 同时展示了报文处理过程，分为接收、转发、外发三种场景。

1）路径①：**主机应用接收报文**。当数据报文进入内核时，首先执行 PREROUTING 链上的规则。

- 这里是接收报文的第一个处理点，如果希望内核的 conntrack 组件不跟踪此报文，则可以在这里设置禁止跟踪报文（raw 表）。
- 此时尚未执行路由查找，可以在这里执行目的地址转换（nat 表）。

接下来内核根据报文头信息执行路由匹配，内核判断将此报文转发给本机应用处理，所以继续执行 INPUT 链上的规则。此时用户可以设置规则决定要不要接收此报文（filter 表），如果规则操作结果为 ACCEPT，则内核将报文送到用户的应用中继续处理。

2）路径②：**主机转发报文**。转发报文的前半程与路径①相同，路由匹配完成后发现需要将报文转发到系统外部，接下来执行 FORWARD 链上的规则，用户可以在此时设置规则决定要不要转发报文（filter 表）。如果正常转发则继续执行 POSTROUTING 链上的规则，此时报文即将从本机发出，用户可以设置规则执行源地址转换（nat 表），执行完成后报文从主机的物理设备发出。

3）路径③：**主机应用外发报文**。应用程序外发报文时，内核首先做路由匹配操作，然后执行 OUTPUT 链上的规则。

- 这里是外发报文的第一个处理点，如果希望内核的 conntrack 组件不跟踪此报文，则在这里设置禁止跟踪报文（raw 表）。
- 用户可以在这里设置规则以决定报文是否执行外发操作（filter 表）。
- 如果存在目的地址转换场景，则在这里设置目的地址转换规则（nat 表）。

接下来继续执行 POSTROUTING 链上的规则，后续处理流程与路径②相同。

## 1.4.2　iptables 表

为方便管理，Netfilter 提供了 4 张表，分别负责不同的功能，并且约定了优先级：raw >

mangle > nat > filter。例如，用户同时在 4 张表的 OUTPUT 链上定义了规则，那么内核按照上述优先级顺序执行 iptables 规则。

### 1. filter 表

filter 表主要用于对数据报文进行过滤，内核匹配规则成功后按照该规则指定的策略执行，可选的策略有 DROP、ACCEPT、REJECT 等。filter 表对应的内核模块为 iptable_filter，该表包含三条预定义链。

➢ INPUT 链：过滤本机应用接收的报文。
➢ FORWARD 链：过滤通过本机转发的报文。
➢ OUTPUT 链：过滤本机应用外发的报文。

filter 表的三条预定义链的位置如图 1-15 中灰色部分所示。

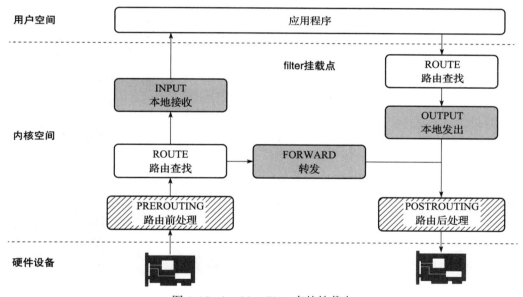

图 1-15　iptables filter 表的挂载点

filter 表主要用于实现防火墙功能。接下来进行实例化验证，实验环境如图 1-16 所示。

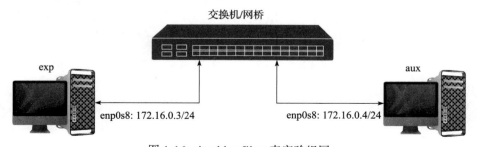

图 1-16　iptables filter 表实验组网

exp 主机和 aux 主机二层直连，用户在 aux 主机上发起 ping 请求，exp 主机则通过增加 filter 规则来限制对 ping 请求的处理。

（1）实验 1：exp 主机设置拒绝 ping 请求

在 exp 主机上增加拒绝 ICMP 请求规则，执行完成后查看 iptables 规则：

```
[root@exp ~]# iptables -I INPUT -p icmp -j REJECT
[root@exp ~]# iptables -nL
Chain INPUT (policy ACCEPT)
target     prot opt source               destination
REJECT     icmp --  0.0.0.0/0            0.0.0.0/0            reject-with icmp-port-unreachable
...
```

在 aux 主机上发起对 exp 主机的 ping 请求：

```
[root@aux ~]# ping 172.16.0.3
PING 172.16.0.3 (172.16.0.3) 56(84) bytes of data.
From 172.16.0.3 icmp_seq=1 Destination Port Unreachable
From 172.16.0.3 icmp_seq=2 Destination Port Unreachable
```

结果显示，aux 得到的应答错误码的意思为"目的端口不可达"，满足预期。

实验完成后执行下面的命令删除前面创建的规则：

```
iptables -D INPUT -p icmp -j REJECT
```

（2）实验 2：exp 主机设置丢弃 ping 请求

在 exp 主机上增加丢弃 ICMP 请求规则：

```
[root@exp ~]# iptables -I INPUT -p icmp -j DROP
[root@exp ~]# iptables -nL
Chain INPUT (policy ACCEPT)
target     prot opt source               destination
DROP       icmp --  0.0.0.0/0            0.0.0.0/0
...
```

在 aux 主机上发起对 exp 主机的 ping 请求：

```
[root@aux ~]# ping 172.16.0.3
PING 172.16.0.3 (172.16.0.3) 56(84) bytes of data.
^C
--- 172.16.0.3 ping statistics ---
4 packets transmitted, 0 received, 100% packet loss, time 3051ms
```

结果显示，aux 主机发起了 4 次 ping 请求，但没有收到任何应答，原因是 exp 主机将 ping 请求报文丢弃了，满足预期。

实验完成后执行下面的命令删除前面创建的规则：

```
iptables -D INPUT -p icmp -j DROP
```

## 2. nat 表

nat 表用于实现网络地址转换功能。在这里，用户可以设置规则来修改报文的 IP 地址、端口号等信息。nat 表对应的内核模块为 iptable_nat，本表包含以下 4 条预定义链。

- PREROUTING 链：此挂载点位于路由查找之前，用户可在此设置规则以修改报文的目的地址，所以目的地址转换功能在这里实现。
- INPUT 链：主机应用接收到报文之前的挂载点。
- OUTPUT 链：外发报文时的挂载点。
- POSTROUTING 链：报文离开本机之前的挂载点，用户可在此设置规则以执行源地址转换。

nat 表的 4 条预定义链的位置如图 1-17 的灰色部分所示。

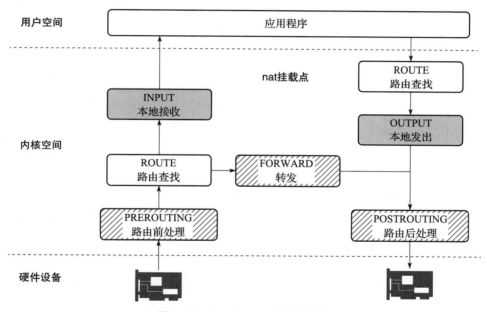

图 1-17　iptables nat 表的挂载点

nat 表的规则支持 4 种处理策略。

- SNAT（源地址转换）：适用于 POSTROUTING 链，对匹配到的报文做源地址转换，使用本参数时必须指定源地址。
- MASQUERADE（源地址转换）：适用于 POSTROUTING 链，同样做源地址转换，与 SNAT 的差异在于 SNAT 必须指定源地址，而 MASQUERADE 不需要指定。使用 MASQUERADE 时，内核会自行选择一个合适的地址作为源地址。
- DNAT（目的地址转换）：适用于 PREROUTING 链和 OUTPUT 链，对匹配到的报文做目的地址转换。凡是修改目的地址的操作，均可在路由查找之前执行。

➤ REDIRECT（重定向）：适用于 PREROUTING 链和 OUTPUT 链，将报文重定向到指定端口。

接下来验证源地址转换功能，实验环境如图 1-18 所示。

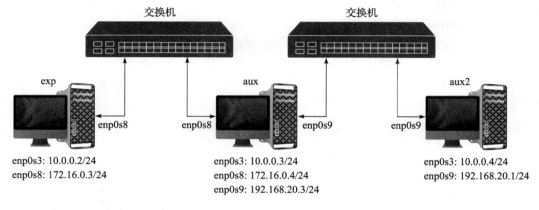

图 1-18　iptables nat 表实验组网

aux 主机相当于 exp 和 aux2 主机之间的桥梁，两个业务网卡分别连接了两个不同的网段：enp0s8 连接 172.16.0.0/24 网段，enp0s9 连接 192.168.20.0/24 网段。本实验希望使用 iptables 的地址转换功能实现从 exp 主机访问 aux2 主机。

首先在 exp 主机上增加访问 192.168.20.0/24 网段的路由，下一跳地址设置为 aux 的地址 172.16.0.4。增加完路由后，在 exp 主机上发起"ping 192.168.20.3"，结果显示 ping 响应正常：

```
[root@exp ~]# ip route add 192.168.20.0/24 via 172.16.0.4
[root@exp ~]# ping 192.168.20.3
PING 192.168.20.3 (192.168.20.3) 56(84) bytes of data.
64 bytes from 192.168.20.3: icmp_seq=1 ttl=64 time=0.459 ms
64 bytes from 192.168.20.3: icmp_seq=2 ttl=64 time=0.788 ms
^C
```

接下来尝试在 exp 上直接发起对 aux2 主机地址的 ping 请求，没有收到 ping 响应：

```
[root@exp ~]# ping 192.168.20.1
PING 192.168.20.1 (192.168.20.1) 56(84) bytes of data.
^C
--- 192.168.20.1 ping statistics ---
4 packets transmitted, 0 received, 100% packet loss, time 3282ms
```

在 aux2 上进行抓包，结果如图 1-19 所示，aux2 主机上收到了 ping 请求报文，但是由于 aux2 上未配置回程路由,所以 aux2 无法对此 ping 请求进行应答。

| No. | Time | Source | Destination | Protocol | Length | Info |
|---|---|---|---|---|---|---|
| 10 | 45.085509 | 172.16.0.3 | 192.168.20.1 | ICMP | 98 | Echo (ping) request id=0x11c2, |
| 11 | 46.235379 | 172.16.0.3 | 192.168.20.1 | ICMP | 98 | Echo (ping) request id=0x11c2, |
| 12 | 47.349037 | 172.16.0.3 | 192.168.20.1 | ICMP | 98 | Echo (ping) request id=0x11c2, |
| 13 | 48.367284 | 172.16.0.3 | 192.168.20.1 | ICMP | 98 | Echo (ping) request id=0x11c2, |

图 1-19　iptables nat 表实验:aux 未配置 iptables 规则,aux2 抓包

那么有没有办法在 aux2 主机不配置回程路由的前提下,使 exp 主机能够正常对 aux2 主机进行 ping 测试呢?当然是有的,只要 aux 主机在转发 exp 主机的请求报文时执行一次源地址转换,问题就解决了。

按照上述思路,在 aux 主机上增加如下配置:

```
[root@aux ~]# iptables -t nat -I POSTROUTING -p icmp -s 172.16.0.3/32 -j MASQUERADE
[root@aux ~]# iptables -t nat -nL

Chain POSTROUTING (policy ACCEPT)
target     prot opt source               destination
MASQUERADE icmp --  172.16.0.3           0.0.0.0/0
...
```

根据 iptables 规则,对接收的源地址为 172.16.0.3 的 ICMP 报文进行源地址转换。接下来,再次尝试在 exp 主机上发起对 aux2 主机的 ping 请求,结果显示网络连通。

```
[root@exp ~]# ping 192.168.20.3
PING 192.168.20.3 (192.168.20.3) 56(84) bytes of data.
64 bytes from 192.168.20.3: icmp_seq=1 ttl=64 time=0.459 ms
64 bytes from 192.168.20.3: icmp_seq=2 ttl=64 time=0.788 ms
^C
```

查看 aux2 主机上的抓包结果,如图 1-20 所示。

| No. | Time | Source | Destination | Protocol | Length | Info |
|---|---|---|---|---|---|---|
| 10 | 45.085509 | 172.16.0.3 | 192.168.20.1 | ICMP | 98 | Echo (ping) request |
| 11 | 46.235379 | 172.16.0.3 | 192.168.20.1 | ICMP | 98 | Echo (ping) request |
| 12 | 47.349037 | 172.16.0.3 | 192.168.20.1 | ICMP | 98 | Echo (ping) request |
| 13 | 48.367284 | 172.16.0.3 | 192.168.20.1 | ICMP | 98 | Echo (ping) request |
| 86 | 90.163201 | 192.168.20.3 | 192.168.20.1 | ICMP | 98 | Echo (ping) request |
| 87 | 90.163499 | 192.168.20.1 | 192.168.20.3 | ICMP | 98 | Echo (ping) reply |
| 88 | 91.184276 | 192.168.20.3 | 192.168.20.1 | ICMP | 98 | Echo (ping) request |
| 89 | 91.184948 | 192.168.20.1 | 192.168.20.3 | ICMP | 98 | Echo (ping) reply |

图 1-20　iptables nat 表实验:aux 配置 iptables 规则,aux2 抓包

对于 aux2 主机,它收到的 ping 请求的源地址是 aux 主机地址(192.168.20.3),这也就可以肯定 aux 主机对转发的 ping 请求报文做了源地址转换。

最后检查 aux 主机的连接跟踪信息。Linux 内核中所有连接跟踪均由 conntrack 组件管理，使用 conntrack 命令可以查看系统中已经存在的网络连接信息，此命令能够显示通信双方的 IP 地址、协议连接状态等。

aux 主机上 conntrack 命令的执行结果如下：

```
[root@aux ~]# conntrack -L
Tcp       6 299 ESTABLISHED src=192.168.20.3 dst=192.168.20.1 sport=22 dport=
    49371 src=192.168.20.1 dst=192.168.20.3 sport=49371 dport=22 [ASSURED]
    mark=0 use=1
Icmp      1  29 src=172.16.0.3 dst=192.168.20.1 type=8 code=0 id=5010 src=192.
    168.20.1 dst=192.168.20.3 type=0 code=0 id=5010 mark=0 use=1
```

每条信息都包含两组数据，分别对应从发送端接收的报文和从响应端接收的报文。下面以第二行的 ICMP 流信息为例进行说明。

➢ 第一组数据表示本机收到的请求报文，本例中 aux 主机接收的请求报文的源地址为 172.16.0.3、目的地址为 192.168.20.1、type 值为 8（8 表示报文为 Echo Request 类型）。

➢ 第二组数据表示本机收到的响应报文，本例中 aux 主机接收的应答报文的源地址为 192.168.20.1、目的地址为 192.168.20.3、type 值为 0（0 表示报文为 Echo Reply 类型）。

conntrack 组件会为 NAT 的每次转换都创建一条记录。内核收到报文时优先在 conntrack 中查询当前报文是否存在连接信息，如果存在，则直接根据此连接信息还原报文地址并转发。

### 3. mangle 表

mangle 表用于修改数据报文 IP 头中的参数，如 TOS、TTL（Time To Live，生存周期）、数据报文的 Mark 标志等。Mangle 表包含 5 条预定义链，覆盖 iptables 的所有挂载点，在任意挂载点上均可以设置规则对报文的字段进行修改。

以 TOS 字段为例，RFC 1349 定义了 TOS 的取值范围。该字段一共包含 8 个比特位，每个比特位的含义如表 1-5 所示。

表 1-5 TOS 字段中比特位的含义

| 比特位（Bit） | 7 | 6 | 5 | 4 | 3 | 2 | 1 | 0 |
|---|---|---|---|---|---|---|---|---|
| 功能 | (IP Precedence) 优先级 | | | Lowdelay 低延迟 | Throughput 吞吐量 | Reliability 可靠性 | lowcost (RFC 1349) 低成本 | (Must be zero) 保留位 |

如果用户期望将某种类型的报文设置为最低延迟，则可以通过设置 iptables 规则将此报文的 TOS 属性修改为 0x10。例如，下面的命令将 HTTP（端口号 80）、TELNET（端口号 23）、SSH（端口号 22）类型的报文设置为最低延迟：

```
iptables -t mangle -A PREROUTING -m multiport -p tcp --dport 80,23,22 -j TOS
    --set-tos 16
```

其他字段的使用方法与之相似，不再赘述。

### 4. raw 表

默认情况下，conntrack 组件跟踪内核处理的每条报文，如果希望某些报文不受 conntrack 组件跟踪，那该如何处理呢？iptables 提供的 raw 表用于处理此场景。用户在 raw 表中增加目标为 NOTRACK 的规则，一旦此规则匹配成功，那么这条报文将不受 conntrack 组件的跟踪。

从功能上看，raw 表只能在入口处执行处理操作，所以该表仅包含两条预定义链：OUTPUT 和 PREROUTING。

本书不涉及 mangle 表和 raw 表的功能，如需了解更多请参考"iptables Tutorial 1.2.2"[⊖]。

## 1.4.3 iptables 命令

限于篇幅，本节仅讲述后续用到的 iptables 命令及相关参数。

命令格式：

```
iptables [-t table] <command> [rule] [-j target]
```

其命令参数包含如下 4 段。

- ➤ [ -t table ]：选择本次操作的表。table 参数的取值范围包括 raw、mangle、nat、filter。如果不指定，则默认操作 filter 表。
- ➤ <command>：指定本次操作命令，如增加规则、删除规则等。
- ➤ [rule]：匹配规则，即如何筛选报文。
- ➤ [-j target]：匹配成功后执行的动作。

### 1. 操作命令（command）

操作命令用于指定本命令执行的动作，常用的操作命令如表 1-6 所示。

表 1-6 iptables 常用操作命令列表

| 参数 | 功能描述 |
| --- | --- |
| -A chain | 在指定链上追加规则 |
| -D chain [number] | 从链上删除规则，指定完整规则或者指定规则编号，编号从 1 开始 |
| -I chain [pos] | 向链上插入规则，将本规则插入链的指定位置上，如果不指定位置则默认插入链的最前端（编号 1 的位置） |
| -L chain | 显示指定链上的规则信息 |
| -N chain | 创建一个新链 |
| -X chain | 删除指定的链，执行时确保此链上没有任何规则 |

---

⊖ iptables Tutorial 1.2.2：https://book.huihoo.com/iptables-tutorial/book1.htm。

iptables 常用操作命令示例：

```
iptables -N TEST ...      # 创建一个新链，名字为 TEST
iptables -A TEST ...      # 在 TEST 链上追加规则
iptables -I INPUT ...     # 在 INPUT 链上插入规则，插入最前端
iptables -D INPUT ...     # 删除 INPUT 链上的某个规则，按内容匹配
iptables -D INPUT 1       # 删除 INPUT 链上的第一个规则
iptables -L TEST          # 显示 TEST 链上的规则
iptables -X TEST          # 删除 TEST 链
```

### 2. 规则（rule）

iptables 常用的规则如表 1-7 所示。

表 1-7　iptables 常用规则列表

| 参数 | 功能描述 |
| --- | --- |
| [!] -p protocol | 匹配协议类型，/etc/protocols 文件中保存了本机支持的协议类型列表。如果规则前面增加了"!"描述符，则表示匹配的是非 protocol 参数指定的协议 |
| [!] -s/-d ipaddr | 匹配源地址/目的地址，既可以匹配单个地址，也可以匹配一个地址段（CIDR 格式） |
| [!] -i/-o interface | 指定接口，"-i"表示入向接口，"-o"表示出向接口 |
| --sport/--dport num | 按照源/目的端口号进行匹配 |

iptables 常用规则示例：

```
# 匹配源地址是 192.168.1.1、目的端口为 80、协议类型为 TCP 的报文
iptables -A INPUT -p tcp -s 192.168.1.1 --dport 80 ...

# 匹配从 eth0 设备发出的、目的网段为 192.168.1.0/24 的报文
iptables -A OUTPUT -d 192.168.1.0/24 -o eth0 ...
```

### 3. 目标（target）

"-j target"表示匹配到规则后执行的动作、策略，表 1-8 展示了常用的动作。

表 1-8　iptables 常用动作列表

| 动作 | 功能描述 |
| --- | --- |
| ACCEPT | 接受此报文，无须再匹配后续规则 |
| DROP | 丢弃报文，不做任何应答 |
| REJECT | 丢弃报文，并告知前端拒绝请求 |
| RETURN | 在预定义链和自定义链上的处理机制存在差异：<br>➢ **对于预定义链**：终止匹配，执行预定义链指定的默认操作<br>➢ **对于用户自定义链**：终止当前链的匹配，返回父链上继续匹配 |
| MARK | 给报文打上标志 |
| DNAT | 执行目的地址转换操作，将重写数据报文的目的 IP 地址 |
| SNAT | 执行源地址转换操作，将重写数据报文的源 IP 地址，需要在命令参数中指定源 IP 地址信息 |
| MASQUERADE | 执行源地址转换操作，将重写数据报文的源 IP 地址，但无须在命令参数中指定源 IP 地址信息，内核会自行选择一个合适的地址作为源地址 |

iptables 常用动作示例：

```
# 接收到目的端口为 80 的 TCP 报文后，进行丢弃处理
iptables -A INPUT -p tcp --dport 80 -j DROP

# 拒绝所有 ICMP 请求
iptables -I INPUT -p icmp -j REJECT
```

关于 MARK、DNAT、SNAT 和 MASQUERADE 的应用请参考 1.4.4 节。

### 1.4.4　iptables 应用

#### 1. 目的地址转换

DNAT 操作只能用在 nat 表的 PREROUTING 和 OUTPUT 链上。使用 DNAT 操作时，iptables 提供了额外的扩展选项，参考表 1-9。

表 1-9　DNAT 扩展选项

| 参数 | 功能描述 |
| --- | --- |
| --to-destination [ipaddr[-ipaddr]][:port[-port]] | 指定目标地址、端口范围 |
| --random | 内核自动选择端口 |
| --persistent | 对于具有同一个源、目的地址的报文进行目的地址转换时，始终转换到同一个目的地址 |

下面的示例用于将目的地址为 10.0.1.10:80、目的端口号为 80 的 TCP 报文通过 DNAT 操作转换到 192.168.1.1:80 上：

```
iptables -t nat -A PREROUTING -p tcp -d 10.0.1.10 --dport 80
-j DNAT --to-destination 192.168.1.1:80
```

下面演示地址范围的应用。设置目的地址范围为 192.168.1.1-192.168.1.10，执行目的地址转换操作时，内核随机选择范围内地址作为目的地址：

```
iptables -t nat -A PREROUTING -p tcp -d 10.0.1.10 --dport 80
-j DNAT --to-destination 192.168.1.1-192.168.1.10:80
```

#### 2. 源地址转换

源地址转换支持两种动作——MASQUERADE 和 SNAT，其差异在于 SNAT 要求指定源地址。所以，如果待替换的源地址是静态分配的，则可以使用 SNAT 操作（也可以使用 MASQUERADE 操作）。例如，一组主机共享一个静态的外部地址访问 Internet，可以使用 SNAT 操作指定源地址方案。在其他场景中，建议使用 MASQUERADE 操作，内核自动选择一个合适的地址作为源地址。MASQUERADE 覆盖 SNAT 功能，所以建议尽量使用 MASQUERADE 操作。

SNAT 的扩展选项与 DNAT 类似，参考表 1-10。

表 1-10 SNAT 扩展选项

| 参数 | 功能描述 |
| --- | --- |
| --to-source [ipaddr[-ipaddr]][:port[-port]] | 指定源地址、端口范围 |
| --random | 内核自动选择端口 |
| --persistent | 对于具有同一个源、目的地址的报文进行源地址转换时，始终转换到同一个源地址 |

使用 MASQUERADE 时无须指定源地址，其扩展选项较于 SNAT 简单一些，参考表 1-11。

表 1-11 MASQUERADE 扩展选项

| 参数 | 功能描述 |
| --- | --- |
| --to-ports port[-port] | 指定端口范围 |
| --random | 内核自动选择端口 |
| --persistent | 对于同一源、目的地址的请求，将源地址转换到同一个源地址 |

下面看 SNAT 的例子，在参数中指定源地址和端口范围：

```
iptables -t nat -A POSTROUTING -p tcp -o eth0
-j SNAT --to-source 194.236.50.155-194.236.50.160:1024-32000
```

MASQUERADE 访问外部网络时，内核自动选择源 IP 地址，用户指定源端口范围（也可以不指定，由内核随机选择端口）：

```
iptables -t nat -A POSTROUTING -p TCP -j MASQUERADE --to-ports 1024-31000
```

### 3. 设置报文标志

MARK 动作用于给报文打标志，一个报文可能存在两种标志。
- nfmark（Netfilter mark，Netfilter 标志）：用于给数据报文打标志，该标志长度为 32 比特，用户根据需要对报文打标志。
- ctmark（connection mark，连接标志）：用于给连接打标志，仅用在 mangle 表中。

iptables 中的 "--set-mark/--set-xmark value[/mask]" 参数用于设置指定报文的 nfmark 值。对此，命令帮助信息如下：⊖

```
MARK
    This target is used to set the Netfilter mark value associated
    with the packet.  It can, for example, be used in conjunction
    with routing based on fwmark (needs iproute2). If you plan on
    doing so, note that the mark needs to be set in either the
```

---

⊖ https://www.man7.org/linux/man-pages/man8/iptables-extensions.8.html。

```
    PREROUTING or the OUTPUT chain of the mangle table to affect
    routing.  The mark field is 32 bits wide.

--set-xmark value[/mask]
    Zeroes out the bits given by mask and XORs value into the
    packet mark ("nfmark"). If mask is omitted, 0xFFFFFFFF is
    assumed.

--set-mark value[/mask]
    Zeroes out the bits given by mask and ORs value into the
    packet mark. If mask is omitted, 0xFFFFFFFF is assumed.

The following mnemonics are available:

--and-mark bits
    Binary AND the nfmark with bits. (Mnemonic for --set-xmark
    0/invbits, where invbits is the binary negation of bits.)

--or-mark bits
    Binary OR the nfmark with bits. (Mnemonic for --set-xmark
    bits/bits.)

--xor-mark bits
    Binary XOR the nfmark with bits. (Mnemonic for --set-xmark
    bits/0.)
```

上述帮助信息中已经给出了详细算法：首先获得 mask 参数中取值为 1 的比特位列表，将 nfmark 数据中对应的比特位设置为 0，然后对 mask 和 value 进行"或"操作（--set-mark）、"异或"操作（--set-xmark）。

使用 C 语言描述上述算法：

```
--set-xmark 算法：
    nfmark = (nfmark & ~mask) ^ value ;
--set-mark 算法：
    nfmark = (nfmark & ~mask) | value ;
```

如果执行命令时未指定 mask 值，则认为 mask 值为 0xFFFFFFFF。

为了方便用户配置，iptables 提供了简化的参数。

➢ "--and-mark bits"，等价于 "--set-xmark 0/invbits"。
➢ "--or-mark bits"，等价于 "--set-xmark bits/bits"。
➢ "--xor-mark bits"，等价于 "--set-xmark bits/0"。

以 Kubernetes 提供的 iptables 规则为例进行说明。下面的规则用于给报文打上"需要进行 NAT 转换（0x4000）"的标志：

```
-A KUBE-MARK-MASQ -j MARK --set-xmark 0x4000/0x4000
```

命令参数为 "--set-xmark 0x4000/0x4000"，用 C 语言描述如下：

```
nfmark = (nfmark & ~0x4000) ^ 0x4000 = nfmark | 0x4000
```

执行此命令相当于将该数据报文的 nfmark 的第 14 个比特位设置为 1。

#### 4. 比较报文标志

使用 mark 参数判断报文的 nfmark 值是否满足要求，参数说明如下：

```
mark
     This module matches the netfilter mark field associated with a
     packet (which can be set using the MARK target below).

[!] --mark value[/mask]
       Matches packets with the given unsigned mark value (if a
       mask is specified, this is logically ANDed with the mask
       before the comparison).
```

此参数用于比较 nfmark 值是否满足指定的条件。其算法步骤为首先对 nfmark 与 mask 执行"与"操作，然后与 value 值进行比较。

用 C 语言描述上述算法：

```
( value == (nfmark & mask ))
```

如果未指定 mask，则认为 mask 值为 0xFFFFFFFF。

以 Kubernetes 提供的 iptables 规则为例进行说明。下面的规则用于判断数据报文是否打上了"需要进行 NAT 转换 0x4000"的标志：

```
-A KUBE-POSTROUTING -m mark ! --mark 0x4000/0x4000 -j RETURN
-A KUBE-POSTROUTING -j MARK --set-xmark 0x4000/0x0
```

第一条规则的命令参数为"! --mark 0x4000/0x4000"，即判断 nfmark&0x4000 与 0x4000 是否相等：如果不相等，则匹配成功，直接返回；如果相等，则匹配失败，继续执行下一条规则。

第二条规则的命令参数为" --set-xmark 0x4000/0x0"，用于清除 nfmark 的第 14 个比特位的值。

## 1.5 总结

本章介绍了 Linux 网络设备基础、路由配置、iptables 配置及应用。其中 iptables 应用部分既是重点，也是难点。因为 Kubernetes 网络中有很多功能都是借助 iptables 实现的，所以理解 iptables 原理变得十分关键。

第 2 章 Chapter 2

# Linux 内核网络

随着虚拟化技术快速发展，越来越多的产品从本地转移到云上运行，而这些产品都是通过网络对外提供服务的。为了能更好地应用网络通信技术，我们有必要了解虚拟化网络背后的运作机制，理解各网络组件的工作原理及其特性，并将理论知识应用到产品开发中，进而提升产品质量。

本章以内核代码为基础，讲解 Linux 操作系统收发报文的完整流程，包括如下主要内容。

- **接收报文流程**：从硬件接收报文开始，到内核协议栈，再到应用程序，清楚地看到用户应用程序接收报文的完整流程。
- **发送报文流程**：与接收报文流程相反，从用户应用程序发出报文开始，再到内核协议栈，最后从硬件设备发出报文。

鉴于篇幅，本章只介绍内核收发报文的主体脉络，若读者对内核实现细节有兴趣，则可以自行阅读相关资料。

## 2.1 Linux 网络协议栈

20 世纪 70 年代，美国国防部高级研究计划局（DARPA）的两位科学家提出了 TCP/IP，并于 1974 年写入 RFC 675 规范。随着网络应用的推广，越来越多的机构、高校采用 TCP/IP 作为通信标准，TCP/IP 已经成为 Internet 通信协议的事实标准。

1984 年，国际标准化组织发布了 ISO/IEC 7498 标准，该标准定义了开放系统互联 OSI（Open System Interconnect）模型。该模型将网络划分为七层，并约定了每一层实现的功能，每层名称和对应的功能参考图 2-1。

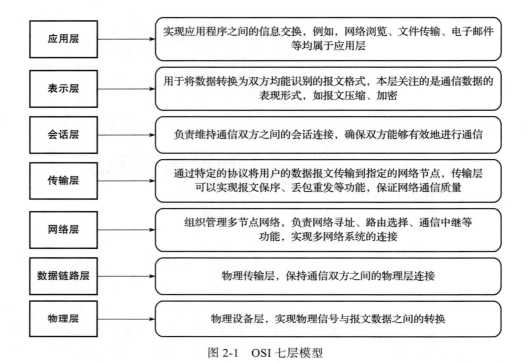

图 2-1　OSI 七层模型

TCP/IP 初期并没有提出分层概念，实际上 TCP/IP 本身是按照分层架构实现的。1989 年 RFC 1122 规范发布，该规范描述了 TCP/IP 的分层模型。该模型包含 4 个层次：应用层、传输层、网络层和数据链路层。

OSI 七层模型与 TCP/IP 四层网络模型之间的对应关系如图 2-2 所示。

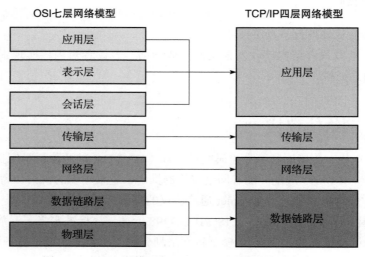

图 2-2　OSI 七层模型与 TCP/IP 四层模型的对应关系

OSI 七层模型提供了通用的网络模型，是理论上的标准。而事实标准依旧是 TCP/IP 网络模型，目前绝大多数系统均基于 TCP/IP 网络模型实现。

Linux 内核实现了完整的 TCP/IP 协议栈，图 2-3 展示了 Linux 操作系统中内核和应用与 TCP/IP 四层网络模型的对应关系。Linux 操作系统分为内核空间和用户空间，其中内核实现的 L2、L3、L4 三层，分别对应 TCP/IP 分层模型中的数据链路层（不包含物理层）、网络层和传输层，内核并不涉及 L4 以上的各层。L4 以上的应用由用户空间程序提供，所以常称用户空间的应用为 L7 应用。

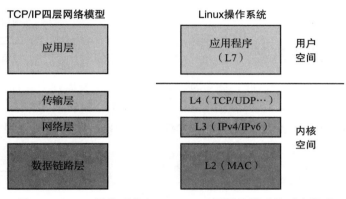

图 2-3　Linux 操作系统与 TCP/IP 四层网络模型的对应关系

接下来进入主题：Linux 系统中是如何完成用户报文的收发流程的？如图 2-4 所示，Linux 内核对网络报文的处理有三种模式。

- 输入：内核接收到外部报文，并将报文送到用户空间的应用上。
- 转发：内核收到外部报文，此报文不归属本机的任何应用，内核将报文转发到外部系统上。
- 输出：内核接收本机应用外发的报文，通过物理设备将报文发送到外部系统上。

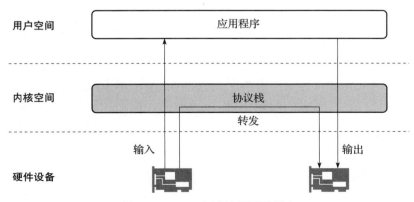

图 2-4　Linux 内核处理网络报文

不管是输入、输出还是转发，在不考虑硬件卸载（Offload）的前提下，报文必须经过内核空间，所以内核是网络通信处理的核心。图 2-4 展示了通过物理设备收发报文的场景，对于虚拟设备，报文直接在内核空间中进行处理，很可能不会经过物理硬件。

本章将重点讨论 Linux 5.14.4 内核收发报文的完整流程。内核代码非常庞大，本书仅梳理内核处理网络报文的主体脉络，让读者对网络报文的处理过程有整体认知，所以无法对代码细节进行深入讨论。读者如果有兴趣，可自行扩展，深入学习 Linux 内核源码。

了解 Linux 系统收发报文的流程对于深入理解虚拟化网络原理有很大的帮助，建议不熟悉相关功能的读者结合内核源码阅读本章。

## 2.2 从 socket 编程开始

提起网络通信，人们立刻会联想到 socket 编程，这是了解网络工作原理的最佳入手点。下面从 UDP socket 编程开始，逐步摸清 Linux 网络处理的全过程。

本节创建一个 UDP 服务端，该服务端监听 8125 端口，服务端收到报文后，将报文中的数据显示到控制台界面上。

### 2.2.1 UDP 服务端源码

代码主体流程包括三个部分：创建 socket；初始化监听地址和端口，绑定端口；等待接收外部报文，收到报文后将其内容输出到控制台上。

udp_server.c 完整代码如下：

```c
#include <stdio.h>
#include <string.h>
#include <sys/socket.h>
#include <netinet/in.h>

#define BUFF_LEN    1500

int main(int argc, char* argv[])
{
    int server_fd;
    struct sockaddr_in server_addr, client_addr;

    // 创建 socket
    server_fd = socket(AF_INET, SOCK_DGRAM, 0);
    if(server_fd < 0) {
        printf("ERROR: create socket failed.\n");
        return -1;
    }

    // 初始化监听地址 / 端口
    memset(&server_addr, 0, sizeof(server_addr));
```

```
    server_addr.sin_family = AF_INET;
    server_addr.sin_addr.s_addr = htonl(INADDR_ANY);      // 绑定所有地址
    server_addr.sin_port = htons(8125);                    // 端口号为 8125

    // 执行绑定
    if(bind(server_fd, (struct sockaddr*)&server_addr,
            sizeof(server_addr))!=0) {
        printf("ERROR: socket bind fail!\n");
        return -2;
    }

    printf("Server is ready...\n");
    while(1) {
        char buf[BUFF_LEN];
        int len = sizeof(client_addr);

        // 接收报文,阻塞式
        int count = recvfrom(server_fd, buf, BUFF_LEN,
                    0, (struct sockaddr*)&client_addr, &len);
        if(count == -1) {
            printf("ERROR: recieve data fail!\n");
            return -3;
        }

        buf[count] = '\0';
        printf("Receive data: %s\n", buf);
    }

    close(server_fd);
    return 0;
}
```

编译源码并运行,看到"Server is ready..."则表示 UDP 服务端启动成功:

```
[hxg@exp ch2]$ gcc udp_server.c -o udp_server
[hxg@exp ch2]$ ./udp_server
Server is ready...
```

接下来使用其他主机测试 udp_server 接收报文功能,直接在本机向 127.0.0.1:8125 发送 UDP 报文也能达到同样的效果。下面直接使用本机进行验证。

使用 socat 命令向 127.0.0.1:8125 发送 2 条 UDP 报文:

```
[hxg@exp ~]$ echo -n "Hello udp_server, here is packet #1." | socat - udp4-datagram:127.0.0.1:8125
[hxg@exp ~]$ echo -n "Hello udp_server, here is packet #2." | socat - udp4-datagram:127.0.0.1:8125
```

回到 udp_server 程序界面查看输出,程序显示收到两个报文,内容是 socat 命令发送的数据:

```
[hxg@exp ch2]$ ./udp_server
Server is ready...
Receive data: Hello udp_server, here is packet #1.
Receive data: Hello udp_server, here is packet #2.
```

上述代码实现比较简单，接下来看程序的实现原理。

### 2.2.2 UDP 服务端源码分析

分析源码之前，先介绍一个概念：**系统调用**（system call）。

在 Linux 操作系统中，应用程序和内核在不同的特权模式下工作。应用程序仅有最低权限，而内核拥有最高权限，应用程序受内核管理，这样就能保证个别应用的意外事故不会对全部系统造成致命的破坏。如果应用程序需要使用系统功能，如访问硬件设备，则可以向内核发起服务请求，由内核实现相关功能，我们称这种调用方式为**系统调用**。

在 x86 体系架构下，系统调用是通过软件中断实现的。应用程序触发系统调用后，CPU 进入软件中断处理程序，同时 CPU 的运行级别也从用户级别 ring3 切换到内核级别 ring0，此过程将导致一系列的上下文切换。与普通的函数调用相比，系统调用消耗更多的资源，这也就是为什么追求高性能的应用尽量避免使用系统调用。

前面的应用程序调用的 socket()、bind()、recvfrom() 函数均会产生系统调用。接下来以 socket() 函数实现为例，介绍 Linux 操作系统是如何实现系统调用的。

应用程序首先调用 socket() 函数获得 socket 文件描述符，应用的代码如下：

```
server_fd = socket(AF_INET, SOCK_DGRAM, 0);
```

程序中调用的 socket() 函数由 glibc 提供（与内核无关），编译器在执行连接时，将应用程序的目标文件和 glibc 的库文件连接在一起，最终形成完整的可执行文件。

glibc 的 socket() 函数定义如下：

```
int
__socket (int fd, int type, int domain)
{
#ifdef __ASSUME_SOCKET_SYSCALL
    return INLINE_SYSCALL (socket, 3, fd, type, domain);
#else
    return SOCKETCALL (socket, fd, type, domain);
#endif
}
libc_hidden_def (__socket)
weak_alias (__socket, socket)
(glibc-2.27/sysdeps/unix/sysv/linux/socket.c)⊖
```

继续跟踪宏定义，函数最终调用了"int $0x80"汇编指令（代码位于 sysdeps/unix/sysv/

---

⊖ glibc 源码：https://elixir.bootlin.com/glibc/glibc-2.27/source/sysdeps/unix/sysv/linux。

linux/i386/sysdep.h 文件中），产生了 0x80 编号的软件中断。在 Linux 内核中，该中断编号对应了系统调用中断。接下来进入内核代码，继续处理此系统调用。

### 1. 创建 socket

内核代码 net/socket.c 文件定义了一系列的套接字系统调用，socket 系统调用定义如下：

```
SYSCALL_DEFINE3(socket, int, family, int, type, int, protocol)
{
    return __sys_socket(family, type, protocol);
}
(net/socket.c)
```

SYSCALL_DEFINE3 宏定义在 include/linux/syscalls.h 文件中，该宏的第一个参数表示系统调用的名称，后面跟着三个用户参数。

跟踪 __sys_socket() 函数实现，调用栈如下：

```
__sys_socket()
└── sock_create()
     └── __sock_create()
```

这里的调用均为通用实现，与具体的协议族无关（Linux 内核支持多种协议族）。调用栈的底层是 __sock_create() 函数，该函数调用报文归属协议族的 create() 接口创建 socket 对象：

```
int __sock_create(struct net *net, int family, int type, int protocol,
          struct socket **res, int kern)
{
    sock = sock_alloc();
    pf = rcu_dereference(net_families[family]);      // 获取协议族对象
    err = pf->create(net, sock, protocol, kern);     // 调用协议族的接口
    ...
}
(net/socket.c)
```

协议族从哪里来？下面以 IPv4 协议族为例来说明。IPv4 协议族定义在 net/ipv4/af_inet.c 文件中，初始化函数为 inet_init()。

内核初始化时调用 inet_init() 执行 IPv4 模块初始化，inet_init() 调用 sock_register() 注册 PF_INET 协议族对象，该对象的 create 接口指向 inet_create() 函数：

```
#define PF_INET         AF_INET

// 定义协议族对象
static const struct net_proto_family inet_family_ops = {
    .family = PF_INET,
    .create = inet_create,          // IPv4 协议族的创建 socket 接口
    .owner  = THIS_MODULE,
};
```

```c
// IPv4 模块初始化函数
static int __init inet_init(void)
{
    (void)sock_register(&inet_family_ops);        // 注册协议族对象
    ...
}
(net/ipv4/af_inet.c)
```

回到应用中,用户调用 socket 接口时,第一个参数指定了当前协议族为 AF_INET,所以本次调用的协议族函数为 inet_create()。

inet_create() 关键代码如下:

```c
static int inet_create(struct net *net, struct socket *sock,
                      int protocol, int kern)
{
    struct sock *sk;
    ...
    // 遍历 inetsw,找到 SOCK_DGRAM 协议对应的接口,将结果保存在 answer 中
    list_for_each_entry_rcu(answer, &inetsw[sock->type], list) {
        ...
    // 设置 SOCK_DGRAM 协议的操作接口
    sock->ops = answer->ops;
    answer_prot = answer->prot;
    ...
    // 创建并初始化 socket 对象
    sk = sk_alloc(net, PF_INET, GFP_KERNEL, answer_prot, kern);
    inet = inet_sk(sk);
    sock_init_data(sock, sk);
    ...
}
(net/ipv4/af_inet.c)
```

函数首先找到用户指定的协议类型对应的操作接口,本次应用程序调用 socket 接口时传递的协议类型为 SOCK_DGRAM,该协议的操作对象位于 inetsw_array 数组中,UDP 的操作对象定义如下:

```c
static struct inet_protosw inetsw_array[] = {
...
{
    .type     = SOCK_DGRAM,                       // UDP 类型
    .protocol = IPPROTO_UDP,
    .prot     = &udp_prot,                        // UDP 对象
    .ops      = &inet_dgram_ops,                  // UDP 操作对象
    .flags    = INET_PROTOSW_PERMANENT,
},
(net/ipv4/af_inet.c)
```

inet_create() 在 inetsw_array 数组中找到 UDP 信息后,将 socket 对象的 sock->ops 指针

设置为 inet_dgram_ops 对象，将 socket 对象的 sock->prot 指针设置为 udp_prot 对象（执行 bind 操作时使用）。

inet_create() 继续调用 sk_alloc() 申请内核套接字对象，并执行相关的初始化操作。该对象由内核使用，与应用程序的 socket 描述符一一对应。函数执行完成后此系统调用执行完成，内核将 socket 对象的文件描述符（File descriptor）返回给应用程序。

总结 socket 系统调用流程，如图 2-5 所示。

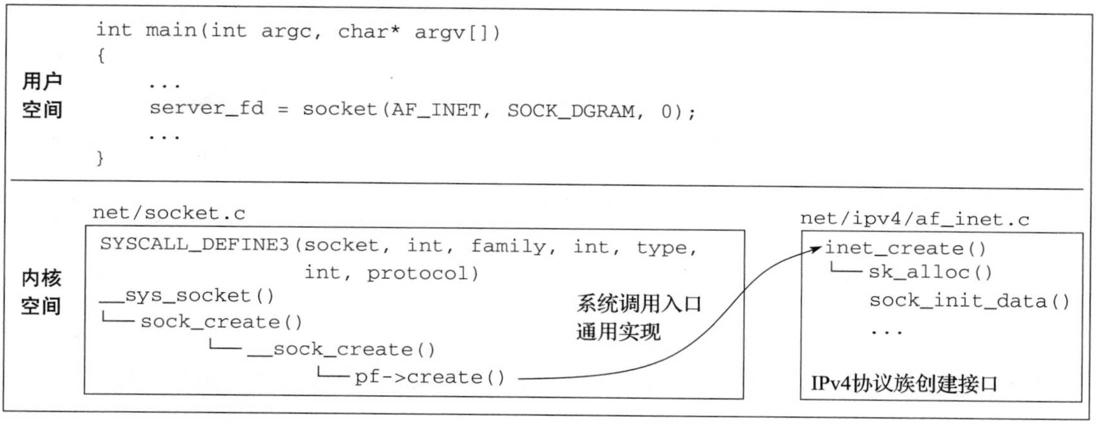

```
用户空间:
int main(int argc, char* argv[])
{
    ...
    server_fd = socket(AF_INET, SOCK_DGRAM, 0);
    ...
}

内核空间:
net/socket.c
SYSCALL_DEFINE3(socket, int, family, int, type,
                int, protocol)              系统调用入口
 └─ __sys_socket()                           通用实现
    └─ sock_create()
       └─ __sock_create()
          └─ pf->create() ──────────┐
                                    │
net/ipv4/af_inet.c                  ▼
inet_create()
 └─ sk_alloc()
    sock_init_data()
    ...
IPv4 协议族创建接口
```

图 2-5  socket 系统调用完整过程

## 关于文件描述符

在 Linux 系统中，每种资源都可以用文件来描述，用户进程通过文件描述符访问资源。由于内存限制，每个进程能够使用的文件描述符数量有限（默认为 1024），用户可以通过下面的命令查询进程支持的最大文件描述符数量：

```
[root@exp ~]# ulimit -n
1024
```

同时，整个系统对文件描述符总数也有限制，通过 proc 文件系统可以获取：

```
[root@exp ~]# cat /proc/sys/fs/file-max
397664
```

这个最大数是如何计算的呢？在内核中，用户每创建一个文件描述符，就要占用 1KB 的内存。默认情况下，Linux 最多允许系统 10% 的内存用于存储文件描述符，内核使用 files_maxfiles_init() 函数计算系统支持的最大文件描述符数量：

```
/*
 * One file with associated inode and dcache is very roughly 1K. Per default
 * do not use more than 10% of our memory for files.
```

```
    */
void __init files_maxfiles_init(void)
{
    unsigned long n;
    unsigned long nr_pages = totalram_pages();
    unsigned long memreserve = (nr_pages - nr_free_pages()) * 3/2;

    memreserve = min(memreserve, nr_pages - 1);
    n = ((nr_pages - memreserve) * (PAGE_SIZE / 1024)) / 10;

    files_stat.max_files = max_t(unsigned long, n, NR_FILE);
}
(fs/file_table.c)
```

对于 4GB 内存的机器来说，最多允许有 400MB 内存用于存储文件描述符，对应的数量大概为 40 万个，与 proc 文件系统中保存的最大值接近。

### 2. 绑定 bind

应用程序创建 socket 后继续调用 bind 接口执行端口绑定，一个"地址+端口"的组合只能被一个应用程序绑定，只有这样内核才能精准地把接收的报文转发给应用程序。

应用程序源码中的 server_addr 对象描述了本程序绑定的地址和端口：

```
server_addr.sin_family = AF_INET;
server_addr.sin_addr.s_addr = htonl(INADDR_ANY);       //绑定地址
server_addr.sin_port = htons(8125);                     //绑定端口
if(bind(server_fd, (struct sockaddr*)&server_addr,      //执行绑定
    ...
```

绑定的 IP 地址为 INADDR_ANY，监听端口号为 8125，应用程序可以从本机的任意地址接收报文。

程序中使用的 bind 接口同样由 glibc 提供。与创建 socket 的过程类似，内核提供了 bind 系统调用：

```
SYSCALL_DEFINE3(bind, int, fd, struct sockaddr __user *, umyaddr,
                int, addrlen)
{
    return __sys_bind(fd, umyaddr, addrlen);
}
(net/socket.c)
```

__sys_bind() 调用网络协议族的 bind 接口，调用栈：

```
__sys_bind()
 └── sock->ops->bind()
```

对于 UDP 来说，sock->ops 指向的是 inet_dgram_ops 对象，该对象指定了每种操作对

应的回调函数，对象定义如下：

```
const struct proto_ops inet_dgram_ops = {
    .family        = PF_INET,
    .owner         = THIS_MODULE,
    .release       = inet_release,
    .bind          = inet_bind,              // bind 接口
    .connect       = inet_dgram_connect,
    .socketpair    = sock_no_socketpair,
    .accept        = sock_no_accept,
    ...
(net/ipv4/af_inet.c)
```

所以，__sys_bind() 最终调用的是 inet_bind() 函数。inet_bind() 首先检查当前的协议类型（本例为 UDP）是否定义了 bind 接口，如果定义了则直接调用，否则调用默认的 __inet_bind() 函数。UDP 对应的协议对象是 udp_prot，该对象没有定义 bind 接口：

```
struct proto udp_prot = {
    .name          = "UDP",
    ...
    .ioctl         = udp_ioctl,
    .init          = udp_init_sock,
    .destroy       = udp_destroy_sock,
    .setsockopt    = udp_setsockopt,
    .getsockopt    = udp_getsockopt,
    .sendmsg       = udp_sendmsg,
    .recvmsg       = udp_recvmsg,
    .get_port      = udp_v4_get_port,        // 绑定端口使用
    ...
};
(net/ipv4/af_inet.c)
```

内核源码中，TCP 同样没有定义 bind 接口，所以这两种协议均通过 __inet_bind() 函数实现地址端口的绑定操作。inet_bind() 函数的调用栈：

```
inet_bind()
└── __inet_bind()
    └── sk->sk_prot->get_port()
```

__inet_bind() 调用协议的 get_port 接口，UDP 对应的函数是 udp_v4_get_port()，该函数将当前 sock 对象插入设备的 ip+port 哈希表中。

后续内核收到报文后，根据 ip+port 信息索引到 sock 对象上，并找到此 sock 对象关联的应用程序，最后将报文转交给用户进程处理。

总结 bind 系统调用流程，如图 2-6 所示。

### 3. 接收 recvfrom/ 发送 sendto

应用程序调用 recvfrom() 从 socket 中接收数据：

```
             int main(int argc, char* argv[])
             {
用户            ...
空间            bind(server_fd, (struct sockaddr*)&server_addr,
                              sizeof(server_addr))!=0)
             ...
             }

            net/socket.c
内核         SYSCALL_DEFINE3(bind, int, fd, struct sockaddr __user *, umyaddr, int, addrlen)
空间         └─ __sys_bind()
              └─ sock->ops->bind()                        系统调用入口

            net/ipv4/af_inet.c                net/ipv4/af_inet.c
             inet_bind()                       udp_v4_get_port()
             └─ __inet_bind()                  └─ udp_lib_get_port()
                 └─ sk->sk_prot->get_port()        └─ ...

            IPv4协议族，通用绑定操作            UDP绑定端口操作
```

图 2-6  bind 系统调用执行过程

```
recvfrom(server_fd, buf, BUFF_LEN, 0, (struct sockaddr*)&client_addr, &len);
```

recvfrom() 函数同样触发系统调用，该系统调用将本进程绑定到 socket 接收队列上，如果该 socket 上没有收到任何报文，则进程会发生阻塞，当有报文到达后，内核唤醒进程执行收包操作。sendto 用于发送报文，同样是系统调用，此接口不会阻塞进程。

后面对这两个系统调用会进行详细描述，这里不展开讲解。

## 2.3  内核接收报文流程

本节讨论 Linux 操作系统中网络收包的完整流程，即从硬件收到报文开始，到硬件驱动，再到内核协议栈，最后送到应用程序。

图 2-7 展示了一个 IP 报文从硬件设备到应用程序的总体流程。

### 2.3.1  硬件设备接收报文

在 Linux 系统中，内核可以通过如下两种方式从设备中收取报文。

➢ **轮询**：内核定时查询设备状态，例如，创建内核线程定时查询某个设备的寄存器，以便知道该设备是否有报文到达。一般

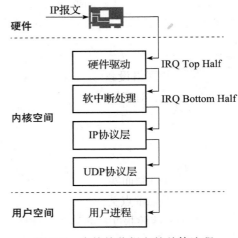

图 2-7  内核接收报文的总体流程

认为轮询方式比较浪费资源，因为绝大多数查询操作都是无效的。但是，这并不能说明轮询方式毫无作用，在一些高速转发场景下，轮询方式反而有优势。
- **中断**：设备接收到外部报文后，通过中断信号告知 CPU 该设备产生了一个事件，CPU 会暂停目前执行的任务，转而调用中断处理函数处理此硬件事件。这种方案能够让系统对外部事件做出最及时的响应，但是也有代价，即如果中断频率过高，会导致系统频繁切换，降低性能。

按照中断源不同，中断可分为硬件中断与软件中断。
- **硬件中断**（Hardware Interrupt）：硬件设备连接到 CPU 的中断信号线上，当设备产生中断时，在中断信号线上触发电平跳变，CPU 捕获此电平跳变后，认为设备产生中断事件，立即开始执行中断处理程序。
- **软件中断**（Software Interrupt）：由特定指令产生的中断，例如，在 x86 体系架构下，通过"int xx"指令可产生软件中断。Linux 的系统调用功能正是通过软件中断实现的。

不管是硬件中断还是软件中断，每个中断都有自己的中断处理程序，一旦中断触发，CPU 都会立即得到响应。

---

### 软件中断和软中断

提到了软件中断（Software Interrupt）就不得不提 Linux 内核的软中断（Soft IRQ），两者的中文翻译一字之差，实际上一点关系都没有。

软件中断属于中断的一种，中断触发后 CPU 立即响应，等价于硬件操作。而内核的软中断仅仅是一种软件实现，内核为每个 CPU 创建一个 ksoftirqd 软件线程，该线程守护本 CPU 上发生的软中断事件，当有软中断事件发生时，ksoftirqd 线程执行此事件对应的处理函数。既然软中断是由软件线程实现的，那么必然存在调度，所以其响应时间相较于软件中断来说并不特别及时。另外，在使用软中断时，如果仅仅设置了软中断标志而不触发 ksoftirqd 线程调度，那么软中断也不会得到执行。

---

现在的网络设备一般同时支持中断、轮询两种模式，两种模式差异较大，其应用场景也完全不同。对于网络应用来说，当网络流量比较低的时候，中断是占绝对优势的，但是一旦流量达到一定速率（如超过 10Gbps），继续采用中断模式会导致应用程序在内核态的处理时间过长，网络处理效率降低。而此时如果采用轮询机制，反而能提高系统性能。目前业界熟知的 Intel 开源的 DPDK（Data Plane Development Kit，数据平面开发套件）网络加速库正是基于轮询机制而实现的。

我们需要重点关注的是 Linux 系统对网络报文处理的通用过程，下面将以中断方式为例讲述 Linux 接收报文的流程。

当网络硬件设备收到有效的数据报文后，硬件设备通过中断信号通知 CPU，CPU 进入中断处理程序。此过程中系统将关闭所有中断，防止其他中断打扰本次中断的执行，直到当前中断处理程序执行完成。如果某个中断处理程序执行时间过长，就可能会影响其他中断的处理。例如，如果网络收包中断处理时间非常长，就有可能影响键盘鼠标的输入，发生鼠标移动卡顿、键盘响应慢的情况。

所以为了提高系统响应速度，内核将中断分成了上半部和下半部两段。

> **上半部（Top-Half）**：仅做最简单的工作，即将中断信息保存下来，尽快释放 CPU。因为此时外部中断处于关闭状态，处理时间过长将会导致其他设备的中断得不到及时响应，影响系统整体性能。

> **下半部（Bottom-Half）**：根据上半部保存的信息继续处理，下半部处理时外部中断已经打开，所以对实时性没有要求。对于网络应用来说，其下半部的处理工作位于 **ksoftirqd** 内核线程中。

通过上半部和下半部配合，就可以在不降低系统响应速度的前提下，提高系统吞吐能力。

回到网络收包流程中。网络设备收到报文后，通过硬件 DMA（Direct Memory Access, 直接内存访问）将数据报文从网卡设备内存（IO MEM）传送到系统内存（RAM）的报文缓冲区中，随后产生一个中断，通知 CPU 有数据报文到达。CPU 收到中断请求后，调用网络设备驱动注册的中断向量处理报文。

图 2-8 展示了硬件设备收到报文后，以中断方式通知内核收包的整体流程。

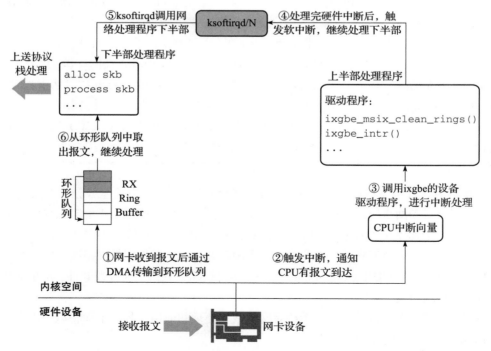

图 2-8　硬件接收报文后触发内核中断处理

该流程涉及以下步骤。

① 网卡设备收到外部报文，硬件设备通过 DMA 将数据传输到系统内存的 RX Ring Buffer（环形队列）中。

② 硬件设备触发中断，通知 CPU 有数据报文到达。

③ CPU 收到中断请求后，调用对应的中断向量程序。Intel 10 Gigabit 的网络设备（如 Intel 82599）的中断服务处理程序为 ixgbe_xxx()。

④ 内核进入中断处理的上半部，这里仅做简单检查，清除硬件标志，保存中断现场，触发软中断后退出。

⑤ Linux 内核软中断由内核线程 ksoftirqd 守护，驱动程序在上半部触发软中断后唤醒 ksoftirqd 线程，ksoftirqd 检查是否有软中断请求达到。如果有则遍历待处理的软中断列表，找到该软中断编号对应的处理程序并调用，这时进入中断的下半部处理流程。

⑥ ksoftirqd 线程调用网络收包处理程序，该程序从环形队列中摘出报文，初步处理后上送内核协议栈继续处理。

下文将以 Intel ixgbe 网卡驱动为例说明处理流程。

**1. 启用网卡设备（用户空间）**

网络设备的中断服务程序是在网卡启用时注册的，通过 ifconfig/ip 命令启用网卡触发此操作。例如，下面的命令用于启用 eth0 网络设备：

```
ifconfig eth0 up
```

ifconfig 命令位于 net-tools 工具包中，用户执行启用操作时，命令首先调用 sockets_open() 函数（位于 net-tools/lib/sockets.c[○]文件中）创建 socket 对象，创建时指定 socket 类型为 SOCK_DGRAM。创建完成后将此对象的文件描述符保存到 skfd 变量中，后续执行系统调用时使用。接着，调用 set_flag() 函数给设备打上 "(IFF_UP | IFF_RUNNING)" 标志：

```
int main(int argc, char **argv)
{
    // 创建 SOCK_DGRAM 类型的 socket
    if ((skfd = sockets_open(0)) < 0) {
        perror("socket");
        exit(1);
    }
    ...
    // 启用网卡操作
    if (!strcmp(*spp, "up")) {
        // 设置网卡状态
        goterr |= set_flag(ifr.ifr_name, (IFF_UP | IFF_RUNNING));
        spp++;
        continue;
```

---

○ ifconfig 源码：https://github.com/giftnuss/net-tools/blob/master/ifconfig.c。

```
        }
        ...
    }
(net-tools/ifconfig.c)
```

继续跟踪 set_flag() 函数。set_flag() 首先通过 ioctl 系统调用（cmd = SIOCGIFFLAGS）获取当前网络设备参数（ioctl 的第一个参数为前面创建的 skfd），接着将"（IFF_UP | IFF_RUNNING）"标志追加到设备的"ifr.ifr_flags"参数中，最后通过 ioctl 系统调用（cmd = SIOCSIFFLAGS）将标志写回设备。

```
static int set_flag(char *ifname, short flag)
{
    struct ifreq ifr;
    ...
    // 获取当前设备的状态
    if (ioctl(skfd, SIOCGIFFLAGS, &ifr) < 0) {
        ...
        return (-1);
    }

    // 设置标志
    ifr.ifr_flags |= flag;

    // 写回状态
    if (ioctl(skfd, SIOCSIFFLAGS, &ifr) < 0) {
        perror("SIOCSIFFLAGS");
        return -1;
    }
    return (0);
}
(net-tools/ifconfig.c)
```

### 2. 启用网卡设备（内核空间）

ifconfig 命令通过 ioctl 系统调用设置网卡状态为 UP 状态。ioctl 系统调用的定义如下：

```
SYSCALL_DEFINE3(ioctl, unsigned int, fd, unsigned
                int, cmd, unsigned long, arg)
{
    struct fd f = fdget(fd);
    ...
    error = do_vfs_ioctl(f.file, fd, cmd, arg);
    if (error == -ENOIOCTLCMD)
        error = vfs_ioctl(f.file, cmd, arg);     // 设备操作执行这里
    ...
}
(fs/ioctl.c)
```

ioctl 系统调用的 cmd 参数取值为 SIOCSIFFLAGS（更改设备状态），系统调用的实际处理函数是 vfs_ioctl()。跟踪 vfs_ioctl() 函数，该函数调用文件对应的"f_op->unlocked_ioctl"

接口执行系统调用：

```
long vfs_ioctl(struct file *filp, unsigned int cmd, unsigned long arg)
{
    int error = -ENOTTY;

    if (!filp->f_op->unlocked_ioctl)
        goto out;
    // 调用设备提供的 unlocked_ioctl 接口
    error = filp->f_op->unlocked_ioctl(filp, cmd, arg);
    if (error == -ENOIOCTLCMD)
        error = -ENOTTY;
out:
    return error;
}
(fs/ioctl.c)
```

本次执行系统调用时传递的文件为 socket 文件，socket 文件操作接口定义在 socket_file_ops 对象中，unlocked_ioctl 成员指向的函数是 sock_ioctl()，所以这里最终调用 sock_ioctl() 函数：

```
static const struct file_operations socket_file_ops = {
    .owner          = THIS_MODULE,
    .llseek         = no_llseek,
    .read_iter      = sock_read_iter,
    .write_iter     = sock_write_iter,
    .poll           = sock_poll,
    .unlocked_ioctl = sock_ioctl,
(net/socket.c)
```

跟踪 sock_ioctl() 函数的调用栈，底层调用 sock 操作对象的 ioctl 接口：

```
sock_ioctl()
 └─ sock_do_ioctl()
      └─ sock->ops->ioctl()
```

在 2.2.2 节中，描述 SOCK_DGRAM 类型的 sock 操作对象是 inet_dgram_ops，对象的 ioctl 接口设置为 inet_ioctl() 函数：

```
const struct proto_ops inet_dgram_ops = {
    .family     = PF_INET,
    .ioctl      = inet_ioctl,
...
```

继续跟踪 inet_ioctl() 的调用栈：

```
inet_ioctl()
 └─ devinet_ioctl()
      └─ __dev_change_flags()
```

__dev_change_flags() 函数根据用户请求的标志，决定打开还是关闭网卡：

```c
int __dev_change_flags(struct net_device *dev, unsigned int flags,
            struct netlink_ext_ack *extack)
{
    if ((old_flags ^ flags) & IFF_UP) { // 检查UP状态是否发生变更
        if (old_flags & IFF_UP)
            __dev_close(dev);
        else
            ret = __dev_open(dev, extack);
    }
}
(net/ipv4/af_inet.c)
```

本次执行打开操作，所以接下来调用 __dev_open() 函数打开设备。__dev_open() 继续调用设备的 ndo_open 接口，实现设备的打开操作：

```
__dev_open()
 └── ops->ndo_open(dev);
```

以 Intel ixgbe 网卡设备驱动程序为例，内核启动时调用设备发现接口，ixgbe 驱动程序的 probe 接口向系统注册了 ixgbe_netdev_ops 对象，此对象描述了设备的打开接口：

```c
static const struct net_device_ops ixgbe_netdev_ops = {
    .ndo_open       = ixgbe_open,
    .ndo_stop       = ixgbe_close,
    ...
(drivers/net/ethernet/intel/ixgbe/ixgbe_main.c)
```

本设备 ndo_open 接口为 ixgbe_open() 函数。每当网卡从 DOWN 状态变更为 UP 后，内核调用 ixgbe_open() 函数，该函数继续调用 ixgbe_request_irq() 实现中断向量的注册。相关调用栈如下：

```
ixgbe_open(netdev)
 └── ixgbe_request_irq(adapter)
```

ixgbe_request_irq() 函数根据设备的配置情况，注册不同的中断处理函数：

```c
static int ixgbe_request_irq(struct ixgbe_adapter *adapter)
{
    ...
    // MSIX 模式
    if (adapter->flags & IXGBE_FLAG_MSIX_ENABLED)
        err = ixgbe_request_msix_irqs(adapter);
    // MSI 模式
    else if (adapter->flags & IXGBE_FLAG_MSI_ENABLED)
        err = request_irq(adapter->pdev->irq, ixgbe_intr, 0,
                netdev->name, adapter);
    // INTx 模式
    else
        err = request_irq(adapter->pdev->irq, ixgbe_intr, IRQF_SHARED,
```

```
                netdev->name, adapter);
    ...
}
(drivers/net/ethernet/intel/ixgbe/ixgbe_main.c)
```

ixgbe_request_irq() 函数根据设备的支持能力注册中断处理函数。
> 设备支持 MSIX 模式时，中断处理函数为 ixgbe_msix_clean_rings()。
> 设备支持 MSI 模式时，中断处理函数为 ixgbe_intr()。
> 设备支持 INTx 模式的中断处理函数为 ixgbe_intr()。

至此，设备已经就绪，内核开始处理从该设备接收的报文。

图 2-9 总结了硬件设备驱动注册中断处理函数的流程。

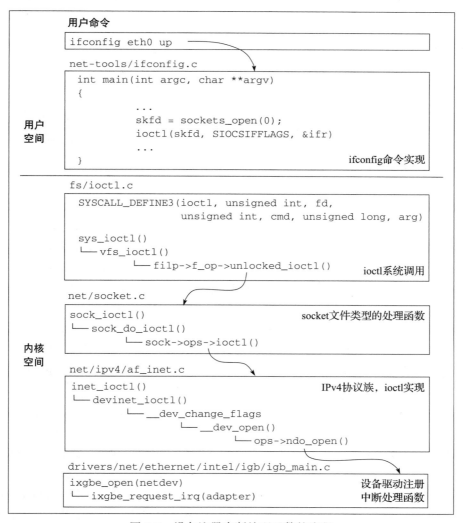

图 2-9　设备注册中断处理函数的流程

### 3. 中断处理流程

ixgbe 驱动程序的 ixgbe_request_irq() 函数根据硬件设备能力注册中断处理函数，这些函数名称不同，但是最终的处理过程是极为相似的。

以 INTx 模式为例，ixgbe_intr() 的调用栈如下：

```
ixgbe_intr()
└── napi_schedule_irqoff()
    └── __napi_schedule_irqoff()
        └── ____napi_schedule()
            └── __raise_softirq_irqoff(NET_RX_SOFTIRQ);
```

当硬件设备收到报文后，首先通过硬件 DMA 将数据传输到系统内存中，然后触发中断。中断处理流程做一些初始化操作，执行结束后调用 napi_schedule_irqoff() 设置软中断标志 NET_RX_SOFTIRQ，触发下半部执行。

上述调用过程中，____napi_schedule() 函数比较关键，核心代码如下：

```
static inline void ____napi_schedule(struct softnet_data *sd,
                  struct napi_struct *napi)
{
    struct task_struct *thread;
    ...
    list_add_tail(&napi->poll_list, &sd->poll_list);
    __raise_softirq_irqoff(NET_RX_SOFTIRQ);
}
(net/core/dev.c)
```

函数传递了如下两个参数。

- ➢ **struct softnet_data *sd**：该参数为当前 CPU 的 softnet_data 对象指针（每个 CPU 均对应一个 softnet_data 对象），此对象保存本 CPU 需要处理的收包任务列表。softnet_data 结构中的 poll_list 成员保存了待执行收包操作的 napi 对象，此对象与设备绑定，凡是需要本 CPU 执行收包操作的 napi 对象均挂在此列表上。
- ➢ **struct napi_struct *napi**：一般情况下每个网络设备对应一个 napi 对象，此对象中保存了本设备用于处理收包的 poll 接口。如果当前设备的收包操作需要某个 CPU 去处理，那么就将本设备的 napi 对象挂载到该 CPU softnet_data 对象的 poll_list 列表中。

其数据结构参考图 2-10。

____napi_schedule() 首先调用 list_add_tail() 函数将当前设备的 napi 对象挂载到 CPU softnet_data 对象的 poll_list 列表中，然后调用 __raise_softirq_irqoff() 设置软中断待处理（pending）标志，本次调用传递的软中断类型为 NET_RX_SOFTIRQ。接下来的流程就交给 ksoftirqd 线程了，网络接收报文的后半段处理流程均在 ksoftirqd 线程中执行。

跟踪整个 napi_schedule_irqoff() 函数会发现，此函数仅仅设置了 CPU 的 pending 状态，将需要处理的软中断编号打上标志，并没有触发软中断的调度。而软中断是通过内核线程

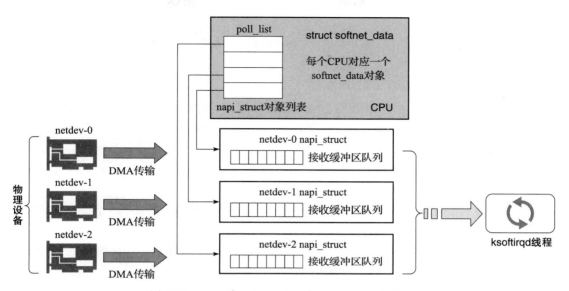

图 2-10　CPU 中 softnet_data 与 napi_struct 的关系

ksoftirqd 实现的，如果 ksoftirqd 没有得到调度，那软中断是不会被执行的。那么，内核是如何触发 ksoftirqd 线程调度的呢？

Intel 82599 网卡驱动注册的中断回调函数为 ixgbe_intr()，但是此函数并不是中断处理的入口函数，真正的中断入口函数位于内核中。内核的 ASM_CALL_SYSVEC/ASM_CALL_IRQ 宏定义了中断函数调用过程，以 ASM_CALL_SYSVEC 为例进行说明：

```
#define ASM_CALL_SYSVEC                            \
    "call irq_enter_rcu                    \n"     \
    "movq %[arg1], %%rdi                   \n"     \
    "call %P[__func]                       \n"     \
    "call irq_exit_rcu                     \n"
(arch/x86/include/asm/irq_stack.h)
```

该宏首先调用 irq_enter_rcu() 进入中断处理，然后调用中断处理函数，待处理完成后调用 irq_exit_rcu() 退出中断处理。

irq_exit_rcu() 继续调用 __irq_exit_rcu()。跟踪 __irq_exit_rcu() 函数：

```
static inline void __irq_exit_rcu(void)
{
    //检查是否有软中断是否需要处理，如果有，则唤醒 ksoftirqd 线程
    if (!in_interrupt() && local_softirq_pending())
        invoke_softirq();

    tick_irq_exit();
}
static inline void invoke_softirq(void)
```

```
{
    if (should_wake_ksoftirqd())
        wakeup_softirqd();                    // 唤醒 ksoftirqd 线程
}
(kernel/softirq.c)
```

__irq_exit_rcu() 在退出中断处理之前，函数会检查是否有挂起的软中断需要处理，如果有，则调用 wakeup_softirqd() 函数唤醒 ksoftirqd 线程。ksoftirqd 得到调度后，就可以正常处理前面设置的软中断标志了。

### 2.3.2 中断处理下半部

中断处理下半部由内核线程 ksoftirqd 完成，该线程用于处理各种软中断请求。系统启动时为每个 CPU 创建了一个 ksoftirqd 内核线程，多核系统中多个 CPU 可以并发处理软中断。

要想弄清楚网络软中断下半部的处理流程，首先需要了解软中断的注册机制，通过此机制找到软中断编号 NET_RX_SOFTIRQ 对应的处理函数。然后深入中断处理函数，厘清整个处理流程。

**1. 创建 ksoftirqd 内核线程**

内核线程 ksoftirqd 专门用于处理内核软中断请求。ksoftirqd 定义如下：

```
static struct smp_hotplug_thread softirq_threads = {
    .store              = &ksoftirqd,
    .thread_should_run  = ksoftirqd_should_run,
    .thread_fn          = run_ksoftirqd,              // 线程入口函数
    .thread_comm        = "ksoftirqd/%u",
};
(kernel/softirq.c)
```

内核在启动时调用 spawn_ksoftirqd() 函数，以为每个 CPU 绑定一个 ksoftirqd 线程：

```
static __init int spawn_ksoftirqd(void)
{
    // 为每个 CPU 启动一个内核线程
    cpuhp_setup_state_nocalls(CPUHP_SOFTIRQ_DEAD, "softirq:dead", NULL,
                takeover_tasklets);
    ...
    return 0;
}
early_initcall(spawn_ksoftirqd);
(kernel/softirq.c)
```

> **注意** spawn_ksoftirqd() 使用 early_initcall 修饰，此类函数会在 main() 函数之前执行，所以我们无法在内核中找到 spawn_ksoftirqd() 函数的调用点。

从 softirq_threads 结构定义可以看到，ksoftirqd 的入口函数为 run_ksoftirqd()。下面是 run_ksoftirqd() 函数的核心代码：

```
static void run_ksoftirqd(unsigned int cpu)
{
    ksoftirqd_run_begin();
    if (local_softirq_pending()) {      // 检查是否有待处理的软中断
        __do_softirq();                 // 执行软中断
        ksoftirqd_run_end();
        cond_resched();
        return;
    }
    ksoftirqd_run_end();
}
(kernel/softirq.c)
```

函数首先检查是否存在需要处理的软中断，如果有，则调用 __do_softirq() 函数处理。这里摘取 __do_softirq() 的核心代码进行参考：

```
asmlinkage __visible void __softirq_entry __do_softirq(void)
{
    ...
    // 获得挂起的软中断标志，每个软中断占用一个比特位
    pending = local_softirq_pending();

    h = softirq_vec;
    while ((softirq_bit = ffs(pending))) {    // 循环获取软中断编号
        h += softirq_bit - 1;                 // 得到软中断处理向量
        h->action(h);                         // 调用软中断处理函数
        ...
    }
}
(kernel/softirq.c)
```

函数首先得到软中断向量数组头 softirq_vec，然后计算得到挂起的软中断编号，进而找到该编号对应的软中断处理对象，调用此对象的 action 接口。上面的 ffs() 函数用于获取指定数据的第一个有效比特位的位置，pending 字段是一个 u32 类型的数据，所以软中断编号范围是 0～31。目前内核支持的软中断列表如下：

```
enum
{
    HI_SOFTIRQ=0,
    TIMER_SOFTIRQ,
    NET_TX_SOFTIRQ,
    NET_RX_SOFTIRQ,
    BLOCK_SOFTIRQ,
    IRQ_POLL_SOFTIRQ,
    TASKLET_SOFTIRQ,
```

```
    SCHED_SOFTIRQ,
    HRTIMER_SOFTIRQ,
    RCU_SOFTIRQ,    /* Preferable RCU should always be the last softirq */
    NR_SOFTIRQS
};
(include/linux/interrupt.h)
```

网络接收报文对应的软中断编号为 NET_RX_SOFTIRQ，接下来继续寻找 NET_RX_SOFTIRQ 对应的软中断处理函数（action 函数）。

### 2. 注册 NET_RX_SOFTIRQ

内核初始化时调用 net_dev_init() 函数执行网络设备的初始化，该函数注册了两个 softirq 的处理函数，分别是 NET_TX_SOFTIRQ 和 NET_RX_SOFTIRQ。

```
static int __init net_dev_init(void)
{
    ...
    open_softirq(NET_TX_SOFTIRQ, net_tx_action);
    open_softirq(NET_RX_SOFTIRQ, net_rx_action);
}
(net/core/dev.c)
```

open_softirq 函数将回调函数写入 softirq_vec 数组中：

```
void open_softirq(int nr, void (*action)(struct softirq_action *))
{
    softirq_vec[nr].action = action;
}
(net/core/dev.c)
```

所以，软中断编号 NET_RX_SOFTIRQ 对应的处理函数为 net_rx_action()，软中断编号 NET_RX_SOFTIRQ 对应的处理函数为 net_tx_action()。

### 3. 软中断收包

继续讨论软中断处理函数，图 2-11 展示了软中断收包处理的总体流程。

NET_RX_SOFTIRQ 软中断对应的处理函数为 net_rx_action()，下面是该函数的部分关键代码：

```
static __latent_entropy void net_rx_action(struct softirq_action *h)
{
    //获取 CPU 的 softnet_data 数据结构
    struct softnet_data *sd = this_cpu_ptr(&softnet_data);
    LIST_HEAD(list);

    //取得待接收报文的设备列表
    list_splice_init(&sd->poll_list, &list);
    ...
```

```
    // 处理 list 列表，直到所有设备均处理完成
    for (;;) {
        struct napi_struct *n;
        n = list_first_entry(&list, struct napi_struct, poll_list);
        // 调用设备的 poll 接口处理收包
        budget -= napi_poll(n, &repoll);
    }
}
(net/core/dev.c)
```

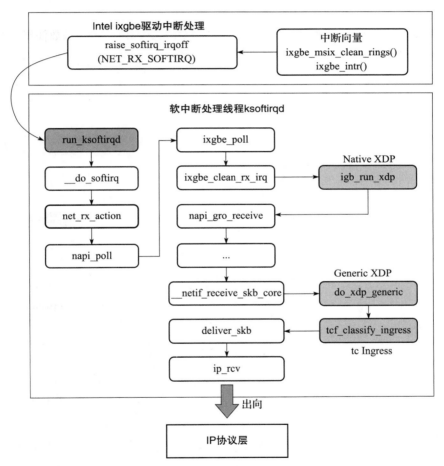

图 2-11　软中断收包处理流程

前面提到每个 CPU 对应了一个 softnet_data 对象，该对象中的 poll_list 成员中链接了所有需要执行接收报文操作的 napi 对象（每个 napi 对象对应了一个设备）。net_rx_action() 函数首先获取本 CPU 的 poll_list，遍历并逐个调用 napi_poll() 函数在当前设备上执行收包操作。

跟踪 napi_poll() 函数，调用栈如下：

```
napi_poll()
└── __napi_poll()
    └── n->poll(n, weight);         // 调用 napi_struct 结构的 poll 接口
```

底层调用 napi 对象的 poll 接口，该接口是在设备发现的时候注册的。

继续以 Intel 82599 设备为例，内核初始化时调用 ixgbe_probe() 发现设备，此函数根据当前系统配置情况来决定创建收发队列数量，在函数调用底层注册了 poll 函数，调用过程如下：

```
ixgbe_probe()
└── ixgbe_init_interrupt_scheme()
    └── ixgbe_alloc_q_vectors()
        └── ixgbe_alloc_q_vector()
            └── netif_napi_add(adapter->netdev,
                               &q_vector->napi,
                               ixgbe_poll, 64);
```

netif_napi_add() 函数的第三个参数为 poll 回调，此函数将回调函数指针赋值给 napi 对象的 poll 成员：

```
void netif_napi_add(struct net_device *dev, struct napi_struct *napi,
        int (*poll)(struct napi_struct *, int), int weight)
{
    napi->poll = poll;
}
(net/core/dev.c)
```

所以，Intel 82599 设备的函数为 ixgbe_poll()。ixgbe_poll() 函数的调用栈如下：

```
ixgbe_poll()
└── ixgbe_clean_rx_irq_zc()/ixgbe_clean_rx_irq()
    ├── ixgbe_get_rx_buffer()               // 从 RX Ring Buffer 获取 skb 数据
    ├── ixgbe_run_xdp()                     // native XDP 调用点
    │   └── bpf_prog_run_xdp()              // 执行 BPF 程序
    ├── ixgbe_build_skb()/ixgbe_construct_skb()  // 构建 skb
    ├── ixgbe_rx_skb()
        └── napi_gro_receive()              // 这里开始进入通用处理流程
```

从 napi_gro_receive() 函数开始，内核进入通用处理流程，接下来的调用栈如下：

```
napi_gro_receive()
└── napi_skb_finish()
    └── gro_normal_one()
        └── gro_normal_list()
            └── netif_receive_skb_list_internal()
                └── __netif_receive_skb_list()
                    └── __netif_receive_skb_list_core()
                        └── __netif_receive_skb_core()
__netif_receive_skb_core()
├── do_xdp_generic()                        // generic XDP 调用点
```

```
         └── netif_receive_generic_xdp(skb, &xdp, xdp_prog);
              └── bpf_prog_run_xdp(xdp_prog, xdp);      // 执行 eBPF 程序
├── sch_handle_ingress()
│     └── tcf_classify_ingress()                        // tc 分类处理
└── deliver_ptype_list_skb()
      └── deliver_skb(..., struct packet_type *pt_prev, ...)
           └── pt_prev->func(skb, skb->dev, pt_prev, orig_dev);
```

流程中需要注意以下几个关键技术点。

- **执行 native XDP（eXpress Data Path）回调**：XDP 是 Linux 内核提供的高性能、可编程的网络转发路径，用户可以在此插入 BPF 程序实现自定义转发。
- **创建套接字缓冲区 skb（struct sk_buff）资源**：可以说 skb 结构是 Linux 网络代码中最关键的数据结构，该结构中保存了 IP 报文所有分层（L2、L3、L4）的报文头信息，代码通过偏移量就可以快速找到报文头信息。该结构的具体内容请参考介绍内核原理的书籍，本节重点梳理报文处理流程，不再详细介绍此结构体信息。
- **执行 generic XDP 调用**：与 native XDP 类似，两者的不同在于调用的时机不同。部分设备驱动程序不支持 native XDP 调用，但是一定支持 generic XDP 调用。
- **执行调用栈底层的 deliver_skb() 函数**：将 skb 传递给上一层的协议层处理。

deliver_skb() 函数的关键代码如下：

```
static inline int deliver_skb(struct sk_buff *skb,
              struct packet_type *pt_prev,
              struct net_device *orig_dev)
{
    if (unlikely(skb_orphan_frags_rx(skb, GFP_ATOMIC)))
        return -ENOMEM;

    refcount_inc(&skb->users);
    return pt_prev->func(skb, skb->dev, pt_prev, orig_dev);
}
(net/core/dev.c)
```

函数的第二个参数 pt_prev 的类型为 struct packet_type，每种数据包类型均注册了自己的 packet_type 对象。IPv4 类型的 packet_type 对象定义如下：

```
static struct packet_type ip_packet_type __read_mostly = {
    .type = cpu_to_be16(ETH_P_IP),           // 包类型
    .func = ip_rcv,                          // 收包函数
    .list_func = ip_list_rcv,
};
static int __init inet_init(void)
{
        // ip_packet_type 未指定关联设备，所以最终设置到 ptype_base[x] 中
    dev_add_pack(&ip_packet_type);
}
(net/ipv4/af_inet.c)
```

内核初始化时调用 inet_init() 将 ip_packet_type 对象注册到系统中，deliver_skb() 分发 IPv4 报文时，最终调用 ip_rcv() 函数接收报文。

接下来进入 IP 协议层处理流程。

### 2.3.3　IP 协议层处理

软中断最后调用的是网络协议类型关联的回调函数，IPv4 协议的回调函数为 ip_rcv()，此函数是所有 IPv4 报文的入口点。这里也是 L2 和 L3 的分界点，从现在开始进入 L3 协议层处理流程。

图 2-12 展示了 IP 协议层的处理流程。

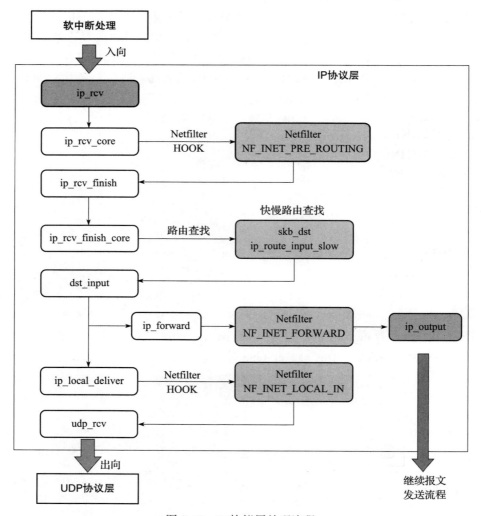

图 2-12　IP 协议层处理流程

## 1. 接收 IP 报文

L3 协议层的入口函数为 ip_rcv()，关键代码如下：

```
int ip_rcv(struct sk_buff *skb, struct net_device *dev,
      struct packet_type *pt, struct net_device *orig_dev)
{
    struct net *net = dev_net(dev);

    skb = ip_rcv_core(skb, net);
    if (skb == NULL)
        return NET_RX_DROP;

    //尚未做路由查找，挂载点是路由前处理的
    return NF_HOOK(NFPROTO_IPV4, NF_INET_PRE_ROUTING,
            net, NULL, skb, dev, NULL,
            ip_rcv_finish);   //最后一个参数是后续的处理函数
}
(net/ipv4/ip_input.c)
```

函数处理分为如下两部分。

> ➤ ip_rcv_core：报文完整性检查，仅做报文头解析、数据校验等工作。
> ➤ NF_HOOK：Netfilter 挂载点，此处将进行 Netfilter 回调，对应的挂载点为 PREROUTING。如果 Netfilter 回调的执行结果为 ACCEPT，则继续调用 ip_rcv_finish() 处理报文。

在整个网络协议栈处理流程中，Netfilter 一共选定了 5 个挂载点，用户可以在这些挂载点注册钩子回调。图 2-13 展示了 NF_INET_PRE_ROUTING 在报文处理流程中的位置。

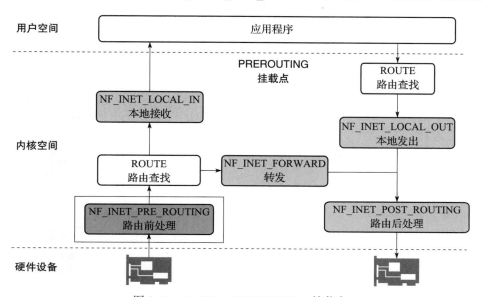

图 2-13　Netfilter PREROUTING 挂载点

NF_HOOK 是一个 inline 函数，本例中该函数实现了 Netfilter NF_INET_PRE_ROUTING 挂载点的调用。

NF_HOOK 函数定义：

```
static inline int
NF_HOOK(uint8_t pf, unsigned int hook, struct net *net,
    struct sock *sk, struct sk_buff *skb,
    struct net_device *in, struct net_device *out,
    int (*okfn)(struct net *, struct sock *, struct sk_buff *))
{
    int ret = nf_hook(pf, hook, net, sk, skb, in, out, okfn);
    if (ret == 1)
        ret = okfn(net, sk, skb);        // 调用 ip_rcv_finish
    return ret;
}
(include/linux/netfilter.h)
```

该函数包含两部分内容。
- 调用 **nf_hook()**：执行 iptables PREROUTING 链上定义的规则。
- 调用传递进来的 **okfn** 函数：外部调用 NF_HOOK 时传递进来的 okfn 参数值为 ip_rcv_finish()，ip_rcv() 函数继续调用此函数执行。

跟踪 nf_hook()，该函数调用 nf_hook_slow() 实现完整的功能，关键代码如下：

```
int nf_hook_slow(struct sk_buff *skb, struct nf_hook_state *state,
        const struct nf_hook_entries *e, unsigned int s)
{
    for (; s < e->num_hook_entries; s++) {
        verdict = nf_hook_entry_hookfn(&e->hooks[s], skb, state);
        switch (verdict & NF_VERDICT_MASK) {
        case NF_ACCEPT:    // 规则执行结果为 ACCEPT 时，内核将继续处理报文
            break;
        case NF_DROP:
            kfree_skb(skb);
            ...
        case NF_QUEUE:
            ...;
        default:
            return 0;
        }
    }
    return 1;
}
(net/netfilter/core.c)
```

nf_hook_slow() 遍历 PREROUTING 链的所有回调函数并按序调用，执行完成后得到后续的处理策略，有如下三种可能的结果。
- **NF_ACCEPT**：接受，继续执行后续的报文处理。

- NF_DROP：丢弃报文。
- NF_QUEUE：将报文写入指定的队列中，交由用户空间程序决定该报文如何处理。例如，用户执行"iptables -A INPUT -j NFQUEUE --queue-num 0"命令向系统中添加规则，该规则是指将接收的报文全部送入 0 号队列，由用户空间的程序来决定报文的处理策略。用户空间程序使用 libnetfilter_queue 库连接 0 号队列，收到内核空间的请求后决策报文去向。

内核执行 Netfilter 规则时采用循环遍历机制，当 Netfilter 表项比较少时，执行规则的过程对整体转发性能影响有限，但是当表项数量过多时，此功能将严重影响性能。

如果 nf_hook_entry_hookfn() 的执行结果中返回的是 NF_ACCEPT，则函数最后返回 1，NF_HOOK 继续调用 ip_rcv_finish() 接收报文。

### 2. 路由查找

Netfilter 调用 NF_HOOK 函数返回后，内核继续调用 ip_rcv_finish() 函数处理 IP 报文。ip_rcv_finish() 的调用栈如下：

```
ip_rcv_finish()
├── ip_rcv_finish_core()
│   ├── skb_dst()                        //快路由查找
│   │   └── udp_v4_early_demux()
│   └── ip_route_input_noref()
│       └── ip_route_input_rcu()
│           └── ip_route_input_slow()    //慢路由查找
└── dst_input()
```

调用栈上第一个函数为 ip_rcv_finish_core()，该函数的核心功能是进行路由查找。路由查找完成后得到 dst_entry 对象，该对象决定了当前报文的后续处理流程。

为了保证转发效率，路由查找过程分为两段。

- **skb_dst()（快路由查找）**：直接查看当前报文的 skb->_skb_refdst 指针是否有效，如果有效则直接使用。此指针相当于 cache（缓存）功能，只不过缓存里只有一条有效记录。
- **ip_route_input_slow()（慢路由流程）**：如果 skb->_skb_refdst 无效则执行此流程，此函数在整个路由表范围内执行路由匹配。

慢路由查找的关键代码如下：

```
static int ip_route_input_slow(struct sk_buff *skb,
               __be32 daddr, __be32 saddr,
               u8 tos, struct net_device *dev,
               struct fib_result *res)
{
    err = fib_lookup(net, &fl4, res, 0);        //执行路由查找

make_route:        // 转发报文时通过此入口
```

```
            err = ip_mkroute_input(skb, res, in_dev, daddr, saddr, tos, flkeys);
    ...
    local_input:           // 本地接收时通过此入口
            rth = rt_dst_alloc(ip_rt_get_dev(net, res),
                        flags | RTCF_LOCAL, res->type,
                        IN_DEV_ORCONF(in_dev, NOPOLICY), false);
    }
    (net/ipv4/route.c)
```

慢路由查找完成后得到该报文的后续处理策略。

> **本地接收**：当匹配的路由类型为 LOCAL 时（res->type == RTN_LOCAL），继续上送协议栈执行后续操作，调用 ip_local_deliver() 函数将报文传递给接收方。
> **转发**：当匹配的路由类型为 UNICAST 时（res->type == RTN_UNICAST），调用 ip_forward() 函数将报文转发出去。

### 3. 本机接收报文

ip_rcv_finish() 执行完路由查找后，若发现当前报文需要由本机接收，则继续调用 dst_input() 函数处理：

```
#define INDIRECT_CALL_INET(f, f2, f1, ...) \
    INDIRECT_CALL_2(f, f2, f1, __VA_ARGS__)
...
static inline int dst_input(struct sk_buff *skb)
{
    return INDIRECT_CALL_INET(skb_dst(skb)->input,
                ip6_input, ip_local_deliver, skb);
}
(include/net/dst.h)
```

dst_input() 设计为内联函数，其主体功能是调用 INDIRECT_CALL_INET 宏来判断后续调用哪个入口。

INDIRECT_CALL_INET 宏的执行过程如下。

①如果参数满足 f->input == f2，那么调用 f2。

②如果参数满足 f->input != f2，那么继续判断是否满足 f->input == f1，如果满足条件就调用 f1。

③如果上述条件都不满足，就调用 f->input()。

对于本地接收场景，已经设置 skb_dst(skb)->input = ip_local_deliver()，所以后续的处理函数为 ip_local_deliver()。继续跟踪 ip_local_deliver() 实现：

```
int ip_local_deliver(struct sk_buff *skb)
{
    struct net *net = dev_net(skb->dev);
    // 分片报文重组
    if (ip_is_fragment(ip_hdr(skb))) {
```

```
            if (ip_defrag(net, skb, IP_DEFRAG_LOCAL_DELIVER))
                return 0;
    }
    // NF_HOOK 挂载点 NF_INET_LOCAL_IN
    return NF_HOOK(NFPROTO_IPV4, NF_INET_LOCAL_IN,
               net, NULL, skb, skb->dev, NULL,
               ip_local_deliver_finish);
}
(net/ipv4/ip_input.c)
```

这里涉及 Netfilter 的第二个挂载点 NF_INET_LOCAL_IN，此挂载点在流程中的位置参考图 2-14。

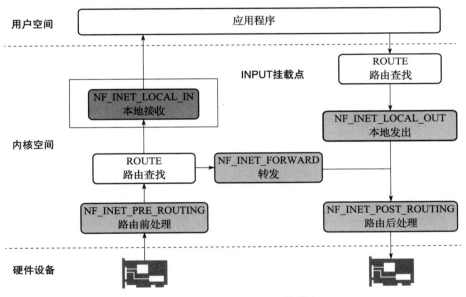

图 2-14　Netfilter INPUT 挂载点

它与 PREROUTING 挂载点的执行过程相似，调用完成后继续调用 ip_local_deliver_finish()。函数的调用栈如下：

```
ip_local_deliver_finish()
  └── ip_protocol_deliver_rcu()
```

ip_protocol_deliver_rcu() 根据报文的协议类型决定后续如何处理：

```
void ip_protocol_deliver_rcu(struct net *net, struct sk_buff *skb,
                  int protocol)
{
    ret = INDIRECT_CALL_2(ipprot->handler, tcp_v4_rcv, udp_rcv, skb);
}
(net/ipv4/ip_input.c)
```

如果当前报文的协议类型为 UDP，那么就调用 udp_rcv()；如果是 TCP，那么就调用 tcp_v4_rcv()。本例实现的是 UDP 接收，所以最终调用的是 udp_rcv()。

### 2.3.4 UDP 协议层处理

IP 协议层处理完成后进入 UDP 协议层，UDP 协议层的处理函数为 udp_rcv()。

图 2-15 展示了 UDP 协议层的处理流程。

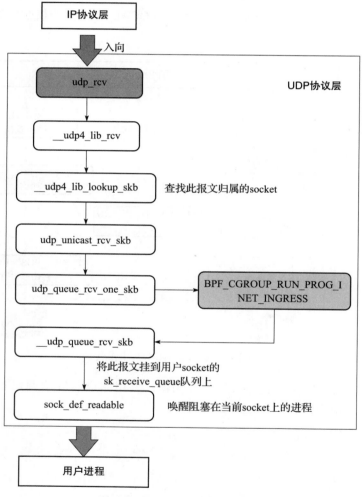

图 2-15　UDP 协议层处理流程

UDP 协议层的入口函数为 udp_rcv()，调用栈如下：

```
udp_rcv()
  └── __udp4_lib_rcv()
```

\_\_udp4\_lib\_rcv() 根据四层协议信息找到报文关联的 socket：

```
int __udp4_lib_rcv(struct sk_buff *skb, struct udp_table *udptable,
        int proto)
{
    ...
    sk = __udp4_lib_lookup_skb(skb, uh->source, uh->dest, udptable);
    if (sk)
        return udp_unicast_rcv_skb(sk, skb, uh);
}
(net/ipv4/udp.c)
```

函数首先调用 \_\_udp4\_lib\_lookup\_skb()，在 udptable 中查找此报文归属的 socket。此函数将根据报文的源/目的地址、源/目的端口号结合，查找到对应的 socket。如果函数找不到对应的 socket，则内核会向发送方回复 ICMP 应答，错误码为"端口不可达"；如果找到了 socket，则接着调用 udp\_unicast\_rcv\_skb()（不讨论组播报文的处理），将报文挂到用户 socket 队列上。udp\_unicast\_rcv\_skb() 的调用栈如下：

```
udp_unicast_rcv_skb(sk, skb);
└── udp_queue_rcv_skb(sk, skb);
    └── udp_queue_rcv_one_skb(sk, skb);
        ├── sk_filter_trim_cap(sk, skb, sizeof(struct udphdr))
        │   └── BPF_CGROUP_RUN_PROG_INET_INGRESS(sk, skb)  // BPF 回调
        └── __udp_queue_rcv_skb(sk, skb);
            └── __udp_enqueue_schedule_skb(sk, skb)
```

调用栈底层的 \_\_udp\_enqueue\_schedule\_skb() 函数会执行最终的挂队列操作。函数将报文挂到 socket 的 sk\_receive\_queue 队列上：

```
int __udp_enqueue_schedule_skb(struct sock *sk, struct sk_buff *skb)
{
// socket 收报文队列
    struct sk_buff_head *list = &sk->sk_receive_queue;
    __skb_queue_tail(list, skb);           // 将此加入 socket 收包队尾
    if (!sock_flag(sk, SOCK_DEAD))
        sk->sk_data_ready(sk);             // 如果 socket 正常，则通知进程数据可用
}
(net/ipv4/udp.c)
```

挂队列成功后调用 sk->sk\_data\_ready(sk) 来通知用户进程数据已就绪。若 sk\_data\_ready 是函数指针，那么这个指针指向哪个函数呢？

当用户创建 socket 时，内核调用 sock\_init\_data() 执行 socket 数据初始化：

```
void sock_init_data(struct socket *sock, struct sock *sk)
{
    sk->sk_state_change  =   sock_def_wakeup;
    sk->sk_data_ready    =   sock_def_readable;
    sk->sk_write_space   =   sock_def_write_space;
```

```
    ...
}
(net/core/sock.c)
```

这里设置 sk_data_ready 指针指向 sock_def_readable() 函数。

继续跟踪 sock_def_readable() 函数的实现：

```
void sock_def_readable(struct sock *sk)
{
    struct socket_wq *wq;

    rcu_read_lock();
    wq = rcu_dereference(sk->sk_wq);
    if (skwq_has_sleeper(wq))      // 检查是否有进程在此等待
        wake_up_interruptible_sync_poll(&wq->wait, EPOLLIN | EPOLLPRI |
                        EPOLLRDNORM | EPOLLRDBAND);    // 唤醒进程
    sk_wake_async(sk, SOCK_WAKE_WAITD, POLL_IN);       // 异步通知
    rcu_read_unlock();
}
(net/core/sock.c)
```

sock_def_readable() 检查是否有进程阻塞在此 socket 上，如果有就唤醒进程。

至此，内核态的报文接收流程就结束了，接下来进入用户进程收取报文。

## 2.3.5 用户进程接收报文

应用程序调用 recvfrom() 或者 recv() 接口接收报文，这两个接口最终都是执行系统调用的。内核代码中，两个系统调用的定义如下：

```
SYSCALL_DEFINE6(recvfrom, int, fd, void __user *, ubuf, size_t, size,
        unsigned int, flags, struct sockaddr __user *, addr,
        int __user *, addr_len)
{
    return __sys_recvfrom(fd, ubuf, size, flags, addr, addr_len);
}

SYSCALL_DEFINE4(recv, int, fd, void __user *, ubuf, size_t, size,
        unsigned int, flags)
{
    return __sys_recvfrom(fd, ubuf, size, flags, NULL, NULL);
}
(net/socket.c)
```

recv 和 recvfrom 系统调用的参数略有差异：recv 适用于有连接的套接字，即在使用该函数之前先调用 connect() 函数进行连接，通常用于 TCP；recvfrom 适用于无连接的套接字，即在使用该函数之前不需要执行连接操作，通常用于 UDP。两个系统调用最终都会执行到内核的 __sys_recvfrom() 函数，调用栈如下：

```
__sys_recvfrom()
├── sock_recvmsg()
│   └── sock_recvmsg_nosec()
│       └── inet_recvmsg()
│           └── udp_recvmsg()
│               └── __skb_recv_udp()
└── move_addr_to_user();
    └── copy_to_user()
```

\_\_sys_recvfrom() 首先调用 sock_recvmsg() 收取报文。底层调用 \_\_skb_recv_udp() 尝试从 socket 的接收队列中获取数据，如果无法获取，则阻塞进程。下面是 \_\_skb_recv_udp() 的核心代码：

```c
struct sk_buff *__skb_recv_udp(struct sock *sk, unsigned int flags,
                int noblock, int *off, int *err)
{
    // 内核收包写入的 queue 是 sk->sk_receive_queue
    struct sk_buff_head *sk_queue = &sk->sk_receive_queue;
    queue = &udp_sk(sk)->reader_queue;      // UDP 读取的 queue

    do {
        do {
            // 从 UDP 的 reader_queue 中读取数据，读到就返回
            skb = __skb_try_recv_from_queue(sk, queue, flags, off,
                                    err, &last);
            if (skb)
                return skb;
            /* 读不到，则证明当前的 UDP queue 中没有数据，此时需要将
               sk_receive_queue 里面的数据转移到 reader_queue 中，
               然后清空 sk_receive_queue
             */
            skb_queue_splice_tail_init(sk_queue, queue);

            // 然后重新尝试从 queue 中读取数据
            skb = __skb_try_recv_from_queue(sk, queue, flags, off,
                                    err, &last);
            if (skb)
                return skb;
        } while (!skb_queue_empty_lockless(sk_queue));

    // 最外层的大循环用于等待收包，如果无可用报文，则进程被阻塞
    } while (timeo &&
             !__skb_wait_for_more_packets(sk, &sk->sk_receive_queue,
                                    &error, &timeo,
                                    (struct sk_buff *)sk_queue));
}
(net/ipv4/udp.c)
```

\_\_skb_recv_udp() 优先从 socket 的 reader_queue 队列中获取数据，如果无法获取，则

将 socket 的 sk_receive_queue 里面的报文转移到 reader_queue 队列中，然后继续在 reader_queue 队列上执行收取报文操作，直到无报文可接收，进程被阻塞。

__skb_recv_udp() 函数返回有效数据，则证明从 reader_queue 队列中获取了有效报文。接下来，__sys_recvfrom() 继续调用 move_addr_to_user() 将报文从内核空间复制到用户空间，系统调用完成并返回。

最后回到用户进程，代码如下：

```
// 接收报文成功后，函数返回，否则一直阻塞
int count = recvfrom(server_fd, buf, BUFF_LEN,
            0, (struct sockaddr*)&client_addr, &len);
if(count == -1) {
    printf("ERROR: recieve data fail!\n");
    return -3;
}
```

当外部报文送达用户进程后，recvfrom() 函数返回本次收到的报文大小以及发送端信息。至此，UDP 报文接收流程完成。

### 2.3.6 接收报文中断的亲和性设置

Linux 系统提供中断亲和性（Affinity）配置功能，可以通过修改中断亲和性参数来将网卡中断绑定到特定的 CPU 核上。亲和性配置文件路径为"/proc/irq/<interrupt-number>/smp_affinity"。例如，本机环境的网卡设备中断编号为 16，则该中断对应的绑定配置文件为"/proc/irq/16/smp_affinity"。亲和性配置文件内容为一个数值，每个 CPU 占用一个比特位，取值为 0xFFFF 表示该中断可以被 CPU0 ～ CPU15 处理。假如将所有网卡的中断全部绑定到一个 CPU 上，如果网络流量过高，单个 CPU 处理不过来，就可能存在系统丢包的风险，所以对于流量要求比较高的场景，用户需合理设置中断亲和性。

测试环境 exp 主机的网卡设备占用 16 号中断，该中断的亲和性配置如下：

```
[root@exp~]# cat/proc/irq/16/smp_affinity
1
```

/proc/interrupts 文件呈现了系统中断统计数据，结果如下：

```
[root@exp ~]# cat /proc/interrupts
          CPU0        CPU1
 16:     152964         22      IO-APIC   16-fasteoi    enp0s8
```

从上面的输出可以看到，在 exp 主机上 CPU0 处理了绝大部分的网卡中断。接下来将中断绑到 CPU1 上：

```
[root@exp ~]# echo 2 > /proc/irq/16/smp_affinity
```

通过 enp0s8 设备从外部网络中下载数据，再次查看中断统计数据：

```
[root@exp ~]# cat /proc/interrupts
            CPU0        CPU1
 16:      153980       34690       IO-APIC   16-fasteoi      enp0s8
```

CPU0 上的统计数据变化不大，enp0s8 网络设备的中断基本上都转移到 CPU1 上进行处理了。

### 2.3.7 报文接收流程总结

本节讨论了 Linux 操作系统中应用程序接收报文的完整流程，以网络设备接收报文为起点，设备以中断方式通知内核处理接收到的报文，然后经历 L3、L4 协议栈处理，最终将报文送到了用户应用程序上。

接收报文流程主要靠内核线程 ksoftirqd，系统收取报文的能力与 ksoftirqd 线程的处理能力直接相关。在一些高网络带宽场景下，ksoftirqd 将限制系统的最大处理能力。为了避免受内核限制，用户可以考虑使用用户态程序直接从网络设备收取报文，例如，基于 DPDK 开发的应用程序，系统的处理能力由用户态线程数 / 处理能力决定。

当然，很多事情没有万全之策，当缺少内核协议栈的支持时，用户态应用需要具备部分网络协议栈功能，代码复杂度也将直线上升。有得就有失，最终的选择还是取决于应用场景。

本节重点讨论的是系统接收报文的整体流程，对于细节部分并未进行详述，有兴趣的读者可以参考《深入理解 Linux 网络技术内幕》等专门讲述内核实现的书籍。

## 2.4 内核发送报文流程

本节将讨论网络发包的完整流程，从用户进程发出，到内核协议栈处理，最后从硬件设备发出。图 2-16 展示了报文发送的总体流程。

### 2.4.1 用户进程发送报文

用户进程调用 sendto() 接口发送 UDP 数据报文，例如：

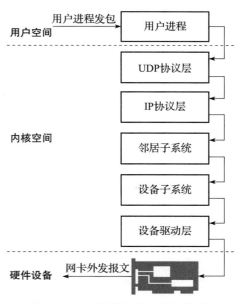

图 2-16　内核发送报文总体流程

```
sendto(server_fd, buf, strlen(buf), 0, &client_addr,
       sizeof(client_addr));
```

与 socket() 接口类似，这里的 sendto() 接口同样由 glibc 提供。glibc 库定义的 sendto() 接口实现位于"sysdeps/unix/sysv/linux/sendto.c"（glibc-2.27）文件中，最终同样会向内核发

起系统调用。

内核代码定义了 sendto 系统调用：

```
SYSCALL_DEFINE6(sendto, int, fd, void __user *, buff, size_t, len,
        unsigned int, flags, struct sockaddr __user *, addr,
        int, addr_len)
{
    return __sys_sendto(fd, buff, len, flags, addr, addr_len);
}
(net/socket.c)
```

下面继续分析系统调用的执行过程。

### 2.4.2 系统调用

图 2-17 展示了 sendto 系统调用的执行过程。

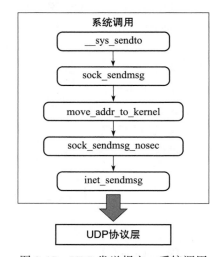

图 2-17　UDP 发送报文：系统调用

sendto 系统调用的实现函数是 __sys_sendto()，调用栈如下：

```
__sys_sendto()
├── move_addr_to_kernel(addr, addr_len, &address);
│   └── copy_from_user(kaddr, uaddr, ulen)
└── sock_sendmsg()
    └── sock_sendmsg_nosec()
        └── INDIRECT_CALL_INET(sock->ops->sendmsg, inet6_sendmsg,
                    inet_sendmsg, sock, msg,
                    msg_data_left(msg));
```

函数首先调用 move_addr_to_kernel() 将用户报文从用户空间复制到内核空间中，然后调用 sock_sendmsg() 接口发送报文。调用栈的底层调用由 INDIRECT_CALL_INET 宏实现报文发送，对于 IPv4 的数据报文来说，调用的是 inet_sendmsg() 函数。

继续跟踪 inet_sendmsg() 函数：

```
inet_sendmsg()
└── INDIRECT_CALL_2(sk->sk_prot->sendmsg, tcp_sendmsg, udp_sendmsg,
                sk, msg, size);
```

此函数根据数据报文的协议类型选择发送函数。本次传输的是 UDP 报文，创建 socket 时内核已经将 sk->sk_prot 设置为 UDP 对应的对象 udp_prot，所以这里调用的发送接口为 udp_sendmsg()。udp_prot 对象定义请参考 2.2.2 节。

### 2.4.3 UDP 协议层处理

与收包过程相反，发包过程是从 L4 到 L2 的过程。UDP 的发包函数为 udp_sendmsg()，其协议层处理流程参考图 2-18。

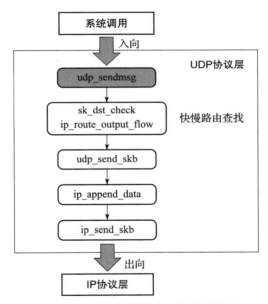

图 2-18　UDP 发送报文：协议层处理

首先执行路由查找。udp_sendmsg() 调用 sk_dst_check() 查找路由（快速查找），如果不是首次发送报文，那么 sock 的缓存中已经保存了最后一次使用的路由 entry。此时可以直接使用该缓存路由，返回的数据会保存到本地变量 rt 中：

```
struct rtable *rt = NULL;

if (connected)
    rt = (struct rtable *)sk_dst_check(sk, 0);        //用缓存路由
(net/ipv4/udp.c udp_sendmsg())
```

rt 变量的初始值为 NULL，如果用户首次通过本 socket 发送报文，那么 rt 值一定为空指针。此时调用 ip_route_output_flow() 函数执行慢路由查找，查找成功后调用 sk_dst_set() 将路由信息更新到 sock 的缓存中：

```
if (!rt) {
    struct net *net = sock_net(sk);
    ...
    rt = ip_route_output_flow(net, fl4, sk);     // 慢路由查找
    ...
    if (connected)
        sk_dst_set(sk, dst_clone(&rt->dst));     // 更新缓存
}
(net/ipv4/udp.c udp_sendmsg())
```

接下来根据查找出来的路由发送报文，下面分两种场景分析报文的发送过程。

### 1. 直接发送报文

下面是直接发送报文的代码：

```
if (!corkreq) {
    skb = ip_make_skb(sk, fl4, getfrag, msg, ulen,
                      sizeof(struct udphdr), &ipc, &rt,
                      &cork, msg->msg_flags);
    err = PTR_ERR(skb);
    if (!IS_ERR_OR_NULL(skb))
        err = udp_send_skb(skb, fl4, &cork);
    goto out;
}
(net/ipv4/udp.c udp_sendmsg())
```

调用 ip_make_skb() 创建 skb，然后调用 udp_send_skb() 发送报文。

### 2. 缓存报文

有以下两种场景需要执行缓存。

- **当前缓存中有数据尚未发送**：将当前报文追加到缓存中，此操作用于保证报文的发送顺序是用户期望的顺序。
- **启用合并发送（UDP_CORK）功能**：用户在设置了 UDP_CORK 选项后，内核开始缓存此 socket 上发送的 UDP 报文，直到取消此选项，内核一次性将所有缓存数据发出。IPv4 缓存的数据长度最大为 65535 字节，如果缓存的报文超过此长度，则整个缓存会被丢弃。

如果当前缓冲区还有数据没有发送，则跳转到 do_append_data 处。调用 ip_append_data() 将当前报文追加到 socket 的 sk_write_queue 队列中，此函数不执行发送操作：

```
if (up->pending) {
    ...
```

```
        goto do_append_data;              // 跳转到追加数据
    }
    ...
do_append_data:
    // 将待发送的数据添加到 sock->sk_write_queue 队列中
    err = ip_append_data(sk, fl4, getfrag, msg, ulen,
                sizeof(struct udphdr), &ipc, &rt,
                corkreq ? msg->msg_flags|MSG_MORE : msg->msg_flags);
    if (err)
        udp_flush_pending_frames(sk);
    else if (!corkreq)
        err = udp_push_pending_frames(sk);    // 发送数据
(net/ipv4/udp.c udp_sendmsg())
```

如果在追加数据时发生错误，如 UDP 报文总长度超过 65535，那么内核调用 udp_flush_pending_frames() 函数将所有缓存的数据清空。如果没有错误发生，并且关闭了合并发送功能，则调用 udp_push_pending_frames() 发送数据，调用栈如下：

```
udp_push_pending_frames()
└── udp_send_skb(skb, fl4, &inet->cork.base)
    └── ip_send_skb(sock_net(sk), skb);
```

调用栈底层为 ip_send_skb() 函数，此函数将报文传递给 IP 层，继续由 IP 层执行发送。

### 关于合并发送

内核提供 UDP_CORK 功能，此功能允许内核将用户多次发送的报文打包到一个报文中发送。用户可以使用 setsockopt 系统调用设置 socket 的 UDP_CORK 选项，分为以下两种情况。

➢ 当参数值设置为 1 时，内核开始缓存报文。
➢ 当参数值设置为 0 时，内核会一次性将报文发出。

下面是使用范例：

```
int cork_option = 1;                                  // 设置启用合并发送
setsockopt(socket_fd, IPPROTO_UDP, UDP_CORK, &cork_option, sizeof(cork_option));
sendto(socket_fd, ...);                               // 从这里开始，发送的数据将被缓存
...
sendto(socket_fd, ...);                               // 多次发送的报文会合并发送

cork_option = 0;                                      // 合并转发结束
setsockopt(socket_fd, IPPROTO_UDP, UDP_CORK,          // 修改选项后，立即发送
            &cork_option, sizeof(cork_option));
```

注意：缓存的报文总长度不要超过 65535 字节。

## 2.4.4 IP 协议层处理

IP 协议层处理如下两种场景的报文。
➤ **本地发出的报文**：由本机应用发出的报文，报文从 L4 层转到 L3 层。
➤ **转发的报文**：本机接收到的、按照单播路由要求转发的报文。

IP 协议层处理流程参考图 2-19。

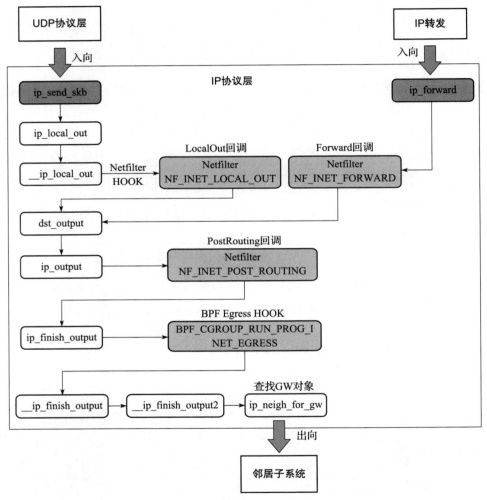

图 2-19　UDP 发送报文：IP 协议层

两种场景的入口不同，这里分别进行分析。

### 1. 本地发出

本地发出的发送接口为 ip_send_skb()，函数的调用栈如下：

```
ip_send_skb()
└── ip_local_out()
    ├── __ip_local_out();                              // 如果返回 1 则执行发送
    │   └── nf_hook(NFPROTO_IPV4, NF_INET_LOCAL_OUT, ...);
    └── dst_output()
```

ip_local_out() 执行发送操作时，首先执行 Netfilter 的 NF_INET_LOCAL_OUT 挂载点的回调函数。Netfilter 返回后，如果报文需要继续发送，则调用 dst_output() 函数继续。

NF_INET_LOCAL_OUT 挂载点所处位置参考图 2-20。

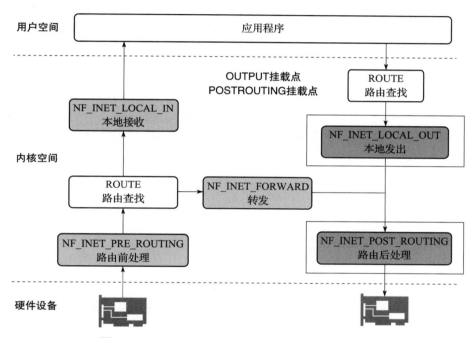

图 2-20　Netfilter OUTPUT/POSTROUTING 挂载点

dst_output() 调用宏 INDIRECT_CALL_INET，由宏展开后可知，IPv4 报文场景调用 ip_output() 函数：

```
dst_output()
└── INDIRECT_CALL_INET(skb_dst(skb)->output,
                       ip6_output, ip_output,
                       net, sk, skb);
```

ip_output() 函数代码如下：

```
int ip_output(struct net *net, struct sock *sk, struct sk_buff *skb)
{
    struct net_device *dev = skb_dst(skb)->dev, *indev = skb->dev;
```

```
        IP_UPD_PO_STATS(net, IPSTATS_MIB_OUT, skb->len);

        skb->dev = dev;                  // 将发送设备替换为发出设备
        skb->protocol = htons(ETH_P_IP);

        return NF_HOOK_COND(NFPROTO_IPV4, NF_INET_POST_ROUTING,
                    net, sk, skb, indev, dev,
                    ip_finish_output,
                    !(IPCB(skb)->flags & IPSKB_REROUTED));
}
(net/ipv4/ip_output.c)
```

ip_output() 函数首先将 skb 数据区的设备替换为路由查找结果中的发出设备，然后执行 Netfilter 的 NF_INET_POST_ROUTING 挂载点，挂载点所处位置参考图 2-20。执行完 Netfilter 的 POSTROUTING 回调后，内核继续调用 ip_finish_output() 函数进行发送。

ip_finish_output() 调用了 BPF 的 INET Egress 回调：

```
static int ip_finish_output(struct net *net, struct sock *sk,
            struct sk_buff *skb)
{
    int ret;
    ret = BPF_CGROUP_RUN_PROG_INET_EGRESS(sk, skb);   // BPF 程序调用
    switch (ret) {
    case NET_XMIT_SUCCESS:
        return __ip_finish_output(net, sk, skb);
    case NET_XMIT_CN:
        return __ip_finish_output(net, sk, skb) ? : ret;
    default:
        kfree_skb(skb);
        return ret;
    }
}
```

ip_finish_output() 根据 BPF 程序的返回结果决定如何操作。本例中需要继续外发，所以继续调用 __ip_finish_output()。__ip_finish_output() 函数调用栈如下：

```
__ip_finish_output()
└── ip_finish_output2() {
    ├── ip_neigh_for_gw(rt, skb, &is_v6gw)
    │   └── ip_neigh_gw4()
    │       └── __neigh_create()
    └── neigh_output(neigh, skb, is_v6gw)
```

调用栈中的 ip_finish_output2() 首先调用 ip_neigh_for_gw()，此函数用于获取本次外发报文的网关的邻居参数。成功后调用 neigh_output() 执行外发，接下来进入邻居子系统。

### 2. 报文转发

在 2.3.3 节提到，报文接收流程中，路由查找完成后判断当前报文是继续上送协议族栈

处理还是进行转发。对于转发场景，已经设置 skb_dst(skb)->input=ip_forward，所以后续的处理函数是 ip_forward()。

下面分段介绍报文转发流程。

**（1）功能点 1：校验 TTL**

IP 报文在传输过程中，每经过一跳 TTL 值减 1，当 TTL 值减为 0 时，报文被丢弃。执行丢弃操作的路由器向发送方发送 ICMP 消息，原因码为 TTL 超时（ICMP_EXC_TTL）。

```
int ip_forward(struct sk_buff *skb)
{
    ...
    if (ip_hdr(skb)->ttl <= 1)    // 检查 TTL 是否小于或等于 1
        goto too_many_hops;
    ...
too_many_hops:
    /* Tell the sender its packet died... */
    __IP_INC_STATS(net, IPSTATS_MIB_INHDRERRORS);            // 失败统计
    icmp_send(skb, ICMP_TIME_EXCEEDED, ICMP_EXC_TTL, 0);     // 发送 ICMP
}
(net/ipv4/ip_forward.c)
```

**（2）功能点 2：校验 MTU**

转发之前，内核检查待转发的报文长度与出口设备的 MTU 是否匹配。如果报文长度大于 MTU 值，则通过 ICMP 消息告知发送方目的不可达，原因码为需要分片处理。

```
int ip_forward(struct sk_buff *skb)
{
    ...
    IPCB(skb)->flags |= IPSKB_FORWARDED;
    mtu = ip_dst_mtu_maybe_forward(&rt->dst, true);
    // 超过 MTU 值
    if (ip_exceeds_mtu(skb, mtu)) {
        IP_INC_STATS(net, IPSTATS_MIB_FRAGFAILS);
        // 发送 ICMP 消息：目的不可达
        icmp_send(skb, ICMP_DEST_UNREACH, ICMP_FRAG_NEEDED,
            htonl(mtu));
        goto drop;
    }
    ...
}
(net/ipv4/ip_forward.c)
```

全部校验通过后继续转发。减少 TTL 值，执行 Netfilter 的 FORWARD 挂载点上的规则，最后通过 ip_forward_finish() 函数执行发送：

```
int ip_forward(struct sk_buff *skb)
{
    ...
```

```
        iph = ip_hdr(skb);
        ip_decrease_ttl(iph);                              // 减少 TTL 值
        ...
        return NF_HOOK(NFPROTO_IPV4, NF_INET_FORWARD,      // FORWARD 挂载点
                net, NULL, skb, skb->dev, rt->dst.dev,
                ip_forward_finish);
}
(net/ipv4/ip_forward.c)
```

这里涉及的 Netfilter 挂载点为 FORWARD，所处位置参考图 2-21。

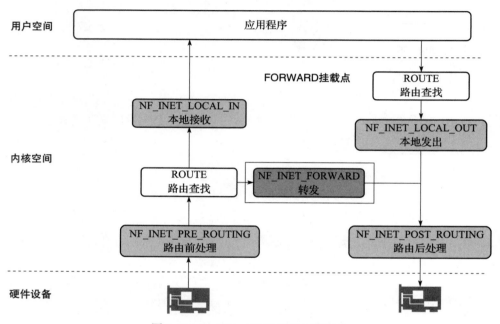

图 2-21　Netfilter FORWARD 挂载点

NF_HOOK 执行完成后继续调用 ip_forward_finish()，函数调用栈如下：

```
ip_forward_finish()
 └─ dst_output()
```

到了 dst_output() 后，剩余的流程与本地转发相同，不再赘述。

### 2.4.5　邻居子系统

所谓邻居，即与本机二层直连的主机。例如，某台主机 A 位于局域网中，那么位于本局域网中的、可以直接二层访问的所有主机都是主机 A 的邻居。这些主机中有个特殊的邻居——网关，局域网中所有主机通过网关访问局域网以外的网络。

局域网内的主机之间直接进行二层通信，获取邻居 mac 地址的过程为邻居发现过程。

IPv4 网络通过 ARP 学习邻居的 mac 地址。

图 2-22 展示了邻居子系统调用过程。

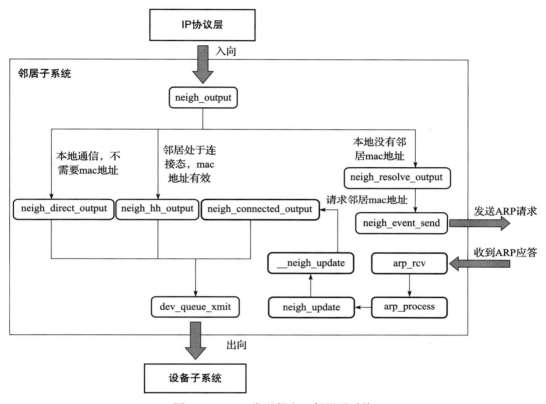

图 2-22 UDP 发送报文：邻居子系统

邻居子系统的入口函数为 neigh_output()，其核心代码如下：

```
static inline int neigh_output(struct neighbour *n, struct sk_buff *skb,
            bool skip_cache)
{
    const struct hh_cache *hh = &n->hh;

    if ((n->nud_state & NUD_CONNECTED) && hh->hh_len && !skip_cache)
        return neigh_hh_output(hh, skb);
    else
        return n->output(n, skb);
}
(net/ipv4/ip_forward.c)
```

neigh_output() 函数执行发送时涉及两个关键状态。

➢ struct neighbour 的 nud_state 成员保存了邻居状态：取值为 NUD_CONNECTED 表

示邻居处于连接状态（NUD 为 Neighbour Unreachability Detection 的缩写，意为"邻居可达性检测"）。
- **struct hhcache 保存了硬件头部缓存信息**：如果长度不为 0，则表示硬件地址有效。

neigh_output 根据上述两个字段的状态决定如何处理报文。
- **已经与邻居建立连接，并且存在硬件头部缓存**：使用缓存直接输出，调用 neigh_hh_output() 快速外发。
- **未与邻居建立连接或者不存在硬件头部缓存**：用邻居子系统的输出回调函数执行慢速输出，此过程中需要通过 ARP 获取邻居的 mac 地址。

### 1. 快速外发

快速外发函数为 neigh_hh_output()，函数名中的 hh 全称为 hardware header，即硬件头部。neigh_hh_output() 函数复制二层头到 skb 中，然后调用 dev_queue_xmit() 发送。源码如下：

```c
static inline int neigh_hh_output(const struct hh_cache *hh,
                                  struct sk_buff *skb)
{
    memcpy(skb->data - HH_DATA_MOD, hh->hh_data, HH_DATA_MOD);
    dev_queue_xmit(skb);
}
(include/net/neighbour.h)
```

绝大部分的报文发送流程都是采用这条处理路径。

### 2. 慢速外发

**（1）外发接口**

对于未与邻居建立连接的场景，neigh_output() 调用 struct neighbour 的 output 成员函数，为了继续跟踪，首先得弄清楚邻居的 output 成员指向哪个函数。

在 ip_neigh_for_gw() 函数调用栈的底层，调用 __neigh_create() 函数创建邻居时传递的 arp 表为 arp_tbl。此函数调用 arp 表的 constructor 成员函数 arp_constructor() 来构建邻居对象，arp_constructor() 在这里设置了 output 成员的值。
- **当邻居的状态为 NUD_VALID 时**，output 成员指向 neigh_connected_output() 函数。例如，对 permanent 类型的邻居进行解析时，调用此函数。
- 在其他场景中设置 output 成员指向 neigh_resolve_output() 函数。

```c
static struct neighbour *___neigh_create(struct neigh_table *tbl,
                                         const void *pkey,
                                         struct net_device *dev,
                                         bool exempt_from_gc, bool want_ref)
{
```

```
    // 创建邻居
    struct neighbour *n = neigh_alloc(tbl, dev, exempt_from_gc);

    // 调用 arp 表的 constructor 接口 (tbl->constructor)
    // 通过 constructor，将邻居的 output 成员设置为 neigh_resolve_output()
    if (tbl->constructor &&     (error = tbl->constructor(n)) < 0) {
        rc = ERR_PTR(error);
        goto out_neigh_release;
    }
    ...
}
(include/net/route.h)

static const struct neigh_ops arp_generic_ops = {
    ...
    .solicit          = arp_solicit,
    .output           = neigh_resolve_output,      // output 接口函数
    .connected_output = neigh_connected_output,    // 连接态的 output 接口函数
};

static int arp_constructor(struct neighbour *neigh)
{
    ...
    neigh->ops = &arp_generic_ops;                 // 设置 ops 对象

    // 根据邻居的状态决定将哪个函数作为 output 函数
    if (neigh->nud_state & NUD_VALID)
        neigh->output = neigh->ops->connected_output;
    else
        neigh->output = neigh->ops->output;
}
(net/ipv4/arp.c)
```

neigh_connected_output() 函数的调用栈如下：

```
neigh_connected_output()
├── dev_hard_header()
└── dev_queue_xmit()
```

该函数比较简单，向报文中填写 mac 地址，然后调用 dev_queue_xmit() 发送报文。

neigh_resolve_output() 函数用于实现通过 ARP 解析邻居的 mac 地址。这也很好理解，既然这个邻居从来没有进行过通信，那么本地肯定没有这个邻居的 mac 地址，自然需要通过 ARP 来发现。

neigh_resolve_output() 函数首先调用 neigh_event_send() 对外发出 ARP 请求以获取对端 mac 地址。发送完成后检查缓存中是否有此 IP 地址对应的 mac 地址（因为其他进程有可能刚好在这个时间点收到 ARP 应答，在缓存中存在此条目）。如果有，则直接填充到报文头中，并调用 dev_queue_xmit() 发送报文：

```
neigh_resolve_output()
├── neigh_event_send(neigh, skb)
│   └── __neigh_event_send(neigh, skb)
└── dev_queue_xmit(skb);
```

如果缓存中没有目的 mac 地址，则等待 ARP 应答。

**（2）发送 ARP 请求**

neigh_event_send() 函数向外发送 ARP 请求，并设置超时定时器等待 ARP 应答。ARP 请求/应答为异步流程，所以内核将用户本次外发的报文缓存起来，待收到 ARP 应答并获取目的 mac 地址后，再执行发送。

下面的代码用于将用户外发 skb 插入 neigh->arp_queue 队列中：

```
int __neigh_event_send(struct neighbour *neigh, struct sk_buff *skb)
{
    ...
    __skb_queue_tail(&neigh->arp_queue, skb);
    ...
}
(net/core/neighbour.c)
```

只要 ARP 请求报文发送成功，不管能否收到 ARP 应答，都认为本次发送报文系统调用已经完成，用户进程调用的 sendto 函数会返回本次发送的字节数。这也就是为什么我们向局域网内不存在的一个地址发送 UDP 报文时，得到的结果都是成功。UDP 无连接，不保证数据报文一定送达，如果换成 TCP，就不会发生这种情况了。TCP 建链过程依赖对端的应答，所以如果不能获取对端的 mac 地址，则无法建立 TCP 连接。

**（3）接收 ARP 应答**

本机发出 ARP 请求后等待对端的应答报文，收到应答后进入 arp_rcv() 继续进行处理，调用栈如下：

```
arp_rcv()
└── arp_process()
    └── neigh_update()
        └── __neigh_update()
```

调用栈底层的 __neigh_update() 函数会将邻居的 output 成员设置为 neigh_connected_output()，并调用此接口将 neigh->arp_queue 队列上挂着的报文一并发送出去（之前缓存的用户报文挂载在此队列上）。neigh_connected_output() 函数填写好报文头中的 mac 地址后，调用 dev_queue_xmit() 发送报文。

至此，慢速外发流程与快速外发流程最终都到了 dev_queue_xmit() 执行外发的阶段，接下来进入设备子系统，继续进行外发。

**（4）等待 ARP 应答超时**

存在这样一种场景：目的 IP 地址不存在或者对端不在线，内核发送 ARP 请求后，对端不发出任何响应。此时，超时定时器就起作用了。发送 ARP 请求时内核设置了定时器，对应的超时处理函数为 neigh_timer_handler()。

neigh_timer_handler() 部分关键代码如下：

```c
static void neigh_timer_handler(struct timer_list *t)
{
    // 定时器超时后需要重新设置定时器
    if (state & NUD_REACHABLE) {
        ...
        next = neigh->confirmed + neigh->parms->reachable_time;
    }
    // 当前发送 ARP 请求的次数超过最大允许次数
    // 调用 neigh_invalidate 释放相关 skb
    if ((neigh->nud_state & (NUD_INCOMPLETE | NUD_PROBE)) &&
        atomic_read(&neigh->probes) >= neigh_max_probes(neigh)) {
        neigh->nud_state = NUD_FAILED;
        notify = 1;
        neigh_invalidate(neigh);
        goto out;
    }
    // 如果没超过最大次数，则重新发送 ARP 请求
    if (neigh->nud_state & (NUD_INCOMPLETE | NUD_PROBE)) {
        neigh_probe(neigh);
    }
}
(net/core/neighbour.c)
```

neigh_timer_handler() 函数首先检查当前发送 ARP 请求的次数是否超过最大允许次数。如果没有超过则重新设置定时器，并重新发送 ARP 请求。如果超过了，那么就调用 neigh_invalidate() 释放相关 skb，至此流程结束。

### 2.4.6　设备子系统

邻居子系统处理完成后，调用 dev_queue_xmit() 将报文传递给设备子系统以继续进行发送。

设备子系统的报文处理流程参考图 2-23。

设备子系统的入口函数为 dev_queue_xmit()，此函数仅仅是 __dev_queue_xmit() 的封装。

本节涉及的功能与 TC（Traffic Control，流量控制）功能直接相关。TC 通过提供不同的队列（qdisc）来实现业务流控制功能（流量限速、整形和策略控制），用户可以通过控制队列报文的发送速率来达到调节设备发送速率的效果。

#### 1. 设备不存在 qdisc 队列

当设备没有挂载 qdisc 队列时，__dev_queue_xmit() 调用 dev_hard_start_xmit() 直接发送（参考图 2-23 的①位置）：

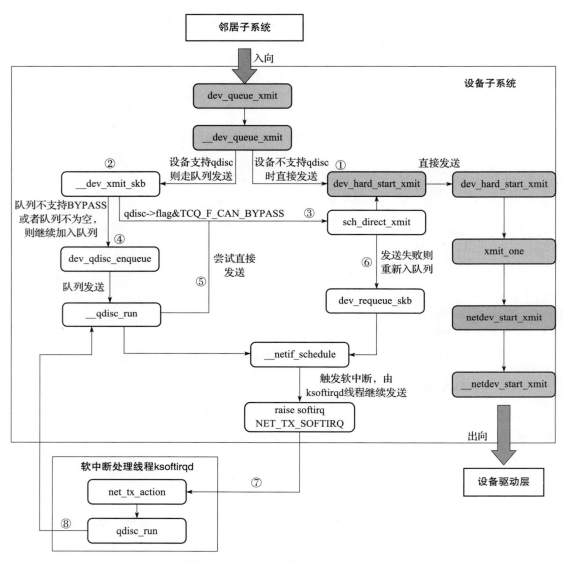

图 2-23 UDP 发送报文：设备子系统

```
    static int __dev_queue_xmit(struct sk_buff *skb,
                        struct net_device *sb_dev)
    {
        skb = validate_xmit_skb(skb, dev, &again);           // 报文校验
        if (!netif_xmit_stopped(txq)) {
            skb = dev_hard_start_xmit(skb, dev, txq, &rc);   // 直接发送
            if (dev_xmit_complete(rc)) {
                goto out;
            }
```

```
    }
}
(net/core/dev.c)
```

dev_hard_start_xmit() 连接设备子系统和设备驱动层,函数的调用栈如下:

```
dev_hard_start_xmit()
└── xmit_one()
    └── netdev_start_xmit()
        └── __netdev_start_xmit()
```

底层的 __netdev_start_xmit() 函数调用驱动程序的 ndo_start_xmit() 接口执行报文发送:

```
static inline netdev_tx_t __netdev_start_xmit(...)
{
    __this_cpu_write(softnet_data.xmit.more, more);
    return ops->ndo_start_xmit(skb, dev);
}
```

ndo_start_xmit 为驱动的接口,再往下调用就到达设备驱动层。如果不启用 TC 功能,或者外发的网络设备没有挂载任何队列,则全部通过本路径转发。

### 2. 设备存在 qdisc 队列

当设备存在 qdisc 队列时,__dev_queue_xmit() 首先调用 netdev_core_pick_tx() 获取队列,然后调用 __dev_xmit_skb() 将报文插入此队列中(参考图 2-23 的②位置):

```
static int __dev_queue_xmit(struct sk_buff *skb,
                            struct net_device *sb_dev)
{
    struct netdev_queue *txq;
    struct Qdisc *q;

    txq = netdev_core_pick_tx(dev, skb, sb_dev);       //选择队列
    q = rcu_dereference_bh(txq->qdisc);
    if (q->enqueue) {
        rc = __dev_xmit_skb(skb, q, dev, txq);         //插入队列
        goto out;
    }
    ...
}
(net/core/dev.c)
```

__dev_xmit_skb() 根据队列的标志决定如何发送。

- 如果队列打上了 TCQ_F_CAN_BYPASS 标志,那么无须进行流量整形,直接外发(参考图 2-23 的③位置处)。
- 否则根据队列状态决定如何处理:如果队列非空,则将当前报文插入队列中,然后触发队列发送,这样能够保证报文的发送顺序符合用户要求的顺序(参考图 2-23 的④

位置处）；如果队列是空的，则直接调用 sch_direct_xmit() 接口执行发送（参考图 2-23 的⑤位置处）。此时函数不一定能够发送成功，如果无法发送，则该函数会将报文重新加入 qdisc 队列（参考图 2-23 的⑥位置处）。

报文进入队列后，内核接着调用 __qdisc_run() 执行队列发送。队列发送的调用栈如下：

```
__qdisc_run()
├── qdisc_restart()
│   └── sch_direct_xmit()
└── __netif_schedule()
    └── __netif_reschedule()
```

__qdisc_run() 尝试调用 sch_direct_xmit() 直接发送，如果没有发送出去，那么就调用 __netif_schedule() 触发软中断，后续由内核 ksoftirqd 线程触发发送（参考图 2-23 的⑦位置处）：

```
static void __netif_reschedule(struct Qdisc *q)
{
    ...
    raise_softirq_irqoff(NET_TX_SOFTIRQ);
}
(net/core/dev.c)
```

参考 2.3.2 节，软中断 NET_TX_SOFTIRQ 对应的处理函数为 net_tx_action()。这里查看 net_tx_action() 的关键代码，net_tx_action() 从 output_queue 队列中获取数据，然后逐个调用 qdisc_run() 函数执行发送（参考图 2-23 的⑧位置处）：

```
static __latent_entropy void net_tx_action(struct softirq_action *h)
{
    if (sd->output_queue) {              // 外发队列不为空
        while (head) {                   // 遍历队列，逐个发送
            struct Qdisc *q = head;
            head = head->next_sched;
            qdisc_run(q);                // 执行发送操作
        }
    }
}
(net/core/dev.c)
```

qdisc_run() 调用了 __qdisc_run()，这后面的发送路径与设备子系统中的发送路径完全相同。与直接在发送流程中进行调用不同，本次调用是在 ksoftirqd 线程中完成的。

### 2.4.7 硬件设备发送报文

继续以 Intel ixgbe 网卡驱动为例进行说明，设备驱动层处理流程参考图 2-24。

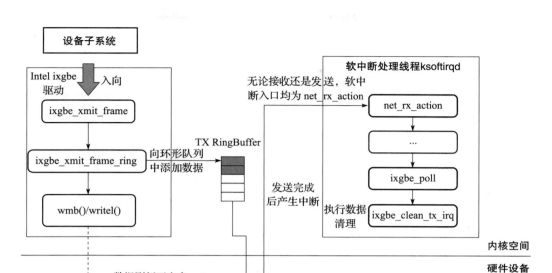

图 2-24 UDP 发送报文：硬件设备发送报文

设备子系统中 __netdev_start_xmit() 调用驱动程序的 ndo_start_xmit() 接口执行报文发送，网卡设备驱动程序中注册了 ndo_start_xmit 接口，ixgbe 驱动对应的执行函数为 ixgbe_xmit_frame()：

```
static const struct net_device_ops ixgbe_netdev_ops = {
    .ndo_open           = ixgbe_open,
    .ndo_stop           = ixgbe_close,
    .ndo_start_xmit     = ixgbe_xmit_frame,
(drivers/net/ethernet/intel/ixgbe/ixgbe_main.c)
```

ixgbe_xmit_frame() 的调用栈如下：

```
ixgbe_xmit_frame()
└── __ixgbe_xmit_frame()
    └── ixgbe_xmit_frame_ring()
        └── ixgbe_tx_map()
```

调用栈底层的 ixgbe_tx_map() 函数用于将用户传输的 skb 报文填充到驱动的发送描述符中，确保硬件可以直接发送。最后设置标志，通知硬件发送。

首先看将 skb 报文内容填充到驱动的发送描述符的过程：

```
static int ixgbe_tx_map(struct ixgbe_ring *tx_ring,
            struct ixgbe_tx_buffer *first,
            const u8 hdr_len)
{
```

```c
    u16 i = tx_ring->next_to_use;              // i 保存了 tx_ring 的下一个可用槽位
    tx_desc = IXGBE_TX_DESC(tx_ring, i);       // 获取发送描述符
    ...
    // 将虚拟地址转换为物理地址，DMA 只能访问物理地址
    dma = dma_map_single(tx_ring->dev, skb->data, size, DMA_TO_DEVICE);

    // 逐个分片报文进行处理
    for (frag = &skb_shinfo(skb)->frags[0];; frag++) {
        ...
        // 写发送描述符参数
        tx_desc->read.buffer_addr = cpu_to_le64(dma);
        ...
        // 如果当前报文大小超过描述符最大容量
        // 则需要分成多个描述符存放
        while (unlikely(size > IGB_MAX_DATA_PER_TXD)) {
            ...
            i++;
            tx_desc++;
            size -= IGB_MAX_DATA_PER_TXD;
            ...
        }
        while (unlikely(size > IXGBE_MAX_DATA_PER_TXD)) {
            tx_desc->read.cmd_type_len =           // 记录包长度
                cpu_to_le32(cmd_type ^ IXGBE_MAX_DATA_PER_TXD);

            i++;                                   // 继续处理下一个描述符
            tx_desc++;
            ...
            dma  += IXGBE_MAX_DATA_PER_TXD;        // DMA 地址递增
            size -= IXGBE_MAX_DATA_PER_TXD;        // 直到报文全部完成传送

            tx_desc->read.buffer_addr = cpu_to_le64(dma);
        }
        // 记录本最后一包长度
        tx_desc->read.cmd_type_len = cpu_to_le32(cmd_type ^ size);

        i++;
        tx_desc++;
        ...
        // 继续处理下一分片报文映射
        dma = skb_frag_dma_map(tx_ring->dev, frag, 0,
                    size, DMA_TO_DEVICE);
        ...
    }
    ...
}
(drivers/net/ethernet/intel/ixgbe/ixgbe_main.c)
```

　　首先，函数获取第一个空闲的发送描述符，接着通过 dma_map_single() 函数将 skb 缓存区的虚拟地址映射到物理地址。因为内核空间使用的是虚拟地址，但是 DMA 只能通过物

理地址访问内存,所以这里要将虚拟地址转换为物理地址后才能给 DMA 使用。然后,函数逐个分片进行处理。ixgbe 驱动设置每个发送描述符最大可以发送 16KB 数据,所以如果分片报文大小超过 16KB,就要创建多个发送描述符来容纳多出来的数据。

函数执行完成后,将本次待发送的所有报文全部写到发送描述符中。接下来通知硬件执行发送,代码如下:

```
static int ixgbe_tx_map(struct ixgbe_ring *tx_ring,
            struct ixgbe_tx_buffer *first,
            const u8 hdr_len)
{
    ...
    /*
     * Force memory writes to complete before letting h/w know there
     * are new descriptors to fetch.  (Only applicable for weak-ordered
     * memory model archs, such as IA-64).
     *
     * We also need this memory barrier to make certain all of the
     * status bits have been updated before next_to_watch is written.
     */
    wmb();                          // 写内存屏障,确保将缓存数据刷新到内存中

    /* set next_to_watch value indicating a packet is present */
    first->next_to_watch = tx_desc;

    i++;
    if (i == tx_ring->count)
        i = 0;
    tx_ring->next_to_use = i;    // 记录下一个可用描述符位置

    if (netif_xmit_stopped(txring_txq(tx_ring)) || !netdev_xmit_more()) {
        writel(i, tx_ring->tail);
    }

dma_error:
    ...
}
(drivers/net/ethernet/intel/ixgbe/ixgbe_main.c)
```

该过程中的关键技术点如下。

- 调用 dma_wmb() 写内存屏障,其目的是确保前面对内存的操作全部刷新到内存中而不是在缓存中。因为接下来就要执行 DMA 传输,如果数据还在缓存中,则会导致发送数据错误。
- 向 ixgbe_tx_buffer 对象的 next_to_watch 成员变量中写入下一个可用的传送描述符,同时修改 ixgbe_ring 对象的 next_to_use 指示下一个可用的槽位编号。
- writel(i, tx_ring->tail) 用于将 i 变量写入 ixgbe_ring 的 tail 成员指向的地址中。变量 i

保存的是 tx_ring 中下一个可用的槽位编号，ixgbe_ring 的 tail 成员指向的地址是 IO 设备寄存器。向设备写入下个可用槽位编号后，硬件感知到本次有数据需要发送，触发设备开始发送数据。ixgbe_ring 定义如下：

```
struct ixgbe_ring {
    void __iomem *tail;          /* pointer to ring tail register */
...
(drivers/net/ethernet/intel/ixgbe/ixgbe.h)
```

### 2.4.8　发送完成中断

硬件设备执行报文发送任务，完成后向 CPU 发起中断请求。硬件产生中断后，触发 NET_RX_SOFTIRQ 软中断。对于 ixgbe 驱动程序来说，这一过程调用的是 ixgbe_poll()。发送操作的调用栈如下：

```
ixgbe_poll()
  └─ ixgbe_clean_tx_irq()
```

ixgbe_clean_tx_irq() 用于在传输完成后清理数据，包括取消 DMA 映射、释放 RX Ring Buffer 资源等，核心代码如下：

```
static bool ixgbe_clean_tx_irq(struct ixgbe_q_vector *q_vector,
                struct ixgbe_ring *tx_ring, int napi_budget)
{
//获取下一个将被清理的槽位
    unsigned int i = tx_ring->next_to_clean;
    tx_desc = IXGBE_TX_DESC(tx_ring, i);          //获取待清理的描述符

    do {
        //记录清理的目标位置
        union ixgbe_adv_tx_desc *eop_desc = tx_buffer->next_to_watch;
        /* unmap skb header data */
        dma_unmap_single(tx_ring->dev, ...        //取消 DMA 映射
        dma_unmap_len_set(tx_buffer, len, 0);     //设置 tx_buff 长度为 0
        //检查是否还有描述符需要处理，如果有，则逐个处理描述符
        while (tx_desc != eop_desc) {
            ...
            if (dma_unmap_len(tx_buffer, len)) {
                dma_unmap_page(tx_ring->dev,...
            }
            ...
        }
    }while (likely(budget));
    i += tx_ring->count;
    tx_ring->next_to_clean = i;
}
```

ixgbe 驱动中有如下两个关键变量。

➢ tx_ring->next_to_clean 用于跟踪下一个由驱动程序清理的描述符位置。

➢ tx_ring->next_to_use 用于跟踪可以给硬件使用的下一个描述符位置。

next_to_clean 和 next_to_use 变量的值不相等，表示传输环缓冲区中有一些描述符已经被使用，但尚未被驱动程序清理，所以传输完成后 next_to_clean 和 next_to_use 之间的数据就是本次要清理的。

中断执行完成后，报文发出流程完成。从整个流程可以看到，发送完成后依旧会产生接收中断。这也是为什么通过 proc 文件系统查看软中断次数时，RX 数量与 TX 数量完全不对等。

下面是 exp 主机的软中断统计数据：

```
[hxg@exp ~]$ cat /proc/softirqs
                CPU0        CPU1        CPU2        CPU3        ...
    NET_TX:     1606        6667        6231        6070        ...
    NET_RX: 71608667   137366685   130795774   135232098        ...
```

可以看到，RX 软中断的数量比 TX 中断高出几个数量级。

### 2.4.9　报文发送流程总结

本节讨论了 Linux 操作系统中应用程序发送报文的完整流程，以用户态应用程序发出报文为起点，通过系统调用进入内核态，首先在 L4 层找到用户报文发往的下一跳网关/邻居信息，然后继续在 L3 层处理 Netfilter 挂载点上的规则，接下来在邻居子系统中找到网关/邻居的 L2 层地址信息，最后通过设备子系统将报文送到硬件设备，完成发送流程。

与接收报文流程相比，发送报文流程主要在用户线程上完成，只有部分异步发送流程需要内核线程 ksoftirqd 参与，所以发送报文的性能基本上与用户线程数量/能力直接相关。

本节重点讨论的是发送报文的整体流程，对于细节部分并未进行详述，有兴趣的读者可以参考《深入理解 Linux 网络技术内幕》等专门讲解内核实现的书籍。

## 2.5　总结

本章从用户应用角度出发，分别讨论了接收和发送报文的完整流程，图 2-25 对 Linux 内核收发报文过程中的各回调点做了总结。

理解 Linux 内核收发报文的原理对于深入理解虚拟化网络技术原理有着至关重要的作用。毕竟虚拟化网络技术本身就是由 Linux 内核提供的功能，所以理解了内核的工作原理之后，再进行应用开发设计时就会变得游刃有余。

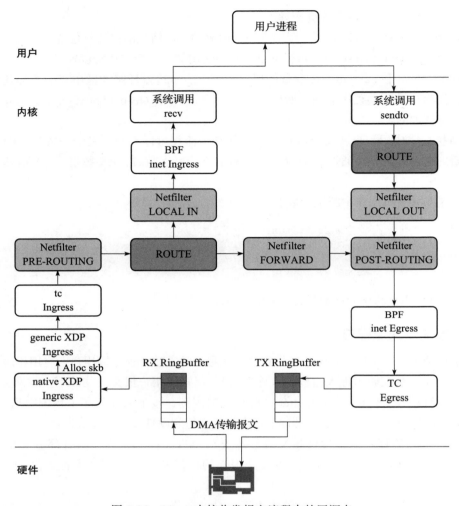

图 2-25 Linux 内核收发报文流程中的回调点

在虚拟化网络中，除了完整的内核收发报文流程外，最重要的就是路由系统了，所以第 3 章将重点介绍 Linux 内核路由系统的工作原理。

# 第 3 章　Linux 内核路由系统

第 2 章讲述了内核接收、发送报文的整体流程,中间涉及路由查找功能,本章将讨论路由子系统及其原理。

路由表中的每个路由条目均对应一个网络,网络范围由掩码决定,路由系统没有限制网络范围不能重叠,所以当对给定的地址执行路由匹配时,有可能发生匹配到多个路由条目的情况。那么,当匹配到多个路由条目时,内核该如何选择呢?

路由匹配过程追求最精确匹配,所以在匹配到多个条目时,取子网掩码最长的条目。这种算法称为最长前缀匹配算法(Longest Prefix Match,LPM)。

举例,假设有如下路由表:

```
[root@exp ~]# route -n
Kernel IP routing table
Destination     Gateway         Genmask         Flags Metric Ref    Use Iface
192.168.20.0    172.16.0.4      255.255.255.0   UG    0      0        0 enp0s8
192.168.20.128  172.16.0.5      255.255.255.255 UGH   0      0        0 enp0s8
```

现在对目的地址为 192.168.20.128 的报文进行路由匹配,此时表中的两个条目均可以匹配成功。接下来比较这两个条目的掩码长度,第一条路由的掩码长度为 24,第二条路由的掩码长度为 32。依据最长匹配原则,本次匹配到第二条路由。

## 3.1　路由表组织

早期 Linux 内核版本使用基于掩码长度访问的哈希路由表,但是由于大容量哈希表的访问效率相对较低,此机制在 Linux 2.6.39 及以后的版本中被废弃,后续全部使用 LC-Trie

（Level Compressed Trie）表。

LC-Trie 是一种最长前缀匹配算法，在大量路由（十万级）场景下的查找效率远高于哈希算法。但是与哈希算法相比，LC-Trie 也有不足：LC-Trie 消耗更多的内存，并且算法也更加复杂。考虑到 LC-Trie 算法胜在查找效率，综合评估下来，其弊端也就不那么明显了。

在详细了解 LC-Trie 算法之前，我们先看下如何通过 Trie 树来描述 IP 地址。Trie 树是一棵标准二叉树，将 IPv4 地址的每个比特位按照从高到低的顺序，逐层放到这棵 Trie 树中，每个比特位占一层。Trie 树的 root 对应第 0 层，树中每个节点都有自己的深度和值。

> **深度**：表示当前节点在树中的层次，同时对应 IPv4 地址比特位的位置。IPv4 地址深度范围为 1～32，深度 1 表示该 IPv4 地址的最高位，也就是 bit 31，深度 32 表示地址的最低位，即 bit 0。

> **值**：表示 IPv4 地址当前比特位的值，每个节点的值只有可能是 0 或者 1，0 对应了二叉树的左节点，1 对应了右节点。

图 3-1 是 IP 地址 Trie 树的前两层结构。

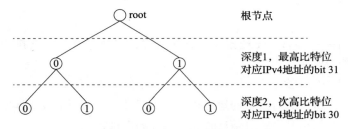

图 3-1　IP 地址 Trie 树的前两层结构

下面通过实例演示 Trie 树的查找原理。

首先向系统中增加如下路由：

```
ip route add default via 172.16.0.1 table 10
ip route add 192.168.20.0/24 via 172.16.0.4 table 10
ip route add 192.168.20.128/32 via 172.16.0.5 table 10
ip route add 192.168.20.130/32 via 172.16.0.5 table 10
ip route add 192.168.20.131/32 via 172.16.0.5 table 10
ip route add 192.168.20.135/32 via 172.16.0.5 table 10
```

依照 Trie 树原理，上述路由条目在 Trie 树中的存储情况如图 3-2 所示，箭头节点存在有效路由条目。

Trie 树完全按照 IPv4 地址从高位到低位组织，最大深度为 32。给定任意 IP 地址，查找过程如下：

> **正向查找**：将 IPv4 地址按照二进制形式表示，然后从高到低排列，逐级向下扫描 Trie 树，直到找到一个有效的节点。例如，本次查找 192.168.20.128 地址对应的路由条目，在 Trie 树中逐级向下查找，最终匹配到有效条目为图 3-2 中的 A 节点，对应

路由条目网络为 192.168.20.128/32。
- **反向回溯**：当正向查找匹配不到有效节点时，沿着来时的路反向回溯，找到最近的有效节点，此节点即为有效路由。例如，查找 192.168.20.129 地址对应的路由，沿着 Trie 树向下匹配，走到图 3-2 的 B 节点后，发现 B 节点没有右子树。接下来向上回溯，直到遇到有效节点。从图 3-2 可以看到，回溯到 C 节点后找到有效路由，所以最终匹配到 192.168.20.0/24 网络对应的路由条目。

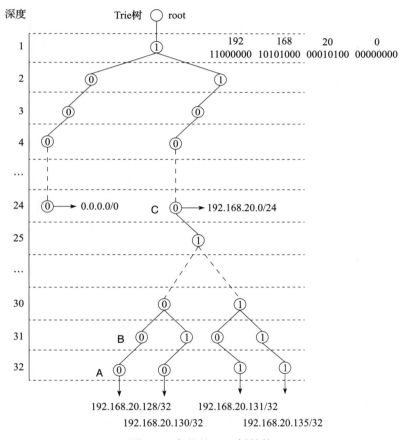

图 3-2　完整的 Trie 树结构

图 3-2 讲述的是 Trie 树的工作原理，实际使用时发现 Trie 树中存在大量冗余，那些只有一个叶子的节点完全可以合并，减少内存占用的同时还提高了查找效率，所以 Linux 内核采用了层压缩算法（Level Compress），将无用的层进行压缩。那么如何进行压缩呢？

继续以上述路由条目为例，除了默认路由 0.0.0.0/0 之外，只需要考虑 192.168.xx.xx 网段的路由，只要能将这两个网段区分开就可以了。0 对应的二进制代码为 "00000000"，192 对应的二进制代码为 "11000000"，所以理论上只要比较 IP 地址的最高比特位就能够将上述两个网段区分开。为了提高访问效率，内核可以在一个节点上描述多个比特位的数据，假设某个枝干节点负责区分 $N$ 个比特位的数据，那么此节点最多可以区分 $2^N$ 个网段，内核使用一个数组来存储这些网段。以 192 和 0 为例，内核实际使用了最高位的 2 个比特（bit30～bit31）用于区分这两个网段（参考图 3-3），此节点最多可以容纳 4 个网段，本例仅使用了 2 个网段。

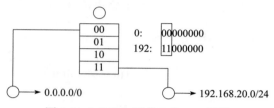

图 3-3　LC-Trie 区分 0 和 192 网段

接下来只需要区分 192.168.20.0/24、192.168.20.128～135/32 这些网段的数据就可以了。注意观察，这些网段的前三个字节全部都是相同的，除去最高的两个比特位，图 3-4 框中的 bit8～bit29 共 22 个比特，是可以忽略的，也就是说可以压缩这 22 层。

接下来考虑如何区分 192.168.20.128～135/32 这些地址。将这些地址的最后一个字节以二进制方式呈现，发现这些数据仅仅是最后三位有差异，参考图 3-5 框内的数据。

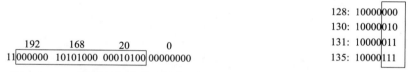

图 3-4　Trie 树可以忽略的比特位　　　　图 3-5　地址 128～135 的数据差异

以类似的算法继续分析，如图 3-6 所示，内核为此分配了 3 个比特用于区分不同网段的路由。3 个比特对应了 8 个网段，本例仅使用了 4 个网段。

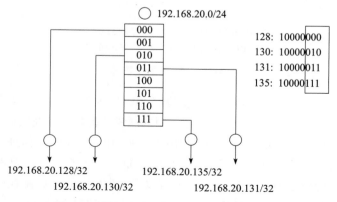

图 3-6　地址 128～135 对应的 Trie 树结构

按照上述算法，最终形成压缩后的 LC-Trie，压缩后的 Trie 树如图 3-7 所示。

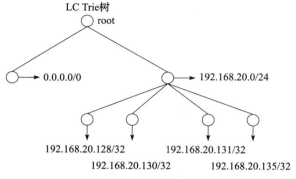

图 3-7  压缩后的 LC-Trie 树

压缩树也被称为 Patricia Trie 或者 Radix Trie，想了解细节的读者可以自行查阅与 Patricia Trie 或者 Radix Trie 相关的资料。

## 3.2  关键数据结构

在进入路由查找算法之前，先了解一下路由功能相关的数据结构。

### 1. 路由表：fib_table

路由表结构名为 fib_table，每张路由表对应一个 fib_table 对象：

```
struct fib_table {
    struct hlist_node    tb_hlist;
    u32          tb_id;              //路由表 ID
    int          tb_num_default;
    struct rcu_head      rcu;
    unsigned long        *tb_data;   //Trie 树指针
    unsigned long        __data[];
};
(include/net/ip_fib.h)
```

路由表的 tb_data 成员保存了本表关联的 LC-Trie 树指针，由于该指针还有其他用途，所以在结构体中定义的类型为"unsigned long*"。fib_table_lookup() 函数使用此数据时，直接将路由表的 tb->tb_data 字段强制转换为"struct trie"结构指针来使用：

```
int fib_table_lookup(struct fib_table *tb, const struct flowi4 *flp,
        struct fib_result *res, int fib_flags)
{
    struct trie *t = (struct trie *) tb->tb_data;    // 强制转换
    ...
}
(net/ipv4/fib_trie.c)
```

## 2. 路由 Trie 树：trie 和 key_vector

Trie 树对应的结构为"struct trie"，Trie 树节点的结构为"struct key_vector"，Trie 树结构中仅包含一个 key_vector 成员，该成员为本树的根节点。

struct trie 和 struct key_vector 的定义：

```
struct trie {
    struct key_vector kv[1];        //Trie 树根节点
};

#define IS_TRIE(n)((n)->pos >= KEYLENGTH)
#define IS_TNODE(n)   ((n)->bits)

// 如果 bits 为 0，则证明无 tnode 信息，那就是叶子节点
#define IS_LEAF(n)(!(n)->bits)

struct key_vector {
    t_key key;
    unsigned char pos;              // 忽略的低位数量，与掩码位数等价
    unsigned char bits;             // 本节点处理的位数，将传入的数据右移 pos 位后
                                    // 取比特位数据作为 tnode 的索引
    unsigned char slen;             //suffix length，取值为"32- 掩码长度"
    union {
        struct hlist_head leaf;                 // 叶子节点
        struct key_vector __rcu *tnode[0];      // 枝干节点
    };
};
(net/ipv4/fib_trie.c)
```

按照节点在 Trie 树中的位置分类，可分为叶子节点和枝干节点。

- **叶子节点（leaf）**：保存了有效的路由条目。
- **枝干节点（tnode[]）**：枝干节点用于保存路由路径，枝干节点可以连接其他枝干节点或者叶子节点，也称为 node 节点。

"struct key_vector"结构的关键字段说明参考表 3-1。

表 3-1  struct key_vector 关键字段说明

| 参数 | 描述 |
| --- | --- |
| pos | 忽略的低位比特位数，实际计算时，将结果右移 pos 位后进行比较。例如：pos=10，那么执行比较时忽略最低的 10 个比特位 |
| bits | 本节点关注的比特位数，本节点只处理 [pos, pos+bits−1) 区间的比特位。例如：pos=10，bits=2，那么本节点处理的是第 10 位和第 11 位两个比特位数据 |
| slen | 后缀长度（Suffix length），取值为"32- 掩码长度" |
| leaf | 与 tnode 组合成 union。当 bits==0 时，本节点为叶子节点。leaf 参数指向 fib_alias 对象，该对象描述具体的路由条目 |
| tnode | 与 leaf 组成 union。当 bits!=0 时，本节点为 node 节点，也就是枝干节点，此节点可以继续挂接 node 或者叶子节点。tnode 的数组容量为 $2^{bits}$，用于保存本节点关联的下级节点 |

图 3-8 展示了枝干节点和叶子节点之间的关系，左侧的枝干节点 bits 值为 2，所以该节点下面可以保存 $2^2=4$ 个子节点，图中 tnode[0] 指向了一个叶子节点。

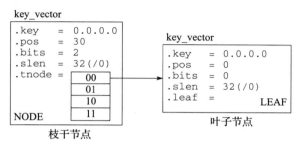

图 3-8　枝干节点和叶子节点的关系

### 3. 路由条目：fib_alias

"struct fib_alias"用于保存路由条目，我们认为此结构代表着匹配到的路由。当 key_vector 结构表示为叶子节点时，结构中的 leaf 成员指向 fib_alias 结构：

```
struct fib_alias {
    struct hlist_node    fa_list;
    struct fib_info      *fa_info;      // 下一跳信息
    u8                   fa_type;
    u8                   fa_slen;
    ...
};
(net/ipv4/fib_trie.c)
```

fib_alias 结构体中的 fa_info 成员保存了当前路由的下一跳信息，具体可参考 fib_info 结构：

```
struct fib_info {
    ...
    struct nexthop       *nh;
    struct fib_nh        fib_nh[];
};
```

### 4. 路由数据结构示例

本节以真实的路由配置为例，讲述路由表各结构体之间的关系。

首先在 exp 主机上新增加以下路由配置。为了避免影响现有系统的正常运行，本例将在 10 号路由表中添加配置：

```
ip route add default via 172.16.0.1 table 10
ip route add 192.168.20.0/24 via 172.16.0.4 table 10
ip route add 192.168.20.128/32 via 172.16.0.5 table 10
ip route add 192.168.20.130/32 via 172.16.0.5 table 10
```

```
ip route add 192.168.20.131/32 via 172.16.0.5 table 10
ip route add 192.168.20.135/32 via 172.16.0.5 table 10
```

执行完成后，10 号路由表的内容如下：

```
[root@exp ~]# ip route list table 10
default via 172.16.0.1 dev enp0s8
192.168.20.0/24 via 172.16.0.4 dev enp0s8
192.168.20.128 via 172.16.0.5 dev enp0s8
192.168.20.130 via 172.16.0.5 dev enp0s8
192.168.20.131 via 172.16.0.5 dev enp0s8
192.168.20.135 via 172.16.0.5 dev enp0s8
```

通过 proc 文件系统查看每个路由表的 fib 数据结构组织，对应的文件为 /proc/net/fib_trie。截取 10 号路由表的内容如下：

```
[root@exp ~]# cat /proc/net/fib_trie
Id 10:
  +-- 0.0.0.0/0 2 0 2
     |-- 0.0.0.0
        /0 universe UNICAST
     +-- 192.168.20.0/24 2 0 2
        |-- 192.168.20.0
           /24 universe UNICAST
        +-- 192.168.20.128/29 3 0 4
           |-- 192.168.20.128
              /32 universe UNICAST
           |-- 192.168.20.130
              /32 universe UNICAST
           |-- 192.168.20.131
              /32 universe UNICAST
           |-- 192.168.20.135
              /32 universe UNICAST
...
```

内核代码 fib_trie_seq_show() 函数负责实现上述输出，下面以枝干节点"192.168.20.128/29 3 0 4"为例说明各字段的用途。

> 第一段的 192.168.20.128/29 为 IP 地址和掩码。示例中的掩码长度为 29 位，掩码长度为"32-node.pos-node.bits"。
> 第二段是一个数字，该字段的值为本节点关注的比特位数，对应 node.bits 的值，本例为 3。
> 第三段标识当前节点的子节点是否全部有效。如果 tnode[] 数组保存的所有子节点都是有效节点，则此字段取值为 1，否则为 0。本例中该节点可以保存 8 个子节点，但是仅有 4 个有效节点，所以第三段取值为 0。
> 第四段表示 tnode[] 数组中有多少个子节点位置是空闲的，本例的空闲节点数量为 4。

上述路由表内容对应的数据结构如图 3-9 所示。

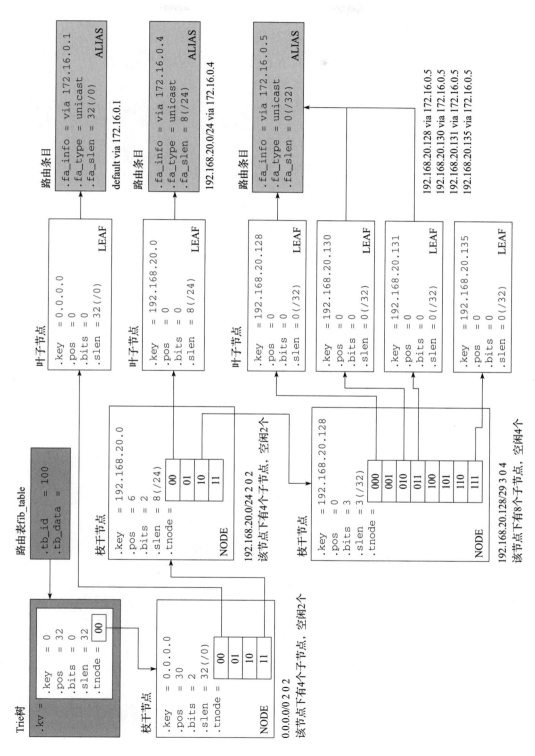

图 3-9 路由数据结构总图

## 3.3 路由查找算法

如 2.3.3 节所描述，内核接收报文时调用 fib_lookup() 函数执行路由查找。
跟踪 fib_lookup() 函数的实现（未启用策略路由）：

```
static inline int fib_lookup(struct net *net, const struct flowi4 *flp,
             struct fib_result *res, unsigned int flags)
{
    ...
    tb = fib_get_table(net, RT_TABLE_main);
    if (tb)
        err = fib_table_lookup(tb, flp, res, flags | FIB_LOOKUP_NOREF);
}
(include/net/ip_fib.h)
```

在不启用策略路由的场景下，fib_lookup() 首先找到 main 表，然后调用 fib_table_lookup() 函数在 main 表中查找路由。

### 3.3.1 正向匹配过程

在 Trie 表中从上到下查找路由的过程，称为正向匹配过程。开始进行正向匹配之前，先回顾一下如何使用 tnode[] 数组保存的节点。以 192.168.20.0/24 节点为例，该节点的属性如图 3-10 所示。

现在以匹配 192.168.20.128 地址为例，结合源码分析路由正向匹配过程。

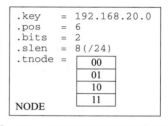

图 3-10　192.168.20.0/24 节点属性

```
#define get_cindex(key, kv) (((key) ^ (kv)->key) >> (kv)->pos)
#define get_child_rcu(tn, i) rcu_dereference_rtnl((tn)->tnode[i])

int fib_table_lookup(struct fib_table *tb, const struct flowi4 *flp,
         struct fib_result *res, int fib_flags)
{
    struct trie *t = (struct trie *) tb->tb_data;    // 获取 Trie 树指针
    const t_key key = ntohl(flp->daddr);             // 目标地址为 key
    struct key_vector *n, *pn;

    pn = t->kv;                  // 获取 Trie 树的根节点
    cindex = 0;                  // 根节点的 tnode[0] 保存了第一个 key_vector 指针

    // 获取 root 节点指向的第一个 key_vector 指针
    n = get_child_rcu(pn, cindex);
    for (;;) {
        index = get_cindex(key, n);              // 匹配路由

        if (index >= (1ul << n->bits))           // 验证数据有效性
```

```
            break;
        if (IS_LEAF(n))          // 遇到叶子节点，则找到该地址的路由
            goto found;
...
(net/ipv4/fib_trie.c)
```

get_cindex() 函数首先对被查询地址和 key_vector 的 key 值进行异或，然后将得到的结果右移 pos 位得到 index 值。下面看路由 192.168.20.0/24 节点匹配 192.168.20.128 地址时对应的数据，对照图 3-11，框中的数据是由 pos 和 bits 组合后得到的，index 的值为 0b10。

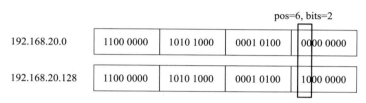

图 3-11  地址匹配：pos=6,bits=2

接下来验证匹配到的数据的有效性。如果无效，则证明正向匹配失败，跳出本循环执行路由回溯。对于本例来说，得到的 index 值为 2（0b10）。由图 3-9 可以看到，tnode[2] 节点刚好指向了一个枝干节点，所以继续向下匹配。

结合图 3-12 查看，接下来匹配到的节点依旧是枝干节点，回到代码上：

```
int fib_table_lookup(...) {
    ...
    for (;;) {
        ...
        if (n->slen > n->pos) {      // 满足此条件则证明还有下一级匹配
            pn = n;                  // 将当前节点设置为父节点，准备下一次循环
            cindex = index;
        }
        n = get_child_rcu(n, index); // 下一次循环
    }
}
```

fib_table_lookup() 调用 get_child_rcu() 接口获取当前节点的下一级子节点，192.168.20.0/24 节点的 tnode 字段保存的是下级节点，其数组长度为 $2^{key\_vector.bits}$。本例中 key_vector.bits=2，所以 tnode 保存了 4 个下级节点。index 用于指示本次匹配到的数组下标，这次计算出来的 index 值为 0b10，那么就找到 tnode[2] 节点继续进行路由匹配，参考图 3-12。

接下来执行下一轮的循环，执行过程与本例相同，直到匹配到最终的叶子节点。图 3-13 展示了内核对目的地址 192.168.20.128 执行正向匹配的完整过程。

该过程说明如下。

① 内核调用 fib_lookup() 开始查找路由。首先找到 main 表，并找到 main 表的 Trie 树。从 Trie 树中取出根节点，该节点属性：pos=30,bits=2。

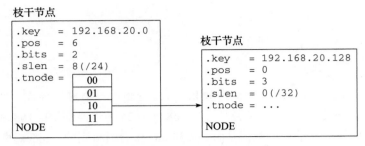

图 3-12 根据 cindex 索引 tnode 数组

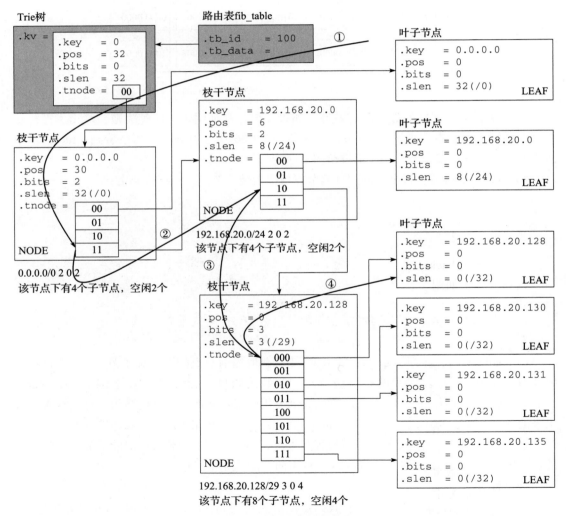

图 3-13 正向匹配的完整流程

②按照上述算法，将 IP 地址右移 30 位，然后取最低 2 个比特（实际上就是取 IP 地址的最高两个比特位的值）。IP 地址 192.168.20.128 对应的二进制数字为 0xC0A81480，计算 (0xC0A81480>>30)&0b11=0b11。此节点为 node 节点，所以找到 tnode[0b11] 保存的节点信息，这个节点就是下一级节点 192.168.20.0/24。

③在节点 192.168.20.0/24 上继续按照上面的规则进行匹配，找到下一级节点 index，其值为 0b10，tnode[0b10] 保存的节点信息为 192.168.20.128/29。

④重复上一流程，在 192.168.20.128/29 节点可以找到该地址对应的叶子节点 192.168.20.128/32。该叶子节点保存了该路由的下一跳信息，路由查找成功。

至此，正向路由匹配过程完成。

### 3.3.2　路由回溯过程

假设本次匹配的目的地址是 192.168.20.129，执行到图 3-13 的第④步后，在 192.168.20.128/29 节点匹配 192.168.20.129 地址时得到的 index 编号为 0b01。图 3-13 中可以看到此编号对应的 tnode 数据为空，路由查找失败，对应的代码如下：

```
int fib_table_lookup(...) {
    ...
    for (;;) {
        ...
        n = get_child_rcu(n, index);    // 下一次循环
        if (unlikely(!n))               // 如果获取的子节点为空
            goto backtrace;             // 则跳转到回溯流程
    }
```

执行"goto backtrace"，跳转到回溯代码处。在进入回溯代码之前，我们先按照路由表条目进行分析。如图 3-14 所示，地址 192.168.20.129 将匹配到 192.168.20.0/24 路由，此路由为地址 192.168.20.129 的最长匹配路由。

192.168.20.0/24 节点的 tnode 中保存有 4 个子节点，那么如何从这 4 个子节点中精准选择一个子节点出来呢？

以 IPv4 地址最高的 3 个比特位为例进行分析。假设路由表的第一个枝干节点占用 bit29～bit31 三个比特位，则该节点中 tnode[] 数组容量为 8，这 8 个子节点描述的地址范围如图 3-15 所示。

- 当 tnode[] 数组下标取值为 0b111（7）时，该条目要求 bit29～bit31 必须全部是 1，所以只能匹配地址范围 224.0.0.0～255.255.255.255，对应的匹配长度为 3。
- 当 tnode[] 数组下标取值为 0b110（6）时，该条目要求 bit30～bit31 必须全部是 1，bit29 可以是 0 也可以是 1，所以此条目可以匹配的地址范围为 192.0.0.0～255.255.255.255，对应的匹配长度为 2。此路由范围覆盖 tnode[7] 的路由范围。

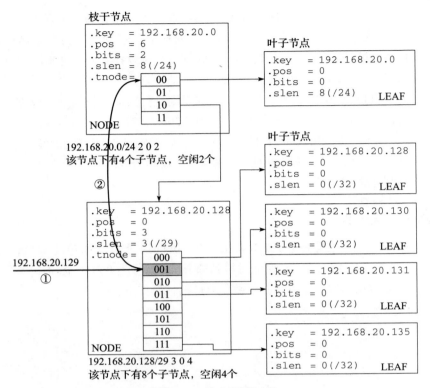

图 3-14 路由回溯过程

图 3-15 枝干节点占用 29 ～ 31 位时，每个 tnode 节点对应的地址范围

注：灰色部分表示本网段能够匹配的地址范围。

> 当 tnode[] 数组下标取值为 0b100（4）时，该条目要求 bit31 必须是 1，bit29 ～ bit30 可以是 0 也可以是 1，所以此条目可以匹配的地址范围为 128.0.0.0 ～ 255.255.255.255，

对应的匹配长度为 1。此路由范围覆盖 tnode[6] 和 tnode[7] 的路由范围。
- 当 tnode[] 数组下标取值为 0b000（0）时，该条目对 bit29 ～ bit31 完全没有要求，可以是 0 也可以是 1，所以此条目可以匹配的地址范围为所有地址段，对应的匹配长度为 0。

从上述流程可以找到路由匹配规律。假设当前需要进行路由查找的地址为 224.1.x.x，按照上述算法，匹配的 tnode[] 数组下标为 7，接下来继续匹配，操作如下。
- 如果 tnode[7] 有效并且为叶子节点，则匹配成功，此时直接找到路由。
- 如果 tnode[7] 有效并且为枝干节点，则按照前面流程，进入枝干节点继续正向匹配。
- 如果 tnode[7] 无效，则向上回溯。由图 3-15 可知 tnode[6] 节点覆盖了此地址范围，所以继续检查 tnode[6] 的有效性。
- 如果 tnode[6] 依旧无效，则继续向上回溯。tnode[4] 节点覆盖了此地址范围，所以继续检查 tnode[4] 的有效性。
- 如果 tnode[4] 依旧无效，此时就等同于直接匹配 tnode[0] 了，此路由为默认路由。

接下来看内核中实现回溯过程的关键代码。进入这段代码时，pn 保存的是最后一次匹配成功的枝干节点指针，cindex 保存当前地址在最后一个枝干节点 tnode 数组的下标。

```
int fib_table_lookup(struct fib_table *tb, const struct flowi4 *flp,
        struct fib_result *res, int fib_flags)
{
    ...
    for (;;) {
        struct key_vector __rcu **cptr = n->tnode;
        // 执行到这里时，n 指向的是下一个可能的有效节点
        // 检查该节点能否与当前地址匹配，如果不能则继续回溯
        if (unlikely(prefix_mismatch(key, n)) ||
            (n->slen == n->pos))
            goto backtrace;


        // 找到可能的有效节点的条件是 *cptr 不为 NULL
        while ((n = rcu_dereference(*cptr)) == NULL) {
backtrace:
            // 如果当前下标已经是本枝干节点的第一个，那么证明当前枝干节点
            // 保存的路由信息不能匹配成功，此时向上回溯
            while (!cindex) {
                t_key pkey = pn->key;
                // 回退到 Trie 树的根节点上，但是依旧找不到任何匹配的路由
                // 函数回复失败，原因值为 -EAGAIN
                if (IS_TRIE(pn)) {
                    trace_fib_table_lookup(tb->tb_id, flp,
                            NULL, -EAGAIN);
                    return -EAGAIN;
                }
                // 回溯到父节点
                pn = node_parent_rcu(pn);
```

```
                // 找到当前地址在父节点的index值
                cindex = get_index(pkey, pn);
        }

        /* strip the least significant bit from the cindex */
        cindex &= cindex - 1;

        // 获取下一个可能的节点
        cptr = &pn->tnode[cindex];
}
```

其中两个关键功能点如下。
- 节点内回溯。代码中通过"cindex &= cindex - 1"语句实现最低有效位清零操作。例如：假设 cindex 值为 7，第一次执行上述循环语句后 cindex 变更为 6，第二次执行后变更为 4，第三次执行后变更为 0。通过此算法实现了前面描述的枝干节点内的回溯流程。
- 向父节点回溯。在当前枝干节点内匹配失败后则向父节点回溯。

回到前面的例子，继续基于 192.168.20.129 进行讲解，完整的回溯过程如图 3-16 所示。

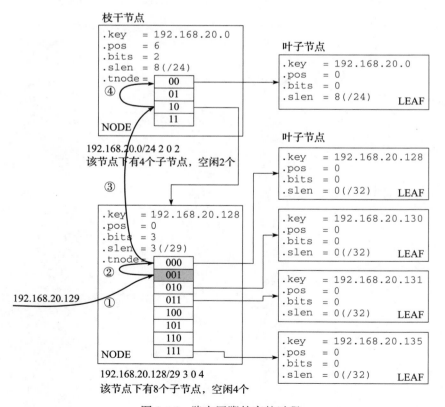

图 3-16　路由回溯的完整过程

完整回溯过程如下。

① 正向匹配到 192.168.20.128/29 节点的 tnode[1]，tnode[1] 保存的信息无效，所以需要回溯。

② 回溯到 192.168.20.128/29 节点的 tnode[0]，tnode[0] 保存的节点信息的确是叶子节点，但是此叶子节点要求精确匹配 192.168.20.128，匹配失败，此时只能向父节点回溯。

③ 回溯到父节点 192.168.20.0/24 的 tnode[2]，在此节点未做停留，直接通过"cindex &= cindex - 1"算法将下标 2 修正为 0，继续回溯。

④ 回溯到父节点 192.168.20.0/24 的 tnode[0]，tnode[0] 保存的节点信息是叶子节点，并且叶子节点能够与 192.168.20.129 匹配成功，回溯完成。

最终 192.168.20.129 匹配的是 192.168.20.0/24 网络对应的路由条目。

## 3.4 路由管理

用户可以使用 route 命令或者"ip route"命令执行路由管理功能，两者的区别在于 route 命令使用 ioctl 系统调用，而"ip route"命令则是通过 Netlink 实现系统调用。两者的路径不同但是最终的结果相同。一般来说，建议使用"ip route"命令执行路由管理操作，本节以"ip route"命令实现为例讲解路由管理流程。

"ip route"管理命令位于 Iproute2 软件包中，关键代码如下：

```
// ip 命令总入口
cmds[] = {
    { "address",   do_ipaddr },           // ip addr 命令对应的入口函数
    { "route",     do_iproute },          // ip route 命令对应的入口函数
...
(iproute2-5.8.0/ip/ip.c)

// ip route 命令入口
int do_iproute(int argc, char **argv)
{
    if (argc < 1)
        return iproute_list_flush_or_save(0, NULL, IPROUTE_LIST);
    // 增加路由
    if (matches(*argv, "add") == 0)
        return iproute_modify(RTM_NEWROUTE, NLM_F_CREATE|NLM_F_EXCL,
                    argc-1, argv+1);
    ...
    // 删除路由
    if (matches(*argv, "delete") == 0)
        return iproute_modify(RTM_DELROUTE, 0,
                    argc-1, argv+1);
    ...
(iproute2-5.8.0/ip/iproute.c)
```

增加路由和删除路由对应的 Netlink 命令码为 RTM_NEWROUTE 和 RTM_DELROUTE。内核启动过程中，ip_fib_init() 函数注册了这两种 Netlink 命令的回调函数：

```
ip_rt_init()
└── ip_fib_init()
    ├── rtnl_register(PF_INET, RTM_NEWROUTE, inet_rtm_newroute, ...);
    └── rtnl_register(PF_INET, RTM_DELROUTE, inet_rtm_delroute, ...);
```

用户执行"ip route"命令增加路由时，到了内核中则执行 inet_rtm_newroute() 回调，函数调用栈如下：

```
inet_rtm_newroute()
├── fib_new_table()
└── fib_table_insert()
```

用户执行 ip route 命令删除路由时，在内核中则执行 inet_rtm_delroute() 回调：

```
inet_rtm_delroute()
└── fib_table_delete()
```

以上两种实现代码清晰明确，有兴趣的读者可自行查看更详细的内核代码。

## 3.5 总结

本章首先介绍了 Linux 内核中路由表的结构，接下来描述了内核代码中的路由数据结构和算法，最后介绍了路由管理命令的实现原理。整个网络协议栈中，路由查找功能极为关键，但是内核实现路由查找的关键代码却极少，几十行代码就实现了这么复杂的功能，并且效率非常高。我们可以学习其实现思路，并应用在产品的开发中，凡是涉及最长匹配的算法问题，均可以使用本思路来解决。

第 4 章 Chapter 4

# Linux 虚拟网络设备

在讲述虚拟化网络技术之前，最好先了解 Linux 网络命名空间和虚拟网络设备。
- 网络命名空间实现了虚拟化网络之间的隔离，是容器技术的基础。
- 虚拟化网络设备用于实现网络命名空间之间的通信，不同的网络组件通过虚拟化网络设备连接到一起，组成了完整的虚拟化网络。

最终，我们通过网络命名空间和虚拟化网络设备实现了隔离的虚拟化网络系统。

## 4.1 网络命名空间原理

Linux 命名空间的创作灵感来自贝尔实验室的 Plan 9 系统。

Plan 9 是贝尔实验室在 20 世纪 80 年代后期开发的一种分布式操作系统。该系统提出了命名空间（namespace）的概念，即每个进程拥有自己的命名空间，在此命名空间中，进程看到的是一个独立并完整的操作系统。不同的命名空间之间完全隔离，操作系统控制命名空间内部资源与外部系统真实资源之间的映射关系。

Linux 于 2002 年的 2.4.19 版本引入了命名空间功能，最开始仅提供了 mount 类型的命名空间，后续由开发者不断完善，到了 5.6 版本，内核已经支持 8 种命名空间。这 8 种命名空间功能各异，但是原理是一样的，且最终的目的都是实现命名空间之间的资源隔离。运行在特定命名空间中的进程，只能看到本命名空间中的资源。操作系统通过命名空间限制应用可访问资源的范围，即使应用出现了破坏系统的行为，也仅仅影响本命名空间的进程而已，不会扩散到其他命名空间。

## 4.1.1 命名空间概述

下面简单介绍 Linux 5.6 版本内核支持的命名空间。

### 1. PID namespace（进程 ID 命名空间）

在 Linux 系统中每个进程拥有唯一 ID 标识，此 ID 即为进程的 PID（Process ID），用户或者进程可以通过此 PID 访问特定的进程，如向特定的进程发送消息/信号。在没有启用命名空间之前，系统的 PID 资源是全局规划的，系统保证进程的 PID 不会重复。操作系统启动时创建的第一个用户进程 PID 为 1，后续所有的进程都是从这个进程或者此进程的子进程 fork 出来的，所以 PID 为 1 的进程是系统中所有其他进程的父进程。

在使用 PID 命名空间后，每个命名空间就像完整的独立系统。命名空间内部拥有一套完整的 PID 列表，在该命名空间中创建的第一个进程的 PID 为 1，后续创建的任何进程都是这个进程的子进程。

### 2. Mount namespace（挂载命名空间）

Mount 命名空间用于控制挂载点（mount points），不同的进程可以拥有各自的挂载点。用户在创建命名空间时，直接将系统的挂载信息复制到新的命名空间中。此后，在新的命名空间执行 mount 命令挂载文件系统时，可以限制仅对本命名空间有效，命名空间外部不可见。后面附录 A 中讲解的功能正是通过 mount 命名空间实现的。

### 3. Network namespace（网络命名空间）

网络命名空间是对网络协议栈的虚拟化，每个网络命名空间拥有独立的网络协议栈。

通过"ip netns"命令创建的网络命名空间仅有一个环回设备（loopback），用户可以向此网络命名空间中添加新的网络接口，也可以在不同的命名空间中移动网络接口，系统保证每个网络接口只能位于一个网络命名空间中。

网络命名空间功能是虚拟化网络技术的根基。

### 4. IPC namespace（进程间通信命名空间）

IPC（Inter-Process Communication，进程间通信）命名空间可以将进程间通信功能隔离开来，使位于不同命名空间的进程无法使用共享内存、信号量、消息队列通信。

### 5. UTS namespace（域名主机命名空间）

每个 UTS（UNIX Time Sharing）命名空间都拥有自己的主机名和域名信息，这些信息仅对运行在当前命名空间内的进程可见，不会影响其他命名空间中的进程。

### 6. User namespace（用户命名空间）

在 Linux 系统中，每个用户都对应一个 UID（UserID），如 root 用户的 UID 固定为 0。启用 User 命名空间后，系统允许将宿主机的某个用户映射到容器中，这个用户在 User 命名空间中的权限与在宿主机上的权限可以不同。举个例子，将宿主机上的 UID 为 1000 的用户映射到某个 User 命名空间中，并指定 UID 为 0，那么此用户在宿主机上只是一个普通用户，但是在 User 命名空间中却是具备 root 权限的用户。

### 7. cgroups namespace（控制组命名空间）

cgroups（control groups，控制组）用于限制、隔离一组进程对系统资源的使用。控制组命名空间隐藏了进程所属的 cgroups 属性，在命名空间中设置的 cgroups 规则仅对本命名空间有效，对宿主机的 cgroups 无任何影响。

### 8. Time namespace（时间命名空间）

在不同的 Time 命名空间中的进程拥有各自的系统时间，命名空间之间无关联。

使用命名空间可以很好地实现限制进程对资源的访问。以 PID 命名空间为例，图 4-1 展示了 PID 命名空间模型。

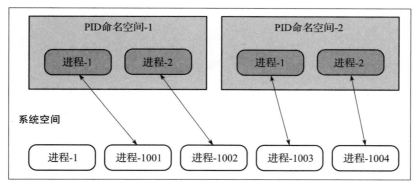

图 4-1　PID 命名空间模型

系统中存在 2 个 PID 命名空间，在操作系统的默认命名空间看到如下内容。

➢ 进程 PID 1001 和 1002 位于"PID 命名空间 -1"中。
➢ 进程 PID 1003 和 1004 位于"PID 命名空间 -2"中。

而进入"PID 命名空间 -1"后，再查看 PID 就会发现其进程的 PID 分别是 1 和 2，与操作系统默认的网络命名空间看到的结果完全不同。在"PID 命名空间 -1"中，如果进程 1 查找 PID 为 2 的进程，那么就只能查找到本命名空间中的进程 2，而不会访问"PID 命名空间 -2"中的进程 2。

其他的命名空间原理大同小异，差异在于通过命名空间隔离的资源不同。

## 4.1.2　网络命名空间

内核创建进程后，在"/proc/<pid>/ns"目录下创建该进程使用的命名空间文件，其中"<pid>"字段要替换为进程实际的 PID。

下面是某系统中 1 号进程的命名空间使用情况：

```
[root@exp ~]# ls -l /proc/1/ns/
total 0
lrwxrwxrwx 1 root root 0 Jan 20 18:39 cgroup -> cgroup:[4026531835]
lrwxrwxrwx 1 root root 0 Jan 20 18:39 ipc -> ipc:[4026531839]
lrwxrwxrwx 1 root root 0 Jan 20 18:39 mnt -> mnt:[4026531840]
lrwxrwxrwx 1 root root 0 Jan 20 18:39 net -> net:[4026531992]
lrwxrwxrwx 1 root root 0 Jan 20 18:39 pid -> pid:[4026531836]
lrwxrwxrwx 1 root root 0 Jan 20 18:39 pid_for_children -> pid:[4026531836]
lrwxrwxrwx 1 root root 0 Jan 20 18:39 user -> user:[4026531837]
lrwxrwxrwx 1 root root 0 Jan 20 18:39 uts -> uts:[4026531838]
```

输出的文件名称格式为"文件名 -> 命名空间类型：[inode 编号 ]"。"->"符号表示该文件是一个软链接文件，被链接的文件是命名空间文件。

使用 readlink 命令同样可以获取文件链接属性信息：

```
[root@exp ~]# readlink /proc/1/ns/net
net:[4026531992]
```

不同的命名空间文件的 inode 编号一定不同，系统保证其唯一性。如果两个进程的"命名空间类型：[inode 编号 ]"相同，则证明这两个进程共享同一个命令空间。

### 1. 网络命名空间结构

内核为每个网络命名空间创建一个 struct net 对象，结构定义如下：

```
struct net {
    ...
    struct list_head    list;               // 将所有 net 对象串接在一起

    struct user_namespace *user_ns;         // User namespace 指针
    ...
    struct ns_common    ns;                 // 命名空间通用结构
    ...
    struct net_device   *loopback_dev;      // 本命名空间的 loopback 设备

    struct netns_core   core;               // 网络空间专属参数
    struct netns_mib    mib;
    struct netns_packet packet;
    struct netns_unix   unx;
    struct netns_nexthop nexSV 版本 thop;
    struct netns_ipv4   ipv4;               // IPv4 协议栈参数
    ...
};
(include/net/net_namespace.h)
```

结构体中包含了本网络命名空间的所有网络参数，如 ipv4 成员变量中保存的是 IPv4 协议栈相关参数，这些参数仅在当前的命名空间中有效。

网络命令空间对象属于全局数据，内核将所有的网络命名空间对象挂接到 net_namespace_list 链表中。内核网络命名空间对象的组织结构参考图 4-2。

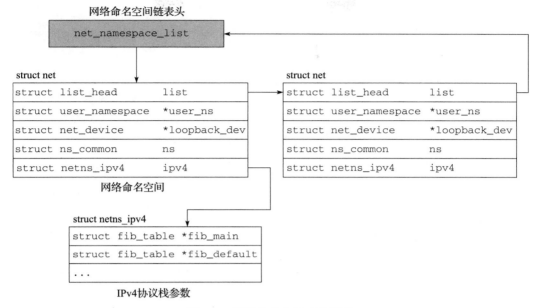

图 4-2　网络命名空间对象列表

### 2. 用户进程与网络命名空间关联

在内核中，每个用户进程对应一个 task_struct 对象。该对象描述了进程的属性、用到的资源等信息。

```
struct task_struct {
    void             *stack;           // 进程栈内存指针
    pid_t            pid;              // 进程的 PID

    /* Namespaces: */
    struct nsproxy   *nsproxy;         // 进程关联的命名空间
    ...
};
(include/linux/sched.h)
```

task_struct 结构体中的 nsproxy 成员变量保存了本进程使用的所有命名空间信息，包括网络命名空间。nsproxy 成员的类型为"struct nsproxy"，该结构体保存了内核支持的所有命名空间对象的指针。

```
struct nsproxy {
    atomic_t count;
    struct uts_namespace *uts_ns;
    struct ipc_namespace *ipc_ns;
    struct mnt_namespace *mnt_ns;
    struct pid_namespace *pid_ns_for_children;
    struct net           *net_ns;                    // 网络命名空间
```

```
        struct time_namespace *time_ns;
        struct time_namespace *time_ns_for_children;
        struct cgroup_namespace *cgroup_ns;
};
(include/linux/nsproxy.h)
```

默认情况下，系统在创建进程时直接共享父进程的命名空间。如果要求子进程使用独立的命名空间而不是共享父进程的命名空间，则可调用 unshare()[①]接口为子进程创建一个新的命名空间，或者调用 setns() 接口共享某个现有的命名空间。

用户进程与网络命名空间对象之间的关系参考图 4-3。

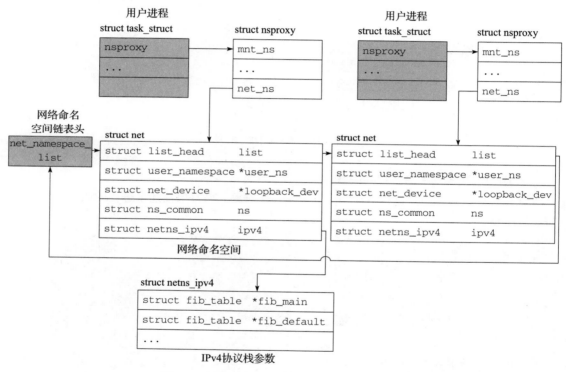

图 4-3　用户进程与网络命名空间对象的关系

子进程继承父进程的网络命名空间，父进程再继承其父进程的，最后焦点集中到系统的第一个进程上，那么 PID 1 进程的网络命名空间对象从哪里来呢？

内核启动完成后创建 init 进程，此进程即为系统中的第一个进程。对于使用 systemd 的系统来说，init 进程就是 systemd 进程。

下面是本地测试环境中的 PID 为 1 的进程：

---

① 参考文档：https://www.man7.org/linux/man-pages/man7/namespaces.7.html。

```
[root@exp ~]# ps -aux | awk '{print $1"\t"$2"\t"$11}'
USER    PID        COMMAND
root    1          /usr/lib/systemd/systemd
```

内核为首个用户进程定义了 task_struct 对象 init_task：

```
struct task_struct init_task = {
    .stack      = init_stack,
    .tasks      = LIST_HEAD_INIT(init_task.tasks),
    .nsproxy    = &init_nsproxy,    // 指定 nsproxy 对象
    ...
(init/init_task.c)
```

该对象中的 nsproxy 成员变量指向 init_nsproxy 对象。init_nsproxy 对象定义如下：

```
struct nsproxy init_nsproxy = {
    .count              = ATOMIC_INIT(1),
    .uts_ns             = &init_uts_ns,
    .mnt_ns             = NULL,
    .pid_ns_for_children = &init_pid_ns,
#ifdef CONFIG_NET
    .net_ns             = &init_net,    // 网络命名空间
#endif
    ...
};
(kernel/nsproxy.c)
```

init_nsproxy 对象的 net_ns 成员指向 init_net 对象，所以 init_net 对象是全系统的默认网络命名空间对象。如果系统中仅使用默认网络命名空间，那么所有进程都引用了 init_net 对象。

系统启动过程中，init 进程根据用户配置启动其他进程。新启动的进程均是 init 进程的子进程，子进程共享父进程的所有命名空间对象，图 4-4 展示了子进程的创建过程。

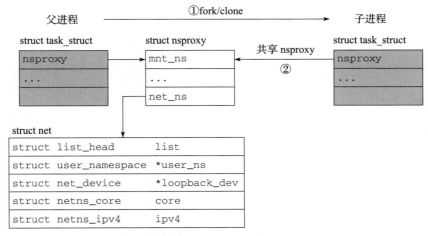

图 4-4　新创建的子进程共享父进程的命名空间

整个过程分两步：第一步是创建子进程，第二步是子进程共享父进程的 nsproxy 对象。

**3. 创建新的网络命名空间**

内核提供了 fork/clone 系统调用实现创建进程，fork 系统调用的定义如下：

```
SYSCALL_DEFINE0(fork)
{
    ...
    return kernel_clone(&args);
}
(kernel/fork.c)
```

不管是 fork 还是 clone，最终都是通过调用 kernel_clone() 函数实现进程创建的。kernel_clone() 的调用栈如下：

```
kernel_clone()
└── copy_process()
    ├── dup_task_struct()
    │   └── arch_dup_task_struct()         //复制整个 task_struct
    └── copy_namespaces()                  //复制命名空间
```

其中的关键功能点如下。

①首先调用 copy_process() 函数复制进程任务数据区：copy_process() 调用 dup_task_struct() 将父进程的 task_struct 对象内容全部覆写到子进程的 task_struct 结构中，所以函数执行完成后子进程的 nsproxy 成员已经指向了父进程的 nsproxy。

②继续调用 copy_namespaces() 函数复制父进程的命名空间，此函数不一定执行复制操作，也有可能是共享父进程的命名空间。

copy_namespaces() 函数的关键代码如下：

```
int copy_namespaces(unsigned long flags, struct task_struct *tsk)
{
    struct nsproxy *old_ns = tsk->nsproxy;
    struct nsproxy *new_ns;
    //创建子进程时，如果没有特殊要求，是不会打上 CLONE_NEWxx 标志的
    //此时不需要创建新的网络命名空间
    if (likely(!(flags & (CLONE_NEWNS | CLONE_NEWUTS | CLONE_NEWIPC |
                CLONE_NEWPID | CLONE_NEWNET |
                CLONE_NEWCGROUP | CLONE_NEWTIME)))) {
        if (likely(old_ns->time_ns_for_children == old_ns->time_ns)) {
            get_nsproxy(old_ns);         // 增加 nsproxy 的引用计数
            return 0;
        }
    } else if (!ns_capable(user_ns, CAP_SYS_ADMIN))
        return -EPERM;
    ...
    //创建新的网络命名空间
    new_ns = create_new_namespaces(flags, tsk, user_ns, tsk->fs);
    tsk->nsproxy = new_ns;
```

```
}
(kernel/nsproxy.c)
```

如果创建进程时不指定 CLONE_NEWxx 标志，则证明子进程直接共享父进程的命名空间，此场景下，copy_namespaces() 函数仅仅是调用 get_nsproxy() 增加父进程 nsproxy 对象的引用计数，不需要创建新的网络命名空间。

如果创建进程时指定了 CLONE_NEWxx 标志，则 copy_namespace() 函数调用 create_new_namespaces() 创建新的 nsproxy 对象。

create_new_namespaces() 调用一系列的接口创建命名空间：

```
static struct nsproxy *create_new_namespaces(unsigned long flags,
    struct task_struct *tsk, struct user_namespace *user_ns,
    struct fs_struct *new_fs)
{
    new_nsp = create_nsproxy();           // 创建 nsproxy 对象

    // 创建 mount 命名空间
    new_nsp->mnt_ns = copy_mnt_ns(flags, tsk->nsproxy->mnt_ns,
                        user_ns, new_fs);
    // 创建 ipc 命名空间
    new_nsp->ipc_ns = copy_ipcs(flags, user_ns,
                        tsk->nsproxy->ipc_ns);
    // 创建网络命名空间
    new_nsp->net_ns = copy_net_ns(flags, user_ns,
                        tsk->nsproxy->net_ns);
    ...
(net/core/net_namespace.c)
```

创建网络命名空间的函数为 copy_net_ns()，核心代码如下：

```
struct net *copy_net_ns(unsigned long flags,
            struct user_namespace *user_ns, struct net *old_net)
{
    if (!(flags & CLONE_NEWNET))          // 不需要创建时
        return get_net(old_net);          // 直接使用父进程的 net 对象
    ...
    net = net_alloc();                    // 分配 net 对象
    rv = setup_net(net, user_ns);         // 初始化 net 对象
    ...
}
(net/core/net_namespace.c)
```

如果不需要创建网络命名空间，则直接使用父进程的网络命名空间，增加引用计数，否则调用 net_alloc() 创建一个新的网络命名空间。创建新的网络命名空间后，继续调用 setup_net() 函数执行网络命名空间初始化：

```
static __net_init int setup_net(struct net *net,
                    struct user_namespace *user_ns)
```

```c
    refcount_set(&net->ns.count, 1);        // 增加引用计数

    // 遍历 pernet_list 链表，对每个网络子系统分别执行初始化
    list_for_each_entry(ops, &pernet_list, list) {
        error = ops_init(ops, net);         // 对每个网络子系统进行初始化
        ...
    }
    ...
}

// 初始化函数为 pernet_operations 的 init() 函数
static int ops_init(const struct pernet_operations *ops,
                    struct net *net)
{
    ...
    if (ops->init)
        err = ops->init(net);
}
(net/core/net_namespace.c)
```

网络命名空间对象保存了非常多的网络参数，按类别可分为不同的网络子系统，执行网络命名空间对象初始化等同于对每个网络子系统进行初始化。内核在启动时将本机支持的网络子系统全部注册到 pernet_list 链表上，后续创建网络命名空间时，在此链表中遍历网络子系统，然后逐个对子系统执行初始化就可以了。

pernet_list 定义如下：

```c
static LIST_HEAD(pernet_list);              // 全局链表
static struct list_head *first_device = &pernet_list;
(net/core/net_namespace.c)
```

以 IPv4 网络子系统为例，内核初始化时调用 inet_init() 函数执行 IPv4 相关的网络参数初始化。此函数调用 init_inet_pernet_ops() 函数注册了 IPv4 网络子系统：

```c
static __net_initdata struct pernet_operations af_inet_ops = {
    .init = inet_init_net,                  // IPv4 子系统初始化
};
static int __init init_inet_pernet_ops(void)
{
    return register_pernet_subsys(&af_inet_ops);
}
static int __init inet_init(void)
{
    if (init_inet_pernet_ops()) // 注册 IPv4 网络子系统
        ...
}
(net/ipv4/af_inet.c)
```

register_pernet_subsys() 函数将 af_inet_ops 对象注册到系统中，该对象的 init 接口为

inet_init_net() 函数。内核在初始化网络命名空间时，调用 inet_init_net() 执行 IPv4 子系统初始化：

```
static __net_init int inet_init_net(struct net *net)
{
    ...
    net->ipv4.ip_local_ports.range[0] = 32768;
    net->ipv4.ip_local_ports.range[1] = 60999;
    net->ipv4.sysctl_ip_dynaddr = 0;
    ...
    return 0;
}
(net/ipv4/af_inet.c)
```

内核中保存的 pernet_list 链表如图 4-5 所示。

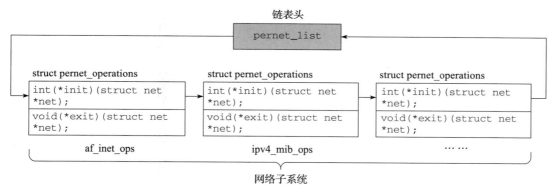

图 4-5　内核的 pernet_list 链表

### 4. 套接字与网络命名空间的关联

一个用户进程只能运行在一个网络命名空间中，该进程创建的所有的套接字同样位于进程所在网络命名空间中。用户进程中的每个套接字描述符在内核中对应一个"struct sock"对象，那么 sock 对象是否需要与网络命名空间关联起来呢？

首先看下"struct sock"结构定义，其中 sock_common 结构保存网络命名空间对象指针。

```
typedef struct {
    struct net *net;      // 网络命名空间
} possible_net_t;

struct sock_common {
    ...
    possible_net_t    skc_net;
}
```

```
struct sock {
    struct sock_common __sk_common;          // sock 公共数据
    ...
}

#define sk_net          __sk_common.skc_net  // 快速访问宏
```

2.2.2 节讲述了内核 sock 对象的创建过程，sock_create() 函数代码如下：

```
int sock_create(int family, int type, int protocol, struct socket **res)
{
    return __sock_create(current->nsproxy->net_ns, family,
                         type, protocol, res, 0);
}
```

sock_create() 调用 __sock_create() 函数时传递的第一个参数是 current->nsproxy->net_ns（当前进程的网络命名空间），接下来 __sock_create() 会继续调用网络协议族的创建接口。IPv4 协议族的创建接口为 inet_create()，继续跟踪 inet_create() 的调用栈：

```
inet_create()
└── sk_alloc()
    └── sock_net_set(sk, net);
        └── write_pnet(&sk->sk_net, net);
```

sk_alloc() 调用 sock_net_set() 函数，将当前进程的网络命名空间参数写入 sock 对象中，所以 sock 对象同样保存了网络命名空间信息。图 4-6 展示了内核 sock 对象与网络命名空间之间的关系。

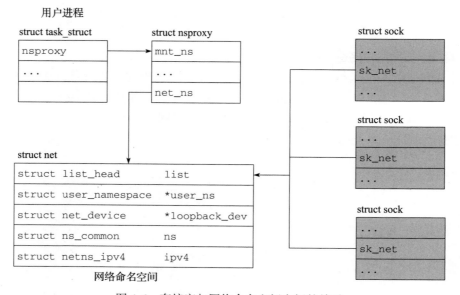

图 4-6　套接字与网络命名空间之间的关系

**5. 设备与网络命名空间的关联**

每个网络命名空间都拥有自己的协议栈、路由表，自然，网络命名空间也应当拥有自己的设备，否则网络命名空间就无法形成一套完整的网络通信系统。

内核中"struct net_device"结构描述了一个网络设备，定义如下：

```
typedef struct {
    struct net *net;                    // 网络命名空间
} possible_net_t;

struct net_device {
    char                name[IFNAMSIZ]; // 设备名称
    possible_net_t      nd_net;         // 设备关联的网络命名空间
    ...
};
(include/linux/netdevice.h)
```

结构中的 nd_net 成员变量保存了本设备归属的网络命名空间。

用过网络命名空间的读者会发现，每次创建一个新的网络命名空间时，系统自动创建一个环回网络设备，那么这个环回设备是何时创建的呢？

在创建网络命名空间一节提到，setup_net() 函数遍历 pernet_list 链表，在当前网络命名空间中对每个网络子系统执行初始化操作。环回设备的创建正是利用了此特性，系统把环回设备当作一个网络子系统使用。

内核初始化阶段，net_dev_init() 函数将环回设备网络子系统的操作对象注册到系统中：

```
struct pernet_operations __net_initdata loopback_net_ops = {
    .init = loopback_net_init,                          // 环回设备初始化接口
};

static int __init net_dev_init(void)
{
    if (register_pernet_device(&loopback_net_ops))      // 注册操作对象
        goto out;
    ...
}
subsys_initcall(net_dev_init);
(net/core/dev.c)
```

环回设备网络子系统初始化函数为 loopback_net_init()，内核初始化网络命名空间时会调用此函数。loopback_net_init() 函数关键代码如下：

```
static __net_init int loopback_net_init(struct net *net)
{
    // 创建设备
    dev = alloc_netdev(0, "lo", NET_NAME_UNKNOWN, loopback_setup);
    if (!dev)
        goto out;
```

```
        dev_net_set(dev, net);         // 设置设备的网络命名空间参数
        err = register_netdev(dev);
        if (err)
            goto out_free_netdev;
    ...
    }
(drivers/net/loopback.c)
```

函数首先调用 alloc_netdev() 创建环回设备，参数中携带了环回设备的初始化接口 loopback_setup()，alloc_netdev() 调用此接口实现环境设备的初始设置。待环回设备创建成功后，继续调用 dev_net_set() 设置该设备关联的网络命名空间，以将 net 参数传递到设备的 dev->nd_net 成员上。

其他的设备创建时也使用类似的方式，即调用 dev_net_set() 设置本设备关联的网络命名空间。

图 4-7 展示了设备与网络命名空间之间的关联关系。

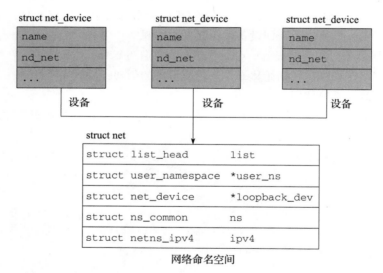

图 4-7　设备与网络命名空间之间的关系

### 6. 修改设备归属的网络命名空间

在网络命名空间通信过程中，用户创建一个虚拟网卡对后，将该设备的一端置于特定的命名空间中，另一端置于宿主机中，这样就可以实现宿主机和命名空间之间的网络数据交换。通过修改设备归属的网络命名空间，将网络设备转移到特定网络命名空间中。用户可以使用 iproute2 软件包中的"ip link set"命令实现此功能。

命令格式"ip link set <dev> netns <netNS>"，其中 <dev> 参数填写网络设备名，<netNS> 参数填写网络命名空间名称。

"ip link set"命令的执行过程如下:

```
do_iplink()
└── iplink_modify()
    ├── iplink_parse()
    └── rtnl_talk(&rth, &req.n, NULL)
(iproute2-5.8.0/ip/iplink.c)
```

利用 iplink_parse() 函数从用户输入的命令行参数中获取网络命名空间信息和设备信息:

```
int iplink_parse(int argc, char **argv, struct iplink_req *req,
                 char **type)
{
    // 解析 netns <netNS> 参数
    else if (strcmp(*argv, "netns") == 0) {
        NEXT_ARG();          // 跳到下一个参数,下一个参数为网络命名空间名称
        if (netns != -1)
            duparg("netns", *argv);
        netns = netns_get_fd(*argv);    // 获取网络命名空间文件描述符
        if (netns >= 0)                  // 设置 Netlink 操作请求标志
            addattr_l(&req->n, sizeof(*req), IFLA_NET_NS_FD,
                &netns, 4);
        ...
    }
    ...
    else {  // 最后一个 else 用于解析 <dev> 参数,即解析设备名称
        ...
        dev = *argv;
    }
    ...
}
(iproute2-5.8.0/ip/iplink.c)
```

iplink_modify() 调用 iplink_parse() 函数解析用户命令参数中的设备名称和网络命名空间信息,然后填写 Netlink 操作请求,最后调用 rtnl_talk() 将此操作发送给内核。

内核的 rtnetlink_init() 函数在启动时注册了 Netlink 操作的回调函数 rtnl_setlink()。前面的"ip link"触发系统调用后,接下来进入内核的 rtnl_setlink() 函数中。

```
void __init rtnetlink_init(void)
{
...
    rtnl_register(PF_UNSPEC, RTM_SETLINK, rtnl_setlink, NULL, 0);
}
(net/core/rtnetlink.c)
```

rtnl_setlink() 函数的调用栈如下:

```
rtnl_setlink()
└── do_setlink()
```

do_setlink() 函数用于解析用户的请求，如果本次操作是根据 IFLA_NET_NS_FD 标志修改设备的网络命名空间，则进入如下流程：

```c
static int do_setlink(const struct sk_buff *skb,
        struct net_device *dev, struct ifinfomsg *ifm,
        struct netlink_ext_ack *extack,
        struct nlattr **tb, char *ifname, int status)
{
    const struct net_device_ops *ops = dev->netdev_ops;
    int err;
    ...
    if (tb[IFLA_NET_NS_PID] || tb[IFLA_NET_NS_FD]
        || tb[IFLA_TARGET_NETNSID]) {
        const char *pat = ifname && ifname[0] ? ifname : NULL;
        struct net *net;
        // 获取设备归属的网络命名空间
        net = rtnl_link_get_net_capable(skb, dev_net(dev),
                    tb, CAP_NET_ADMIN);
        ...
        // 修改设备归属的网络命名空间
        err = __dev_change_net_namespace(dev, net, pat, new_ifindex);
        put_net(net);        // 释放当前网络命名空间
        if (err)
            goto errout;
        status |= DO_SETLINK_MODIFIED;
    }
    ...
}
```

首先调用 rtnl_link_get_net_capable() 获取设备当前归属的网络命名空间，然后调用 __dev_change_net_namespace() 函数将设备迁移到指定的网络命名空间中。如果执行成功，则将老的网络命名空间对象的引用计数减 1。

### 4.1.3 网络命名空间管理

一般来说，有以下两种场景需要新建网络命名空间。

**（1）场景 1：进程内创建网络命名空间**

如果子进程需要使用独立的网络命名空间而不是共享父进程的网络命名空间，则可以调用 unshare/setns 接口创建自己的网络命名空间或者共享现有的网络命名空间。此类型的命名空间属于临时数据，网络命名空间对象随着进程退出而销毁。

**（2）场景 2：创建固定名称的网络命名空间**

用户可以使用"ip netns"命令管理网络命名空间，并且，使用"ip netns add"命令创建的网络命名空间会一直存续，直到显式地调用"ip netns delete"将命名空间删除。

下面分别介绍这两种场景。

## 1. 进程内创建网络命名空间

子进程创建新的网络命名空间的过程参考图 4-8 所示。

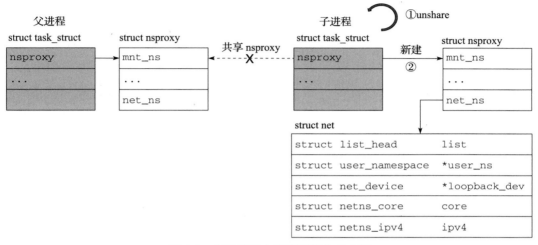

图 4-8  在子进程中新建网络命名空间

以 unshare 为例说明，用户程序调用如下：

```
void main()
{
    ...
    unshare(CLONE_NEWNET);  // 不共享网络命名空间
    ..
}
```

调用 unshare() 函数的参数为 CLONE_NEWNET，表示不共享父进程的网络命名空间。应用程序调用的 unshare() 函数位于 glibc 中，glibc 的实现与前面的系统调用类似，最终目标为内核的 unshare 系统调用。

内核中 unshare 系统调用定义如下：

```
SYSCALL_DEFINE1(unshare, unsigned long, unshare_flags)
{
    return ksys_unshare(unshare_flags);
}
(kernel\fork.c)
```

ksys_unshare() 的调用栈：

```
ksys_unshare()
└── unshare_nsproxy_namespaces()
    └── create_new_namespaces()
        ├── create_nsproxy()
        └── copy_net_ns()
```

底层调用 copy_net_ns() 创建网络命名空间，调用过程请参考 4.1.2 节中创建新的网络命名空间的内容。本次执行 unshare 系统调用时传递的参数是 CLONE_NEWNET，所以 copy_net_ns() 函数一定执行网络命名空间创建。

进程退出后，如果没有其他进程共享本进程的网络命名空间，那么系统将释放本网络命名空间对象。

应用程序退出时触发 exit 系统调用，定义如下：

```
SYSCALL_DEFINE1(exit, int, error_code)
{
    do_exit((error_code&0xff)<<8);
}
(kernel/exit.c)
```

跟踪 do_exit() 函数的调用栈如下：

```
do_exit()
└── exit_task_namespaces()
    └── switch_task_namespaces(p, NULL)
        └── put_nsproxy()
            └── free_nsproxy()
                └── put_net(ns->net_ns);
```

函数调用栈的底层是 put_net() 函数。该函数减少网络命名空间的引用计数，如果变更为 0，系统后续自动释放网络命名空间。

### 2. 创建固定名称的网络命名空间

调用"ip netns add tempns"命令创建名为 tempns 的网络命名空间：

```
[root@exp ~]# ip netns add tempns
[root@exp ~]# ip netns list
tempns
```

"ip netns"命令生成的命名空间文件位于 /var/run/netns 目录下，此目录下的每个文件都是挂载点。一般 Linux 环境中的 /var/run 目录实际是 /run 目录的软链接：

```
[root@exp ~]# ll /var/run
lrwxrwxrwx. 1 root root 6 Jun 15  2021 /var/run -> ../run
```

所以，访问 /var/run/netns 目录等同于访问 /run/netns 目录。

使用 findmnt 命令查看系统中已存在的 mount 数据：

```
[root@exp ~]# findmnt
TARGET                       SOURCE                      FSTYPE
├─/run                       tmpfs                       tmpfs
│ ├─/run/netns               tmpfs[/netns]               tmpfs
│ │ └─/run/netns/tempns      nsfs[net:[4026533090]]      nsfs
│ └─/run/netns/tempns        nsfs[net:[4026533090]]      nsfs
```

上述输出的最后两行呈现了两个 /run/netns/tempns 项,其类型均为 nsfs(命名空间文件系统),并且两个 tempns 挂载的是同一个文件 net:[4026533090]。仅创建了一个网络命名空间,为何要产生两条记录呢?这里暂不解释,后面进行详细分析。

ip netns 命令实现位于 iproute2 软件包的 ip/ipnetns.c 文件中,关键代码如下:

```
int do_netns(int argc, char **argv)
{
    ...
    if (matches(*argv, "add") == 0)
        return netns_add(argc-1, argv+1, true);

    if (matches(*argv, "set") == 0)
        return netns_set(argc-1, argv+1);

    if (matches(*argv, "delete") == 0)
        return netns_delete(argc-1, argv+1);
    ...
}
(iproute2-5.8.0/ip/ipnetns.c)
```

do_netns() 函数根据命令传递的第三个参数决定调用哪个入口。如果第三个参数为 add,则调用的函数为 netns_add();如果第三个参数为 delete,则调用的函数为 netns_delete()。本次执行的是创建操作,所以入口函数为 netns_add(),函数比较长,接下来逐段分析。

(1)创建 /var/run/netns 目录

默认情况下,"ip netns"命令将网络命名空间文件挂载到 /var/run/netns 目录下,所以在执行命令之前,需要校验此目录是否存在,如果不存在就创建该目录路径。

接下来构造网络命名空间的完整文件名。本例创建的网络命名空间名称为 tempns,所以对应的文件是"/var/run/netns/tempns"。

```
#define NETNS_RUN_DIR "/var/run/netns"
static int netns_add(int argc, char **argv, bool create)
{
    char netns_path[PATH_MAX], proc_path[PATH_MAX];
    const char *name;

    name = argv[0];
    snprintf(netns_path, sizeof(netns_path), "%s/%s",
            NETNS_RUN_DIR, name);      // 构造网络命名空间文件名

    if (create_netns_dir())             // 创建 netns 命名空间文件路径
        return -1;
    ...
(iproute2-5.8.0/ip/ipnetns.c)
```

上述代码执行完成后,/var/run/netns 目录就绪。

### （2）设置 /var/run/netns 挂载点的共享属性

接下来的代码非常关键，在分析源码之前先了解一下 mount 接口。该接口声明在 <sys/mount.h> 头文件中，定义如下：

```
int mount(const char *source, const char *target,
        const char *filesystemtype, unsigned long mountflags,
        const void *_Nullable data);
```

其中关键参数的说明如下。
- source 参数指定了需要执行 mount 的源目录 / 文件 / 设备。
- target 指定了目的目录 / 文件。
- mountflags 为挂载标志，本节用到三个标志。MS_SHARED：设置指定挂载点是否可以在不同的挂载命名空间中共享。如果设置为共享属性，则即便位于不同的挂载命名空间，应用还是可以访问同一个挂载点。本例将挂载点 /var/run/netns 设置为共享属性，这样才能保证在不同挂载命名空间中，均能正常使用"ip netns"命令访问固定的网络命名空间。MS_BIND：一般情况下 mount 用于将设备挂载到系统目录上，通过指定 MS_BIND 属性，可以将指定的文件 / 目录挂载到指定的文件 / 目录上，形式上类似于软链接。MS_REC：递归属性，将某个 source 路径挂载到 target 路径之后，如果 source 路径下存在挂载点，那么递归地将 source 路径下的挂载点同步应用到 target 路径上。

使用命令也可以实现相同的效果，相关原理在附录 A 有详细的介绍，读者如果对 mount 操作不甚了解，则可先行移步阅读。

接下来回到 netns_add() 函数，继续跟踪代码：

```
made_netns_run_dir_mount=0;
while (mount("", NETNS_RUN_DIR, "none",          // 第一个 Mount 操作
            MS_SHARED | MS_REC, NULL)) {         // 根目录 mount 属性
    if (errno != EINVAL || made_netns_run_dir_mount) {
        return -1;
    }

    // 第二个 Mount 操作
    if (mount(NETNS_RUN_DIR, NETNS_RUN_DIR, "none",
            MS_BIND | MS_REC, NULL)) {
        return -1;
    }
    made_netns_run_dir_mount = 1;
}
```

While 循环中的第一个 mount 调用未指定源目录，相当于更新目标挂载点 NETNS_RUN_DIR 的属性为"MS_SHARED | MS_REC"，目的是确保不同挂载命名空间均可以正常访问此挂载点。

对第一个 mount() 函数的执行过程进行分析。如果目标 NETNS_RUN_DIR 已经是挂载点，那么此步骤执行成功，mount() 返回 0，while 循环结束。如果 NETNS_RUN_DIR 是刚刚创建的，那么此目录一定不是挂载点，mount() 函数返回 EINVAL，第一次循环时 made_netns_run_dir_mount 的值为 0，所以下面的语句是执行不到的：

```
if (errno != EINVAL || made_netns_run_dir_mount) {
    return -1;
}
```

接下来执行第二个 mount() 函数。此函数用于将 NETNS_RUN_DIR 目录挂载到 NETNS_RUN_DIR 目录，源、目的目录都是其本身，作用是将 NETNS_RUN_DIR 目录变成挂载点。然后继续执行 while 循环，回到第一个 mount() 函数。此时 NETNS_RUN_DIR 目录已经是挂载点，所以本次操作 NETNS_RUN_DIR 挂载属性更新为共享属性，正常情况下这次会执行成功。

执行"ip netns add tempns"命令后，使用 findmnt 命令可以看到两个挂载信息，原因在于：前面第二个 mount() 调用将 /var/run/netns 挂载到了自己目录上，导致 /var/run/netns 目录成为挂载点，由于创建此挂载点时指定了递归属性，当用户在 /var/run/netns 目录下面创建一个文件挂载时，系统会自动在其父挂载点上再产生一个挂载操作。

所以，图 4-9 ②是真正地将网络命名空间挂载到 tempns 文件上的挂载点，图 4-9 ①是因为父目录 /run/netns 本身是挂载点，系统递归向父挂载点传递挂载信息而生成的 tempns 挂载。如果读者对此仍不能彻底理解，则可以参考附录 A 中 mount 的工作原理。

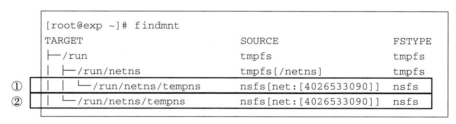

图 4-9　findmnt 命令执行结果

**（3）创建 /var/run/netns/tempns 文件**

使用通用的创建文件代码，创建出来的 /var/run/netns/tempns 文件仅仅是普通文件：

```
/* Create the filesystem state */
fd = open(netns_path, O_RDONLY|O_CREAT|O_EXCL, 0);
if (fd < 0) {
    return -1;
}
close(fd);
```

下一步需要将网络命名空间文件挂载到本文件上。

**（4）创建新的网络命名空间，并挂载到 /var/run/netns/tempns 文件上**

本次操作是创建网络命名空间，所以会走到"if (create)"的分支。函数首先调用 netns_save() 函数打开 /proc/self/ns/net 文件，文件描述符保存在 saved_netns 变量中，此文件保存的是当前进程的网络命名空间文件。执行完成后系统状态参考图 4-10 ①，此时网络命名空间有两处引用点，所以引用计数为 2。

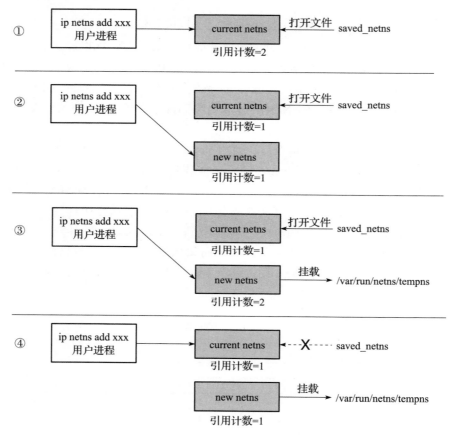

图 4-10　创建网络命名空间步骤

接下来调用 unshare(CLONE_NEWNET) 接口为当前进程分配一个新的网络命名空间：

```
if (create) {          // 创建网络命名空间
    netns_save();
    if (unshare(CLONE_NEWNET) < 0) {
        goto out_delete;
    }
    strcpy(proc_path, "/proc/self/ns/net");
}
```

新的网络命名空间创建成功后，当前进程将直接关联到新的命名空间，系统状态参考图 4-10 ②。此时不能关闭 saved_netns 文件，因为老的命名空间引用计数为 1，一旦关闭，老的网络命名空间会被释放。

将新创建的网络命名空间文件挂载到 /var/run/netns/tempns 文件上：

```
/* Bind the netns last so I can watch for it */
if (mount(proc_path, netns_path, "none", MS_BIND, NULL) < 0) {
    goto out_delete;
}
```

挂载完成后 /var/run/netns/tempns 文件变成挂载点。因为执行了挂载操作，所以新建的网络命名空间被正常引用。这样即使当前进程退出了，新建的网络命名空间也不会被释放。执行完成后的系统状态参考图 4-10 ③。

最后关键的一步是调用 netns_restore() 函数。此函数调用 setns 接口将当前进程的网络命名空间恢复到 saved_netns 命名空间中。恢复完成后，就可以正常关闭 saved_netns 文件了。

```
netns_restore();
```

命令执行完成后，进程重新退回到了执行之前的网络命名空间，最后系统状态参考图 4-10 ④。

接下来介绍如何删除网络命名空间。使用"ip netns delete"命令可以释放由"ip netns add"命令创建的网络命名空间：

```
[root@exp ~]# ip netns delete tempns
```

对于释放操作，调用的函数为 netns_delete()，调用栈如下：

```
netns_delete()
└── on_netns_del()
```

on_netns_del() 函数是实现的核心，源码如下：

```
static int on_netns_del(char *nsname, void *arg)
{
    char netns_path[PATH_MAX];

    //构造 mount 点名称
    snprintf(netns_path, sizeof(netns_path), "%s/%s",
             NETNS_RUN_DIR, nsname);
    umount2(netns_path, MNT_DETACH);     // 取消挂载操作
    if (unlink(netns_path) < 0) {        // 删除文件
        return -1;
    }
    return 0;
}
(iproute2-5.8.0/ip/ipnetns.c)
```

函数操作比较简单：执行 umount 操作，删除文件。执行 umount 操作时，如果网络命名空间引用计数变为 0，则系统自动释放网络命名空间对象。

## 4.2 基本网络设备

### 4.2.1 网桥

在网络通信中，网桥/交换机设备实现了局域网内不同网络设备之间的连接，是二层交换网络的核心组件。网桥（bridge）的含义是连接两个网络的"桥"，目的是减少两个网络之间的广播报文，提升局域网的通信效率。网桥工作在数据链路层，学习链路层的 mac 地址，并根据 mac 地址进行二层转发。可以认为交换机是网桥的升级版，交换机可以同时连接多个端口，实现不同网络之间的数据交换。大多数情况下，我们可以认为交换机和网桥是相同的设备，两者均可以实现局域网内部主机的互联。图 4-11 展示了网桥/交换机在物理网络中的位置。

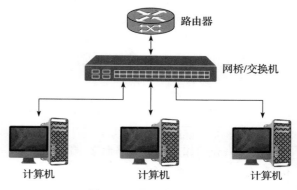

图 4-11　物理交换网络

在虚拟化网络中，Linux 内核提供的网桥可以实现系统内多个虚拟网络设备的互联，与物理网络的差异在于，内核提供的虚拟网桥完全是由软件实现的。图 4-12 展示了 Linux 系统中多个业务软件通过"虚拟网络设备 + 网桥"实现网络连接。

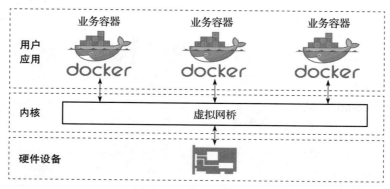

图 4-12　虚拟网络连接

**1. 管理网桥设备**

用户通过 brctl 命令管理网桥设备，该命令位于 bridge-utils 软件包中。bridge-utils 软件包功能比较固定，代码变化不大，下面以 bridge-utils-1.7.1 版本的代码为例进行分析。

**（1）增加网桥设备**

通过"brctl addbr <bridge>"命令可以向系统中增加网桥设备。例如，通过"brctl addbr tempbr"命令向系统中增加名为 tempbr 的网桥设备。通过"brctl show"命令可以查看系统中存在的网桥设备：

```
[root@exp ~]# brctl addbr tempbr
[root@exp ~]# brctl show
bridge name     bridge id               STP enabled     interfaces
tempbr          8000.000000000000       no
```

接下来分析网桥创建过程，图 4-13 展示了创建网桥设备的完整流程。

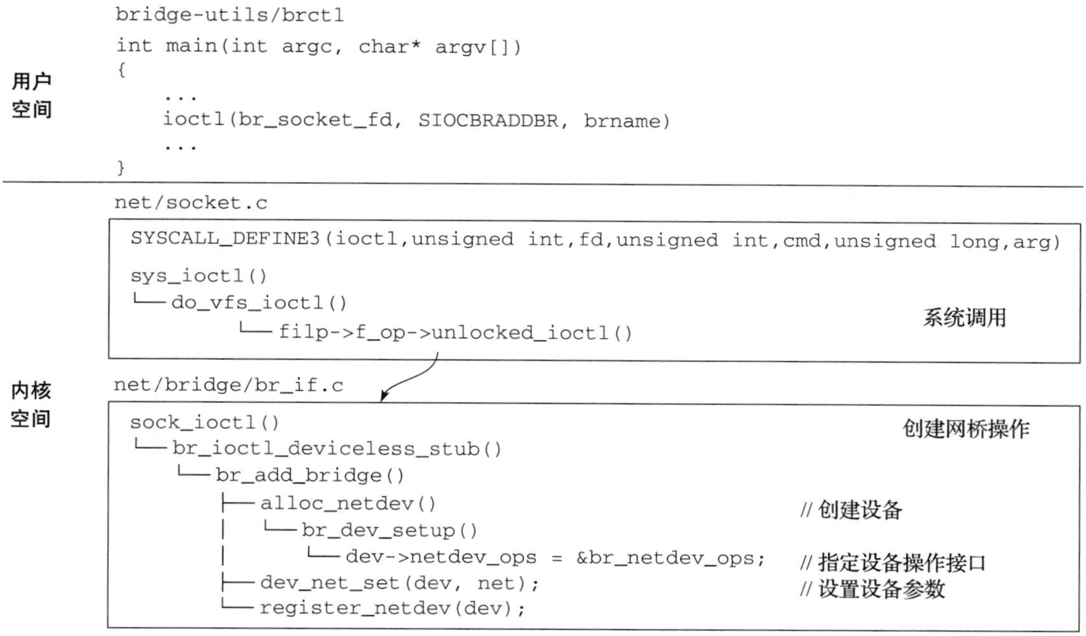

用户空间：
```
bridge-utils/brctl
int main(int argc, char* argv[])
{
    ...
    ioctl(br_socket_fd, SIOCBRADDBR, brname)
    ...
}
```

内核空间：
```
net/socket.c
SYSCALL_DEFINE3(ioctl,unsigned int,fd,unsigned int,cmd,unsigned long,arg)
sys_ioctl()
└─do_vfs_ioctl()
       └─filp->f_op->unlocked_ioctl()                      系统调用
```

```
net/bridge/br_if.c
sock_ioctl()                                               创建网桥操作
└─br_ioctl_deviceless_stub()
    └─br_add_bridge()
         ├─alloc_netdev()                        // 创建设备
         │    └─br_dev_setup()
         │         └─dev->netdev_ops = &br_netdev_ops;    // 指定设备操作接口
         ├─dev_net_set(dev, net);                         // 设置设备参数
         └─register_netdev(dev);
```

图 4-13　创建网桥设备的完整流程

首先看 bridge-utils 软件包，用户执行"brctl addbr"命令时，对应的代码如下：

```
main()
├─br_init()
└─br_cmd_addbr()
    └─br_add_bridge()
(bridge-utils-1.7.1)
```

下面初始化函数 br_init()：

```
int br_init(void)
```

```
{
    if ((br_socket_fd = socket(AF_LOCAL, SOCK_STREAM, 0)) < 0)
        return errno;
    return 0;
}
(bridge-utils-1.7.1/libbridge/libbridge_init.c)
```

br_init() 函数调用 socket 接口获取文件描述符并保存到 br_socket_fd 变量中，调用 socket() 接口时传递的协议族为 AF_LOCAL。main() 函数底层调用 br_add_bridge() 函数，该函数通过 ioctl 向内核发起系统调用。调用 ioctl() 函数时传递的第一个参数就是前面创建的套接字文件描述符 br_socket_fd：

```
int br_add_bridge(const char *brname)
{
    int ret;
    // 两种格式的系统调用，SIOCBRADDBR 为新接口
#ifdef SIOCBRADDBR
    ret = ioctl(br_socket_fd, SIOCBRADDBR, brname);
    if (ret < 0)
#endif
    // 下面是老接口，如果系统不支持新接口就调用老接口
    {
        char _br[IFNAMSIZ];
        unsigned long arg[3]
            = { BRCTL_ADD_BRIDGE, (unsigned long) _br };

        strlcpy(_br, brname, IFNAMSIZ);
        ret = ioctl(br_socket_fd, SIOCSIFBR, arg);
    }

    return ret < 0 ? errno : 0;
}
(bridge-utils-1.7.1/libbridge/libbridge_if.c)
```

关于网桥管理功能，内核支持以下两种格式的系统调用。
- 第一种是新格式，命令类型是 SIOCBRADDBR，参数中只需要携带网桥名称就可以了。
- 第二种是老格式，命令类型是 SIOCSIFBR，参数中需要指定本次执行的操作类型（BRCTL_ADD_BRIDGE）和网桥名称。

下面以新格式为例说明内核对 ioctl 系统调用的实现原理。

2.3.1 节已经描述了 ioctl 的实现过程，若执行系统调用时传递的是 socket 文件描述符，则最后调用的处理函数是 sock_ioctl() 函数。sock_ioctl() 函数根据传递进来的命令类型决定如何处理，关键代码如下：

```
static int (*br_ioctl_hook) (struct net *, unsigned int cmd, void __user *arg);
static long sock_ioctl(struct file *file, unsigned cmd,
                       unsigned long arg)
```

```
{
    switch (cmd) {
        case SIOCBRADDBR:           // 创建网桥
        case SIOCBRDELBR:           // 删除网桥
            mutex_lock(&br_ioctl_mutex);
            if (br_ioctl_hook)      // 调用 Hook 函数
                err = br_ioctl_hook(net, cmd, argp);
            mutex_unlock(&br_ioctl_mutex);
            break;
        ...
    }
}
(net/socket.c)
```

当命令类型为 SIOCBRADDBR 时,继续调用 br_ioctl_hook() 函数。br_ioctl_hook 是一个函数指针,那么这个函数指针指向的是哪个函数呢?

内核初始化时调用 br_init() 函数来执行网桥相关功能的初始化操作,这里设置了 br_ioctl_hook 函数指针的值:

```
static int __init br_init(void)
{
    brioctl_set(br_ioctl_deviceless_stub); // 设置 Hook 值
}

void brioctl_set(int (*hook) (struct net *, unsigned int,
              void __user *))
{
    mutex_lock(&br_ioctl_mutex);
    br_ioctl_hook = hook;
    mutex_unlock(&br_ioctl_mutex);
}
(net/bridge/br.c)
```

所以,最终 br_ioctl_hook 指向的是 br_ioctl_deviceless_stub() 函数。继续跟踪 br_ioctl_deviceless_stub() 函数的实现,调用栈如下:

```
sock_ioctl()
└── br_ioctl_deviceless_stub()
    └── br_add_bridge()
        ├── alloc_netdev()
        │   └── br_dev_setup()
        │       └── dev->netdev_ops = &br_netdev_ops;
        ├── dev_net_set(dev, net);
        └── register_netdev(dev);
```

下面对实现过程进行说明。

> 调用 alloc_netdev() 创建网桥设备,这里指定设备的操作对象为 br_netdev_ops。该对象指定了本设备发送报文接口、系统调用接口等,后续用户向网桥设备增加端口设备时会用到 br_netdev_ops 对象的系统调用接口。

➢ 调用 dev_net_set() 设置网桥设备归属的网络命名空间，网桥设备也是一个通用的网络设备，也有自己的网络命名空间。在虚拟化网络中，网桥设备用于实现业务容器与宿主机之间的通信连接，所以网桥设备一般位于系统默认的网络命名空间中。
➢ 调用 register_netdev() 向系统注册此设备。

（2）删除网桥设备

通过"brctl delbr <bridge>"命令删除指定的网桥设备，其调用过程与创建网桥过程非常类似，差异仅在于执行系统调用时传递的参数不同，删除设备时传递的操作命令是 SIOCBRDELBR。

系统调用最终的实现函数依旧是 sock_ioctl()，删除网桥时的调用栈如下：

```
sock_ioctl()
  └── br_ioctl_deviceless_stub()
        └── br_del_bridge()
              ├── __dev_get_by_name()
              └── br_dev_delete(dev)
```

最后调用的函数是 br_del_bridge()。该函数首先调用 __dev_get_by_name() 函数获取命令指定的网桥设备，然后调用 br_dev_delete() 删除此设备。

（3）向网桥设备增加端口

通过"brctl addif <bridge> <device>"命令向指定的网桥设备增加端口。通过此命令可以将设备连接到网桥，后续此设备就可以与网桥上的其他设备进行二层通信了。向网桥增加端口的过程与创建/删除网桥的过程非常相似，内核中系统调用的处理函数依旧是 sock_ioctl()。图 4-14 展示了在网桥上增加端口的系统调用过程。

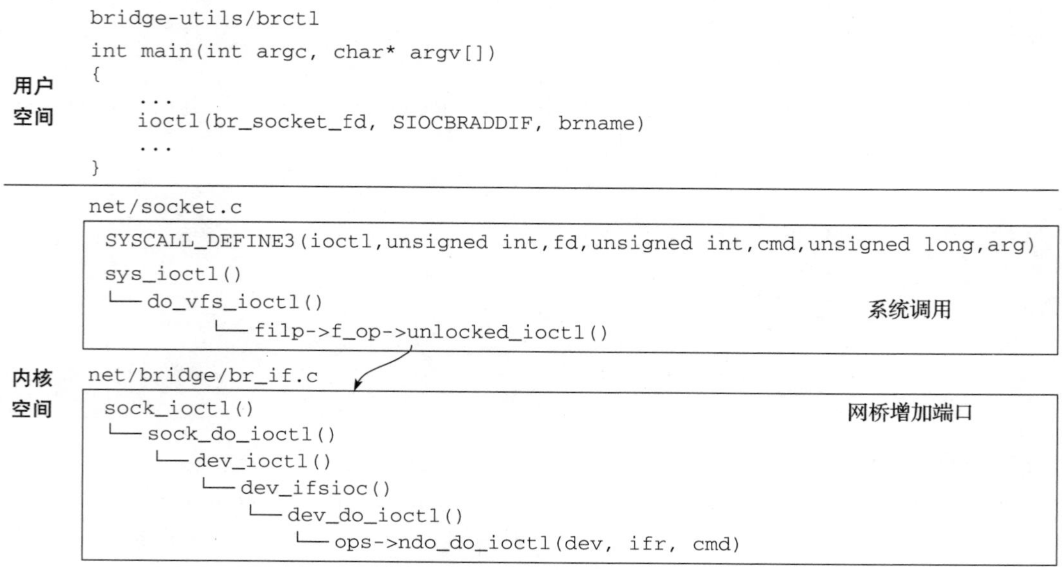

用户空间
```
bridge-utils/brctl
int main(int argc, char* argv[])
{
    ...
    ioctl(br_socket_fd, SIOCBRADDIF, brname)
    ...
}
```

内核空间
```
net/socket.c
  SYSCALL_DEFINE3(ioctl,unsigned int,fd,unsigned int,cmd,unsigned long,arg)
  sys_ioctl()
    └── do_vfs_ioctl()
          └── filp->f_op->unlocked_ioctl()              系统调用

net/bridge/br_if.c
  sock_ioctl()
    └── sock_do_ioctl()
          └── dev_ioctl()
                └── dev_ifsioc()                         网桥增加端口
                      └── dev_do_ioctl()
                            └── ops->ndo_do_ioctl(dev, ifr, cmd)
```

图 4-14　在网桥上增加端口

底层调用了设备的操作对象的 ndo_do_ioctl 接口，操作对象的结构类型为"struct net_device_ops"。内核创建网桥设备时调用 br_dev_setup() 函数对设备执行初始化。这里指定网桥设备的操作对象为 br_netdev_ops，对应的 ndo_do_ioctl 接口为 br_dev_ioctl()：

```
static const struct net_device_ops br_netdev_ops = {
    ...
    .ndo_do_ioctl      = br_dev_ioctl,
};
void br_dev_setup(struct net_device *dev)
{
    dev->netdev_ops = &br_netdev_ops;
}
(net/bridge/br_device.c)
```

br_dev_ioctl() 的调用栈如下：

```
br_dev_ioctl()
 └── add_del_if()
      └── br_add_if()
```

底层调用 br_add_if() 函数向网桥设备中增加端口，br_add_if() 函数的关键代码如下。

1）创建"struct net_bridge_port"（端口）对象，此对象将网桥和网络设备连接到一起，每个与网桥连接的设备均对应一个端口对象：

```
int br_add_if(struct net_bridge *br, struct net_device *dev,
        struct netlink_ext_ack *extack)
{
    struct net_bridge_port *p;
    ...
    p = new_nbp(br, dev);   // 创建端口对象，将设备和网桥连接
    ...
(net/bridge/br_if.c)
```

2）调用 netdev_rx_handler_register() 注册收包函数：

```
netdev_rx_handler_register(dev, br_get_rx_handler(dev), p);
// br_get_rx_handler 函数定义：
rx_handler_func_t *br_get_rx_handler(const struct net_device *dev)
{
    if (netdev_uses_dsa(dev))
        return br_handle_frame_dummy;

    return br_handle_frame;    // 网桥截取报文入口函数
}
```

函数的参数 dev 为连接到网桥的网络设备指针，执行完成后，netdev_rx_handler_register() 函数将网络设备的 dev->rx_handler 成员设置为 br_handle_frame() 函数。后续从此

网络设备收到报文后，优先调用设备的 rx_handler 回调执行收包操作，网桥设备通过这种方式实现了从连接到本网桥的网络设备上截取报文。

3）创建 "struct net_bridge_fdb_entry" 对象，并将此对象插入网桥的 fdb_hash_table 中：

```
br_fdb_insert(br, p, dev->dev_addr, 0)
```

br_fdb_insert() 的调用栈如下：

```
br_fdb_insert()
└── fdb_insert()
    └── fdb = fdb_create(br, source, addr, vid,
                BIT(BR_FDB_LOCAL) | BIT(BR_FDB_STATIC));
```

fdb_hash_table 是一张哈希表，表记录保存了设备 mac 地址和该设备关联的端口对象，表索引是设备的 mac 地址。网桥设备收到报文执行转发时，根据报文的 mac 地址到 fdb_hash_table 上查找该 mac 地址对应的端口对象，查找成功则可以直接通过端口对象关联的网络设备转发报文。br_fdb_insert() 调用 fdb_create() 创建一条记录，将网络设备的 mac 地址和端口对象插入 fdb_hash_table 表中。

图 4-15 展示了网桥、网络设备和端口之间的关联关系。

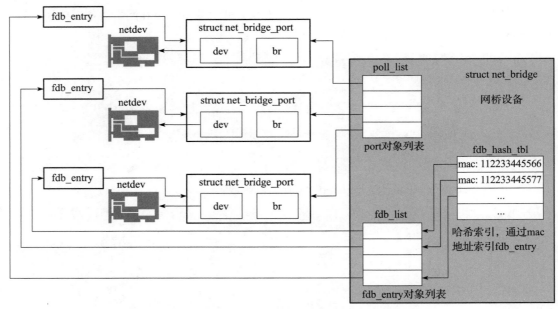

图 4-15　网桥、网络设备和端口之间的关系

### 2. 网桥接收报文流程

连接网桥的设备收到的报文后，会优先进行网桥的回调处理。网桥根据接收报文的 mac 地址找到对应的端口设备，然后通过目标端口转发。网桥设备接收报文的流程参考图 4-16。

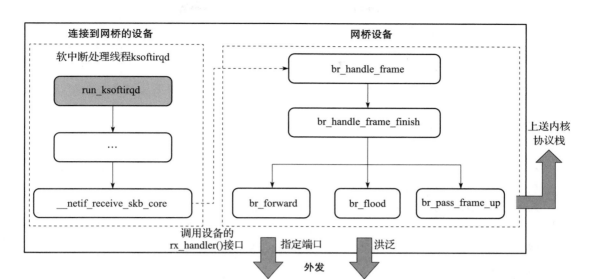

图 4-16　网桥设备接收报文流程

之前分析的系统收包流程仅关注了设备直接接收报文，不涉及网桥相关的操作。那么如果物理设备挂接到了网桥上，系统是如何将网络设备收到的报文转发给网桥设备的呢？

如 2.3.2 节描述，ksoftirqd 线程调用设备的 poll 接口执行收包操作，poll 接口的函数调用栈中包含 \_\_netif\_receive\_skb\_core() 函数，此函数调用当前设备的 dev->rx\_handler 回调，核心代码如下：

```
static int __netif_receive_skb_core(struct sk_buff **pskb,
        bool pfmemalloc, struct packet_type **ppt_prev)
{
    ...
    // 获取设备的 rx_handler 回调，当设备挂接到网桥设备时
    // 网桥将设备的 rx_handler 设置为 br_handle_frame() 函数
    rx_handler = rcu_dereference(skb->dev->rx_handler);
    if (rx_handler) {
        // 调用 rx_handler 回调，根据结果决定后续流程
        switch (rx_handler(&skb)) {
        case RX_HANDLER_CONSUMED:
            ret = NET_RX_SUCCESS;
            goto out;
        case RX_HANDLER_ANOTHER:
            goto another_round;
        case RX_HANDLER_EXACT:
            deliver_exact = true;
            break;
        case RX_HANDLER_PASS:
            break;
        default:
            BUG();
```

```
            }...
        }
(net/core/dev.c)
```

函数调用 dev->rx_handler 回调,并根据回调的返回值决定后续处理方案。返回值说明如下。

- RX_HANDLER_CONSUMED:本报文被网桥处理掉,可能是报文被网桥设备转发,或者报文被丢弃,内核无须再处理。
- RX_HANDLER_ANOTHER:重新执行一次接收操作,macvlan 设备用到此返回值(后续会进行相关介绍)。
- RX_HANDLER_EXACT || RX_HANDLER_PASS:报文通过,由内核继续接收报文。

管理网桥设备的部分描述了向网络设备增加端口的操作流程。在流程的最后,内核将连接到网桥的网络设备的 rx_handler 指针设置为 br_handle_frame() 函数,所以调用的正是 br_handle_frame() 函数。

继续跟踪 br_handle_frame() 的调用栈:

```
br_handle_frame()
└── nf_hook_bridge_pre()
    └── br_handle_frame_finish()
        ├── br_fdb_find_rcu()              // 查找 FDB
        ├── br_forward()/br_flood()        // 二者取其一
        └── br_pass_frame_up(skb);         // 混杂模式 / 广播报文上送内核处理
```

调用栈中的关键函数为 br_handle_frame_finish()。此函数首先调用 br_fdb_find_rcu(),根据报文的目标 mac 地址索引 FDB 表,然后根据 FDB 索引情况决定如何处理。找到 FDB 索引时,如果 FDB 表项是 LOCAL 属性,即由本机接收,则继续上送给内核处理;否则调用 br_forward() 函数直接将报文转发到特定的端口。找不到 FDB 索引时,调用 br_flood() 洪泛到所有端口;如果设备开启混杂模式或者接收的是广播报文,则上送内核协议栈处理。

br_forward() 和 br_flood() 函数的具体功能将在后面进行详细介绍。

### 3. 网桥转发报文流程

网桥设备用于实现不同网络设备之间的报文转发,两种可能的报文转发路径如下。

- **路径 1**:从某端口收到报文后,再从其他端口将报文转发出去,之前在网桥接收报文部分描述的正是此场景。
- **路径 2**:网桥作为网关设备,收到报文后根据网桥设备所在网络命名空间的路由进行转发。

路径 2 调用设备的 ndo_start_xmit 接口执行发送操作,下面将重点讲述网桥设备外发报文的流程。图 4-17 展示了网桥设备发送报文的完整流程。

网桥设备的设备操作对象为 br_netdev_ops,该对象中定义了网桥设备的发送数据接口为 br_dev_xmit():

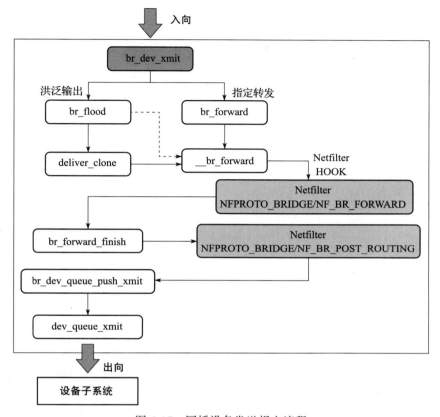

图 4-17　网桥设备发送报文流程

```
static const struct net_device_ops br_netdev_ops = {
    ...
    .ndo_init           = br_dev_init,
    .ndo_start_xmit     = br_dev_xmit,
(net/bridge/br_device.c)
```

也就是说，当内核需要将报文通过网桥设备进行转发时，都会调用 br_dev_xmit() 函数发送。下面是 br_dev_xmit() 函数的部分关键代码：

```
netdev_tx_t br_dev_xmit(struct sk_buff *skb, struct net_device *dev)
{
    dest = eth_hdr(skb)->h_dest;   //获取报文的目的 mac 地址
    ...
    //在 FDB 表中查找该 mac 地址归属的端口
    if ((dst = br_fdb_find_rcu(br, dest, vid)) != NULL) {
        br_forward(dst->dst, skb, false, true);
    } else {
        br_flood(br, skb, BR_PKT_UNICAST, false, true);
    }
```

```
        ...
}
(net/bridge/br_device.c)
```

函数首先从 skb 获取待发送的报文目的 mac 地址，然后在本网桥的 FDB 表中查找该 mac 地址归属的端口。如果能找到，则通过该端口连接的设备进行转发；如果找不到，则调用 br_flood() 进行洪泛处理，br_flood() 将报文洪泛到连接此网桥的每个网络设备上。

不管是 br_forward() 还是 br_flood()，最终都要调用 __br_forward() 执行发送。

__br_forward() 的调用栈如下：

```
__br_forward()
└── NF_HOOK(NFPROTO_BRIDGE, NF_BR_FORWARD/NF_BR_LOCAL_OUT ...
    └── br_forward_finish()
        └── NF_HOOK(NFPROTO_BRIDGE, NF_BR_POST_ROUTING ...
            └── br_dev_queue_push_xmit()
                └── dev_queue_xmit()
```

底层的调用函数为 dev_queue_xmit()，此函数归属设备子系统，后续流程请参考 2.4.6 节。

### 4.2.2 虚拟网卡对

在 Linux 系统中，有多种解决方案可以实现跨网络命名空间通信，虚拟网卡对正是其中一种。用户可以将虚拟网卡对理解为两个独立的设备，它们之间通过管道连接，从一端设备发出的数据报文能够从另一端设备接收，反之亦然。图 4-18 展示了虚拟网卡对设备的模型。

图 4-18　虚拟网卡对设备模型

创建一个虚拟网卡对设备，并将该设备的两个端点放入不同的网络命名空间，实现两个网络命名空间的通信。最常见的应用是将虚拟网卡对的一端置于容器中，另一端挂接到宿主机的网桥设备上，由网桥将宿主机和容器连通。其原理参考图 4-19。

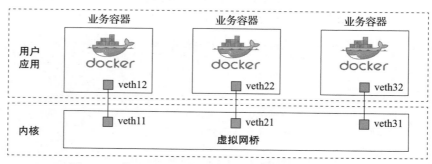

图 4-19　使用"虚拟网卡对 + 网桥"实现容器之间通信

## 1. 管理虚拟网卡对设备

### （1）创建虚拟网卡对设备

使用"ip link add <vethName> type veth peer name <peerVethName>"命令创建虚拟网卡对设备（4.1.2 节介绍如何将设备与网络命名空间绑定时，同样用到了"ip link"命令）。该命令既可以创建、删除设备，还可以修改设备参数。本节将介绍使用此命令创建、删除设备的功能。

"ip link"命令的 type 属性指明本次操作的设备类型，本例取值为 veth，此属性最终将呈现在 Netlink 的通信参数中。内核根据 type 属性值找到对应类型的设备操作对象，结合设备操作对象的 newlink 接口一起完成创建设备操作。

图 4-20 展示了虚拟网卡对设备的完整创建过程。

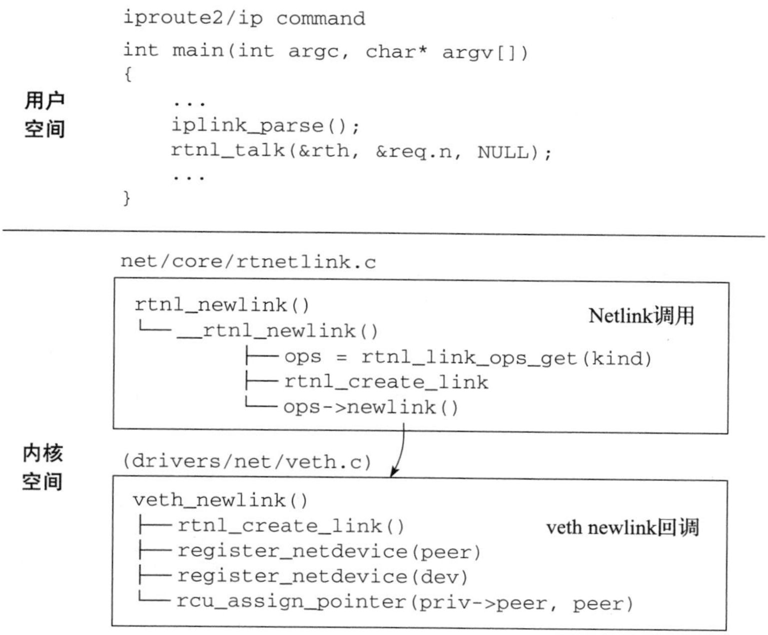

```
iproute2/ip command
int main(int argc, char* argv[])
{
    ...
    iplink_parse();
    rtnl_talk(&rth, &req.n, NULL);
    ...
}
```
用户空间

```
net/core/rtnetlink.c
rtnl_newlink()
└── __rtnl_newlink()
        ├── ops = rtnl_link_ops_get(kind)
        ├── rtnl_create_link
        └── ops->newlink()
```
Netlink调用

```
(drivers/net/veth.c)
veth_newlink()
├── rtnl_create_link()
├── register_netdevice(peer)
├── register_netdevice(dev)
└── rcu_assign_pointer(priv->peer, peer)
```
veth newlink回调

内核空间

图 4-20  创建虚拟网卡对设备

用户态命令执行完成后进入内核的 rtnl_newlink() 函数中，rtnl_newlink() 的调用栈如下：

```
rtnl_newlink()
└── __rtnl_newlink()
```

__rtnl_newlink() 函数根据用户请求的信息执行设备的创建操作，关键代码如下：

```
static int __rtnl_newlink(struct sk_buff *skb, struct nlmsghdr *nlh,
          struct nlattr **attr, struct netlink_ext_ack *extack)
```

```
    ...
    // 获取用户指定设备类型的操作对象，veth 的操作对象为 veth_link_ops
    ops = rtnl_link_ops_get(kind);

    // 创建设备
    dev = rtnl_create_link(link_net ? : dest_net, ifname,
                name_assign_type, ops, tb, extack);

    // 如果该设备注册有 newlink 回调，则调用
    // veth 设备注册了回调，接口为 veth_newlink
    if (ops->newlink)
        err = ops->newlink(link_net ? : net, dev, tb, data, extack);
    ...
}
(net/core/rtnetlink.c)
```

函数首先获取用户请求的设备类型，根据该设备类型名称找到设备的操作对象。接下来调用 __rtnl_newlink() 函数创建设备。

> **注意** 这里仅仅创建了一个设备，而每个虚拟网卡对类型的设备对应两个设备，所以接下来继续调用该设备类型操作对象的 newlink 接口，在 newlink 接口中创建了虚拟网卡对的另一个设备。

接下来寻找虚拟网卡对设备的操作对象，此对象是在内核启动时注册的。内核启动时调用 veth_init() 执行设备的初始化，veth_init() 函数中注册了虚拟网卡对设备的操作对象：

```
static struct rtnl_link_ops veth_link_ops = {
    .kind       = DRV_NAME,                     // 名称为"veth"
    .priv_size  = sizeof(struct veth_priv),     // 私有数据
    .newlink    = veth_newlink,                 // newLink 回调
    .dellink    = veth_dellink,                 // dellink 回调
    ...
};

static __init int veth_init(void)
{
    return rtnl_link_register(&veth_link_ops); // 注册操作对象
}
(drivers/net/veth.c)
```

veth_link_ops 对象中指定 newlink 接口指向的函数为 veth_newlink()，接下来看 veth_newlink() 函数的关键代码：

```
static int veth_newlink(struct net *src_net, struct net_device *dev,
            struct nlattr *tb[], struct nlattr *data[],
```

```
                struct netlink_ext_ack *extack)
{
    // 首先创建虚拟网卡对的另一个设备并注册
    peer = rtnl_create_link(net, ifname, name_assign_type,
            &veth_link_ops, tbp, extack);
    err = register_netdevice(peer);

    // 注册自己
    err = register_netdevice(dev);
    if (err < 0)
        goto err_register_dev;

    netif_carrier_off(dev);

    // 将两个设备通过 private 参数绑定在一起
    priv = netdev_priv(dev);
    rcu_assign_pointer(priv->peer, peer);

    priv = netdev_priv(peer);
    rcu_assign_pointer(priv->peer, dev);
    ...
}
(drivers/net/veth.c)
```

函数首先创建对端设备并执行注册，__rtnl_newlink() 在创建本端设备时并没有执行注册，所以这里还需要注册本端设备。待全部注册完成后设置设备的私有数据区，本端的 peer 成员指向对端设备，对端设备的 peer 成员指向本端，实现两个设备的绑定。

设备创建完成后处于关闭（DOWN）状态，只有在执行完 "ip link set <deviceName> up" 命令后才能真正启用设备。虚拟网卡对的设备打开接口为 veth_open()，流程比较简单，本节不再分析。

**（2）删除虚拟网卡对设备**

删除设备的操作过程与创建过程类似，Netlink 调用过程如下：

```
rtnl_dellink()
└── rtnl_delete_link()
    └── ops->dellink(dev, &list_kill)
```

最终调用设备操作对象的 dellink 接口删除设备，veth_link_ops 对象指定的 dellink 接口函数是 veth_dellink()。veth_dellink() 函数将虚拟网卡对的两端设备一起删除，这一实现流程简单清晰，有兴趣的读者可自行阅读内核源码来了解。

**2. 虚拟网卡对转发报文过程**

虚拟网卡对设备的特点是从一端发出去的报文将从另一端收到。图 4-21 展示了虚拟网卡对设备转发报文的完整流程。

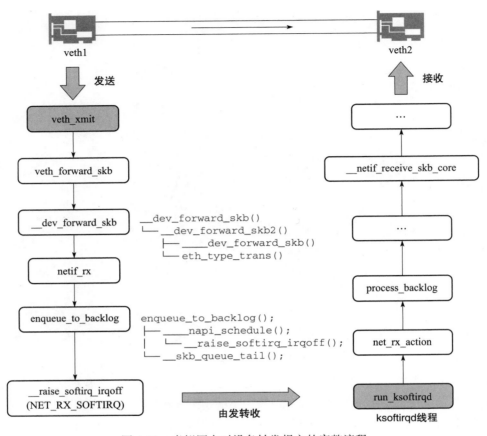

图 4-21 虚拟网卡对设备转发报文的完整流程

内核发送报文时,进入设备驱动层后调用设备的 ndo_start_xmit 接口执行发送操作,虚拟网卡对设备操作对象设置了 ndo_start_xmit 接口对应的函数:

```
static const struct net_device_ops veth_netdev_ops = {
    .ndo_init         = veth_dev_init,
    .ndo_open         = veth_open,
    .ndo_stop         = veth_close,
    .ndo_start_xmit   = veth_xmit,
    ...
(drivers/net/veth.c)
```

从 veth_netdev_ops 对象的定义可以看到,虚拟网卡对设备的发送报文函数为 veth_xmit()。那么,从一端设备发送的报文,是如何从另一端设备接收的呢?跟踪 veth_xmit() 函数,核心代码如下:

```
static netdev_tx_t veth_xmit(struct sk_buff *skb,
                             struct net_device *dev)
```

```
{
    // 获取当前设备的私有数据，私有数据里保存了对端设备信息
    struct veth_priv *rcv_priv, *priv = netdev_priv(dev);

    // 获取对端设备信息，保存到 rcv 变量中
    rcv = rcu_dereference(priv->peer);

    // 将设备报文转发给对端设备
    if (likely(veth_forward_skb(rcv, skb, rq, use_napi)
                == NET_RX_SUCCESS)){
    ...
}
(drivers/net/veth.c)
```

函数首先获取发送报文设备的私有数据，私有数据中保存了对端设备信息。接下来调用 veth_forward_skb() 函数，将报文发送给对端设备。veth_forward_skb() 的调用栈如下：

```
veth_forward_skb()
├── __dev_forward_skb()
│   └── __dev_forward_skb2()
│       ├── ____dev_forward_skb()
│       └── eth_type_trans() // 修改报文目的 mac 地址
└── netif_rx()
```

首先调用 __dev_forward_skb() 将 skb 和对端设备关联起来，并将报文的 mac 地址修改为目标设备的 mac 地址：

```
__be16 eth_type_trans(struct sk_buff *skb, struct net_device *dev)
{
    ...
    skb->dev = dev;                       // 关联设备，此设备为虚拟网卡对的对端设备
    skb_reset_mac_header(skb);            // 修改 skb 中的 mac 地址
}
(net/ethernet/eth.c)
```

veth_forward_skb() 接着对 skb 进行检查，清理无关标志，最后调用 netif_rx() 函数转而执行收包操作。netif_rx() 函数的调用栈如下：

```
netif_rx()
└── netif_rx_internal()
    └── enqueue_to_backlog(skb, get_cpu(), &qtail);
        ├── ____napi_schedule(sd, &sd->backlog);
        │   ├── list_add_tail(&napi->poll_list, &sd->poll_list);
        │   └── __raise_softirq_irqoff(NET_RX_SOFTIRQ);
        └── __skb_queue_tail(&sd->input_pkt_queue, skb);
```

关键代码位于 enqueue_to_backlog 函数中：

```
static int enqueue_to_backlog(struct sk_buff *skb, int cpu,
              unsigned int *qtail)
```

```c
{
    struct softnet_data *sd;

    // 获取本 CPU 的 sd 对象
    sd = &per_cpu(softnet_data, cpu);

    qlen = skb_queue_len(&sd->input_pkt_queue);
    if (qlen <= netdev_max_backlog && !skb_flow_limit(skb, qlen)) {
        // 如果 CPU 的 input_pkt_queue 队列非空，则证明有报文正在处理中
        // 所以直接将报文追加到 input_pkt_queue 队列上就可以了
        if (qlen) {
enqueue:
            __skb_queue_tail(&sd->input_pkt_queue, skb); // 追加报文
            input_queue_tail_incr_save(sd, qtail);
            rps_unlock(sd);
            local_irq_restore(flags);
            return NET_RX_SUCCESS;
        }
        // 如果 CPU 的 input_pkt_queue 队列为空，则需要将 sd->backlog 对象
        // 增加到 CPU 的 poll_list 中，并设置软中断触发标志
        if (!__test_and_set_bit(NAPI_STATE_SCHED,
                        &sd->backlog.state)) {
            if (!rps_ipi_queued(sd))
                ____napi_schedule(sd, &sd->backlog);
        }
        goto enqueue;
    }
}
(net\core\dev.c)
```

虚拟网卡对设备不存在自己的 napi_struct 对象，这种情况下如何进行收发报文呢？内核采用了类似于全局 napi_struct 对象的方案，即每个 CPU 的 softnet_data 中存在一个名为 backlog 的 napi_struct 对象和一个输入队列：

```c
struct softnet_data {
    struct list_head    poll_list;          // 保存 napi_struct 队列列表
    struct sk_buff_head process_queue;      // 处理中的队列
    struct sk_buff_head input_pkt_queue;    // 待处理的输入队列
    struct napi_struct  backlog;            // 本 CPU 的 napi_struct 对象
};
(include/linux/netdevice.h)
```

应用只需要将当前 CPU 的 napi_struct 对象添加到自己的 poll_list 队列中，然后将自己处理的报文追加到 input_pkt_queue 队列中，最后触发收包软中断就可以了。ksoftirqd 得到调度后，通过 backlog 对象的 poll 接口执行收包操作。

图 4-22 展示了 CPU 的 softnet_data 对象同时挂载普通设备的 napi_struct 对象和本 CPU 的 backlog 对象的情况。

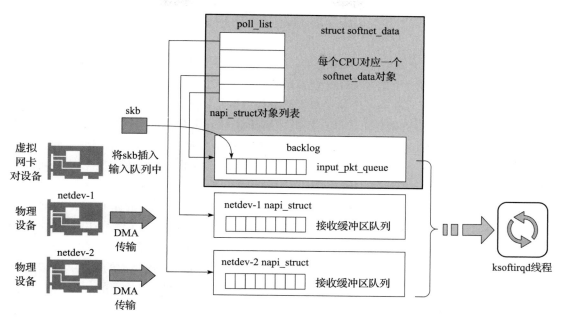

图 4-22 使用 CPU 的 backlog 对象

CPU backlog 对象对应的 poll 接口为 process_backlog()。此函数从 CPU 的 input_pkt_queue 队列中摘取报文，随后放到 CPU 的 process_queue 队列中，然后逐个对报文进行处理，调用栈如下：

```
process_backlog()
└── __netif_receive_skb()
    └── __netif_receive_skb_one_core()
```

剩下的流程与 2.3.2 节中讲解的软中断收包流程完全相同，可以参考前面的描述。

### 4.2.3 macvlan 设备

macvlan（MAC Virtual LAN）是 Linux 提供的一种网络设备虚拟化技术。它允许在特定的物理网络设备上配置多个虚拟网络接口，每个虚拟网络接口拥有独立的 mac 地址，并可以配置 IP 地址在父接口所在的二层网络中直接通信。这里，我们称物理网卡设备为父接口，并称虚拟的 macvlan 设备为虚接口，应用完全可以把这些虚接口当作独立的物理接口使用。这些虚接口上的流量全部通过父接口进行二层转发。

macvlan 对父接口没有特殊要求，既可以是一个物理网卡（如 eth0），也可以是一个 802.1q 的子接口（VLAN 子接口），还可以是一个 bond 接口。

#### 1. macvlan 设备工作模式

macvlan 设备支持 5 种工作模式，每种模式的报文转发路径略有不同，下面分别进行介绍。

**（1）VEPA 模式**

VEPA（Virtual Ethernet Port Aggregator，虚拟以太网端口聚合）模式为默认工作模式。此模式下，同一个父接口下的 macvlan 虚接口之间完全独立，虚接口之间只允许通过外部交换设备通信，即使是绑定在同一个父接口上的虚接口也是如此。

此工作模式对交换机有要求，即交换机必须开启 hairpin 模式。默认情况下，交换机不允许将报文转发到收到此报文的端口。例如，默认情况下交换机从端口 A 收到广播报文后，将此广播报文转发到其他端口，而不会向端口 A 转发；开启了 hairpin 模式后，交换机同时将此广播报文转发到端口 A。

VEPA 模式下的 macvlan 设备发送单播报文的流程参考图 4-23 的路径①，始终通过父接口将报文发送到外部交换机上，然后由外部交换机进行报文转发。VEPA 模式下的 macvlan 设备发送广播报文的流程参考图 4-23 的路径②，macvlan 设备通过父接口将报文发送到外部交换机上，由于广播报文的性质，交换机会将此报文转回给当前的父接口设备。父接口设备收到报文后将此报文转发给所有工作在 VEPA、BRIDGE 模式下的 macvlan 设备，父接口不向工作在 PRIVATE 模式下的 macvlan 设备转发此报文。

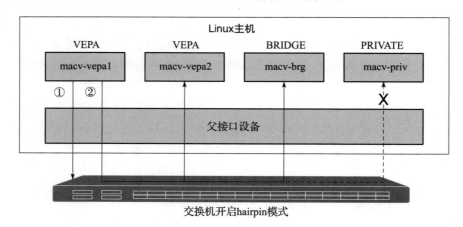

图 4-23　macvlan 设备工作在 VEPA 模式下

**（2）BRIDGE 模式**

BRIDGE（桥接）模式在 VEPA 模式的基础上放开了部分限制：系统允许同一个父接口下的 BRIDGE 类型的 macvlan 设备之间直接通信，不需要通过外部交换机互转。

应用通过 BRIDGE 模式的 macv-brg1 设备向外发送单播报文时，驱动层检查目的 mac 地址是否对应同一父接口设备下属的 macvlan 设备，如果是，并且该设备工作在 BRIDGE 模式下，则直接将报文转发给此设备，不需要通过父接口外发。图 4-24 的路径②展示的是 macv-brg1 设备向 macv-brg2 设备地址发送报文，macv-brg2 同样工作在 BRIDGE 模式下，所以报文直接在内核中就互转到 macv-brg2 设备上。如果报文的目的 mac 地址不对应本设备下属的 macvlan 设备，那么直接通过父接口互转，参考图 4-24 的路径①。

对于广播报文，驱动层会同时向①②两条路径转发报文。如果外部交换机开启了 hairpin 功能，则外部交换机会将此广播报文发回来。对于挂在同一父接口下 macvlan 设备：工作在 VEPA 模式下的 macvlan 设备能够接收广播报文；PRIVATE 模式下的 macvlan 设备无法接收此广播报文。对于图 4-24 的场景，由于交换机未开启 hairpin 功能，所以 macv-vepa 设备无法收到从 macv-brg1 发出的广播报文。

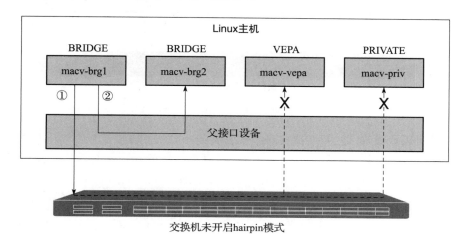

图 4-24　macvlan 设备工作在 BRIDGE 模式下

一般情况下，建议将同一个网络设备下的 macvlan 虚接口全部设置为 BRIDGE 模式，这样既能满足高速转发功能，又能降低对外部交换设备的依赖。

（3）PRIVATE 模式（私有模式）

PRIVATE（私有）模式在 VEPA 模式的基础上增加了部分限制：系统不允许同一个父接口下的 PRIVATE 类型的 macvlan 设备之间直接通信，即使外部交换机开启了 hairpin 模式也不行。在此模式下，设备仅能够接收目的 mac 地址与本设备 mac 地址相同的报文和广播报文。

工作在 PRIVATE 模式下的 macv-priv1 和 macv-priv2 设备向外发送广播报文后，该报文会经由交换机反射回来。PRIVATE 模式设备将收到自己刚刚发送的广播报文，而位于同一个父接口下的其他工作模式的 macvlan 设备（如图 4-25 中的 macv-vepa 和 macv-brg 设备），是收不到 PRIVATE 模式设备发送的广播报文的。这也是 PRIVATE 模式下的 macvlan 设备的一大特征，即此模式下的设备可以收到自己发送的广播报文，参考图 4-25 的路径①②。

（4）PASSTHRU 模式

PASSTHRU（直通）模式下每个物理端口只能绑定一个 macvlan 虚拟接口，macvlan 设备的 mac 地址与父接口的 mac 地址相同，此物理端口的流量全部转发到这个虚拟端口。本模式下，macvlan 设备数量与物理网络设备数量相等，所以一般虚拟化网络中不使用此模式。

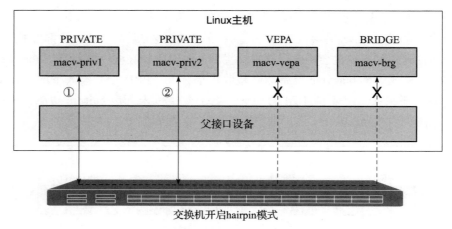

图 4-25　macvlan 设备工作在 PRIVATE 模式下

**（5）SOURCE 模式**

在该模式下用户可以设置与 macvlan 虚接口直接通信的 mac 地址范围，类似于 mac 地址白名单功能，多用于网络隔离，以达到与二层 VLAN 类似的隔离效果。

**2. macvlan 设备接收广播报文实验**

为方便理解 macvlan 设备接收广播报文的原理，下面进行实例化验证。其组网情况参考图 4-26。

➢ exp 主机的 enp0s8 设备上绑定了 8 个 macvlan 设备，每个 macvlan 设备配置了静态 mac 地址和 IP 地址。

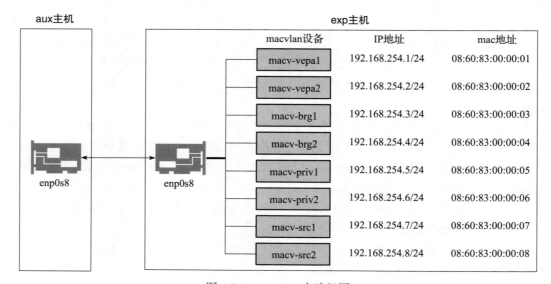

图 4-26　macvlan 实验组网

- aux 主机与 exp 主机直接连接。

接下来通过在 aux 主机上发出广播报文来验证 exp 主机上 macvlan 设备接收报文的情况。表 4-1 展示了每个设备的配置详情。

表 4-1  macvlan 设备列表

| 设备名 | 工作模式 | mac 地址 | IP 地址 |
| --- | --- | --- | --- |
| macv-vepa1 | VEPA | 08:60:83:00:00:01 | 192.168.254.1/24 |
| macv-vepa2 | VEPA | 08:60:83:00:00:02 | 192.168.254.2/24 |
| macv-brg1 | BRIDGE | 08:60:83:00:00:03 | 192.168.254.3/24 |
| macv-brg2 | BRIDGE | 08:60:83:00:00:04 | 192.168.254.4/24 |
| macv-priv1 | PRIVATE | 08:60:83:00:00:05 | 192.168.254.5/24 |
| macv-priv2 | PRIVATE | 08:60:83:00:00:06 | 192.168.254.6/24 |
| macv-src1 | SOURCE | 08:60:83:00:00:07 | 192.168.254.7/24 |
| macv-src2 | SOURCE | 08:60:83:00:00:08 | 192.168.254.8/24 |

其他设置如下。
- 设置 enp0s8 设备工作在混杂模式下。
- 设置 macv-src1 和 macv-src2 允许通信的源 mac 地址为 08:60:83:FF:00:00。
- 外部交换设备启用 hairpin 模式。

实验用的测试工具为 rawudp，相关原理请参考附录 D 中关于测试工具 rawudp 程序的部分。命令格式如下：

```
rawudp <intface> <dstMac> <srcMac> [dstIP] [srcIP] <data>
```

（1）实验 1：父接口设备接收外部广播报文

该实验的目的是验证父接口设备收到外部广播报文后，不同工作模式下的 macvlan 设备收到广播报文的情况。

实验过程中，在 aux 主机上向 exp 主机发送 UDP 报文，报文的源 mac 地址由测试工具 rawudp 指定，本次测试发送 2 条报文：

```
[root@aux rawudp]# ./rawudp enp0s8 ff:ff:ff:ff:ff:ff 08:60:83:00:00:00
   192.168.254.254 192.168.254.255 "hello"
[root@aux rawudp]# ./rawudp enp0s8 ff:ff:ff:ff:ff:ff 08:60:83:FF:00:00
   192.168.254.253 192.168.254.255 "hello src"
```

对这两条的报文说明如下。
- 报文 1：广播报文的源 mac 地址为 08:60:83:00:00:00，该 mac 地址不属于 exp 主机的任何设备，所以相当于主机接收外部设备发送的广播报文。
- 报文 2：广播报文的源 mac 地址为 08:60:83:FF:00:00，该 mac 地址不属于 exp 主机的任何设备，macv-src1 和 macv-src2 设备允许与该源 mac 地址通信。

exp 主机收到广播报文后向 enp0s8 设备下挂载的 macvlan 设备转发广播报文。

实验结果如表 4-2 所示，该表展示了 exp 主机父接口 enp0s8 收到报文后，不同工作模式下的 macvlan 设备收到广播报文的情况。

表 4-2 父接口 enp0s8 接收外部广播报文

| 报文 | 接收 | | | | | | | |
|---|---|---|---|---|---|---|---|---|
| | macv-vepa1 | macv-vepa2 | macv-brg1 | macv-brg2 | macv-priv1 | macv-priv2 | macv-src1 | macv-src2 |
| 报文 1 | √ | √ | √ | √ | √ | √ | × | × |
| 报文 2 | √ | √ | √ | √ | √ | √ | √ | √ |

可以看到工作在 SOURCE 模式下的 macvlan 设备，仅能收到源 mac 地址为 08:60:83:FF:00:00 的报文。而其他模式下的设备，则可以收到所有外部广播报文。

（2）实验 2：父接口收到 macvlan 设备发出的广播报文

父接口下属的 macvlan 设备发送的广播报文到外部交换机后（交换机开启了 hairpin 模式），交换机将此广播报文转发回父接口。本实验用于验证父接口设备收到交换机"反射"的报文后，不同工作模式下的 macvlan 设备收到广播报文的情况。

实验过程中，在 aux 主机上模拟交换机发送"反射"的广播报文，然后在 exp 主机上对所有设备进行抓包，最后检查设备收到的广播报文情况。

在 aux 上执行发包测试：

```
[root@aux rawudp]# ./rawudp enp0s8 ff:ff:ff:ff:ff:ff 08:60:83:00:00:01
    192.168.254.1 192.168.254.255 "hello vepa1"
[root@aux rawudp]# ./rawudp enp0s8 ff:ff:ff:ff:ff:ff 08:60:83:00:00:02
    192.168.254.2 192.168.254.255 "hello vepa2"
[root@aux rawudp]# ./rawudp enp0s8 ff:ff:ff:ff:ff:ff 08:60:83:00:00:03
    192.168.254.3 192.168.254.255 "hello brg1"
[root@aux rawudp]# ./rawudp enp0s8 ff:ff:ff:ff:ff:ff 08:60:83:00:00:04
    192.168.254.4 192.168.254.255 "hello brg2"
[root@aux rawudp]# ./rawudp enp0s8 ff:ff:ff:ff:ff:ff 08:60:83:00:00:05
    192.168.254.5 192.168.254.255 "hello priv1"
[root@aux rawudp]# ./rawudp enp0s8 ff:ff:ff:ff:ff:ff 08:60:83:00:00:06
    192.168.254.6 192.168.254.255 "hello priv2"
```

报文目的 mac 地址为广播地址，源 mac 地址分别是每个 macvlan 设备的 mac 地址。

实验结果如表 4-3 所示，其纵列表示发送广播报文的接口设备，横行展示不同设备的接收报文情况。

表 4-3 父接口 enp0s8 接收 macvlan 设备发出的广播报文

| 发出 | 接收 | | | | | | | |
|---|---|---|---|---|---|---|---|---|
| | macv-vepa1 | macv-vepa2 | macv-brg1 | macv-brg2 | macv-priv1 | macv-priv2 | macv-src1 | macv-src2 |
| macv-vepa1 | × | √ | √ | √ | × | × | × | × |
| macv-vepa2 | √ | × | √ | √ | × | × | × | × |

（续）

| 发出 | 接收 | | | | | | | |
|---|---|---|---|---|---|---|---|---|
| | macv-vepa1 | macv-vepa2 | macv-brg1 | macv-brg2 | macv-priv1 | macv-priv2 | macv-src1 | macv-src2 |
| macv-brg1 | √ | √ | × | ×* | × | × | × | × |
| macv-brg2 | √ | √ | ×* | × | × | × | × | × |
| macv-priv1 | × | × | × | × | √ | × | × | × |
| macv-priv2 | × | × | × | × | × | √ | × | × |

注：BRIDGE 模式下，内核直接在内部进行互转，所以工作在此模式下的设备不需要处理由交换机反射的广播报文，如 "*" 处所示。

结果表明，对于不同工作模式的 macvlan 设备，其接收报文的结果差异较大。
- VEPA 模式下的设备可以收到交换机反射的 VEPA、BRIDGE 模式设备发出的广播报文，但自己发送的除外。
- BRIDGE 模式的设备仅可以收到交换机反射的 VEPA 模式设备发出的广播报文，但是不处理从交换机反射的 BRIDGE 模式设备发出的广播报文。因为在 BRIDGE 模式下，macvlan 设备驱动在发送报文的时候已经复制了一份数据发给了其他 BRIDGE 模式的设备，如果此时再接收外部反射的报文，那就相当于收到了两份，所以此时 BRIDGE 模式设备不需要接收外部交换机转发的报文。
- PRIVATE 模式下的设备只能接收交换机反射的自己发送的广播报文。
- SOURCE 模式下的设备只能接收特定源 mac 地址的报文。

macvlan 设备工作在二层，其数据报文直接在父接口的驱动层转发，处理效率非常高，所以一些厂商在自己的虚拟化产品中大量使用了 macvlan 方案。

但是 macvlan 也有其不足，每个 macvlan 设备都需要一个独立的 mac 地址，当一个系统中虚拟网卡数量过多时，势必对整个组网产生影响。例如，将某网络产品部署在 10 台服务器上，每台服务器上部署 200 个容器，如果全部使用 macvlan 网络，那么这些容器将占用 10×200=2000 个 mac 地址，如果交换机的 mac 表容量较小，就可能会导致交换机转发性能下降。

### 3. 管理 macvlan 设备
**（1）创建 macvlan 设备**

与创建虚拟网卡对设备类似，用户可以通过调用 " ip link add link <parentIntf> name <devName> type macvlan" 命令在指定的父接口上创建 macvlan 虚接口设备。

macvlan 设备创建流程参考图 4-27。

与创建虚拟网卡对流程类似，用户调用 " ip link" 命令时指定了 type 参数值为 macvlan，此属性最终呈现在 Netlink 的调用参数中。同时，macvlan 还有额外的配置参数，如 mode、macaddr 等，这些额外的参数也一起写入 Netlink 的调用参数中。内核根据 type 属性找到对应类型的设备操作接口执行设备创建操作。

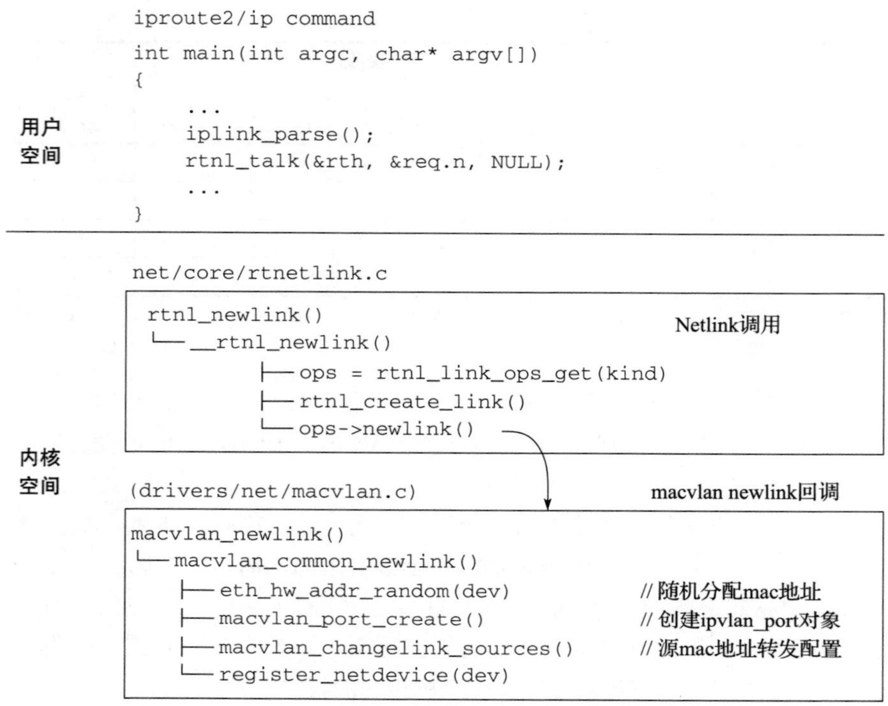

```
                iproute2/ip command
                int main(int argc, char* argv[])
                {
用户                  ...
空间                  iplink_parse();
                    rtnl_talk(&rth, &req.n, NULL);
                    ...
                }
```

```
net/core/rtnetlink.c
┌─────────────────────────────────────────────────────────┐
│ rtnl_newlink()                                          │
│ └── __rtnl_newlink()                    Netlink调用      │
│        ├── ops = rtnl_link_ops_get(kind)                │
│        ├── rtnl_create_link()                           │
│        └── ops->newlink()                               │
└─────────────────────────────────────────────────────────┘
内核                                              macvlan newlink回调
空间  (drivers/net/macvlan.c)
┌─────────────────────────────────────────────────────────┐
│ macvlan_newlink()                                       │
│ └── macvlan_common_newlink()                            │
│        ├── eth_hw_addr_random(dev)       // 随机分配mac地址│
│        ├── macvlan_port_create()         // 创建ipvlan_port对象│
│        ├── macvlan_changelink_sources()  // 源mac地址转发配置│
│        └── register_netdevice(dev)                      │
└─────────────────────────────────────────────────────────┘
```

图 4-27　创建 macvlan 设备

与虚拟网卡对管理流程类似，内核根据用户请求的信息创建设备，创建完成后检查该设备类型的操作对象（struct rtnl_link_ops）是否存在 newlink 回调。如果有，就调用。

macvlan 设备类型注册的操作对象为 macvlan_link_ops：

```
static struct rtnl_link_ops macvlan_link_ops = {
    .kind       = "macvlan",
    .newlink    = macvlan_newlink,
...
(drivers/net/macvlan.c)
```

其中，newlink 接口关联的函数为 macvlan_newlink()。该函数的调用栈如下：

```
macvlan_newlink()
└── macvlan_common_newlink()
```

macvlan_common_newlink() 函数比较关键，下面进行分段说明。

```
int macvlan_common_newlink(struct net *src_net, struct net_device *dev,
            struct nlattr *tb[], struct nlattr *data[],
            struct netlink_ext_ack *extack)
{
(drivers/net/macvlan.c)
```

1）**获取当前 macvlan 虚接口设备的父接口设备**。macvlan 设备必须绑定在某个特定的父接口上，如果没有指定则不允许创建，获取的父接口设备保存在 lowerdev 变量中：

```
lowerdev = __dev_get_by_index(src_net, nla_get_u32(tb[IFLA_LINK]));
if (lowerdev == NULL)
    return -ENODEV;
```

2）**设置 mac 地址**。检查用户执行系统调用时是否传递了 mac 地址，使用"ip link add"命令增加 macvlan 设备时可以通过"address <macAddr>"参数来指定设备的 mac 地址，此地址信息将保存到 tb[IFLA_ADDRESS] 参数中。内核代码检查 tb[IFLA_ADDRESS] 数据是否有效。如果有效，则使用命令指定的 mac 地址；如果无效，则调用 eth_hw_addr_random() 函数生成随机 mac 地址：

```
if (!tb[IFLA_ADDRESS])
    eth_hw_addr_random(dev);
```

3）**创建 macvlan_port 对象**。每个父接口设备关联一个"struct macvlan_port"对象，该对象中保存了本接口绑定的 macvlan 设备列表，并提供 mac 地址哈希索引，以便能快速根据 mac 地址找到对应的 macvlan 设备。内核在创建 macvlan_port 对象的同时，设置了父接口设备的 rx_handler 指针，此后父接口设备收到报文后优先调用此接口处理报文。最后，将 macvlan_port 对象指针保存到父接口设备的 rx_handler_data 成员中，后续可以通过 macvlan_port_get_rtnl() 函数获取 macvlan_port 对象指针：

```
if (!netif_is_macvlan_port(lowerdev)) {
    err = macvlan_port_create(lowerdev);
    if (err < 0)
        return err;
    create = true;
}
port = macvlan_port_get_rtnl(lowerdev);
```

4）**检查工作模式**。如果当前父接口的工作模式为 PASSTHRU，则直接失败。此模式下，一个父接口只能拥有一个 macvlan 设备：

```
if (macvlan_passthru(port)) {
    err = -EINVAL;
    goto destroy_macvlan_port;
}
```

5）**处理 SOURCE 模式设备**。如果本次创建的 macvlan 设备的工作模式为 SOURCE 模式，并且用户使用"ip link add"命令增加 macvlan 设备时，通过"macaddr add <macAddr>"参数指定允许接收的 mac 地址，则此地址信息将保存到 tb[IFLA_MACVLAN_MACADDR_MODE] 参数中。后续内核将允许接收的 mac 地址写入 macvlan_port 对象的 vlan_source_hash 哈希表中，接收报文时根据此表进行过滤：

```
//指定"允许接收"的mac地址
if (data && data[IFLA_MACVLAN_MACADDR_MODE]) {
    if (vlan->mode != MACVLAN_MODE_SOURCE) {
        err = -EINVAL;
        goto destroy_macvlan_port;
    }
    macmode = nla_get_u32(data[IFLA_MACVLAN_MACADDR_MODE]);
    err = macvlan_changelink_sources(vlan, macmode, data);
    if (err)
        goto destroy_macvlan_port;
}
```

**6）最后注册本设备到操作系统中。**

```
err = register_netdevice(dev);
```

图 4-28 展示了 macvlan 设备与父接口设备、macvlan_port 对象之间的关系。

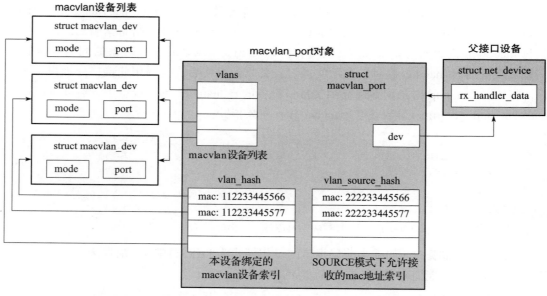

图 4-28　macvlan 设备、父接口设备、macvlan_port 对象之间的关系

设备创建完成后处于关闭（DOWN）状态，只有在执行完" ip link set <deviceName> up"命令后才能真正启用设备。macvlan 设备的 ndo_open 接口定义在设备操作对象 macvlan_netdev_ops 中：

```
static const struct net_device_ops macvlan_netdev_ops = {
    .ndo_init       = macvlan_init,
    .ndo_uninit     = macvlan_uninit,
    .ndo_open       = macvlan_open,
(drivers/net/macvlan.c)
```

对应的接口函数为 macvlan_open()，该函数调用栈如下：

```
macvlan_open()
    └── macvlan_hash_add()
```

"打开"设备时，macvlan_open() 函数调用 macvlan_hash_add() 将当前 macvlan 设备的 mac 地址加入 macvlan_port 对象的 vlan_hash 列表中，后续父接口设备就可以向 macvlan 设备转发报文了。

**（2）删除 macvlan 设备**

删除 macvlan 设备的操作过程与创建相反。删除时先调用 macvlan_stop() 函数停用设备，此函数调用 macvlan_hash_del() 将当前的 macvlan 设备从 macvlan_port 对象的 vlan_hash 列表中移除，后续父接口设备收到报文，就不会再向此设备转发了。

接下来继续调用 rtnl_dellink() 删除设备。该函数会调用 macvlan 设备的 macvlan_dellink() 接口来执行删除及去注册（unregister）操作。

**4. macvlan 设备接收报文流程**

macvlan 设备绑定在某个特定的父设备上，并且该父接口设备的 rx_handler 回调已经设置为了 macvlan_handle_frame() 函数。后续父设备接收报文后，内核检查该设备的 dev->rx_handler 函数指针是否为空，如果不为空，则调用。

macvlan 设备收包的整体流程参考图 4-29。

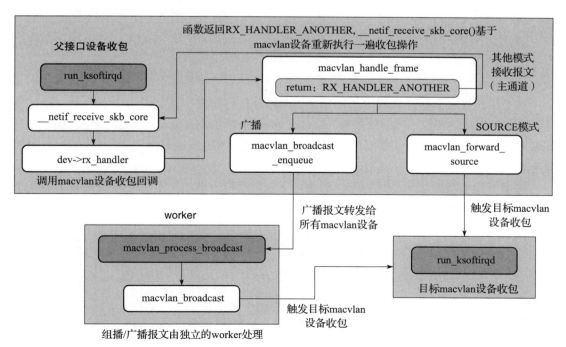

图 4-29　macvlan 设备接收报文流程

父接口设备收到报文后，内核的 __netif_receive_skb_core() 函数调用 dev->rx_handler 接口执行收包操作。如果父接口设备挂载的是 macvlan 虚接口，则此时调用 macvlan_handle_frame() 函数执行收包操作。

macvlan_handle_frame() 函数的核心代码如下：

```
static rx_handler_result_t macvlan_handle_frame(struct sk_buff **pskb)
{
(drivers/net/macvlan.c)
```

获取设备关联的 macvlan_port 对象指针，该对象的指针保存在父接口设备的 rx_handler_data 成员变量中。函数的参数为设备指针，本场景是父接口接收到报文，所以 skb->dev 保存的是父接口设备指针：

```
port = macvlan_port_get_rcu(skb->dev);
```

检查报文是否为广播报文，如果是，则通过 macvlan_broadcast_enqueue() 函数将报文加入广播发送队列中，随后由广播处理任务调用 macvlan_process_broadcast() 函数处理广播队列。这里的广播报文可能是其他设备发送的，也可能是当前设备挂载的 macvlan 设备发送并经过外部交换机反射回来的报文，两种类型的报文处理机制不同。

```
if (is_multicast_ether_addr(eth->h_dest)) {
    unsigned int hash;
    ...
    //获得以太网头数据结构指针
    eth = eth_hdr(skb);
    //根据源地址进行转发
    if (macvlan_forward_source(skb, port, eth->h_source))
        return RX_HANDLER_CONSUMED;
```

在对广播报文的处理流程中，首先根据源地址进行转发。获取报文头中的源 mac 地址后，检查此地址是否位于当前设备的 macvlan_port 对象的 vlan_source_hash 表中。如果能查找到记录，则证明当前报文需要根据源地址进行转发，调用 macvlan_forward_source() 函数继续处理。

如果不能根据源地址进行匹配，那么接下来继续检查此报文是不是本父设备下的某个 macvlan 设备发出的报文：

```
src = macvlan_hash_lookup(port, eth->h_source);
if (src && src->mode != MACVLAN_MODE_VEPA &&
    src->mode != MACVLAN_MODE_BRIDGE) {
    //PASSTHRU 和 SOURCE 模式下的设备不会执行到这一步，满足条件就只剩下
    //PRIVATE 模式下的 macvlan 设备了，广播报文直接转发回当前设备
    vlan = src;
    ret = macvlan_broadcast_one(skb, vlan, eth, 0) ?:
        netif_rx(skb);
    handle_res = RX_HANDLER_CONSUMED;
```

```
        goto out;
}
```

根据报文中的源 mac 地址在当前设备 macvlan_port 对象的 vlan_hash 表中进行索引。如果能找到关联设备，则证明当前的广播报文是本地某个 macvlan 设备发出，并且经由外部交换机反射回来的报文。如果是本地 macvlan 设备发出的报文，则根据 macvlan 设备工作模式决定如何处理：若发出此报文的设备工作模式为 PRIVATE，则将此广播报文发回给设备；否则按收到外部广播报文来处理。

```
hash = mc_hash(NULL, eth->h_dest);
if (test_bit(hash, port->mc_filter))
    macvlan_broadcast_enqueue(port, src, skb);

return RX_HANDLER_PASS;
```

如果 macvlan_port 对象指明允许接收广播报文，则调用 macvlan_broadcast_enqueue() 函数将广播报文插入队列中。此队列由 worker 守护，该 worker 对应的处理函数为 macvlan_process_broadcast()。

下面是 macvlan_process_broadcast() 函数的关键代码：

```
static void macvlan_process_broadcast(struct work_struct *w)
{
    while ((skb = __skb_dequeue(&list))) {
        const struct macvlan_dev *src = MACVLAN_SKB_CB(skb)->src;
        // 从外部收到的报文，转发给所有 macvlan 虚接口
        // 此时不关心虚接口的工作状态
        if (!src)
            /* frame comes from an external address */
            macvlan_broadcast(skb, port, NULL,
                    MACVLAN_MODE_PRIVATE |
                    MACVLAN_MODE_VEPA    |
                    MACVLAN_MODE_PASSTHRU|
                    MACVLAN_MODE_BRIDGE);
        // 如果发送源是本地的 macvlan 设备，并且工作模式是 VEPA
        // 则将报文转发给所有工作在 VEPA 和 BRIDGE 模式下的 macvlan 设备
        else if (src->mode == MACVLAN_MODE_VEPA)
            /* flood to everyone except source */
            macvlan_broadcast(skb, port, src->dev,
                    MACVLAN_MODE_VEPA |
                    MACVLAN_MODE_BRIDGE);
        // 其他工作模式下的 macvlan 设备发出广播报文
        // 仅传递给 VEPA 工作模式下的 macvlan 设备
        else
            macvlan_broadcast(skb, port, src->dev,
                    MACVLAN_MODE_VEPA);
        ...
```

```
        }
    }
(drivers/net/macvlan.c)
```

不同的工作模式下的 macvlan 设备，对广播报文的处理机制差异较大。
- 如果接收的是从外部设备发送的广播报文，则将此广播报文转发给父接口挂载的、所有处于非 SOURCE 工作模式的 macvlan 设备。
- 如果是挂载于父接口上的某个 macvlan 设备外发并经过交换机反射的广播报文，则分情况探讨：若发出报文的设备工作在 VEPA 模式下，则需要将此报文转发给所有工作在 VEPA/BRIDGE 模式下的 macvlan 设备（自己除外）；如果发出报文的设备工作在 BRIDGE 模式下，则仅将此报文转发给所有工作在 VEPA 模式下的 macvlan 设备；如果发出报文的设备工作在 PRIVATE 模式下，则仅将此报文转发给发出此报文的 macvlan 设备。

接下来继续看收到单播报文的处理流程，代码将根据 macvlan 设备的工作模式来决定如何处理。

```
if (macvlan_forward_source(skb, port, eth->h_source))
    return RX_HANDLER_CONSUMED;
if (macvlan_passthru(port))
    vlan = list_first_or_null_rcu(&port->vlans,
                    struct macvlan_dev, list);
else
    vlan = macvlan_hash_lookup(port, eth->h_dest);
```

- SOURCE 工作模式下仅接收指定 mac 地址的报文，所以根据源 mac 地址进行判断，如果源 mac 地址位于哈希表中，则正常处理。
- 如果父接口设备工作在 PASSTHRU 模式下，那么直接取 port->vlans 列表中的第一个 macvlan 设备执行接收操作（在 PASSTHRU 模式下，一个父接口下最多只能挂载一个 macvlan 设备）。
- 其他工作模式下，根据接收报文的目的 mac 地址进行哈希索引。如果能正常匹配，则找到对应的 macvlan 设备。如果找不到对应的 macvlan 设备，或者找到了，但是设备工作在 SOURCE 模式下，则函数返回 RX_HANDLER_PASS。macvlan 设备不接收此报文，返回后由父接口设备继续处理。

```
if (!vlan || vlan->mode == MACVLAN_MODE_SOURCE)
    return RX_HANDLER_PASS;
```

流程执行到这里，证明已经匹配到了接收此报文的 macvlan 设备。接下来将 skb 中的设备替换为选中的 macvlan 设备，函数返回 RX_HANDLER_ANOTHER：

```
    dev = vlan->dev;
    len = skb->len + ETH_HLEN;
```

```
        skb = skb_share_check(skb, GFP_ATOMIC);
        skb->dev = dev;
        skb->pkt_type = PACKET_HOST;
        ret = NET_RX_SUCCESS;
        handle_res = RX_HANDLER_ANOTHER;
out:
        macvlan_count_rx(vlan, len, ret == NET_RX_SUCCESS, false);
        return handle_res;
}
```

__netif_receive_skb_core() 根据 macvlan_handle_frame() 函数的返回值决定后续如何处理。如果返回值为 RX_HANDLER_ANOTHER，则函数重新执行一次接收报文的操作，此时 skb 中保存的已经是目标 macvlan 设备信息了，所以相当于在目标 macvlan 设备上执行收包操作。

macvlan 设备接收外部发送的单播报文的处理流程比较简单：如果 macvlan 设备工作在 SOURCE 模式下，则仅能接收指定 mac 地址的报文，否则正常转发给 macvlan 设备。

### 5. macvlan 设备发送报文流程

macvlan 设备发送报文的流程参考图 4-30。

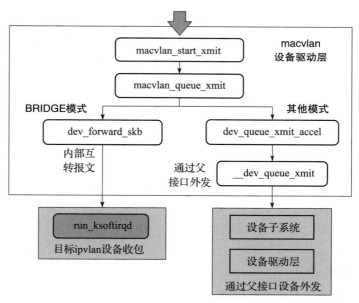

图 4-30　macvlan 设备发送报文流程

macvlan 设备的操作对象定义了发送报文接口：

```
static const struct net_device_ops macvlan_netdev_ops = {
    .ndo_init       = macvlan_init,
    ...
    .ndo_start_xmit = macvlan_start_xmit,
(drivers/net/macvlan.c)
```

用户通过 macvlan 设备发出报文最终通过调用 macvlan_start_xmit() 执行发送。函数的调用栈如下：

```
macvlan_start_xmit()
  └─ macvlan_queue_xmit()
```

macvlan_queue_xmit() 的核心代码如下：

```
static int macvlan_queue_xmit(struct sk_buff *skb,
                              struct net_device *dev)
{
    const struct macvlan_dev *vlan = netdev_priv(dev);
    const struct macvlan_port *port = vlan->port;

    //工作模式为桥接模式时，可以进行内部互转
    if (vlan->mode == MACVLAN_MODE_BRIDGE) {
        const struct ethhdr *eth = skb_eth_hdr(skb);
        //检查目的 mac 地址是否指向同父接口下的其他 macvlan 设备
        dest = macvlan_hash_lookup(port, eth->h_dest);
        if (dest && dest->mode == MACVLAN_MODE_BRIDGE) {
            //如果是，则直接通过父接口设备转发
            dev_forward_skb(vlan->lowerdev, skb);
            return NET_XMIT_SUCCESS;
        }
    }
xmit_world:
    //将 skb 中的设备设置为父接口设备并发送
    skb->dev = vlan->lowerdev;
    return dev_queue_xmit_accel(skb,
                netdev_get_sb_channel(dev) ? dev : NULL);
}
(drivers/net/macvlan.c)
```

如果当前执行发送的 macvlan 设备工作在桥接模式下，则优先在同一个父接口下的 macvlan 设备之间互转；而在其他工作模式下，直接通过父接口设备外发。通过父接口外发时调用的函数为 dev_queue_xmit_accel()，调用栈如下：

```
dev_queue_xmit_accel()
  └─ __dev_queue_xmit()
```

后续进入设备子系统发送流程，相关原理请参考 2.4.6 节中关于设备子系统的部分。

### 4.2.4 ipvlan 设备

ipvlan 与 macvlan 类似，都是从一个父接口设备虚拟出多个虚拟网络接口，区别在于 ipvlan 虚拟出的 ipvlan 接口共享父接口的 mac 地址。正是由于这个特性，使用 DHCP 方式分配地址时要特别注意：一般使用 DHCP 分配 IP 地址时，DHCP Server 使用客户端的 mac 地址作为唯一标识，但是遇到 ipvlan 虚接口就有问题了，因为同一个父接口下的所有 ipvlan

虚接口共用父接口的 mac 地址，直接使用会产生分配地址冲突。因此，使用 ipvlan 虚接口时需要配置 Client ID 字段作为设备的唯一标识，DHCP Server 使用 Client ID 字段作为接口的唯一标识。

ipvlan 支持三种工作模式，一个父接口只能选择其中一种模式（不能采用混用模式），依附于同一个父接口的所有 ipvlan 设备全部运行在这种模式下。

下面对这三种工作模式进行介绍。

**L2 模式**：与 macvlan 的 BRIDGE 模式的工作原理非常相似，最主要的差异在于，一个父接口上的所有 ipvlan 虚接口设备共享父接口的 mac 地址，所以 ipvlan 设备需要依赖报文中的 IP 地址进行转发。应用通过 ipvlan 虚接口向外发送报文，实际最终都是通过父接口设备发出的。工作在 L2 模式下的 ipvlan 虚接口能够接收广播报文。

**L3 模式**：业务通过 ipvlan 虚接口向外发送报文时，由虚接口所在网络命名空间的协议栈处理完并进入设备驱动层后，转交到父接口所在网络命名空间的 L3 协议栈继续处理。这种模式的最大优势在于可以复用宿主机的路由配置。所以与 L2 模式相比，L3 模式的路由功能更为强大。但是由于发送路径变长，L3 模式的性能要比 L2 差。L3 模式下的 ipvlan 设备不处理广播报文，所有广播报文都是在父接口的协议栈中完成的。

**L3S（L3 Symmetric，对称）模式**：此模式与 L3 模式极为相似，差异仅在于 L3S 模式在接收报文时执行宿主机的 Netfilter 的 PREROUTING 挂载点的规则，给用户以更大的灵活性。

除了工作模式之外，ipvlan 设备还有一个转发模式字段。转发模式用于描述 ipvlan 设备之间如何进行转发。

ipvlan 设备支持以下三种转发模式。

- **PRIVATE（私有）**：不允许同一个父接口下的 ipvlan 设备之间直接通信。
- **VEPA（虚拟以太网端口聚合）**：允许同一个父接口下不同的 ipvlan 设备通过外部交换网络通信。
- **BRIDGE（桥接）**：默认转发模式，允许同一个父接口下的 ipvlan 设备之间直接通信。

如果用户未指定 ipvlan 设备的转发模式，则默认按照 BRIDGE 模式处理。

### 1. 管理 ipvlan 设备

**（1）创建 ipvlan 设备**

与创建 macvlan 设备类似，用户可以通过调用"ip link add link <parentIntf> name <devName> type ipvlan"命令在指定的父接口上创建 ipvlan 设备。

ipvlan 设备的创建过程参考图 4-31。

用户调用"ip link"命令时指定 type 参数值为 ipvlan，此属性最终呈现在 Netlink 的调用参数中，同时 ipvlan 还有额外的配置参数，如 mode 等，这些额外的参数也一起写入 Netlink 的调用参数中。

```
                    iproute2/ip command
                    int main(int argc, char* argv[])
                    {
   用户                 ...
   空间                 iplink_parse();
                        rtnl_talk(&rth, &req.n, NULL);
                        ...
                    }
```

```
                    net/core/rtnetlink.c
                    ┌─────────────────────────────────────────────────────┐
                    │ rtnl_newlink()                          Netlink调用   │
                    │  └── __rtnl_newlink()                                │
                    │        ├── ops = rtnl_link_ops_get(kind)             │
                    │        ├── rtnl_create_link()                        │
                    │        └── ops->newlink() ─────┐                     │
                    └────────────────────────────────┼─────────────────────┘
   内核            (drivers/net/ipvlan/ipvlan_main.c)│ ipvlan newlink回调
   空间            ┌────────────────────────────────┴─────────────────────┐
                    │ ipvlan_link_new()                                    │
                    │ ├── memcpy(dev->dev_addr, phy_dev->dev_addr, ETH_ALEN)│
                    │ ├── register_netdevice(dev)                          │
                    │ │     └── ipvlan_init()                              │
                    │ │           └── ipvlan_port_create()   // 创建ipvl_port对象│
                    │ ├── ida_simple_get()                   // 分配编号    │
                    │ └── ipvlan_set_port_mode()             // 设置ipvl_port模式│
                    └──────────────────────────────────────────────────────┘
```

图 4-31　创建 ipvlan 设备

用户态命令执行完成后到达内核的 Netlink 代码，Netlink 调用设备的操作对象接口。ipvlan 设备类型注册的操作对象为 ipvlan_link_ops：

```
static struct rtnl_link_ops ipvlan_link_ops = {
    .kind      = "ipvlan",
    .newlink   = ipvlan_link_new,
    ...
};

(drivers/net/ipvlan/ipvlan_main.c)
```

对象的 newlink 接口关联的函数为 ipvlan_link_new()。

下面对 ipvlan_link_new() 函数流程进行分析。

```
int ipvlan_link_new(struct net *src_net, struct net_device *dev,
          struct nlattr *tb[], struct nlattr *data[],
          struct netlink_ext_ack *extack)
{
    ...
(drivers/net/ipvlan/ipvlan_main.c)
```

1）获取父接口设备。与 macvlan 类似，ipvlan 必须绑定在某个特定的父接口上，如果没有指定接口，则不允许创建。获取的父接口设备保存在 phy_dev 变量中。随后，继续初始化 ipvlan 设备参数，并使用父接口的 mac 地址作为自己的 mac 地址：

```
phy_dev = __dev_get_by_index(src_net, nla_get_u32(tb[IFLA_LINK]));
if (!phy_dev)
    return -ENODEV;
...
ipvlan->phy_dev = phy_dev;
ipvlan->dev = dev;
//使用父接口的 mac 地址作为自己的 mac 地址
memcpy(dev->dev_addr, phy_dev->dev_addr, ETH_ALEN);
```

2）调用 register_netdevice() 函数注册 ipvlan 设备：

```
err = register_netdevice(dev);
if (err < 0)
    return err;
```

3）注册设备函数 register_netdevice() 会检查该设备中是否有设备初始化函数，如果有，就调用这一初始化函数。

```
int register_netdevice(struct net_device *dev)
{
    /* Init, if this function is available */
    if (dev->netdev_ops->ndo_init) {
        ret = dev->netdev_ops->ndo_init(dev);
...
(net/core/dev.c)
```

4）ipvlan 设备的操作对象为 ipvlan_netdev_ops，定义如下：

```
static const struct net_device_ops ipvlan_netdev_ops = {
    .ndo_init       = ipvlan_init,         //初始化接口
    .ndo_uninit     = ipvlan_uninit,
    .ndo_open       = ipvlan_open,
...
(drivers/net/ipvlan/ipvlan_main.c)
```

其中，ndo_init 接口对应的函数为 ipvlan_init()，函数的关键代码如下：

```
static int ipvlan_init(struct net_device *dev)
{
    struct ipvl_dev *ipvlan = netdev_priv(dev);
    struct net_device *phy_dev = ipvlan->phy_dev;
    struct ipvl_port *port;
...
    //检查父接口设备是否关联了 ipvlan_port
    if (!netif_is_ipvlan_port(phy_dev)) {
    //如果没有关联，那么创建一个 ipvlan_port 与之关联
        err = ipvlan_port_create(phy_dev);
        ...
    }
```

```
        port = ipvlan_port_get_rtnl(phy_dev);
        ...
(drivers/net/ipvlan/ipvlan_main.c)
```

该函数创建了 ipvl_port 对象。与 macvlan_port 对象类似，每个使用 ipvlan 的物理设备均关联了一个 ipvl_port 对象。创建 ipvl_port 对象的同时指定了父接口设备的 dev->rx_handler 成员值为 ipvlan_handle_frame()，并且设置父接口设备的 dev->rx_handler_data 成员指向 ipvl_port 对象。

5）为 ipvlan 设备分配设备 ID（dev_id），系统需要保证同一个父接口下的 ipvlan 设备 ID 不能重叠。设备 ID 为 16 位无符号整数，有效编号范围为 [1,65534]：

```
err = ida_simple_get(&port->ida, port->dev_id_start, 0xFFFE,
        GFP_KERNEL);
if (err < 0)
    err = ida_simple_get(&port->ida, 0x1, port->dev_id_start,
            GFP_KERNEL);
if (err < 0)
    goto unregister_netdev;
dev->dev_id = err;
```

6）设置 ipvlan 工作模式：

```
err = ipvlan_set_port_mode(port, mode, extack);
```

这里重点关注 L3S 模式的设置过程，调用栈如下：

```
ipvlan_set_port_mode()
└── ipvlan_l3s_register()
    ├── dev->l3mdev_ops = &ipvl_l3mdev_ops;
    └── dev->priv_flags |= IFF_L3MDEV_RX_HANDLER;
```

如果 ipvlan 工作在 L3S 模式下，则将设备的 l3mdev_ops 指针指向 ipvl_l3mdev_ops 对象，此对象用于实现 L3S 模式设备的报文转发。

用户执行启用 ipvlan 设备时，内核调用设备操作对象的 open 接口。ipvlan 设备操作对象的定义如下，对应的打开设备接口为 ipvlan_open()：

```
static const struct net_device_ops ipvlan_netdev_ops = {
    .ndo_init       = ipvlan_init,
    .ndo_open       = ipvlan_open,
    .ndo_start_xmit = ipvlan_start_xmit,
...
(drivers/net/ipvlan/ipvlan_main.c)
```

ipvlan_open() 函数将当前设备配置的所有 IP 地址插入 ipvlan_port 对象的哈希表中，后续父接口接收报文后可以通过该哈希表快速索引到 IP 地址关联的 ipvlan 设备：

```
static int ipvlan_open(struct net_device *dev)
{
```

```
    struct ipvl_dev *ipvlan = netdev_priv(dev);
    struct ipvl_addr *addr;
    ...
    rcu_read_lock();

    // 将所有IP地址插入哈希表中，以便收到报文后快速索引
    list_for_each_entry_rcu(addr, &ipvlan->addrs, anode)
        ipvlan_ht_addr_add(ipvlan, addr);
    rcu_read_unlock();

    return 0;
}
(drivers/net/ipvlan/ipvlan_main.c)
```

ipvlan_ht_addr_add() 函数用于将参数指定的地址插入 ipvlan_port 对象的 hlhead 索引表中。该表保存 ipvlan 设备和 IP 地址的关联信息，索引为 IP 地址，因此通过 IP 地址可以快速找到与之关联的 ipvlan 设备。

图 4-32 展示了 ipvlan 设备与父接口设备、ipvlan_port 对象之间的关系。

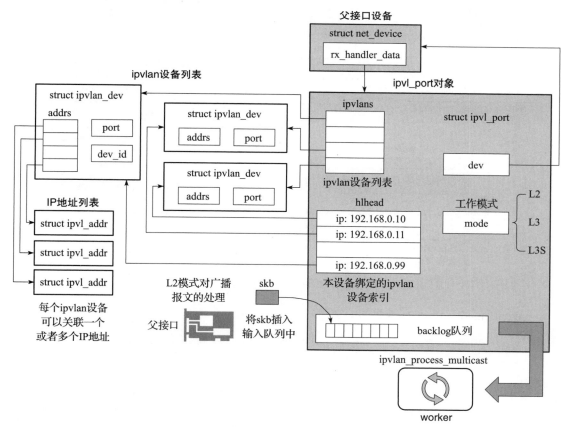

图 4-32　ipvlan 设备、父接口设备、ipvlan_port 对象之间的关系

### （2）删除 ipvlan 设备

删除 ipvlan 设备时，首先调用设备驱动的 ipvlan_stop() 接口停用设备，此函数调用 ipvlan_ht_addr_del() 函数将当前设备的 IP 地址列表从 ipvlan_port 对象的哈希表中删除，这样后续再收到报文，就不会再向此设备转发了。

接下来继续调用 rtnl_dellink() 删除设备。rtnl_dellink() 调用 ipvlan 设备的 ipvlan_link_delete() 函数，此函数执行设备去注册操作，即清除注册。

### 2. ipvlan 设备接收报文流程

在管理 ipvlan 设备时，ipvlan 驱动将父接口设备的 dev->rx_handler 函数指针设置为 ipvlan_handle_frame() 函数，父接口设备调用 ipvlan_handle_frame() 函数接收报文。图 4-33 展示了父接口设备收到报文后转发给 ipvlan 设备的过程，整个收包过程在 ksoftirqd 线程中完成。

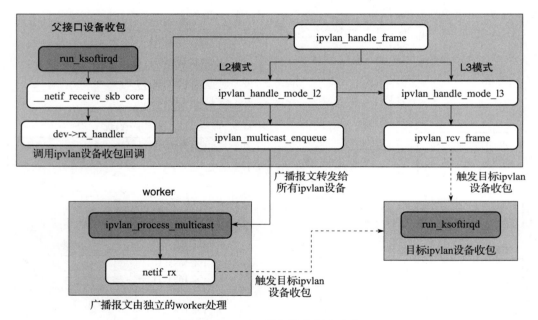

图 4-33　ipvlan 设备接收报文流程

ipvlan_handle_frame() 函数的关键代码如下：

```
rx_handler_result_t ipvlan_handle_frame(struct sk_buff **pskb)
{
...
    switch (port->mode) {
    case IPVLAN_MODE_L2:
        return ipvlan_handle_mode_l2(pskb, port);
    case IPVLAN_MODE_L3:
```

```
            return ipvlan_handle_mode_l3(pskb, port);
#ifdef CONFIG_IPVLAN_L3S
    case IPVLAN_MODE_L3S:
        return RX_HANDLER_PASS;
#endif
    }
    ...
(drivers/net/ipvlan/ipvlan_core.c)
```

ipvlan_handle_frame() 函数根据 ipvlan 设备的工作模式调用不同的处理函数。

- **L2/L3 模式**：分别通过自己的入口函数继续处理。
- **L3S 模式**：报文通过，继续在父接口处理，即进入父接口所在网络命名空间进行处理。此时父接口网络命名空间的 Netfilter 规则对此报文生效。

（1）L2 模式

与 L3 模式相比，L2 多了对广播报文的处理流程。L2 模式下的 ipvlan 设备收到广播报文后，调用 ipvlan_multicast_enqueue() 函数将此报文插入 ipvlan_port 设备的 backlog 队列中，随后由 worker 处理队列中的报文。

```
static rx_handler_result_t ipvlan_handle_mode_l2(
            struct sk_buff **pskb, struct ipvl_port *port)
{
    ...
    // 如果收到的是外部发送给本机的广播报文，则将此报文
    // 加入广播列表中，后续由 ipvlan_process_multicast() 函数处理
    if (is_multicast_ether_addr(eth->h_dest)) {
        if (ipvlan_external_frame(skb, port)) {
            struct sk_buff *nskb = skb_clone(skb, GFP_ATOMIC);
            if (nskb) {
                ipvlan_skb_crossing_ns(nskb, NULL);
                ipvlan_multicast_enqueue(port, nskb, false);
            }
        }
    }
}
(drivers/net/ipvlan/ipvlan_core.c)
```

worker 的处理函数为 ipvlan_process_multicast()，此函数遍历 ipvl_port 对象的 backlog 中保存的所有报文，找出当前报文发送的目的 ipvlan 设备，最后调用 netif_rx() 在目标设备上执行收包。

```
void ipvlan_process_multicast(struct work_struct *work)
{
    ...
skb_queue_splice_tail_init(&port->backlog, &list);
    while ((skb = __skb_dequeue(&list)) != NULL) {
        struct net_device *dev = skb->dev;
        ...
```

```
            list_for_each_entry_rcu(ipvlan, &port->ipvlans, pnode) {
                ...
                ret = netif_rx(nskb);       // 执行收包
            }
        ...
    }
(drivers/net/ipvlan/ipvlan_core.c)
```

如果 L2 模式下的 ipvlan 设备收到的不是广播报文，则直接调用 ipvlan_handle_mode_l3() 执行后续处理。至此 L2 和 L3 模式就处于同一个分支了。

```
        else {
            ret = ipvlan_handle_mode_l3(pskb, port);
        }
    ...
(drivers/net/ipvlan/ipvlan_core.c)
```

### （2）L3 模式

L3 模式的入口函数为 ipvlan_handle_mode_l3()，函数首先检查报文的目的 IP 地址是不是归属于本接口下的某个 ipvlan 设备。如果是，则将此报文转给该 ipvlan 设备处理，否则返回 RX_HANDLER_PASS，交还给父接口设备继续处理。

```
static rx_handler_result_t ipvlan_handle_mode_l3(
            struct sk_buff **pskb, struct ipvl_port *port)
{
    rx_handler_result_t ret = RX_HANDLER_PASS;
    // 获取 L3 头信息
    lyr3h = ipvlan_get_L3_hdr(port, skb, &addr_type);
    if (!lyr3h)
        goto out;
    // 根据 L3 头信息中的目的 IP 地址索引 ipvlan 设备
    addr = ipvlan_addr_lookup(port, lyr3h, addr_type, true);
    if (addr) // 转给 addr 指定的 ipvlan 设备处理
        ret = ipvlan_rcv_frame(addr, pskb, false);
...
(drivers/net/ipvlan/ipvlan_core.c)
```

ipvlan_rcv_frame() 用于在指定的 ipvlan 设备上执行收包，调用栈如下：

```
ipvlan_rcv_frame()
└── dev_forward_skb()
    ├── __dev_forward_skb()
    └── netif_rx_internal()
```

调用栈底层通过 netif_rx_internal() 函数执行收包，剩下的流程与虚拟网卡对转发报文的流程相同。在 macvlan 网络中，父接口设备将报文转发给其他 macvlan 设备时，macvlan_handle_frame() 函数返回的是 RX_HANDLER_ANOTHER，这样内核会重新调用 __netif_receive_skb_core() 函数执行一遍。而 ipvlan 场景下调用 netif_rx_internal() 函数的结果是重新触发目标设备执行一次完整收包流程（从软中断开始）。所以，相对来说，macvlan 的处理性能要高于 ipvlan。

**（3）L3S 模式**

图 4-34 展示了 L3S 模式下的 ipvlan 设备的收包流程。

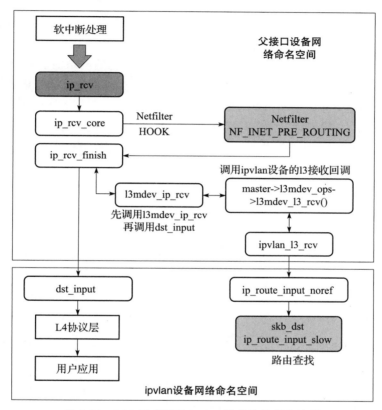

图 4-34　L3S 模式下的 ipvlan 设备接收报文流程

如前所述，L3S 模式下 ipvlan_handle_frame() 函数直接返回了 RX_HANDLER_PASS，继续由父接口设备执行收包，所以该报文依旧在父接口设备所在的网络命名空间中继续处理。到了 IP 协议层后，执行父接口设备所在网络命名空间的 Netfilter PREROUTING 挂载点回调，随后继续调用 ip_rcv_finish()。该函数将调用该设备的 l3mdev_l3_rcv() 接口，调用过程如下：

```
ip_rcv_finish()
└── l3mdev_ip_rcv()
    └── l3mdev_l3_rcv()
        └── master->l3mdev_ops->l3mdev_l3_rcv()
```

在管理 ipvlan 设备时提到，在创建 ipvlan 设备时注册了 ipvl_l3mdev_ops 对象，该对象中定义 l3mdev_l3_rcv 接口函数为 ipvlan_l3_rcv()，所以此时将继续调用 ipvlan_l3_rcv() 函数进行收包处理。

```
static const struct l3mdev_ops ipvl_l3mdev_ops = {
    .l3mdev_l3_rcv = ipvlan_l3_rcv,
};
(drivers/net/ipvlan/ipvlan_l3s.c)
```

ipvlan_l3_rcv() 函数首先提取报文中的 IP 地址信息，找到该 IP 地址关联的 ipvlan 设备，最后调用 ip_route_input_noref() 函数在 ipvlan 设备所在的网络命名空间查找路由，并在找到后将这些信息填写到 skb 数据区中。ipvlan_l3_rcv() 函数返回后，内核继续调用 dst_input() 函数执行收包处理，只不过此时收包的设备已经变成了目标 ipvlan 设备了。

这正是 L3S 和 L3 模式设备的差异所在。L3S 设备在接收报文时执行了父接口设备所在网络命名空间的 Netfilter 挂载点规则，而 L3 模式下的设备则没有执行。

### 3. ipvlan 设备发送报文流程

ipvlan 发送报文流程参考图 4-35。

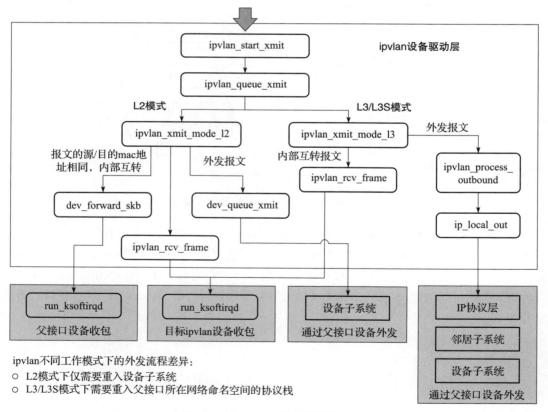

图 4-35　ipvlan 设备发送报文流程

本节直接从 ipvlan 设备驱动层开始分析，ipvlan 设备的操作对象定义了发送接口：

```
static const struct net_device_ops ipvlan_netdev_ops = {
    .ndo_init           = ipvlan_init,
    ...
    .ndo_start_xmit     = ipvlan_start_xmit,
(drivers/net/ipvlan/ipvlan_main.c)
```

ipvlan 设备的发送接口函数为 ipvlan_start_xmit()，此函数的调用栈如下：

```
ipvlan_start_xmit()
└── ipvlan_queue_xmit()
     ├── ipvlan_xmit_mode_l2()
     └── ipvlan_xmit_mode_l3()
```

ipvlan_queue_xmit() 根据 ipvlan 的工作模式决定调用哪个接口继续处理。

先了解下 ipvlan 设备的**转发模式**。ipvl_port 对象的 flags 标志决定了同一个父接口下的 ipvlan 设备之间如何转发报文。它支持如下三种转发模式。

- VEPA 模式：如果 ipvl_port->flags 打上 IPVLAN_F_VEPA 标签，则证明 ipvlan 工作在 VEPA 模式下，此模式要求 ipvlan 设备之间的通信必须通过外部交换机来转发。
- PRIVATE 模式：如果 ipvl_port->flags 打上 IPVLAN_F_PRIVATE 标签，则证明 ipvlan 工作在 PRIVATE 模式下，此模式禁止同一个父接口下 ipvlan 设备之间互转报文。
- BRIDGE 模式（默认）：如果 ipvl_port->flags 为 0（没打任何标签），则证明 ipvlan 工作在 BRIDGE 模式下，此模式允许同一个父接口下的 ipvlan 设备之间直接互转报文。

（1）L2 工作模式分析

L2 模式的处理函数为 ipvlan_xmit_mode_l2()，关键代码如下：

```
static int ipvlan_xmit_mode_l2(struct sk_buff *skb,
                               struct net_device *dev)
{
    ...
```

前面提到创建 ipvlan 设备时将父接口设备的 mac 地址作为 ipvlan 设备的 mac 地址，所以如果报文的源 mac 地址与目的 mac 地址均为父接口设备的 mac 地址，则该报文大概率是同一个父接口下 ipvlan 设备之间的互转报文。但是，究竟是不是互转报文，还需要继续看报文的 IP 头信息。根据报文的目的 IP 地址查找目标 ipvlan 设备，如果能找到，则证明此报文为同一个父接口下的 ipvlan 设备之间的互转报文。

```
if (!ipvlan_is_vepa(ipvlan->port) &&
    ether_addr_equal(eth->h_dest, eth->h_source)) {
    lyr3h = ipvlan_get_L3_hdr(ipvlan->port, skb, &addr_type);
    if (lyr3h) {
        // 根据 L3 头中的目的 IP 查找目的 ipvlan 设备
        addr = ipvlan_addr_lookup(ipvlan->port, lyr3h,
                                  addr_type, true);
```

接下来根据 ipvlan 的转发模式来决定如何处理：如果是 PRIVATE 模式，则禁止同父接口下 ipvlan 设备之间通信；如果不是 PRIVATE 模式，那这里就只能是 BRIDGE 模式了，而 BRIDGE 模式允许 ipvlan 设备之间互转。

```
    if (addr) {
        // 如果能找到，但是目标 ipvlan 设备工作在 PRIVATE 模式下，则丢弃报文
        if (ipvlan_is_private(ipvlan->port)) {
            consume_skb(skb);
            return NET_XMIT_DROP;
        }
        // BRIDGE 模式下，直接执行目标设备收包处理
        return ipvlan_rcv_frame(addr, &skb, true);
    }
```

互转的接口函数为 ipvlan_rcv_frame()，此函数的调用栈如下：

```
ipvlan_rcv_frame()
└── dev_forward_skb()
    ├── __dev_forward_skb()
    └── netif_rx_internal()
```

最终在目标设备上执行收包处理。

如果根据报文的目的 IP 地址找不到 ipvlan 设备，那就转给父接口，由父接口继续处理。转发给父接口处理的接口是 dev_forward_skb()，调用栈同上。

```
    ...
    // 如果找不到目标 ipvlan 设备，就丢给父接口设备去处理
    return dev_forward_skb(ipvlan->phy_dev, skb);
}
```

接下来检查是不是广播报文。如果是，则将报文插入 port 对象的 backlog 对象中，随后调度 worker 执行处理，具体可参考 ipvlan 设备接收报文流程。

```
    else if (is_multicast_ether_addr(eth->h_dest)) {
        // 广播报文，丢到广播队列中，只有在 L2 模式下需要处理此类报文
        ipvlan_skb_crossing_ns(skb, NULL);
        ipvlan_multicast_enqueue(ipvlan->port, skb, true);
        return NET_XMIT_SUCCESS;
    }
```

对于其他场景，则调用 dev_queue_xmit() 函数将报文丢给父接口，通过父接口外发：

```
    skb->dev = ipvlan->phy_dev;
    return dev_queue_xmit(skb);
}
(drivers/net/ipvlan/ipvlan_core.c)
```

dev_queue_xmit() 函数调用父接口的设备子系统接口执行外发。

## （2）L3 工作模式分析

L3 工作模式的入口函数为 ipvlan_xmit_mode_l3()，关键代码如下：

```
static int ipvlan_xmit_mode_l3(struct sk_buff *skb,
                               struct net_device *dev)
{
```

首先获取报文的 L3 报文头，获取失败则直接转发。

```
lyr3h = ipvlan_get_L3_hdr(ipvlan->port, skb, &addr_type);
if (!lyr3h)
    goto out;
```

获取 L3 报文头后，根据报文头中的目的 IP 地址查找 ipvlan 设备。如果能找到，则证明是同一个父接口下的 ipvlan 设备之间的互转报文，处理原则与前面的 L2 转发模式相同。

```
// 只有处于非 VEPA 模式下才处理互转报文，仅处理 L3 报文
if (!ipvlan_is_vepa(ipvlan->port)) {
    addr = ipvlan_addr_lookup(ipvlan->port, lyr3h, addr_type, true);
    if (addr) {
        // 转发模式为 PRIVATE 时丢弃，不允许 ipvlan 设备间直接通信
        if (ipvlan_is_private(ipvlan->port)) {
            consume_skb(skb);
            return NET_XMIT_DROP;
        }
        // 转发模式为 PBRIDGE 时正常处理
        return ipvlan_rcv_frame(addr, &skb, true);
    }
}
```

对于其他场景，就直接将报文传递给父接口设备，由父接口设备执行外发。

```
out:
    ipvlan_skb_crossing_ns(skb, ipvlan->phy_dev);
    return ipvlan_process_outbound(skb);
}
(drivers/net/ipvlan/ipvlan_core.c)
```

L3 模式下通过父接口设备外发时调用的接口为 ipvlan_process_outbound()。下面以 IPv4 报文发送流程为例来看 ipvlan_process_outbound() 函数的处理过程：

```
ipvlan_process_outbound()
└── ipvlan_process_v4_outbound()
    └── ip_local_out()
```

底层调用 ip_local_out() 函数，调用此函数就相当于重入父接口设备所在网络命名空间的 IP 协议栈。这正是 L3 模式与 L2 模式存在差异的地方，L2 模式直接通过父接口设备的设备子系统外发报文，而 L3 模式外发一次报文进入两次协议栈，性能会有较大损失。

L3 模式外发时重入父接口设备所在网络命名空间的协议栈，有什么好处呢？我们知

道 Netfilter 挂载点均位于 IP 子系统中，重入 IP 协议栈就意味着父接口网络命名空间的 Netfilter 规则对 ipvlan 设备外发的报文同样生效。

#### 4. ipvlan 收发报文流程总结

ipvlan 主要工作在 L3 层，不同的工作模式差异主要在于处理流程所处的命名空间，这关系到是否调用 Netfilter 的挂载点。图 4-36 展示了 ipvlan 设备不同工作模式下收发包流程中 Netfilter 挂载点的调用过程，表 4-4 对此进行了简要总结。

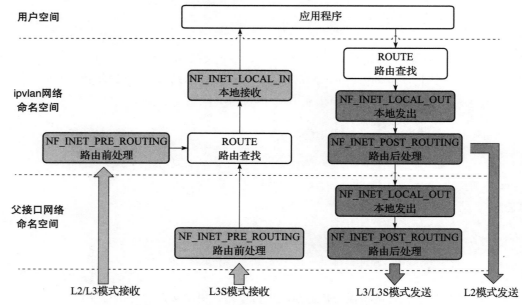

图 4-36　ipvlan 不同模式下 Netfilter 的调用过程

表 4-4　ipvlan 不同模式下 Netfilter 的调用过程

| Netfilter 回调 | 工作模式 | | | | | |
| --- | --- | --- | --- | --- | --- | --- |
| | L2 | | L3 | | L3S | |
| | 接收 | 发送 | 接收 | 发送 | 接收 | 发送 |
| ipvlan 设备网络命名空间 | √ | √ | √ | √ | √ | √ |
| 父设备网络命名空间 | × | × | × | √ | √ | √ |

## 4.3　总结

本章首先介绍了 Linux 网络命名空间的实现原理，接着介绍了常用的三种虚拟网络设备的工作原理，后面将基于网络命名空间和三种虚拟网络设备构建完整的虚拟化网络。本章的内容是后续实践的理论基础，对于这部分内容未彻底理解的读者，可以先进入实践环节，再在需要时回顾本章。

第二篇 *Part 2*

# 容器网络技术原理

- 第 5 章 网络命名空间通信
- 第 6 章 容器网络
- 第 7 章 Kubernetes 网络

本篇首先结合网络命名空间、虚拟化网络设备原理，讲解跨网络命名空间通信的解决方案，然后结合 Docker 和 Kubernetes 进行实践，并对实践过程中的关键技术进行细致分析。

本篇包含以下内容。
- 第 5 章结合第 4 章介绍的虚拟网络设备，介绍三种跨网络命名空间通信解决方案，并以实例化的方式进行功能验证。
- 第 6 章以 Docker 引擎为例，介绍三种跨网络命名空间通信解决方案在容器技术中的应用，实现容器网络的互通互联。
- 第 7 章结合实际应用讲解 Kubernetes 网络通信原理，包括 Pod 网络、Service 网络和 Ingress 网络。

第 5 章 Chapter 5

# 网络命名空间通信

第 4 章讲述了网络命名空间实现原理，本章将讲述网络命名空间在虚拟化网络中的应用。

用户可以将网络命名空间理解为独立的网络运行环境，每个网络命名空间有自己的设备、路由表、iptables 规则等，不同的网络命名空间之间完全隔离。用户将应用部署在独立的网络命名空间中以独享网络运行环境，从而避免应用之间的网络配置冲突。

那么，不同网络命名空间之间如何通信呢？对此，业界有多种解决方案，而本章介绍常用的三种。

- "网桥 + 虚拟网卡对"方案：在宿主机中创建一个网桥设备，为每个网络命名空间创建一个虚拟网卡对设备，虚拟网卡对设备的一端位于网络命名空间中，另一端连接宿主机的网桥。不同网络命名空间的应用通过宿主机的网桥相互通信，同时可以通过网桥访问宿主机以外的网络。
- macvlan 方案：为每个网络命名空间创建一个 macvlan 虚接口设备，不同的网络命名空间通过二层交换网络直接通信。
- ipvlan 方案：为每个网络命名空间创建一个 ipvlan 虚接口设备，不同的网络命名空间通过二层 / 三层交换网络直接通信。

## 5.1 "网桥 + 虚拟网卡对"方案

本节将结合 Linux 内置的网桥和虚拟网卡对设备，实现跨网络命名空间通信功能（Linux 网桥的实现原理请参考 4.2.1 节，虚拟网卡对的实现原理请参考 4.2.2 节）。

回顾一下两种虚拟网络设备的特性。
- **网桥（bridge）**：相当于虚拟的二层交换机，网桥将不同的网络设备连接到同一个二层网络，用户可以给网桥配置 IP 地址，并将此 IP 地址作为网络命名空间网络的网关。
- **虚拟网卡对（veth pair）**：相当于连接网络命名空间和网桥的"网线"，每个虚拟网卡对设备对应了两个网络接口设备，两个设备之间就像有一条管道直连，向一个端口写入数据后，就可以从另一个端口读取写入的数据。

使用"网桥+虚拟网卡对"方案的一般过程如下。

①创建网络命名空间，此网络命名空间与宿主机网络隔离。

②在宿主机上创建网桥，此网桥运行在宿主机的默认网络命名空间中。

③创建虚拟网卡对，将虚拟网卡对的一个端点置于网络命名空间内，另一个端点连接网桥，从而连通网桥和命名空间。

"网桥+虚拟网卡对"这一网络命名空间通信方案的组网参考图 5-1。

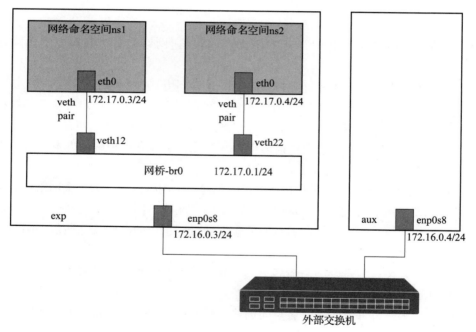

图 5-1 "网桥+虚拟网卡对"方案组网

下面对方案中的组网情况进行说明。
- 在 exp 主机上创建网桥 br0，此网桥连接该主机的两个网络命名空间。网桥设备使用的网段为 172.17.0.0/24，两个网络命名空间中的设备亦使用此网段。
- 在 exp 主机上创建两个网络命名空间，分别命名为 ns1 和 ns2。

➢ 创建两个虚拟网卡对，分别是：veth11/veth12，其中 veth11 置入网络命名空间 ns1 中，veth12 连接到网桥 br0 上；veth21/veth22，其中 veth21 置入网络命名空间 ns2 中，veth22 连接到网桥 br0 上。
➢ 主机 exp 与测试机 aux 物理网卡通过外部交换机二层直连。

## 5.1.1 主机内跨网络命名空间通信

本节主要验证位于同一个主机中的两个网络命名空间之间的网络通信功能。

**1. 创建网络命名空间**

网络命名空间管理命令由 iproute 软件包提供，对应的命令为"ip netns"，其帮助信息如下：

```
[root@exp ~]# ip netns help
Usage: ip netns list
       ip netns add NAME
       ip netns set NAME NETNSID
       ip [-all] netns delete [NAME]
       ip netns identify [PID]
       ip netns pids NAME
       ip [-all] netns exec [NAME] cmd ...
       ip netns monitor
       ip netns list-id
```

接下来使用"ip netns add"命令创建两个网络命名空间，名字分别是 ns1 和 ns2。使用不带任何参数的"ip netns"命令显示当前系统中存在的网络命名空间列表：

```
[root@exp ~]# ip netns add ns1
[root@exp ~]# ip netns add ns2
[root@exp ~]# ip netns
ns2
ns1
```

使用"ip netns exec <netNS> <command>"命令进入对应的命名空间内并执行命令。例如，进入 ns1 命名空间执行"ip addr"命令查看网络地址配置，结果如下：

```
[root@exp ~]# ip netns exec ns1 ip addr
1: lo: <LOOPBACK> mtu 65536 qdisc noop state DOWN group default qlen 1000
    link/loopback 00:00:00:00:00:00 brd 00:00:00:00:00:00
```

新创建的命名空间中只有一个环回设备，并且状态为 DOWN。Linux 系统中，只有使能环回设备后，才能通过 ping 命令测试该命名空间的网络连通性。

通过下面的命令使能两个命名空间中的环回设备：

```
[root@exp ~]# ip netns exec ns1 ip link set lo up
[root@exp ~]# ip netns exec ns2 ip link set lo up
```

至此，网络命名空间创建完成。

### 2. 创建网桥设备

网桥的管理命令为 brctl，网桥的创建命令为 "brctl addbr <brName>"。下面的命令用于创建 br0 网桥：

```
[root@exp ~]# brctl addbr br0
[root@exp ~]# brctl show
bridge name     bridge id               STP enabled     interfaces
br0             8000.000000000000       no
```

由于只配置了一个网桥，不会带来冗余环路问题，所以 STP 保持默认值 no 即可。STP（Spanning Tree Protocol，生成树协议）是一种工作在二层的通信协议，用于防止交换机冗余链路产生环路，避免产生广播风暴消耗交换机的资源。

配置完成后，系统中增加一个名为 br0 的网络设备，此设备在刚创建完成后处于 DOWN 状态。因此，通过"ip link set"命令使能网桥设备：

```
[root@exp ~]# ip link set br0 up
[root@exp ~]# ip link show type bridge
6: br0: <BROADCAST,MULTICAST,UP,LOWER_UP> mtu 1500 ... state UP
    link/ether 12:02:13:26:76:d8 brd ff:ff:ff:ff:ff:ff
```

至此，网桥相关参数配置完成。

### 3. 创建虚拟网卡对

使用"ip link add"命令创建虚拟网卡对设备，虚拟网卡对的设备类型为 veth，创建时在命令参数中指定两个端口的名字。下面的命令用于创建一个虚拟网卡对，两个端点的名字分别是 veth11 和 veth12：

```
ip link add veth11 type veth peer name veth12
```

查看设备列表（删除了部分无关输出）：

```
[root@exp ~]# ip link
...
11: veth12@veth11: <BROADCAST,MULTICAST,M-DOWN> mtu 1500 state DOWN ...
    link/ether 12:02:13:26:76:d8 brd ff:ff:ff:ff:ff:ff
12: veth11@veth12: <BROADCAST,MULTICAST,M-DOWN> mtu 1500 state DOWN ...
    link/ether 9a:8c:c8:09:8d:25 brd ff:ff:ff:ff:ff:ff
```

可以看到系统中新增了两个设备，分别是 veth12@veth11 和 veth11@veth12。使用"ip link"命令输出系统中所有设备列表，每个设备占用两行。其中第一行显示设备编号、设备名称、设备属性等信息，第二行显示设备的二层地址信息（用户可以在创建设备时通过 address 参数指定 mac 地址，但是如无特殊需要，则不建议指定）。

设备的第一行信息由多段数据组成，段之间通过":"分隔，对其进行详细说明如下。

- 第一段是**数字编号**：当前设备在本机上的编号。内核保证设备编号不会重复，此数字编号是设备的唯一标识。
- 第二段是**设备名称**：虚拟网卡对设备名称，格式为"端点名称 @ 对端端点名称"，两个端点名称之间通过 @ 符号分隔。
- 第三段是**设备属性 / 状态**：包含一系列的属性信息。例如，"state DOWN"表示设备处于 DOWN 状态，"mtu 1500"表示此设备的 MTU 值为 1500。

用户也可以使用 ifconfig 命令查看设备信息，但是无法看到虚拟网卡对的两个端点设备之间的关系。ifconfig 命令示例如下：

```
[root@exp ~]# ifconfig -a
veth11: flags=4098<BROADCAST,MULTICAST>  mtu 1500
        ether 9a:8c:c8:09:8d:25  txqueuelen 1000  (Ethernet)
        ...
veth12: flags=4098<BROADCAST,MULTICAST>  mtu 1500
        ether 12:02:13:26:76:d8  txqueuelen 1000  (Ethernet)
        ...
```

所以，最好还是使用 ip 命令查看虚拟网卡对设备信息。

接下来使用同样的方式创建第二个虚拟网卡对设备：

```
ip link add veth21 type veth peer name veth22
```

最后使能所有网络设备：

```
[root@exp ~]# ip link set veth11 up
[root@exp ~]# ip link set veth12 up
[root@exp ~]# ip link set veth21 up
[root@exp ~]# ip link set veth22 up
```

### 4. 将网络设备置入网络命名空间

将 veth11 移动到网络命名空间 ns1 中，将 veth21 移动到网络命名空间 ns2 中，网卡设备在命名空间中重命名为 eth0。移动网络设备到网络命名空间的命令格式为"ip link set <dev> netns <nsName> [ name <devName>]"：

```
[root@exp ~]# ip link set veth11 netns ns1 name eth0
[root@exp ~]# ip link set veth21 netns ns2 name eth0
```

接下来到 ns1 命名空间中查看网络配置（仅显示 veth 类型的设备）：

```
[root@exp ~]# ip netns exec ns1 ip link show type veth
12: eth0@if11: <BROADCAST,MULTICAST> mtu 1500 qdisc noop state UP ...
    link/ether 9a:8c:c8:09:8d:25 brd ff:ff:ff:ff:ff:ff link-netnsid 0
```

可以看到，网卡名字为 eth0@if11，此设备在 ns1 命名空间中为 eth0，设备编号为 12。

虚拟网卡对的另一端名称为 if11，if11 表示编号为 11 的设备，此设备位于宿主机默认网络命名空间中。

在宿主机中查看网络配置：

```
[root@exp ~]# ip link show type veth
11: veth12@if12: <BROADCAST,MULTICAST> mtu 1500 qdisc noop state UP ...
    link/ether 12:02:13:26:76:d8 brd ff:ff:ff:ff:ff:ff link-netnsid 1
```

此时网卡名字变成了 veth12@if12，虚拟网卡对的对端设备为 if12，表示编号为 12 的设备，该设备位于 ns1 命名空间中。

最后配置两个网络命名空间中 eth0 设备的地址。

ns1 的配置如下：

```
[root@exp ~]# ip netns exec ns1 ip addr add 172.17.0.3/24 dev eth0
[root@exp ~]# ip netns exec ns1 ifconfig
eth0: flags=4099<UP,BROADCAST,MULTICAST>  mtu 1500
      inet 172.17.0.3  netmask 255.255.255.0  broadcast 0.0.0.0
      ether 9a:8c:c8:09:8d:25  txqueuelen 1000  (Ethernet)
```

ns2 的配置如下：

```
[root@exp ~]# ip netns exec ns2 ip addr add 172.17.0.4/24 dev eth0
[root@exp ~]# ip netns exec ns2 ifconfig
eth0: flags=4099<UP,BROADCAST,MULTICAST>  mtu 1500
      inet 172.17.0.4  netmask 255.255.255.0  broadcast 0.0.0.0
      ether ea:a8:86:db:35:a7  txqueuelen 1000  (Ethernet)
```

至此，命名空间内的网络设置完成。不过，目前仅将虚拟网卡对的一端设备置入网络命名空间中，另一端尚未连接网桥，所以两个网络命名空间的设备虽然位于同一个网段，但是它们之间的网络是不通的。

**5. 连通不同命名空间之间的网络**

宿主机中使用"brctl addif"命令将虚拟网卡对的另一端 veth12 和 veth22 连接到网桥 br0 上，"brctl show"命令执行结果的最后一列（interfaces 列）显示连接到本网桥的设备列表：

```
[root@exp ~]# brctl addif br0 veth12
[root@exp ~]# brctl addif br0 veth22
[root@exp ~]# brctl show
bridge name     bridge id               STP enabled     interfaces
br0             8000.1202132676d8       no              veth12
                                                        veth22
```

至此，本主机上的命名空间之间的网络已经连通，exp 主机网络如图 5-2 所示。

尝试通过 ns1 访问 ns2，网络 ping 包报文路径参考图 5-2 中的**路径 A**：

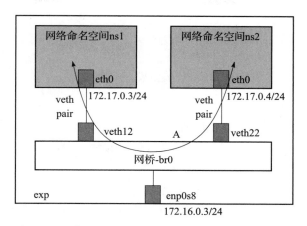

图 5-2 "网桥＋虚拟网卡对"方案：单主机通信网络

```
[root@exp ~]# ip netns exec ns1 ping 172.17.0.4
PING 172.17.0.4 (172.17.0.4) 56(84) bytes of data.
64 bytes from 172.17.0.4: icmp_seq=1 ttl=64 time=0.033 ms
64 bytes from 172.17.0.4: icmp_seq=2 ttl=64 time=0.117 ms
...
```

本场景下，br0 仅仅作为一个二层网络交换设备使用。实际上，借助内核的网络路由功能，虚拟网桥完全可以具备三层转发能力，只不过同一个宿主机内的不同网络命名空间进行通信时不需要具备三层转发能力。

### 5.1.2 跨主机网络通信

在图 5-1 中，exp 和 aux 主机二层直连。为了让 aux 主机直接访问 exp 主机中 ns1 的网络，需要在 aux 主机上配置访问 exp 主机的命名空间网络路由：

```
[root@aux ~]# ip route add 172.17.0.0/24 via 172.16.0.3
[root@aux ~]# route -n
Kernel IP routing table
Destination     Gateway         Genmask         Flags Metric Ref    Use Iface
172.16.0.0      0.0.0.0         255.255.255.0   U     100    0        0 enp0s8
172.17.0.0      172.16.0.3      255.255.255.0   UG    0      0        0 enp0s8
```

在 aux 上尝试对 172.17.0.3 发起 ping 请求，此时网络不通，命令结果显示"目的网络不可达（Destination Net Unreachable）"：

```
[root@aux ~]# ping 172.17.0.3
PING 172.17.0.3 (172.17.0.3) 56(84) bytes of data.
From 172.16.0.3 icmp_seq=1 Destination Net Unreachable
From 172.16.0.3 icmp_seq=2 Destination Net Unreachable
```

为何网络会不通呢？查看 exp 主机中的路由：

```
[root@exp ~]# route -n
Kernel IP routing table
Destination     Gateway         Genmask         Flags   Metric  Ref    Use    Iface
172.16.0.0      0.0.0.0         255.255.255.0   U       100     0      0      enp0s8
192.168.10.0    0.0.0.0         255.255.255.0   U       101     0      0      enp0s9
```

exp 主机中并没有 172.17.0.0/24 网段的路由。前面提到的两个命名空间的二层网络连通，是因为它们连接到一个二层虚拟网桥上，但是并不具备三层转发能力。exp 收到 aux 的 ping 请求报文后，发现本机没有 172.17.0.0/24 网段的路由，所以回复"目的网络不可达"。

在 exp 主机上，可以将 ns1 和 ns2 两个网络命名空间当作两台独立的主机，br0 连接了这两台主机。br0 虽然是 exp 主机中的虚拟网桥，但是此网桥的功能与物理交换机基本相同，差异仅在于 br0 是由软件实现的。针对此问题，解决方案明确：只要网桥具备三层转发能力就可以。给网桥配置 IP 地址，并将网桥的 IP 地址作为两个网络命名空间的网关。此配置相当于启用虚拟网桥的三层交换功能，配置完成后的组网参考图 5-3。

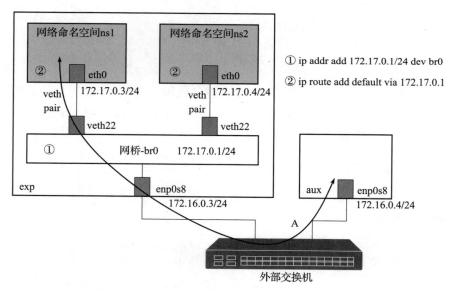

图 5-3 "网桥 + 虚拟网卡对"方案：跨主机通信网络

其中，①在 exp 主机上为网桥 br0 配置地址 172.17.0.1/24：

```
[root@exp ~]# ip addr add 172.17.0.1/24 dev br0
[root@exp ~]# ifconfig
br0: flags=4163<UP,BROADCAST,RUNNING,MULTICAST>  mtu 1500
        inet 172.17.0.1  netmask 255.255.255.0  broadcast 0.0.0.0
        ...
```

②将两个网络命名空间连接到 br0 网桥上。如果这两个网络命名空间需要访问外部网络，则必须配置对外的路由。下面的命令将 ns1 网络命名空间的默认网关设置为 br0 的地址：

```
[root@exp ~]# ip netns exec ns1 ip route add default via 172.17.0.1
[root@exp ~]# ip netns exec ns1 route -n
Kernel IP routing table
Destination     Gateway         Genmask         Flags Metric Ref    Use Iface
0.0.0.0         172.17.0.1      0.0.0.0         UG    0      0        0 eth0
172.17.0.0      0.0.0.0         255.255.255.0   U     0      0        0 eth0
```

使用同样的方式配置 ns2 的路由：

```
ip netns exec ns2 ip route add default via 172.17.0.1
```

全部配置完成后，再次尝试从 aux 主机访问容器网络，结果为通信正常：

```
[root@aux ~]# ping 172.17.0.3
PING 172.17.0.3 (172.17.0.3) 56(84) bytes of data.
64 bytes from 172.17.0.3: icmp_seq=1 ttl=64 time=0.231 ms
64 bytes from 172.17.0.3: icmp_seq=2 ttl=64 time=0.056 ms
...
```

报文转发路径参考图 5-3 的路径 A。

## 5.2 macvlan 方案

4.2.3 节介绍了 macvlan 的工作原理。macvlan 支持 4 种工作模式，实际应用时桥接模式最为常用，所以本节以桥接模式为例，介绍如何使用 macvlan 设备实现网络命名空间之间的通信。

使用 macvlan 方案实现网络命名空间通信的组网参考图 5-4。

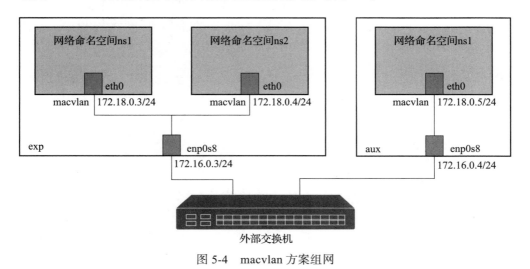

图 5-4　macvlan 方案组网

其组网情况的说明如下。

➢ 在 exp 主机上创建两个网络命名空间，分别命名为 ns1 和 ns2，然后创建两个 macvlan 虚接口，分别置于 ns1 和 ns2 中。
➢ 在 aux 主机上创建网络命名空间 ns1 和一个 macvlan 虚接口，并将此虚接口设备置入网络命名空间 ns1 中。
➢ 所有 macvlan 设备使用 172.18.0.0/24 网段地址。

在使用 macvlan 之前，需要确保系统满足以下条件。

1）内核支持 macvlan。检查当前内核是否加载了 macvlan 模块，如果有输出，则证明系统支持 macvlan 功能：

```
[root@exp ~]# lsmod | grep macvlan
macvlan                 24576  0
```

如果无输出，则可以通过 modprobe 命令加载 macvlan 模块，启用 macvlan 功能：

```
modprobe macvlan
```

2）启用 macvlan 的父接口设备开启混杂模式。启用 macvlan 的父接口设备必须开启混杂模式。在下面的示例中将 enp0s8 设备作为父接口，使用"ip link"命令查看 enp0s8 设备的属性：

```
[root@exp ~]# ip link
1: lo: <LOOPBACK,UP,LOWER_UP> mtu 65536 qdisc noqueue ...
    link/loopback 00:00:00:00:00:00 brd 00:00:00:00:00:00
2: enp0s8: <BROADCAST,MULTICAST,UP,LOWER_UP> mtu 1500 qdisc ...
    link/ether 08:00:27:7b:78:5b brd ff:ff:ff:ff:ff:ff
```

命令结果的"<...>"的内部信息即为此设备属性，如果带有 PROMISC 标签，则证明此网卡开启了混杂模式。上述命令输出结果显示 enp0s8 设备没有开启混杂模式，通过下面的命令开启该模式：

```
ip link set dev enp0s8 promisc on
```

开启后设备属性如下：

```
[root@exp ~]# ip link
1: lo: <LOOPBACK,UP,LOWER_UP> mtu 65536 qdisc noqueue ...
    link/loopback 00:00:00:00:00:00 brd 00:00:00:00:00:00
2: enp0s8: <BROADCAST,MULTICAST,PROMISC,UP,LOWER_UP> mtu 1500 qdisc...
```

但是，使用 macvlan 网络存在限制：host 应用无法通过父接口设备直接与此父接口下属的 macvlan 虚接口通信。

macvlan 虚接口是绑定在父接口上的设备，但是从内核角度来看，macvlan 虚接口和父接口是完全不同的设备。如果宿主机上的应用需要访问 macvlan 设备网络，则可以在宿主机上再创建一个 macvlan 虚接口，宿主机上的应用通过这个 macvlan 虚接口与其他

macvlan 设备进行通信。

## 5.2.1 主机内跨网络命名空间通信

本节旨在验证当绑定在同一个父接口下的两个 macvlan 虚接口置于不同的网络命名空间时，它们之间能够直接通信。

### 1. 创建网络命名空间

在 exp 主机上创建两个网络命名空间，并且使能各自的环回设备。本节只列出需要使用的命令，相关原理请参考 5.1 节。

```
ip netns add ns1
ip netns add ns2
ip netns exec ns1 ip link set lo up
ip netns exec ns2 ip link set lo up
```

### 2. 创建 macvlan 虚接口设备

在 exp 主机上创建 2 个 macvlan 虚接口设备，父接口为 enp0s8，模式为 BRIDGE：

```
ip link add link enp0s8 name macv1 type macvlan mode bridge
ip link add link enp0s8 name macv2 type macvlan mode bridge
```

将创建成功的 macvlan 虚接口设备置入网络命名空间中。具体来说，将 macv1 放到 ns1 中，将 macv2 放到 ns2 中，并在网络命名空间中将设备重命名为 eth0：

```
ip link set macv1 netns ns1 name eth0
ip link set macv2 netns ns2 name eth0
```

### 3. 配置地址

分别使能两个命名空间中的虚接口设备，并配置 IP 地址，地址信息请参考图 5-4。

```
ip netns exec ns1 ip link set eth0 up
ip netns exec ns1 ip addr add 172.18.0.3/24 dev eth0
ip netns exec ns2 ip link set eth0 up
ip netns exec ns2 ip addr add 172.18.0.4/24 dev eth0
```

### 4. 验证网络通信

验证两个网络命名空间之间的通信，在 ns1 中向 ns2 的地址发起 ping 请求，发现网络是连通的：

```
[root@exp ~]# ip netns exec ns1 ping 172.18.0.4
PING 172.18.0.4 (172.18.0.4) 56(84) bytes of data.
64 bytes from 172.18.0.4: icmp_seq=1 ttl=64 time=0.082 ms
64 bytes from 172.18.0.4: icmp_seq=2 ttl=64 time=0.053 ms
...
```

从前面所讲的 macvlan 设备原理可知,应用程序在 ns1 中发送报文时,在设备驱动层直接转发到 ns2 中的 macvlan 设备上,这里的通信是纯二层网络通信。

假设 exp 主机中的应用需要访问 ns1 的地址,该如何操作呢?宿主机应用无法直接与 macvlan 网络通信,如果需要,则可以在宿主机上创建一个 macvlan 虚接口,通过此虚接口与 ns1 中的地址通信,参考图 5-5。

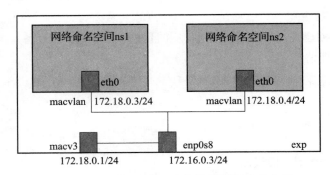

图 5-5　macvlan 方案:主机访问网络命名空间

在 exp 主机中创建一个 macv3 虚接口,并配置与 ns1 相同网段的地址,这样主机中的应用就可以通过 macv3 设备访问 ns1 的网络了。

配置过程如下:

```
ip link add link enp0s8 name macv3 type macvlan mode bridge
ip link set macv3 up
ip addr add 172.18.0.1/24 dev macv3
```

从 exp 主机访问 ns1 的地址 172.18.0.3,结果显示网络通信正常:

```
[root@exp ~]# ping 172.18.0.3
PING 172.18.0.3 (172.18.0.3) 56(84) bytes of data.
64 bytes from 172.18.0.3: icmp_seq=1 ttl=64 time=0.042 ms
64 bytes from 172.18.0.3: icmp_seq=2 ttl=64 time=0.082 ms
...
```

### macvlan 虚接口呈现说明

通过"ip link"查看 macvlan 设备如下:

```
[root@exp ~]# ip link
12: macv3@enp0s8: <BROADCAST,MULTICAST,UP,LOWER_UP> mtu 1500 ...
    link/ether b6:ac:03:1d:d3:ce brd ff:ff:ff:ff:ff:ff
```

设备名显示格式为"**虚接口名@父接口名**",上述输出显示的 macv3 设备的父接口为 enp0s8。当然,如果使用 ifconfig 命令查看,就只能看到 macv3 设备了。

## 5.2.2 跨主机网络通信

本节主要验证跨主机场景下不同网络命名空间之间的通信，其组网参考图 5-4。exp 主机的配置与 5.2.1 节相同，下面是 aux 主机的配置：

```
ip netns add ns1
ip netns exec ns1 ip link set lo up
ip link add link enp0s8 name macv1 type macvlan mode bridge
ip link set macv1 netns ns1 name eth0
ip netns exec ns1 ip link set eth0 up
ip netns exec ns1 ip addr add 172.18.0.5/24 dev eth0
```

网络命名空间名称仅在主机范围内有效，所以 aux 主机中的网络命名空间名称亦使用 ns1。创建完成后，在 exp 主机的 ns1 命名空间中向 aux 主机的 ns1 命名空间的地址发起 ping 请求，显示网络通信正常：

```
[root@exp ~]# ip netns exec ns1 ping 172.18.0.5
PING 172.18.0.5 (172.18.0.5) 56(84) bytes of data.
64 bytes from 172.18.0.5: icmp_seq=1 ttl=64 time=0.928 ms
64 bytes from 172.18.0.5: icmp_seq=2 ttl=64 time=0.336 ms
...
```

在执行上述操作的同时抓取 enp0s8 端口的报文，内容如图 5-6 所示。

| No. | Time | Source | Destination | Protocol | Length | Info |
|---|---|---|---|---|---|---|
| ① 5 | 9.604757 | a6:67:c2:0b:22:ce | Broadcast | ARP | 42 | Who has 172.18.0.5? Tell 172.18.0.3 |
| 6 | 9.605301 | 72:68:d7:2d:4d:79 | a6:67:c2:0b:22:ce | ARP | 60 | 172.18.0.5 is at 72:68:d7:2d:4d:79 |
| ② 7 | 9.605315 | 172.18.0.3 | 172.18.0.5 | ICMP | 98 | Echo (ping) request id=0x063e, seq=1/256, |
| 8 | 9.605658 | 172.18.0.5 | 172.18.0.3 | ICMP | 98 | Echo (ping) reply id=0x063e, seq=1/256, |
| 9 | 10.606231 | 172.18.0.3 | 172.18.0.5 | ICMP | 98 | Echo (ping) request id=0x063e, seq=2/512, |
| 10 | 10.606541 | 172.18.0.5 | 172.18.0.3 | ICMP | 98 | Echo (ping) reply id=0x063e, seq=2/512, |

图 5-6 macvlan 方案：跨主机通信抓包

exp 主机 ns1 网络命名空间的 IP 地址为 172.18.0.3，aux 主机 ns1 网络命名空间的 IP 地址为 172.18.0.5。如图 5-6 ①所示，在 exp 的 ns1 命名空间中访问目标网络时，首先通过 ARP 请求获取对端的 mac 地址，aux 的 ns1 命名空间应答了 ARP 请求，返回了自己的 mac 地址，此后两个网络就可以直接进行二层通信了，ping 请求和应答报文如图 5-6 ②所示。

## 5.3 ipvlan 方案

4.2.4 节介绍了 ipvlan 设备的工作原理，ipvlan 支持三种工作模式，其中 L2 和 L3 模式均有广泛应用，本节将同时介绍 L2 和 L3 两种模式的通信原理。

在对外呈现上，ipvlan 与 macvlan 的组网类似，所以本例验证 ipvlan 方案功能时直接使用了 macvlan 的跨主机组网思路，参考图 5-7。

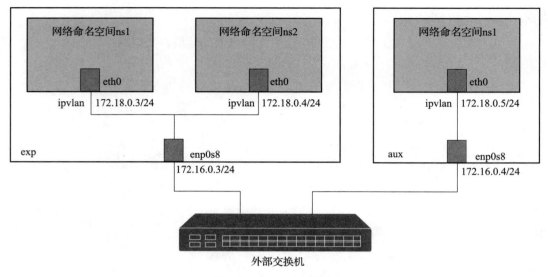

图 5-7　ipvlan 方案组网

对该方案的组网进行说明如下。
- 在 exp 主机上创建两个网络命名空间，分别命名为 ns1 和 ns2，再创建两个 ipvlan 虚接口，分别置于 ns1 和 ns2 中。
- 在 aux 主机上创建网络命名空间 ns1 和一个 ipvlan 虚接口，并将此虚接口设备置入网络命名空间 ns1 中。
- 所有 ipvlan 设备都使用 172.18.0.0/24 网段地址。

### 5.3.1　ipvlan L2 工作模式

本节验证绑定当在同一个父接口下的两个 ipvlan 虚接口置于不同的网络命名空间时，它们之间能够直接通信。

#### 1. 创建网络命名空间

在 exp 主机上创建两个网络命名空间，并且使能各自的环回设备。本节只列出需要使用的命令，相关原理请参考 5.1 节。

```
ip netns add ns1
ip netns add ns2
ip netns exec ns1 ip link set lo up
ip netns exec ns2 ip link set lo up
```

#### 2. 创建 ipvlan 虚接口设备

在 exp 主机上创建两个 ipvlan 虚接口 ipv1 和 ipv2。这两个 ipvlan 设备的父接口为 enp0s8，ipvlan 的工作模式为 L2：

```
ip link add link enp0s8 name ipv1 type ipvlan mode l2
ip link add link enp0s8 name ipv2 type ipvlan mode l2
```

将创建成功的 ipvlan 设备置入网络命名空间中，即将 ipv1 放到 ns1 中，将 ipv2 放到 ns2 中，并在网络命名空间中将设备重命名为 eth0：

```
ip link set ipv1 netns ns1 name eth0
ip link set ipv2 netns ns2 name eth0
```

### 3. 设置 IP 地址

分别使能两个命名空间中的虚接口设备，并设置 IP 地址，地址信息请参考图 5-7。

```
ip netns exec ns1 ip link set eth0 up
ip netns exec ns1 ip addr add 172.18.0.3/24 dev eth0
ip netns exec ns2 ip link set eth0 up
ip netns exec ns2 ip addr add 172.18.0.4/24 dev eth0
```

### 4. 验证主机内跨网络命名空间通信

验证两个网络命名空间之间的通信，在 ns1 中向 ns2 的地址发起 ping 请求，发现网络是连通的：

```
[root@exp ~]# ip netns exec ns1 ping 172.18.0.4
PING 172.18.0.4 (172.18.0.4) 56(84) bytes of data.
64 bytes from 172.18.0.4: icmp_seq=1 ttl=64 time=0.113 ms
64 bytes from 172.18.0.4: icmp_seq=2 ttl=64 time=0.078 ms
...
```

工作在 L2 模式下的 ipvlan 设备转发原理与 macvlan 类似，这里的通信是纯二层网络通信。在使用 macvlan 方案时提到宿主机上的应用无法直接与 macvlan 虚接口通信，如果宿主机上的应用需要访问本主机内其他命名空间网络，则需要通过独立的 macvlan 虚接口来实现。对于 ipvlan 来说也是如此，宿主机应用访问网络命名空间的组网参考图 5-8。

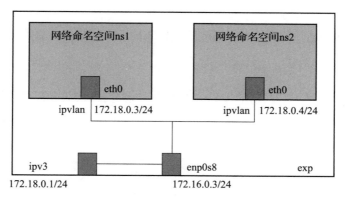

图 5-8 ipvlan 方案：宿主机访问网络命名空间

在 exp 主机中创建一个 ipv3 虚接口，并配置与 ns1 相同网段的地址，这样主机中的应用就可以通过 ipv3 设备访问 ns1 的网络了。

配置过程如下：

```
ip link add link enp0s8 name ipv3 type ipvlan mode l2
ip addr add 172.18.0.1/24 dev ipv3
ip link set ipv3 up
```

从 exp 主机访问 ns1 网络命名空间的地址 172.18.0.3，结果显示网络通信正常：

```
[root@exp ~]# ping 172.18.0.3
PING 172.18.0.3 (172.18.0.3) 56(84) bytes of data.
64 bytes from 172.18.0.3: icmp_seq=1 ttl=64 time=0.150 ms
64 bytes from 172.18.0.3: icmp_seq=2 ttl=64 time=0.264 ms
...
```

**5. 验证"跨主机 + 网络命名空间"通信**

本节验证跨主机场景下不同网络命名空间之间的通信，其组网参考图 5-7。exp 主机配置不变，下面是 aux 主机的配置：

```
ip netns add ns1
ip link add link enp0s8 name ipv1 type ipvlan mode l2
ip link set ipv1 netns ns1 name eth0
ip netns exec ns1 ip link set eth0 up
ip netns exec ns1 ip addr add 172.18.0.5/24 dev eth0
```

创建完成后，在 exp 的 ns1 命名空间中向 aux 主机的 ns1 命名空间的地址发起 ping 请求，网络通信正常：

```
[root@exp ~]# ip netns exec ns1 ping 172.18.0.5
PING 172.18.0.5 (172.18.0.5) 56(84) bytes of data.
64 bytes from 172.18.0.5: icmp_seq=1 ttl=64 time=0.652 ms
64 bytes from 172.18.0.5: icmp_seq=2 ttl=64 time=0.231 ms
...
```

ipvlan L2 模式的通信原理与 macvlan 桥接模式的基本相同，不再赘述。

### 5.3.2 ipvlan L3 工作模式

为了验证 L3 网络与 L2 网络的差异，本例中使用与 L2 模式相同的组网。命令配置上，两种模式之间最大差异在于：在 L3 模式下，创建 ipvlan 设备时指定的参数为"mode l3"。

exp 主机配置如下：

```
ip netns add ns1
ip netns add ns2
ip netns exec ns1 ip link set lo up
ip netns exec ns2 ip link set lo up
```

```
ip link add link enp0s8 name ipv1 type ipvlan mode l3
ip link add link enp0s8 name ipv2 type ipvlan mode l3
ip link set ipv1 netns ns1 name eth0
ip link set ipv2 netns ns2 name eth0
ip netns exec ns1 ip link set eth0 up
ip netns exec ns1 ip addr add 172.18.0.3/24 dev eth0
ip netns exec ns2 ip link set eth0 up
ip netns exec ns2 ip addr add 172.18.0.4/24 dev eth0
```

aux 主机配置如下：

```
ip link add link enp0s8 name ipv1 type ipvlan mode l3
ip link set ipv1 netns ns1 name eth0
ip netns exec ns1 ip link set eth0 up
ip netns exec ns1 ip addr add 172.18.0.5/24 dev eth0
```

配置完成后，尝试在 exp 主机上通过命名空间 ns1 访问 ns2，网络是互通的，也就是说同主机、不同网络命名空间之间的网络通信正常。但是，通过 exp 主机的 ns1 访问 aux 主机的 ns1 网络，此时网络是不通的：

```
[root@exp ~]# ip netns exec ns1 ping 172.18.0.5
PING 172.18.0.5 (172.18.0.5) 56(84) bytes of data.
^C
--- 172.18.0.5 ping statistics ---
3 packets transmitted, 0 received, 100% packet loss, time 2053ms
```

前面关于 ipvlan 设备的部分提及，ipvlan 的 L3 模式在跨主机通信时依赖宿主机的路由，用户在 exp 主机的 ns1 命名空间发送 ping 请求时，报文会被送到主机的协议栈。而此时 exp 主机上并没有配置 172.18.0.0/24 网段的路由，所以 exp 和 aux 的命名空间网络是不通的。为了解决此问题，需要在 exp 和 aux 宿主机上增加路由，配置如图 5-9 所示。

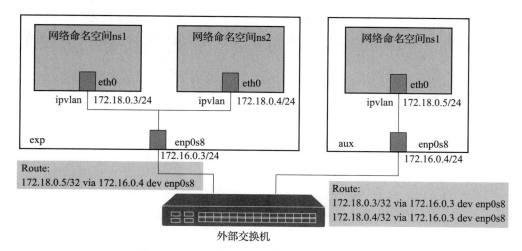

图 5-9　ipvlan 方案：L3 模式下宿主机增加路由

exp 主机上的路由配置命令如下：

```
ip route add 172.18.0.5/32 via 172.16.0.4
```

aux 主机上的路由配置命令如下：

```
ip route add 172.18.0.3/32 via 172.16.0.3
ip route add 172.18.0.4/32 via 172.16.0.3
```

配置完成后再次尝试通过 exp 主机的 ns1 访问 aux 主机的 ns1 网络，通信正常：

```
[root@exp ~]# ip netns exec ns1 ping 172.18.0.5
PING 172.18.0.5 (172.18.0.5) 56(84) bytes of data.
64 bytes from 172.18.0.5: icmp_seq=1 ttl=64 time=0.401 ms
64 bytes from 172.18.0.5: icmp_seq=2 ttl=64 time=0.456 ms
...
```

本例将 exp 和 aux 主机的网络命名空间的地址设置为同一个网段，配置路由时既可以使用 24 位掩码也可以使用 32 位掩码。但是将主机数增加到 3 台或者更多台以后，如果继续使用 24 位掩码的路由，在 exp 主机上访问 172.18.0.0/24 网段时就有两个或者更多个下一跳地址，并且 24 位掩码无法精确描述路由，所以这种情况下配置路由时应当使用 32 位掩码。本例在配置路由时直接使用 32 位掩码，确保路由精确匹配。

实际应用时，应当将不同的主机设置为不同的网段，然后在宿主机上配置路由，节点之间通过路由通信。

## 5.4 总结

本章介绍了三种跨网络命名空间通信解决方案，并以实例化的方式进行功能验证。三种方案实现节点内通信和跨节点通信的原理各不相同，但是最终的效果是相同的。

网络命名空间是容器网络的基础，接下来对于容器网络和 Kubernetes 网络的讲解会在本章的基础上逐步展开。

第 6 章 Chapter 6

# 容器网络

　　Linux 内核完全开源，并且支持的硬件平台众多。Linux 既可以运行在大型服务器上，也可以运行在小盒子里，伸缩性极强。但是，正是由于其灵活性，目前业界没有完全统一的标准运行平台。例如，仅 Linux 发行版就有几十种，每个发行版使用的内核版本、运行库版本各不相同，这样就导致在一个发行版中编译生成的二进制文件，大概率是无法在其他发行版中运行的，一般原因是运行库缺失或者版本不匹配。

　　有人可能会提出质疑：安卓手机底层用的也是 Linux 系统，为什么安卓应用可以运行在不同的手机上呢？安卓应用是基于 Java 或者类似 Java 的语言开发的，Java 编译器将源代码编译成字节码，然后交由 Java 虚拟机（Dalvik）执行。Java 编译器生成的字节码是与硬件无关的，所以只要硬件平台能够正常运行 Java 虚拟机，理论上就能运行 Java 字节码。这也印证了 Sun 公司的宣传语 "Write once, run anywhere"（一次编写，到处运行）。

　　在安卓系统中，每个安卓应用对应了一个字节码包。应用启动时，系统为之创建一个"沙箱"空间，然后创建一个 DVM（Dalvik Virtual Machine，Dalvik 虚拟机）实例执行该应用的字节码。安卓应用运行视图如图 6-1 所示。

图 6-1　安卓应用运行视图

安卓系统中的沙箱是为了实现不同应用之间的资源隔离而设计的，每个应用只能访问自己沙箱内部的资源，如果应用要访问本沙箱以外的资源，则必须向系统申请服务。沙箱能够很好地实现应用之间的隔离，那么在通用的 Linux 系统中，是否有类似的功能呢？答案是有的，在 4.1 节介绍了 Linux 内核支持的 8 种命名空间，再结合控制组功能就可以实现不同应用程序之间的资源隔离。

早在 2008 年，也就是 Linux Kernel 2.6.24 在提供控制组功能的同一时间，就发布了 Linux 容器 LXC（LinuX Container）。LXC 将容器定位为轻量级的虚拟机，用户在部署应用之前，先安装部署 LXC 虚拟机系统，然后在此系统上部署应用程序。本质上，LXC 还是按照虚拟机的思路实现资源隔离的。试想一下，每创建一个应用都需要运行一遍上述流程，使用起来还是非常麻烦的。

到了 2013 年，Docker 发布了。Docker 是一种运行在多平台上的容器平台软件，用于创建、管理和编排容器。Docker 充分利用了 Linux 命名空间和控制组功能，实现容器内应用和宿主机应用的完全隔离。在 Docker 视角下，容器仅仅是对用户应用封装的一种技术手段，将应用程序自身和依赖库打包到一个分层文件系统镜像中。由于镜像中包含应用运行需要的所有依赖，故将此镜像放到任何发行版中都可以正常运行。与 LXC 相比，Docker 的部署运行极为简单，所以 Docker 开源不久便得到了广泛的支持。

本书重点讨论网络功能，第 5 章已经对 Linux 的网络命名空间功能做了详细介绍，本章重点介绍容器网络。首先介绍容器网络模型、容器网络参数配置，然后以实例化的方式介绍容器网络的工作原理。

## 6.1 Docker 网络模型

为了更好地满足用户网络模型多样化需求，Docker 制定并发布了容器网络标准 CNM（Container Network Model）模型。CNM 模型抽象了容器的网络接口标准，CNM 对底层的具体实现并不关心，只要满足 CNM 接口标准的网络插件均可以接入 Docker 网络中。

CNM 定义的容器网络模型包含如下三个关键元素。

- **沙箱（Sandbox）**：沙箱包含一组完全隔离的网络堆栈配置，包括容器接口管理、路由表、DNS 配置等。在 Linux 下可以通过内核的网络命名空间实现沙箱功能，每个沙箱可以有 0 个或者多个网络接口，每个接口可以挂载到不同的网络。
- **端点（Endpoint）**：端点对应了沙箱中的网络接口设备，用于将沙箱连接到网络中，一个端点只能连接一个网络。在 Linux 下可以使用虚拟网卡对、macvlan、ipvlan 等虚拟网络设备实现端点功能。
- **网络（Network）**：网络是一组可以相互通信的端点的集合，位于一个网络中的端点可以相互通信。

三者之间的关系如图 6-2 所示。

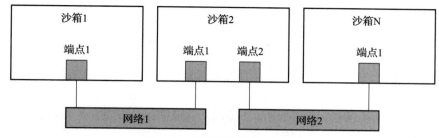

图 6-2 容器网络模型三要素

基于上述网络模型，用户可以开发自己的网络驱动插件。为了方便第三方做二次开发，Docker 团队将容器网络功能单独剥离出来，形成独立的 libnetwork 项目。libnetwork 是开源的，由 Go 语言编写。该库提供了绝大部分的容器网络开发功能，用户可以基于此库快速开发产品。

libnetwork 包含以下两部分内容。

> **容器网络驱动**：驱动程序用于实现特定网络功能，代码位于 libnetwork 工程的 drivers 目录下，用户可以在这里增加自己的驱动。不过一般情况下，用户不需要自行开发容器网络驱动，Docker 内置了 6 种驱动，这 6 种驱动能够满足绝大多数的应用场景。

> **操作容器网络的 API**：libnetwork 提供接口，允许第三方组件使用容器网络功能。例如，Docker Engine 正是通过调用 libnetwork 的 API 实现容器网络功能的。

libnetwork 内置了 6 种容器网络驱动，具体如下。

（1）bridge（桥接模式驱动）

Docker 默认的网络驱动，桥接模式驱动依赖网桥设备和虚拟网卡对设备，相关技术原理可参考 4.2 节。默认情况下，桥接模式驱动只能满足单主机内部容器之间的通信需求，如果需要跨主机通信，则可以结合第三方提供的 Overlay 网络实现。

（2）host（主机模式驱动）

在某些场景下，用户希望容器能够直接使用宿主机的网络。对于这种场景，建议使用主机模式驱动。使用主机模式驱动时，用户应用可以在容器中修改宿主机的网络参数。

使用主机网络进行驱动时需要注意如下几个方面。

> libnetwork 不会为容器创建新的网络配置和网络命名空间，而是直接使用宿主机默认的网络命名空间。

> 容器中的进程可以直接访问宿主机的网络，在容器内占用端口等同于直接占用宿主机的端口。

> 容器仅共享主机的网络命名空间，与其他的命名空间还是隔离的，包括进程、文件系统、主机名等。

主机模式驱动通常适用于需要直接使用主机网络，但又不希望把应用程序直接部署在宿主机上的场景。

**（3）none（无网络模式驱动）**

有时出于安全考虑（如处理一些保密数据时），用户需要一个完全隔离的无网络环境，这个时候无网络模式驱动就派上用场了。使用无网络模式驱动的容器就像一个没有联网的计算机，处于一个相对隔离的环境中，没有人能够通过网络窃取容器的数据。

使用 Docker 创建无网络模式驱动的容器时，容器同样拥有自己的网络命名空间，只不过这个网络命名空间中没有任何网络设备。

**（4）Overlay（覆盖网络模式驱动）**

通过 Overlay 网络可以将多个不同主机上的 Docker 网络连接到一起，不过直接使用 Docker Overlay 网络的应用并不常见。

Docker 社区中有一些开源的第三方组件实现了 Overlay 网络功能，如 flannel、calico 等。这些第三方组件并不一定是基于 Docker 提供的 Overlay 网络二次开发的。例如，flannel 自行实现了 Overlay 网络，主要是为了更灵活地控制网络，同时满足 Docker 和 Kubernetes 两种应用场景。

**（5）macvlan（macvlan 网络模式驱动）**

macvlan 网络模式驱动是指使用 macvlan 设备作为容器内部的接口设备。macvlan 网络支持多种工作模式，一般建议在容器网络中使用 BRIDGE 模式。

**（6）ipvlan（ipvlan 网络模式驱动）**

ipvlan 网络模式驱动是指使用 ipvlan 设备作为容器内部的接口设备。ipvlan 支持三种工作模式：如果期望使用 ipvlan 实现二层网络连接则使用 L2 模式；如果期望使用宿主机的路由则可以使用 L3 模式。

选定了网络驱动模式后，接下来看如何使用 libnetwork 创建容器网络。libnetwork 官方[⊖]提供了使用示例，下面结合代码进行分析。

1）调用 libnetwork.New 接口获取 NetworkController 控制器对象，后续所有的网络操作都需要通过此控制器对象实现，本例在创建控制器时使用的网络驱动模式为 bridge：

```go
func main() {
    networkType := "bridge"                               // 指定网络类型
    genericOption[netlabel.GenericData] = driverOptions
    controller, err := libnetwork.New(                    // 创建控制器对象
            config.OptionDriverConfig(networkType, genericOption))
    ...
```

2）通过控制器对象的 NewNetwork 接口创建网络，创建网络时指定网络类型和网络名称。libnetwork 根据网络类型查找对应的驱动程序，调用驱动的接口创建网络：

```go
network, err := controller.NewNetwork(networkType, "network1", "")
```

---

⊖ https://github.com/moby/libnetwork。

```
    if err != nil {
        log.Fatalf("controller.NewNetwork: %s", err)
    }
```

3）使用 network 对象的 CreateEndpoint 接口创建端点设备，并为之分配 IP 地址，初始化网络参数。此端点设备为容器将要使用的网络设备，此时端点设备依旧处于父进程所在的网络命名空间内：

```
ep, err := network.CreateEndpoint("Endpoint1")
if err != nil {
    log.Fatalf("network.CreateEndpoint: %s", err)
}
```

4）调用控制器的 NewSandbox 接口创建运行容器用的沙箱环境，在 Linux 系统中，这次调用实际上创建了一个新的网络命名空间：

```
sbx, err := controller.NewSandbox("container1",
    libnetwork.OptionHostname("test"),
    libnetwork.OptionDomainname("docker.io"))
if err != nil {
    log.Fatalf("controller.NewSandbox: %s", err)
}
```

5）将端点设备转移到沙箱中，即转移到网络命名空间中：

```
err = ep.Join(sbx)
if err != nil {
    log.Fatalf("ep.Join: %s", err)
}
```

至此，容器网络创建完成。

至于容器销毁，libnetwork 首先将容器中的网络设备从网络命名空间中移除，减少网络命名空间的引用计数。当网络命名空间内再无引用时，内核会自动销毁网络命名空间对象。随后，删除网络设备，清理相关资源，容器网络相关资源就全部释放完成了。

## 6.2 Docker 网络配置

不同的 Linux 发行版使用的 Docker 版本不同，读者可以根据运行环境自行选择 Docker 版本。本例中使用的 Docker 版本如下：

```
[root@exp ~]# docker version
Client: Docker Engine - Community
 Version:           20.10.7
 API version:       1.41
 Go version:        go1.13.15
 ...
```

Docker 软件部署完成后自动生成三个网络，使用"docker network ls"命令查看，exp 主机上的命令执行结果如下：

```
[root@exp ~]# docker network ls
NETWORK ID          NAME                DRIVER              SCOPE
f61f458edc42        bridge              bridge              local
094bfe5eb1a0        host                host                local
a6d12f693796        none                null                local
```

命令输出的第一行是 bridge 网络，第二行是宿主机网络，第三行是无网络。使用"docker network inspect <network>"可以查看网络详情，图 6-3 展示了 bridge 网络的关键参数信息。

```
[root@exp ~]# docker network inspect bridge
[
    {
        "Name": "bridge",                                    bridge网络名称和ID，与"docker network ls"命令的输出一致
        "Id": "f61f458edc42543a133ff4cb2aff94f7d780a3c8f62db03a6093e528c830bc2f",
        "Created": "2022-03-15T17:43:53.630031248+08:00",
        "Scope": "local",
        "Driver": "bridge",          网络驱动模式为bridge
        "EnableIPv6": false,
        "IPAM": {
            "Driver": "default",          容器地址管理配置
            "Options": null,
            "Config": [
                {
                    "Subnet": "172.17.0.0/16",          容器网络使用的网段，
                    "Gateway": "172.17.0.1"             Gateway地址给docker0设备使用
                }
            ]
        },
        "Internal": false,
        "Attachable": false,
        "Ingress": false,
        "ConfigFrom": {
            "Network": ""
        },
        "ConfigOnly": false,
        "Containers": {},
        "Options": {
            "com.docker.network.bridge.default_bridge": "true",
            "com.docker.network.bridge.enable_icc": "true",
            "com.docker.network.bridge.enable_ip_masquerade": "true",
            "com.docker.network.bridge.host_binding_ipv4": "0.0.0.0",
            "com.docker.network.bridge.name": "docker0",          网桥设备名
            "com.docker.network.driver.mtu": "1500"
        },
        "Labels": {}
    }
]
```

图 6-3　Docker bridge 网络详细信息

查看宿主机的网络配置，系统中增加了一个名为 docker0 的设备。此设备为 Docker 安装的网桥设备：

```
[root@exp ~]# brctl show
bridge name     bridge id           STP enabled     interfaces
docker0         8000.0242e67d7cda   no

[root@exp ~]# ifconfig
docker0: flags=4099<UP,BROADCAST,MULTICAST>  mtu 1500
        inet 172.17.0.1  netmask 255.255.255.0  broadcast 172.21.0.255
        ether 02:42:e6:7d:7c:da  txqueuelen 0  (Ethernet)
```

网桥的地址是前面测试命名空间时指定的地址，此地址可以由用户指定。具体操作上，修改 Docker 配置文件 /etc/docker/daemon.json，文件中的 "bip" 参数指定容器使用的网段。例如，设置容器网络使用 172.21.0.0/24 网段，docker0 的地址为 172.21.0.1，配置文件内容如下：

```
[root@exp ~]# cat /etc/docker/daemon.json
{
    "bip" : "172.21.0.1/24"
    ...
}
```

重启 docker 服务后配置生效，系统自动将 docker0 的地址设置为 172.21.0.1/24：

```
[root@exp docker]# systemctl daemon-reload
[root@exp docker]# systemctl restart docker

[root@exp docker]# ifconfig
docker0: flags=4099<UP,BROADCAST,MULTICAST>  mtu 1500
        inet 172.21.0.1  netmask 255.255.255.0  broadcast 172.21.0.255
        ether 02:42:e6:7d:7c:da  txqueuelen 0  (Ethernet)
```

后续在本机上创建使用 bridge 网络的容器时，Docker 自动从此地址段分配地址给容器。Docker 默认的网络驱动模式为 bridge，所以如果用户在创建容器时不指定网络，就相当于使用 bridge 网络。接下来创建两个测试容器 test1 和 test2，通过查看网络详情，可以看到挂在此网络下的容器地址信息：

```
[root@exp ~]# docker network inspect bridge
[
    {
        "Name": "bridge",
        ...
        "Containers": {                                      # 第一个容器
            "2f7cb88d...": {                                 # 容器 ID
                "Name": "test2",                             # 容器名称
                "EndpointID": "6ffc06c3....",
                "MacAddress": "02:42:ac:15:00:03",           # mac 地址
```

```
                "IPv4Address": "172.21.0.3/24",          # 容器地址
                "IPv6Address": ""
            },
            "774a2d1c....": {                             # 第二个容器
                "Name": "test1",
                "EndpointID": "36bd9959....",
                "MacAddress": "02:42:ac:15:00:02",
                "IPv4Address": "172.21.0.2/24",
                "IPv6Address": ""
            }
        }
    }
]
```

## 6.3　bridge 方案网络通信原理

Docker 默认使用的网络驱动模式为 bridge，从官方文档[⊖]描述看，bridge 网络是专门为同一主机内部的容器通信设计的。也就是说，该网络并没有考虑跨主机通信的场景。所以，如果需要跨主机通信，就得借助第三方组件来实现。

本节将介绍 bridge 网络的使用方法和工作原理，并实现单主机内的容器通信和跨主机容器通信功能。

### 6.3.1　同主机的容器间通信

本例验证同一个主机内不同容器之间的通信原理。下面的代码用于创建容器，创建成功后直接进入容器中，执行 ifconfig 命令查看该容器的网络配置：

```
[root@exp ~]# docker run -it --name test busybox-base:1.28.3 /bin/sh
sh-4.2# ifconfig
eth0   Link encap:Ethernet   HWaddr 02:42:AC:15:00:02
       Inet addr:172.21.0.2 Bcast:172.21.0.255 Mask:255.255.255.0
       UP BROADCAST RUNNING MULTICAST   MTU:1500  Metric:1
       ... ...
```

使用"docker run"命令创建容器时指定的参数如下。
- "-it"：创建完成后直连容器的标准输入 / 输出。
- "--name test"：指定容器的名字为 test。
- "busybox-base:1.28.3"：容器的镜像文件。
- "/bin/sh"：容器启动时执行的命令。

在容器内执行 ifconfig 命令，执行结果显示该容器的网络设备名称为 eth0，分配的地址

---

⊖ https://docs.docker.com/network/drivers/bridge。

为 172.21.0.2。查看此容器的路由信息，Docker 已经为此容器设置好了默认路由，默认网关为宿主机 docker0 设备的地址：

```
sh-4.2# ip route
default via 172.21.0.1 dev eth0
172.21.0.0/24 dev eth0  scope link  src 172.21.0.2
```

接下来创建第二个容器，Docker 为新容器分配一个新的地址，并且此容器能够直接与之前创建的 test 容器通信：

```
[root@exp ~]# docker run -it --name test2 busybox-base:1.28.3 /bin/sh
sh-4.2# ifconfig
eth0      Link encap:Ethernet  HWaddr 02:42:AC:15:00:03
          inet addr:172.21.0.3  Bcast:172.21.0.255  Mask:255.255.255.0
          ...
sh-4.2# ping 172.21.0.2
PING 172.21.0.2 (172.21.0.2): 56 data bytes
64 bytes from 172.21.0.2: seq=0 ttl=64 time=0.120 ms
64 bytes from 172.21.0.2: seq=1 ttl=64 time=0.110 ms
```

同一个宿主机内创建的容器能够直接通信，下面看 Docker 实现容器通信的原理。

首先检查宿主机上的网络配置。我们知道在 bridge 网络下，容器内使用的网络设备为虚拟网卡对，在 exp 主机上使用 "ip link" 命令查看 veth 类型的网络设备：

```
[root@exp ~]# ip link show type veth
12: vethe84a92f@if11: <BROADCAST,MULTICAST,UP,LOWER_UP> mtu 1500 ...
    link/ether 16:0d:38:94:ce:c9 brd ff:ff:ff:ff:ff:ff link-netnsid 0
14: veth82c295a@if13: <BROADCAST,MULTICAST,UP,LOWER_UP> mtu 1500 ...
    link/ether d2:96:38:64:15:74 brd ff:ff:ff:ff:ff:ff link-netnsid 1
```

命令输出结果中的 vethe84a92f 和 veth82c295a 设备是虚拟网卡对在宿主机上的端点，"@" 后的 if11 和 if13 设备为虚拟网卡对在容器中的网络设备编号。

查看网桥设备信息，命令如下：

```
[root@exp ~]# brctl show
bridge name     bridge id               STP enabled     interfaces
docker0         8000.0242e67d7cda       no              veth82c295a
                                                        vethe84a92f
```

其中 interfaces 表示连接此网桥的网络设备，宿主机的两个虚拟网卡对端点直接连接到了 docker0 网桥上。

继续深入，检查容器的网络配置。在 test 容器中执行 "ip link" 命令，显示结果如下：

```
sh-4.2# ip link
11: eth0@if12: <BROADCAST,MULTICAST,UP,LOWER_UP,M-DOWN> mtu 1500 ...
    link/ether 02:42:ac:15:00:02 brd ff:ff:ff:ff:ff:ff
```

由网络设备编号可以看出，宿主机中的 vethe84a92f@if11 和 test 容器中的 eth0@if12 设备对应同一个虚拟网卡对设备。同理，veth82c295a@if13 和 test2 容器中的 eth0@if14 设备对应同一个虚拟网卡对设备。这个结果与前面所讲的网络命名空间功能完全相同。

综上分析，最终得到的容器网络连接如图 6-4 所示。

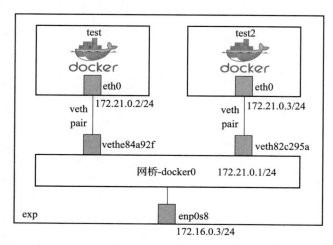

图 6-4　Docker bridge 方案：主机内的容器网络连接

查看 exp 主机上的网络命名空间配置（Docker 创建的网络命名空间只有 ID 没有名字，所以命令中指定 list-id 参数后才能看到）：

```
[root@exp ~]# ip netns list-id
nsid 0
nsid 1
```

如何获取容器的网络命名空间的详细信息呢？Linux 的 proc 文件系统中保存了各进程使用的网络命名空间信息，只要能找到容器进程的 PID 就可以了。

使用"docker inspect"命令查看特定容器的详细信息，其中".State.Pid"字段描述了此容器的主进程在宿主机中的 PID。下面使用此命令查看 test 容器的详情，命令结果显示此容器主进程的 PID 为 14977：

```
[root@exp ~]# docker inspect test
[
    {
        "Id": "15c1e50e...",
        "Created": "2022-01-25T02:19:57.503344692Z",
        "Path": "sh",
        "Args": [],
        "State": {
            "Status": "running",
            "Running": true,
```

```
            "Paused": false,
            "Restarting": false,
            "OOMKilled": false,
            "Dead": false,
            "Pid": 14977,       //进程 PID
            ...
        },
```

当然，也可以通过"--format"参数进行过滤。例如，下面的命令仅显示进程的 PID：

```
[root@exp ~]# docker inspect --format '{{.State.Pid}}' test
14977
```

获取容器进程在宿主机中的 PID 为 14977 后，通过 proc 文件系统查看该进程的网络命名空间文件：

```
[root@exp ~]# ll /proc/14977/ns/net
lrwxrwxrwx 1 root root 0 Jan 25 11:05 /proc/14977/ns/net -> net:[4026532212]
```

最终得到该容器使用的网络命名空间为"net:[4026532212]"。如果希望使用"ip netns"命令直接查看此网络命名空间，则可以将进程的网络命名空间文件链接到 /var/run/netns/ 目录上。例如，使用下面命令将容器的网络命名空间命名为 test，之后就可以使用"ip netns"命令直接看到此网络命名空间了：

```
[root@exp ~]# ln -s /proc/14977/ns/net /var/run/netns/test
[root@exp ~]# ip netns
test (id: 0)
```

在此网络命名空间中查看网络配置，其结果与在容器中看到的结果相同：

```
[root@exp ~]# ip netns exec test ifconfig
eth0: flags=4163<UP,BROADCAST,RUNNING,MULTICAST>  mtu 1500
        inet 172.21.0.2  netmask 255.255.255.0  broadcast 172.21.0.255
        ...
```

用户也可以通过 nsenter 命令进入特定进程的网络命名空间执行命令。例如，进入进程 14977 的网络命名空间执行 ifconfig 命令，显示的结果与"ip net ns"命令的执行结果相同：

```
[root@exp ~]# nsenter -t 14977 -n ifconfig
eth0: flags=4163<UP,BROADCAST,RUNNING,MULTICAST>  mtu 1500
        inet 172.21.0.2  netmask 255.255.255.0  broadcast 172.21.0.255
        ether 02:42:ac:15:00:02  txqueuelen 0  (Ethernet)
```

### 6.3.2 容器内访问主机外部网络

在 6.3.1 节的基础上增加外部主机 aux，验证容器访问宿主机以外的网络，其组网如图 6-5 所示。

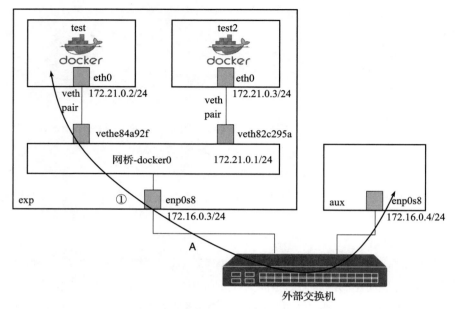

图 6-5　Docker bridge 方案：容器访问主机外部网络

尝试通过 test 容器访问宿主机外面的 aux 主机，在 test 容器上发起 ping 请求：

```
sh-4.2# ping 172.16.0.4
PING 172.16.0.4 (172.16.0.4): 56 data bytes
64 bytes from 172.16.0.4: seq=0 ttl=63 time=0.700 ms
64 bytes from 172.16.0.4: seq=1 ttl=63 time=1.504 ms
64 bytes from 172.16.0.4: seq=2 ttl=63 time=1.480 ms
...
```

数据报文流向如图 6-5 中的路径 A 所示，回程报文原路返回。在 aux 主机上抓包，抓包结果如图 6-6 所示。容器发出 ping 请求的地址是 172.21.0.2，但是在 aux 上抓到的包显示 ping 请求的源地址是 172.16.0.3，而不是 172.21.0.2。

| No. | Time | Source | Destination | Protocol | Length | Info |
|---|---|---|---|---|---|---|
| 3 | 3.058937 | 172.16.0.3 | 172.16.0.4 | ICMP | 98 | Echo (ping) request |
| 4 | 3.058989 | 172.16.0.4 | 172.16.0.3 | ICMP | 98 | Echo (ping) reply |
| 5 | 4.060171 | 172.16.0.3 | 172.16.0.4 | ICMP | 98 | Echo (ping) request |
| 6 | 4.060229 | 172.16.0.4 | 172.16.0.3 | ICMP | 98 | Echo (ping) reply |
| 7 | 5.060326 | 172.16.0.3 | 172.16.0.4 | ICMP | 98 | Echo (ping) request |
| 8 | 5.060405 | 172.16.0.4 | 172.16.0.3 | ICMP | 98 | Echo (ping) reply |

图 6-6　Docker bridge 方案：容器内访问外部网络抓包

172.16.0.3 为 exp 主机 enp0s8 设备的地址，所以容器的外发报文从 exp 主机发出之前做了一次源地址转换，具体位置为图 6-5 ①（宿主机协议栈中）。

exp 主机中的源地址转换功能由 iptables 提供，exp 主机的 iptables 配置如图 6-7 所示。

```
[root@exp ~]# iptables -t nat -nL
Chain PREROUTING (policy ACCEPT)
target     prot opt source               destination
DOCKER     all  --  0.0.0.0/0            0.0.0.0/0            ADDRTYPE match dst-type LOCAL

Chain INPUT (policy ACCEPT)
target     prot opt source               destination

Chain OUTPUT (policy ACCEPT)
target     prot opt source               destination
DOCKER     all  --  0.0.0.0/0            !127.0.0.0/8         ADDRTYPE match dst-type LOCAL

Chain POSTROUTING (policy ACCEPT)
target     prot opt source               destination
MASQUERADE all  --  172.21.0.0/24        0.0.0.0/0

Chain DOCKER (2 references)
target     prot opt source               destination
RETURN     all  --  0.0.0.0/0            0.0.0.0/0
```

图 6-7　Docker bridge 方案：exp 主机的 iptables 配置

参考 1.4 节关于 Netfilter/iptables 的说明，源地址转换操作一般放在 iptables 的 POSTROUTING 链上执行。图 6-7 显示 POSTROUTING 链上只有一条规则，此规则对应的配置：

```
-A POSTROUTING -s 172.21.0.0/24 ! -o docker0 -j MASQUERADE
```

该规则表示：由非 docker0 设备发出的、源地址为 172.21.0.0/24 网段的所有外发报文，统一进行源地址转换。

docker0 网桥同时承担 exp 主机上所有容器的网关角色，同一个宿主机内的容器之间通信类似于局域网内的主机通信，数据报文直接由 docker0 设备二层转发，容器之间通信不需要进行网络地址转换。但是，如果容器访问的是外部网络，容器的外发报文通过宿主机的 enp0s8 设备发出，则需要进行源地址转换。

## 6.3.3　容器对外部网络提供服务

本节验证外部网络直接通过宿主机网络访问容器提供的服务。一般情况下，用户创建容器的目的是对外提供网络服务，所以系统一定支持外部网络访问容器提供的服务。从系统角度来看，外部网络仅能见到宿主机的网络，对宿主机内部的容器完全无感知。

为了验证此功能，这里创建了一个 Web 服务程序，用户可以通过 Web 浏览器访问此服务，服务器返回访问本服务的客户端地址、本端地址信息。

程序名为"webServer"，在服务端运行此程序：

```
[root@exp webServer]# ./webServer
Local address list : 172.16.0.3,172.21.0.1
Start web server, listen on :8080...
```

打开另一个终端，通过环回地址访问此服务：

```
[root@exp ~]# curl 127.0.0.1:8080
Service: webServer
Version: v2.0
HTTP Request information:
    HostAddr         : 127.0.0.1:8080
    ClientAddr       : 127.0.0.1:54148
    Proto            : HTTP/1.1
    Method           : GET
    RequestURI       : /
```

服务端返回 HTTP 请求中的关键信息，包含如下字段。

- Service：服务名称，从环境变量 SERVICE_NAME 获取，如果不指定则默认填写 "webServer"。
- HostAddr：请求报文 Header 中 Host 字段值，既可以是 "IP 地址:端口"，也可以是域名。本例直接通过 IP 地址进行访问，所以该字段结果为 IP 地址 "127.0.0.1:8080"。
- ClientAddr：访问本服务的客户端地址端口信息，本例的源地址端口为 "127.0.0.1:54148"。
- Proto：协议类型，本例结果为 "HTTP/1.1"。
- Method：客户端访问服务端的方法，本例为 "GET"。
- RequestURI：HTTP 请求报文中的 URI 信息，本例为 "/"。

将 webServer 程序封装到容器中，容器镜像为 webserver:v2，应用绑定了 8080 端口，容器启动时将应用的端口映射到宿主机端口。下面创建名为 test 的容器，将宿主机的 8081 端口映射到容器的 8080 端口：

```
docker run -d --name test -p 8081:8080 webserver:v2
```

网络访问流程如图 6-8 所示。

在 aux 主机上访问 test 容器提供的服务，curl 命令执行结果如下：

```
[root@aux ~]# curl 172.16.0.3:8081
Service: webServer
Version: v2.0
HTTP Request information:
    HostAddr         : 172.16.0.3:8081
    ClientAddr       : 172.16.0.4:55388
    Proto            : HTTP/1.1
    Method           : GET
    RequestURI       : /
```

curl 命令请求的目的地址是 172.16.0.3，端口号是容器在 exp 主机上暴露的端口 8081，此时外部应用感知不到 test 容器的存在。

接下来看详细的数据转发流程，为了验证功能，在图 6-8 的 A、B 两个位置处抓包。

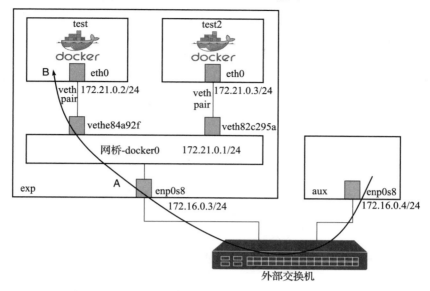

图 6-8　Docker bridge 方案：外部网络访问 exp 主机服务

图 6-9 展示了在抓包点 A 处捕获的数据，在 HTTP Request 报文的地址信息中，目的地址为 172.16.0.3:8081，源地址是 172.16.0.4:55412，这个是用户在 aux 上发起的原始请求报文。

| No. | Time | Source | Destination | Protocol | Length | Info |
|---|---|---|---|---|---|---|
| 7 | 4.404929 | 172.16.0.4 | 172.16.0.3 | HTTP | 145 | GET / HTTP/1.1 |
| 9 | 4.405431 | 172.16.0.3 | 172.16.0.4 | HTTP | 508 | HTTP/1.1 200 OK (text/plain) |

```
> Frame 7: 145 bytes on wire (1160 bits), 145 bytes captured (1160 bits)
> Ethernet II, Src: PcsCompu_eb:e8:8e (08:00:27:eb:e8:8e), Dst: PcsCompu_7b:78:5b (08:00:27:7b:78:5b)
> Internet Protocol Version 4, Src: 172.16.0.4, Dst: 172.16.0.3
> Transmission Control Protocol, Src Port: 55412, Dst Port: 8081, Seq: 1, Ack: 1, Len: 79
> Hypertext Transfer Protocol
```

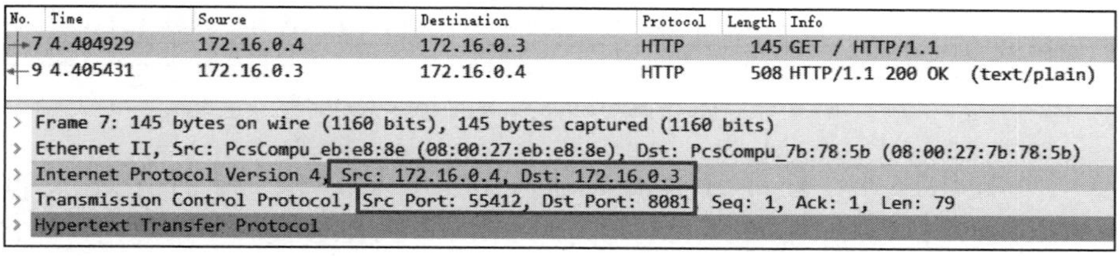

图 6-9　Docker bridge 方案：抓包点 A 的数据

图 6-10 展示了在抓包点 B 处捕获的数据，观察报文中的地址信息，目标地址已经变更为 172.21.0.2:8080，此地址是容器的地址。也就是说，宿主机在收到目的端口号为 8081 的 HTTP 报文后，进行了一次目的地址转换，然后才将数据转发给了容器。

| No. | Time | Source | Destination | Protocol | Length | Info |
|---|---|---|---|---|---|---|
| 4 | 0.000503 | 172.16.0.4 | 172.21.0.2 | HTTP | 145 | GET / HTTP/1.1 |
| 6 | 0.000954 | 172.21.0.2 | 172.16.0.4 | HTTP | 508 | HTTP/1.1 200 OK (text/plain) |

```
> Frame 4: 145 bytes on wire (1160 bits), 145 bytes captured (1160 bits)
> Ethernet II, Src: 02:42:71:28:dd:d1 (02:42:71:28:dd:d1), Dst: 02:42:ac:15:00:02 (02:42:ac:15:00:02)
> Internet Protocol Version 4, Src: 172.16.0.4, Dst: 172.21.0.2
> Transmission Control Protocol, Src Port: 55412, Dst Port: 8080, Seq: 1, Ack: 1, Len: 79
> Hypertext Transfer Protocol
```

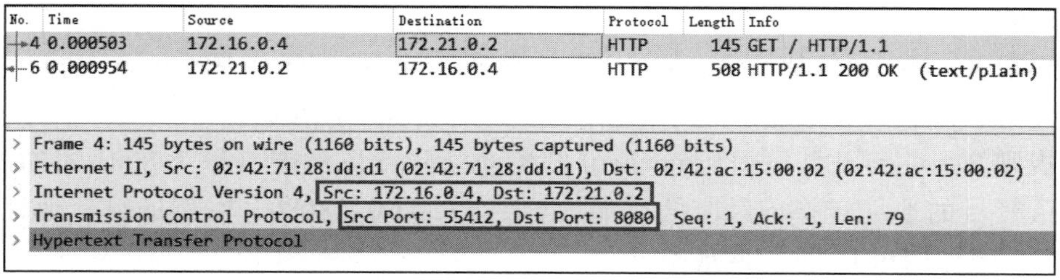

图 6-10　Docker bridge 方案：抓包点 B 的数据

与源地址转换相同，目的地址转换也是由 iptables 实现的。图 6-11 显示了当前环境的 iptables 配置。

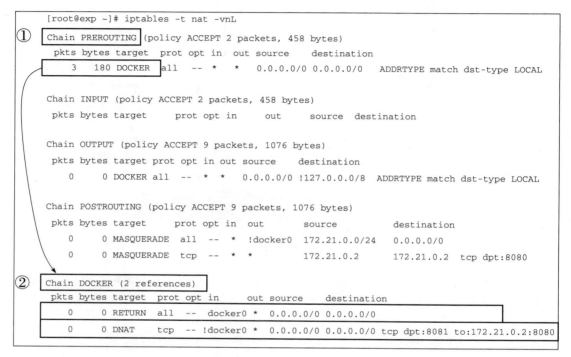

图 6-11　Docker bridge 方案的 iptables 配置

容器对外提供服务，外部请求报文进入宿主机协议栈后，首先进入 iptables 的 PREROUTING 链进行处理，如图 6-11 ①所示。PREROUTING 仅有一条规则，即将所有目的地址为 LOCAL 的报文全部转到 DOCKER 链处理，DOCKER 链位于图 6-11 ②。

接下来重点关注 DOCKER 链，此链上有两条规则，这两条规则对应的配置如下：

```
-A DOCKER -i docker0 -j RETURN
-A DOCKER ! -i docker0 -p tcp -m tcp --dport 8081 -j DNAT --to-destination
    172.21.0.2:8080
```

DOCKER 链的规则如下。
- **规则 1**：对于目的地址是 docker0 设备的报文，直接返回。本例中 aux 访问的目的地址是 enp0s8 设备地址，不满足此条件，因此继续向下匹配。
- **规则 2**：对于不是发送给 docker0 设备的，并且目标端口号为 8081 的 TCP 报文，执行目的地址转换，对应的后端地址为 172.21.0.2:8080。本例的目标地址端口为 172.16.0.3:8081，匹配此规则。

HTTP 请求报文到达 exp 主机后经过了目的地址转换，这就是在抓包点 A 和抓包点 B

所抓到的报文的目的地址不同的原因。

### 6.3.4 容器直接对外提供服务

6.3.3 节验证的是通过宿主机地址访问该主机内部的容器网络，这种方案依赖宿主机的 iptables 目的地址转换功能，通过此功能对外屏蔽宿主机内的容器网络，保证外部网络对宿主机中的容器完全无感知。这种方案有很大的优势，但是也带来了性能问题，流量较小时看不出影响，一旦流量大幅增加，地址转换的性能损耗将非常明显。

此外，还有一种方案，即直接对外暴露容器网络，节点与容器之间使用路由方式通信。这种方案可以避免网络地址转换带来的性能损失。外部网络通过路由访问容器网络的组网参考图 6-12。

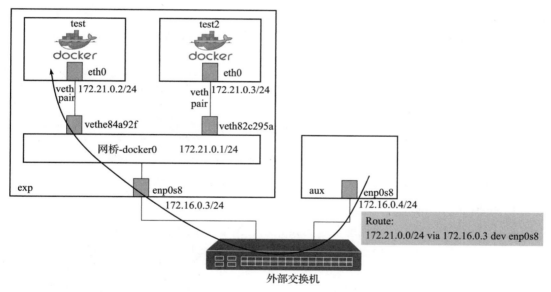

图 6-12 Docker bridge 方案：外部网络通过路由访问容器网络

既然使用路由方案，那么就不需要使用 Docker 生成的网络地址转换规则了。在 exp 主机上将 Docker 生成的网络地址转换规则全部删除：

```
[root@exp ~]# iptables -t nat -D POSTROUTING 2
[root@exp ~]# iptables -t nat -D POSTROUTING 1
[root@exp ~]# iptables -t nat -D DOCKER 2
```

完成后，再次查看 iptables nat 表的规则，已经没有 SNAT 和 DNAT 的配置了：

```
[root@exp ~]# iptables -t nat -nL

Chain PREROUTING (policy ACCEPT)
```

```
target    prot opt source          destination
DOCKER    all  --  0.0.0.0/0       0.0.0.0/0        ADDRTYPE match dst-type LOCAL

Chain INPUT (policy ACCEPT)
Target    prot opt source          destination

Chain OUTPUT (policy ACCEPT)
target    prot opt source          destination
DOCKER    all  --  0.0.0.0/0       !127.0.0.0/8 ADDRTYPE match dst-type LOCAL

Chain POSTROUTING (policy ACCEPT)
target    prot opt source          destination

Chain DOCKER (2 references)
target    prot opt source          destination
RETURN    all  --  0.0.0.0/0       0.0.0.0/0
```

在 aux 主机上增加访问 exp 主机容器网络的路由，设置目的网络 172.21.0.0/24 的下一跳地址为 172.16.0.3，执行结果如下：

```
[root@aux ~]# ip route add 172.21.0.0/24 via 172.16.0.3
[root@aux ~]# route
Kernel IP routing table
Destination     Gateway         Genmask         Flags Metric Ref    Use Iface
172.16.0.0      0.0.0.0         255.255.255.0   U     100    0        0 enp0s8
172.21.0.0      172.16.0.3      255.255.255.0   UG    0      0        0 enp0s8
```

接下来进行功能验证，分别验证从容器访问外部网络和从外部网络访问容器。

### 1. 容器访问外部网络

在 test 容器中向 aux 主机地址发起 ping 请求，结果显示网络通信正常：

```
[root@exp ~]# nsenter -t `docker inspect --format '{{.State.Pid}}' \
> test` -n ping 172.16.0.4
PING 172.16.0.4 (172.16.0.4) 56(84) bytes of data.
64 bytes from 172.16.0.4: icmp_seq=1 ttl=63 time=0.440 ms
64 bytes from 172.16.0.4: icmp_seq=2 ttl=63 time=1.17 ms
...
```

### 2. 外部主机访问容器网络

在 aux 上直接访问容器的 172.21.0.2:8080，通信正常：

```
[root@aux ~]# curl 172.21.0.2:8080
HTTP Request information:
    HostAddr       : 172.21.0.2:8080
    ClientAddr     : 172.16.0.4:45726
    Proto          : HTTP/1.1
    Method         : GET
    RequestURI     : /
```

执行结果显示 Client 地址为 172.16.0.4:45726，也就是说本次访问没有进行网络地址转换。执行本次操作时在容器中开启抓包，抓包结果如图 6-13 所示。

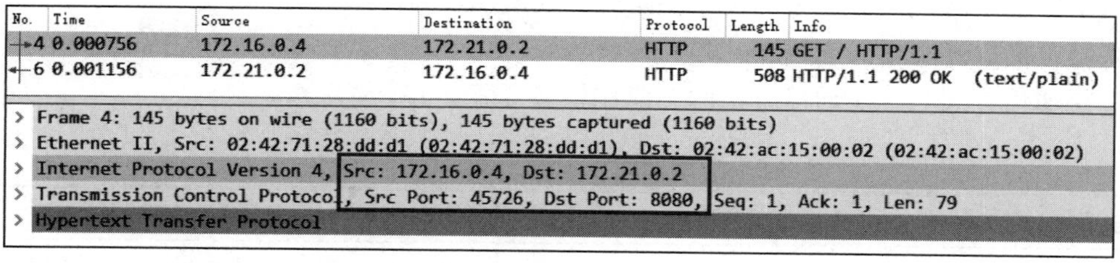

```
No. Time        Source        Destination   Protocol  Length  Info
 4  0.000756    172.16.0.4    172.21.0.2    HTTP      145     GET / HTTP/1.1
 6  0.001156    172.21.0.2    172.16.0.4    HTTP      508     HTTP/1.1 200 OK  (text/plain)

> Frame 4: 145 bytes on wire (1160 bits), 145 bytes captured (1160 bits)
> Ethernet II, Src: 02:42:71:28:dd:d1 (02:42:71:28:dd:d1), Dst: 02:42:ac:15:00:02 (02:42:ac:15:00:02)
> Internet Protocol Version 4, Src: 172.16.0.4, Dst: 172.21.0.2
> Transmission Control Protocol, Src Port: 45726, Dst Port: 8080, Seq: 1, Ack: 1, Len: 79
> Hypertext Transfer Protocol
```

图 6-13　Docker bridge 方案：外部主机通过路由访问容器抓包

抓包结果显示，HTTP Request 报文中的源地址为 aux 主机的地址，目的地址为容器地址。

使用路由通信方案后，相当于舍弃了 Docker 提供的默认网络功能，虽然可以提高通信效率，但是网络配置却更为复杂。具体来说，每增加一个容器网络，就需要在各节点上增加该容器网络的路由，使用起来不太方便。

## 6.3.5　跨主机容器间通信

### 1. 主要的通信方案

跨主机的网络通信一直是 Docker 备受期待的功能，在 Docker 1.9 版本之前，社区中就已经有许多第三方工具尝试解决这个问题，如 macvlan、ipvlan、flannel、weave、calico 等。这些方案在实现细节上存在很多差异，但核心思路基本分为三种：二层通信方案、三层通信方案和 BPF 方案。

使用二层通信方案解决跨主机通信的思路是把多节点的孤立容器网络改造成为互联互通的大二层网络，从而实现容器点到点的直接通信，如 macvlan 和 ipvlan 方案。

相比之下，三层通信方案允许在不改变现有网络基础设施的前提下，通过隧道或者路由实现容器之间跨节点通信。目前三层通信方案主要有以下两种。

- **Overlay 方案**：通过某种约定通信协议，把容器之间通信的报文封装在三层 IP 报文中，通过隧道进行跨节点转发。Overlay 方案不但能够充分利用成熟的 IP 路由协议，还可以很好地实现通信隔离，并在必要时可将广播流量转化为组播流量，避免广播数据泛滥。比较有代表性的有 flannel、weave 等方案。
- **路由方案**：完全利用宿主机的路由实现容器之间的网络通信。此方案需要在主机节点上生成容器网络路由，并根据容器的运行情况动态更新路由，这就要求必须有独立的组件来管理路由。比较有代表性的是 calico 方案。calico 基于 BGP 路由协议实现，每个节点相当于一个 BGP 端点，节点之间通过动态路由协议实现容器网络路由更新。

还有一种是 BPF 方案。用户自行编写 BPF 程序，并将程序加载到内核中，内核在处理报文时，调用 BPF 程序进行决策、转发。本方案与应用场景直接相关，很难做到通用化。正是由于其定制性，一般情况下转发性能能实现得比较高。BPF 方案不是本书的重点，读者如有兴趣可自行查阅相关资料。

二层通信方案和三层通信方案的功能比较参考表 6-1。

表 6-1　二层通信方案与三层通信方案比较

| 比较项 | 二层通信方案 | 三层通信方案 |
| --- | --- | --- |
| 性能 | 不同节点上的容器之间也是二层通信，性能堪比物理网络 | ➢ Overlay 方案将容器间跨节点通信的报文封装到三层隧道中，发送时封装、接收时解封装，传输损耗略多<br>➢ 路由方案没有报文封装解封装，性能与二层通信接近 |
| 对设备要求 | 二层网络方案对组网有特殊要求：<br>➢ ipvlan 方案使用 DHCP 分配 IP 地址时，需要配置 ClientID 字段作为容器的唯一标识<br>➢ macvlan 方案存在 mac 地址过多的问题，规模很难扩大 | ➢ Overlay 方案无特殊要求<br>➢ 路由方案需要由专门的组件实现节点之间的路由同步，复杂度相对较高 |
| 网络隔离 | 二层网络可以使用 VLAN 进行网络隔离，当网络规模过大时，VLAN 数量可能成为限制（最大支持 4094 个） | ➢ Overlay 方案与三层封装协议相关，例如，VXLAN⊖可以支持高达 16MB 的隔离网络<br>➢ 路由方案使用 Linux 系统自身的路由功能，一般没有太多限制 |

总体来说，二层通信方案的效率比三层通信方案要高一些，三层通信方案的灵活性比二层通信方案要好一些，各有优缺点。选择容器网络解决方案时需要结合应用场景，因地制宜，不能盲目依赖某种特定的解决方案。

回到 Docker 的跨主机网络，当系统内容器使用 bridge 网络时，节点之间只能使用三层通信方案，而其中的 Overlay 方案相对简单且易于实施，flannel 就是这类方案中的一个典型例子。

flannel 是一种基于 Overlay 网络的跨主机容器网络解决方案。flannel 在不同的主机节点间创建隧道连接，当容器进行跨主机通信时，flannel 将容器发出的数据报文二次封装后通过隧道转发到目的节点。目的节点的 flannel 对报文解封装后，再将报文送到目标容器，回程报文是上述流程的反过程。

接下来本节将以实例化的方式讲述 flannel 方案的通信原理，而在进行 flannel 实验之前，需要先了解几个关键技术点。

---

⊖　VXLAN：Virtual eXtensible Local Area Network，虚拟可扩展局域网。

（1）容器地址分配

单机场景下，Docker 自动为容器分配地址（地址段由"--bip"参数指定），Docker 保证同一个主机内多个容器使用的地址不会重叠。

到了多主机场景下，如果所有主机上的容器共用一个地址段，那么如何保证多个主机上的容器 IP 地址不会重叠呢？实际上，这个也是 flannel 要解决的问题。

用户需要先给 flannel 配置一个大地址段。这个大地址段就是整个容器网络使用的地址段，位于此地址段范围内的所有容器可直接通信。flannel 将这个大地址段切分为多个小地址段，然后为每个主机指定一个小地址段，每个主机在各自的小地址段范围内为本机容器分配地址。通过这种方式可以确保不同主机上的容器地址不会发生重叠。

（2）隧道方案选择

flannel 支持两种格式的隧道：VXLAN 和 UDP。不管使用哪种格式，其原理都是一样的。

- 跨节点发送报文时，flannel 对容器外发的报文进行封装，传送到目的容器所在节点。
- 接收跨节点的报文时，flannel 对报文解封装，然后送到目标容器。

（3）路由管理

flannel 负责不同节点之间的容器地址段管理，同时负责容器跨节点通信的路由管理。

2. 运行环境准备

flannel 依赖 etcd，用户可以到 GitHub[⊖] 下载 etcd，本例使用 v3.2.28 版本。flannel 源码和二进制可执行文件同样位于 GitHub[⊖]，本例使用的是 v0.22.0 版本。

本次使用 2 台主机验证通信过程，容器网络环境配置情况如表 6-2 所示。

表 6-2 容器网络的 flannel 跨主机通信配置

| 主机名 | 主机地址 | 部署软件 | 说明 |
| --- | --- | --- | --- |
| exp | 172.16.0.3 | flannel、etcd | 本次验证的重点功能是 flannel，etcd 部署为单机版本 |
| aux | 172.16.0.4 | flannel | 仅部署 flannel |

为了避免主机重启后功能失效，本例将 flannel 和 etcd 部署为 systemd 服务。

（1）部署 etcd 服务

首先解压缩下载的二进制文件，并将可执行文件 etcd 和 etcdctl 复制到 /usr/bin 目录下。接下来准备 etcd 的服务配置文件，指定 etcd 服务的可执行文件、配置等信息：

```
[root@exp ~]# cat <<EOF >/etc/systemd/system/etcd.service
> [Unit]
> Description=etcd.service                    # 服务名
```

---

⊖ etcd 版本：https://github.com/etcd-io/etcd/releases。
⊖ flannel 版本：https://github.com/flannel-io/flannel。

```
> [Service]
> Type=notify
> TimeoutStartSec=0
> Restart=always
> WorkingDirectory=/var/lib/etcd              # 工作目录
> EnvironmentFile=-/etc/etcd/etcd.conf        # 环境变量配置文件
> ExecStart=/usr/bin/etcd                     # 可执行文件
> [Install]
> WantedBy=multi-user.target
> EOF
```

编写 etcd 的配置文件 /etc/etcd/etcd.conf。该文件定义了 etcd 运行时的环境变量：

```
[root@exp ~]# cat <<EOF >/etc/etcd/etcd.conf
> ETCD_NAME=ETCD Server
> ETCD_DATA_DIR="/var/lib/etcd/"              # etcd 数据保存路径
> # 对客户端提供的服务地址，使用全 0 地址以确保可以通过任意地址访问
> ETCD_LISTEN_CLIENT_URLS="http://0.0.0.0:2379"
> ETCD_ADVERTISE_CLIENT_URLS="http://0.0.0.0:2379"
> EOF
```

使能并启动服务：

```
systemctl enable etcd                         # 开机时自动启动
systemctl start etcd                          # 启动服务
```

最后检查 etcd 服务的运行情况。通过 etcdctl 命令正常显示节点信息：

```
[root@exp ~]# etcdctl member list
8e9e05c52164694d: name=ETCD Server peerURLs=http://localhost:2380
clientURLs=http://0.0.0.0:2379 isLeader=true
```

### （2）部署 flannel 服务

flannel 包含如下两个可执行文件。

- **flanneld**：flannel 服务程序，flanneld 从 etcd 中获取配置数据，并初始化本节点的网络配置。
- **mk-docker-opts.sh**：脚本程序，生成 Docker 所需的网络配置文件。

将上述两个可执行文件复制到 /usr/bin 目录下，接下来准备服务配置文件，内容如下：

```
[root@exp ~]# cat <<EOF >/etc/systemd/system/flanneld.service
> [Unit]
> Description=Flanneld overlay address etcd agent
> After=network.target
> After=network-online.target                 # 网络功能启动成功后才能启动本服务
> Wants=network-online.target                 # 本服务依赖网络功能
> After=etcd.service                          # 本服务在 etcd 服务启动之后才能启动
> Before=docker.service                       # 本服务在 docker 服务启动之前启动
> [Service]
> EnvironmentFile=/etc/flannel/flanneld.conf  # flanneld 的配置文件
```

```
> ExecStart=/usr/bin/flanneld \$FLANNEL_ETCD_ENDPOINTS \$FLANNEL_ETCD_PREFIX
                                          # 指定可执行文件和运行参数
> ExecStartPost=/usr/bin/mk-docker-opts.sh -k DOCKER_NETWORK_OPTIONS -d /run/
  flannel/docker                          # 后处理，生成子网配置文件
> Restart=on-failure
> User=root                                # 需要 root 权限
> Type=notify
> LimitNOFILE=65536
> [Install]
> WantedBy=multi-user.target
> EOF
```

对该配置的说明如下。

- After、Before 字段描述了 flannel 服务对启动顺序的要求：flanneld 在 etcd 服务启动后再启动，因为 flannel 依赖 etcd 中的配置数据；flanneld 在 docker 服务启动前启动，因为 flannel 生成 docker 服务所需的配置文件。
- ExecStartPost 字段描述了 flannel 服务启动成功后执行的操作：调用 mk-docker-opts.sh 程序生成配置文件。

创建 flannel 服务的配置文件：

```
[root@exp ~]# cat <<EOF >/etc/flannel/flanneld.conf
> # 指定 ectd 地址
> FLANNEL_ETCD_ENDPOINTS="-etcd-endpoints=http://172.16.0.3:2379"
> # flannel 配置数据在 etcd 中的位置
> FLANNEL_ETCD_PREFIX="-etcd-prefix=/flannel/network"
> EOF
```

flannel 从 ectd 中读取配置数据，所以在启动 flannel 服务前要在 etcd 中生成 flannel 使用的配置数据。假设 flannel 管理的容器网络地址段为 172.22.0.0/21，跨节点通信使用 VXLAN 方案（如不指定，则默认为 UDP 方案），向 etcd 中增加如下配置数据：

```
etcdctl mk /flannel/network/config \
'{ "Network": "172.22.0.0/21", "Backend": {"Type": "vxlan"} }'
```

启动 flannel 服务：

```
[root@exp ~]# systemctl enable flanneld    # 使能服务，开机自动启动
[root@exp ~]# systemctl start flanneld     # 启动服务
```

flannel 服务启动后从 etcd 中获取本节点管理的容器网络范围。如果 etcd 中没有本节点的配置数据，那么就分配一个子网段给本节点使用。最终 ectd 中将保存每个节点的容器网络地址段信息。本例中有两个 flannel 节点，所以 ectd 中呈现两条记录：

```
[root@exp ~]# etcdctl ls /flannel/network/subnets
/flannel/network/subnets/172.22.3.0-24
/flannel/network/subnets/172.22.6.0-24
```

#### flannel 服务启动设置

在多网卡的主机上配置 flannel 服务时，可能会遇到服务无法启动的问题，通过 "journalctl -xe" 命令查看服务运行详情，可能看到如下信息：

```
flanneld main.go:518] Determining IP address of default interface
flanneld main.go:204] Failed to find any valid interface to use: failed to
    get default interface: Unable to find default route
```

发生以上问题的原因是：flanneld 找不到合适的网络设备建立节点间隧道。

flannel 为了实现跨节点的容器网络通信，需要在不同节点之间建立 VXLAN 隧道，如果一台主机安装有多个网卡，那么节点应当通过哪个网卡与其他节点建立 VXLAN 隧道呢？ flannel 使用了一个比较简单的办法：默认路由在哪个网卡上，就用哪个网卡。

如果用户没有配置默认路由，那么 flannel 就不知道应如何选择网络，所以用户只要配置好默认路由，再重启 flannel 服务就可以了。

如果用户不希望使用默认路由所在网络设备建立节点间隧道，则可以通过"-iface"参数指定网络设备。例如，通过"-iface enp0s8"参数指定 enp0s8 设备作为 VXLAN 隧道设备。

### （3）修改 docker 服务配置

flanneld 服务启动完成后，调用 /usr/bin/mk-docker-opts.sh 脚本程序生成 /run/flannel/docker 配置文件，Docker 使用此配置文件的内容作为启动参数。

exp 主机上的配置文件内容如下：

```
[root@exp ~]# cat /run/flannel/docker
DOCKER_OPT_BIP="--bip=172.22.6.1/24"
DOCKER_OPT_IPMASQ="--ip-masq=true"
DOCKER_OPT_MTU="--mtu=1450"
DOCKER_NETWORK_OPTIONS=" --bip=172.22.6.1/24 --ip-masq=true --mtu=1450"
```

配置文件的地址段信息与 etcd 保存的地址段信息吻合，其主要参数如下。

- ➢ --bip=172.22.6.1/24：指定本节点 docker 服务使用的地址段，其中 172.22.6.1 地址预留给 docker0 设备使用。
- ➢ --ip-masq=true：启用网络地址转换。
- ➢ --mtu=1450：设置容器网络报文的 MTU 值。正常情况下以太网设备的 MTU 值为 1500，但是跨节点容器间通信报文需要进行 VXLAN 封装，这里要减掉封装头的长度，所以取值为 1450。

用户确保在启动 docker 服务时使用此配置文件中的参数，所以接下来修改 docker 服务配置文件。docker 服务配置文件一般是 /usr/lib/systemd/system/docker.service 或者 /etc/

systemd/system/docker.service 中。修改内容如下：

```
[Service]
EnvironmentFile=-/run/flannel/docker   # 增加配置文件
# 增加容器网络配置参数
ExecStart=/usr/bin/dockerd ... $DOCKER_NETWORK_OPTIONS
```

该配置有如下关键点。
- 在"[Service]"段增加 EnvironmentFile 配置。此变量用于告诉 docker 服务从哪个文件获取环境变量信息。
- 修改"[Service]"段的 ExecStart 配置，增加 $DOCKER_NETWORK_OPTIONS。此配置项保存了 flannel 服务生成的网络参数信息。

保存修改后的 docker 服务配置文件后，重启 docker 服务：

```
[root@exp ~]# systemctl daemon-reload
[root@exp ~]# systemctl restart docker
```

使用 ps 命令查看 docker 服务程序的启动参数，确保 flannel 配置参数生效：

```
[root@exp ~]# ps -aux | grep docker
root      1248  0.0  3.5 1443916 90724 ?      Ssl  08:44  0:02 /usr/bin/dockerd
   -H fd:// --containerd=/run/containerd/containerd.sock --bip=172.22.6.1/24 --ip-
   masq=true --mtu=1450
```

命令输出的最后三个参数为 flannel 提供的网络参数，证明已经生效。

接下来在 aux 主机上执行相同的操作。注意：aux 主机不需要安装 etcd。

### 3. 通信验证

首先在 exp 主机上创建两个容器 test 和 test2：

```
docker run -d --restart=always --name test -p 8081:8080 webserver:v2
docker run -d --restart=always --name test2 -p 8082:8080 webserver:v2
```

创建完成后，exp 主机上的容器列表如下：

```
[root@exp ~]# docker ps
CONTAINER ID     IMAGE           PORTS                        NAMES
4ba26f6e58f1     webserver:v2    0.0.0.0:8082->8080/tcp,...   test2
9657f1d997f6     webserver:v2    0.0.0.0:8081->8080/tcp,...   test
```

查看两个容器的 IP 地址信息：

```
[root@exp ~]# docker exec test ifconfig
eth0      Link encap:Ethernet   HWaddr 02:42:AC:16:06:02
          inet addr:172.22.6.2  Bcast:172.22.6.255  Mask:255.255.255.0
          ...
[root@exp ~]# docker exec test2 ifconfig
eth0      Link encap:Ethernet   HWaddr 02:42:AC:16:06:03
```

```
            inet addr:172.22.6.3  Bcast:172.22.6.255  Mask:255.255.255.0
            ...
```

同样在 aux 主机上创建两个容器 test3 和 test4：

```
docker run -d --restart=always --name test3 -p 8081:8080 webserver:v2
docker run -d --restart=always --name test4 -p 8082:8080 webserver:v2
```

创建完成后，aux 节点上创建的容器属性如下：

```
[root@aux ~]# docker ps
CONTAINER ID    IMAGE           PORTS                      NAMES
49456e0cab28    webserver:v2    0.0.0.0:8082->8080/tcp,... test4
42a25a25943c    webserver:v2    0.0.0.0:8081->8080/tcp,... test3

[root@aux ~]# docker exec test3 ifconfig
eth0     Link encap:Ethernet   HWaddr 02:42:AC:16:03:02
         inet addr:172.22.3.2  Bcast:172.22.3.255  Mask:255.255.255.0
         ...

[root@aux ~]# docker exec test4 ifconfig
eth0     Link encap:Ethernet   HWaddr 02:42:AC:16:03:03
         inet addr:172.22.3.3  Bcast:172.22.3.255  Mask:255.255.255.0
         ...
```

最终形成的组网如图 6-14 所示。

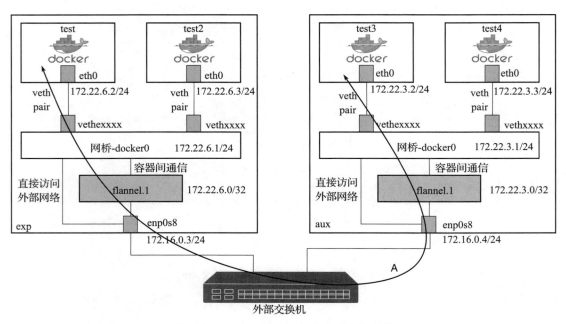

图 6-14  Docker bridge 方案：跨主机通信

尝试在 exp 主机的 test 容器上访问 aux 主机的 test3 容器服务。执行之前在 aux 主机的 enp0s8 端口上的抓包，test3 容器返回结果如下：

```
[root@exp ~]# nsenter -t `docker inspect --format '{{.State.Pid}}' test` -n
[root@exp ~]# curl 172.22.3.2:8080
HTTP Request information:
    HostAddr         : 172.22.3.2:8080
    ClientAddr       : 172.22.6.0:39426
    Proto            : HTTP/1.1
    Method           : GET
    RequestURI       : /
```

数据流如图 6-14 中的路径 A 所示，test3 容器认为发起请求的客户端地址为 172.22.6.0。此地址是 exp 主机的 flannel.1 设备的地址。也就是说，报文从 exp 主机设备发出之前进行了一次源地址转换。

继续看抓包数据，图 6-15 是在 aux 主机的 enp0s8 端口上的抓包截图。

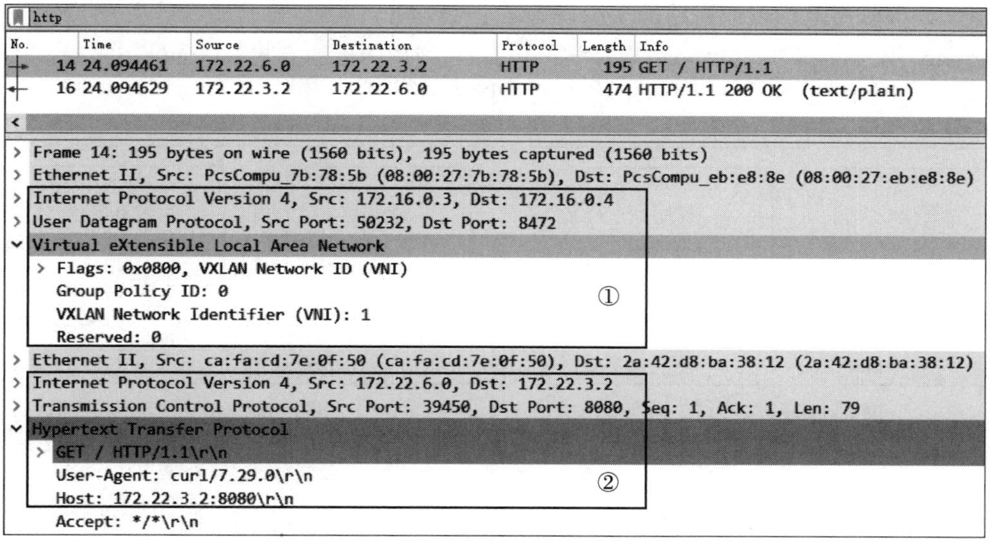

图 6-15　Docker bridge 方案：aux VXLAN 抓包

报文中有如下两条关键信息。

① aux 收到的报文是 VXLAN 封装格式，外层地址为 exp 和 aux 主机物理网卡的地址，目的端口号为 8472，VNI（VXLAN Network Identifier，VXLAN 网络标识符）取值为 1。这两个数据与 exp 主机上 flannel.1 设备的属性信息相同。

② 内层报文为 HTTP 请求报文，源地址为 172.22.6.0，目的地址为 test3 容器的地址，报文从 exp 主机设备发出之前进行了源地址转换。

跨节点的容器之间通信正常，那么整个通信流程是如何实现的呢？接下来将详细介绍。

## 6.3.6 跨主机网络通信原理

在 exp 主机上观察执行 ifconfig 命令输出的内容，系统中多了一个名为 flannel.1 设备，属性如下：

```
[root@exp ~]# ifconfig
flannel.1: flags=4163<UP,BROADCAST,RUNNING,MULTICAST>  mtu 1450
        inet 172.22.6.0  netmask 255.255.255.255  broadcast 172.22.6.0
        ...
[root@exp ~]# ip -d link
5: flannel.1: <BROADCAST,MULTICAST,UP,LOWER_UP> mtu 1450 ...
    link/ether ca:fa:cd:7e:0f:50 brd ff:ff:ff:ff:ff:ff promiscuity 0
    vxlan id 1 local 172.16.0.3 dev enp0s8 srcport 0 0 dstport 8472
nolearning ageing 300 udpcsum noudp6zerocsumtx noudp6zerocsumrx
addrgenmode eui64 numtxqueues 1 numrxqueues 1 gso_max_size 65536
gso_max_segs 65535
```

flannel.1 设备地址为 172.22.6.0/32，设备类型 VXLAN，VNI 取值为 1。flannel 在配置 VXLAN 设备时指定了隧道链路的本端设备地址为 172.16.0.3，目的端口号为 8472，并指定 nolearning 属性（不需要二层 mac 地址学习功能）。使用同样的方式获取 aux 主机的 flannel.1 设备信息，最终两台主机的完整网络信息参考图 6-16。

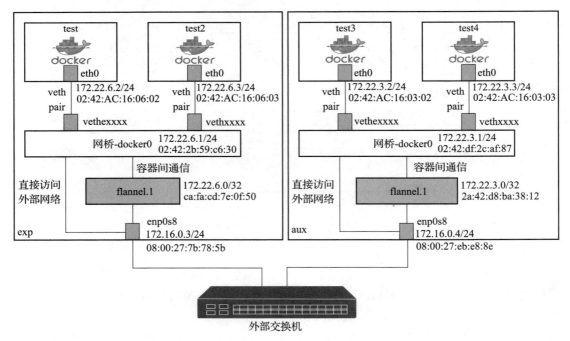

图 6-16　Docker bridge 方案：跨主机网络的 exp、aux 节点配置

下面按照该报文转发的流程逐步进行分析。

### 1. test 容器发出请求报文

test 容器地址为 172.22.6.2/24，请求报文的目的地址为 172.22.3.2，目的地址与本容器的地址不在同一个网段，所以容器通过默认网关转发报文。

下面是 test 容器的路由配置：

```
[root@exp ~]# nsenter -t `docker inspect --format '{{.State.Pid}}' test` -n
[root@exp ~]# route -n
Kernel IP routing table
Destination     Gateway         Genmask         Flags Metric Ref    Use Iface
0.0.0.0         172.22.6.1      0.0.0.0         UG    0      0        0 eth0
172.22.6.0      0.0.0.0         255.255.255.0   U     0      0        0 eth0
```

第一条命令进入 test 容器所在的网络命名空间，第二条命令输出容器的默认路由对应的网关地址为 172.22.6.1，即 exp 主机 docker0 设备地址。用户在 test 容器发起访问"172.22.3.2:8080"时，内核检查发现 172.22.3.2 不是直连的网段，所以将此报文送到网关 docker0 设备。此时的报文格式如图 6-17 所示。

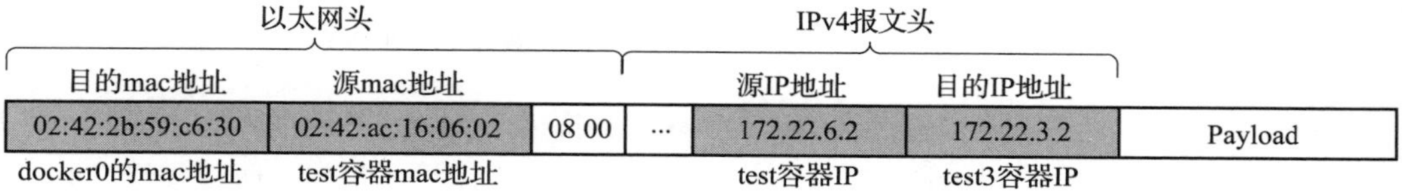

| 以太网头 | | | IPv4报文头 | | |
|---|---|---|---|---|---|
| 目的mac地址 | 源mac地址 | | 源IP地址 | 目的IP地址 | |
| 02:42:2b:59:c6:30 | 02:42:ac:16:06:02 | 08 00 ... | 172.22.6.2 | 172.22.3.2 | Payload |
| docker0的mac地址 | test容器mac地址 | | test容器IP | test3容器IP | |

图 6-17 Docker bridge 方案：跨主机网络中 test 容器发出的请求报文

目的 mac 地址为 docker0 的地址，源 mac 地址为 test 容器的 mac 地址，源目的 IP 地址分别是 test 容器和 test3 容器的 IP 地址。

### 2. docker0 转发报文

报文从容器发出后，由虚拟网卡对的另一个端点接收。此设备在接收阶段会调用网桥回调（dev->rx_handler 回调），网桥回调根据报文的目的 mac 地址转发。网桥回调查询 FDB 表，根据目的 mac 地址 02:42:2b:59:c6:30 查找到目标设备为 docker0。接下来网桥触发 docker0 设备的收包流程。

```
[root@exp ~]# bridge fdb
02:42:2b:59:c6:30 dev docker0 master docker0 permanent
02:42:2b:59:c6:30 dev docker0 vlan 1 master docker0 permanent
...
```

> **注意** 前面一直在说"docker0 网桥"，实际上 docker0 网桥自身也是一个通用的网络设备，docker0 设备执行收包操作时，会先执行 iptables 的 PREROUTING 挂载点的规则。

exp 节点 iptables nat 表的规则如图 6-18 所示。

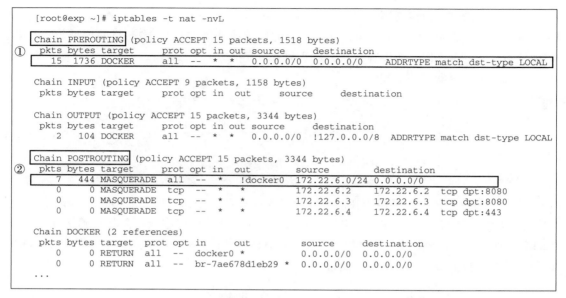

图 6-18　Docker bridge 方案：跨主机网络中的规则

PREROUTING 链上只有一条 DOCKER 子链（见图 6-18 ①），并且进入此子链的条件是报文的目的地址必须是本机地址。本例是容器外发报文，不满足此条件，所以最终没有执行 PREROUTING 链上的任何规则。

接下来根据路由表配置决定如何处理报文。本场景下的目的地址不在本主机范围内，所以内核唯一能做的事情就是转发。docker0 设备位于 exp 主机的默认网络命名空间中，查看 exp 主机的路由表如下：

```
[root@exp ~]# route -n
Kernel IP routing table
Destination     Gateway         Genmask         Flags Metric Ref    Use Iface
172.16.0.0      0.0.0.0         255.255.255.0   U     101    0        0 enp0s8
172.22.3.0      172.22.3.0      255.255.255.0   UG    0      0        0 flannel.1
172.22.6.0      0.0.0.0         255.255.255.0   U     0      0        0 docker0
```

其中包含以下路由信息。

> 第一条是 enp0s8 设备 172.16.0.0/24 网段的直连网络路由。
> 第二条表示目的网段 172.22.3.0/24（此网段是 aux 主机容器网络使用的网段）的路由，网关为 172.22.3.0（这个地址是 aux 主机 flannel.1 设备的地址），该路由绑定的外发设备为 flannel.1。
> 第三条是 docker0 设备 172.22.6.0/24 网段的直连网络路由。

本次将匹配到第二条路由，所以 docker0 接下来将此报文交给 flannel.1 设备，然后由 flannel.1 设备将此报文发送给 aux 主机。

当前依旧位于 IP 协议层的处理流程中，由于 iptables 的 FORWARD 链上未配置规则，接下来继续执行 Netfilter 的 POSTROUTING 挂载点的规则，该规则如图 6-18 ②所示。进入 POSTROUTING 链入口，第一条规则要求报文目的地址不是 docker0 地址、源地址处于 172.22.6.0/24（exp 主机容器网段地址）地址段的报文，统一进行源地址转换后发出。本例满足条件，此时报文将要从本机的 flannel.1 设备发出，所以内核将报文的源 IP 地址变更为 exp 主机 flannel.1 的 IP 地址 172.22.6.0。IP 协议层的处理完成后，进入邻居子系统。

既然是二层转发，那么 exp 主机必须在获取下一跳网关 172.22.3.0 地址对应的 mac 地址后才能执行发送。有两种途径可以获取指定 IP 地址的 mac 地址：通过 ARP 获取，或者通过邻居表中的静态配置获取。flannel 使用了后者。

检查 exp 主机的邻居表配置如下：

```
[root@exp ~]# ip neigh
172.22.3.0 dev flannel.1 lladdr 2a:42:d8:ba:38:12 PERMANENT
...
```

邻居表中存在一条永久记录，即 172.22.3.0 地址对应的 mac 地址为 2a:42:d8:ba:38:12，它通过 flannel.1 设备执行外发操作。这条永久记录由 flannel 生成，flannel 在初始化时将 aux 主机 flannel.1 设备的 IP、mac 地址信息静态写入邻居表中。内核获取这条记录后，就可以直接将容器的外发报文转发给网关设备了。

内核修改报文头的目的 mac 地址为 aux 主机 flannel.1 设备的 mac 地址，即 2a:42:d8:ba:38:12。源 mac 地址修改为 exp 主机 flannel.1 设备的 mac 地址，即 ca:fa:cd:7e:0f:50。修改后的报文头如图 6-19 所示。

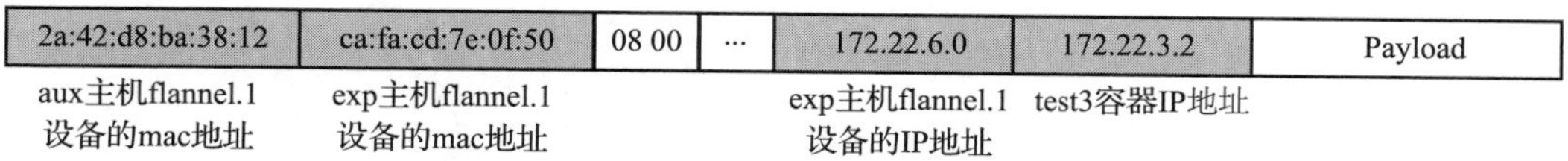

| 2a:42:d8:ba:38:12 | ca:fa:cd:7e:0f:50 | 08 00 | ... | 172.22.6.0 | 172.22.3.2 | Payload |
|---|---|---|---|---|---|---|
| aux主机flannel.1<br>设备的mac地址 | exp主机flannel.1<br>设备的mac地址 | | | exp主机flannel.1<br>设备的IP地址 | test3容器IP地址 | |

图 6-19　Docker bridge 方案：跨主机网络中的跨节点通信及报文封装

最后进入设备驱动层，由 flannel.1 设备执行外发操作。

### flannel 增加邻居表项

flanneld 进程启动时读取 etcd 的 /flannel/network/subnets 目录下的所有记录，检查是否存在本机的配置项，如果不存在则创建。该条目的名字格式为"网段 - 掩码"，最终 etcd 中保存了整个网络所有节点的拓扑信息。

前文中我们看到了 etcd 中保存的子网信息如下：

```
[root@exp ~]# etcdctl ls /flannel/network/subnets
/flannel/network/subnets/172.22.3.0-24
```

```
/flannel/network/subnets/172.22.6.0-24
```

接下来查看 /flannel/network/subnets/172.22.3.0-24 节点的内容：

```
[root@exp ~]# etcdctl get /flannel/network/subnets/172.22.3.0-24
{"PublicIP":"172.16.0.4","BackendType":"vxlan","BackendData":{"VtepMAC":"2a:
    42:d8:ba:38:12"}}
```

该条目的内容保存了以下几项重要信息。

> **"PublicIP":"172.16.0.4"**：本主机在与其他主机建立隧道时使用的 IP 地址，也就是 VXLAN 的外层地址；此条目的地址是 aux 主机上 enp0s8 设备的地址 172.16.0.4。
> **"BackendType":"vxlan"**：后端类型，即节点之间通信使用的隧道类型，本例为 VXLAN。
> **"VtepMAC":"2a:42:d8:ba:38:12"**：本节点在与其他节点建立隧道时使用的 mac 地址，此条目是 aux 主机的 flannel.1 设备的 mac 地址。

每个节点的 flanneld 在启动时都会从 etcd 中获取所有节点的子网信息，并根据这个信息更新邻居表，最终每个节点都能获取其他所有节点的 flannel.1 设备的 mac 地址。flanneld 将这些信息插入邻居表中，内核后续根据邻居表配置执行转发。

### 3. flannel.1 封装并外发报文

flannel.1 设备类型为 VXLAN，此设备对待发送的报文进行二次封装，将用户报文封装到 VXLAN 隧道内，然后通过物理网卡发送到目的节点，最终完整的封装报文如图 6-20 所示。

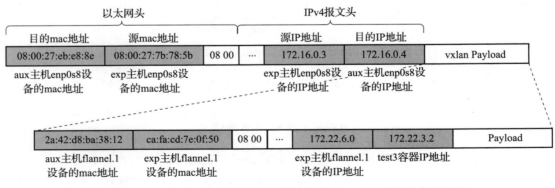

图 6-20　Docker bridge 方案：跨主机网络中 flannel.1 外发的完整报文

### 4. 通信改进

完全有理由认为，当 exp 主机上的容器访问 aux 上的容器时，没有必要进行源地址转换。这样通信效率能提升一点。实现办法比较简单，即修改 iptables 规则，设置在访问容器范围内的地址时不需要进行源地址转换。

exp 主机的 iptables 命令如下：

```
iptables -t nat -D POSTROUTING -s 172.22.6.0/24 ! -o docker0 -j MASQUERADE
iptables -t nat -A POSTROUTING -s 172.22.6.0/24 ! -d 172.22.0.0/21 -o docker0
    -j MASQUERADE
```

第一条命令用于删除容器外发报文的源地址转换规则，第二条命令用于增加非容器网段"！-d 172.22.0.0/21"的规则，即目的地址不是容器网络时进行源地址转换。

图 6-21 展示了 iptables 的最终操作结果。

```
[root@exp ~]# iptables -t nat -vnL
Chain POSTROUTING (policy ACCEPT 0 packets, 0 bytes)
 pkts bytes target     prot opt in     out      source               destination
    7   444 MASQUERADE all  --  *      !docker0 172.22.6.0/24        0.0.0.0/0
    0     0 MASQUERADE tcp  --  *      *        172.22.6.2           172.22.6.2           tcp dpt:8080
    0     0 MASQUERADE tcp  --  *      *        172.22.6.3           172.22.6.3           tcp dpt:8080
    0     0 MASQUERADE all  --  *      docker0  172.22.6.0/24        !172.22.0.0/21
```

图 6-21  Docker bridge 方案：跨主机网络通信改进后的 iptables 操作结果

再次尝试在 test 容器上访问 test3 容器的服务，命令执行结果如下：

```
[root@exp ~]# curl 172.22.3.2:8080
HTTP Request information:
    HostAddr      : 172.22.3.2:8080
    ClientAddr    : 172.22.6.2:39564
    Proto         : HTTP/1.1
    Method        : GET
    RequestURI    : /
```

结果显示，ClientAddr 为发起方的容器地址，中间没有经过源地址转换。

总的来说，在 bridge 方案中，容器需要使用虚拟网卡对和网桥实现本主机范围内的容器之间的通信，并且需要结合第三方应用才能完成跨主机网络的通信，转发性能相对低。但是此方案也有非常大的优势，容器与外部网络全部通过三层网络转发，能够最大限度地利用主机路由，灵活性高。

## 6.4  macvlan 方案

macvlan 可以提供单主机、跨主机的容器网络通信能力，macvlan 网络设备的工作原理请参考 4.2.3 节。在 5.2 节验证 macvlan 功能时，我们使用的是静态 IP 地址，用户为每个命名空间指定一个特定的 IP 地址。在多节点的容器网络中，如果依旧使用静态地址，那么管理起来会非常麻烦，所以最优方案还是系统自动为每个容器分配地址。

对于地址分配管理，有两种比较简单的方案。

**（1）方案 1：部署 DHCP 服务器**

macvlan 网络中每个容器接口都有自己的 mac 地址，并且这些容器之间全部是二层直连的，用户可以在 macvlan 网络中部署一台 DHCP 服务器，负责所有容器的地址分配。

**（2）方案 2：每个主机节点独立使用一个地址段**

与 flannel 方案类似，预先为每个主机节点分配一个地址段，每个主机节点在本机地址段范围内分配地址，从而保证不同主机的地址不会发生重叠。主机内部则可以直接使用 Docker 内置的 IPAM 模块管理地址，IPAM 能够保证本节点内的容器地址不重叠。

方案 1 比较通用，很多读者已经熟悉，所以这里不做介绍，下面重点介绍下如何使用方案 2。

容器使用 macvlan 网络的组网如图 6-22 所示。

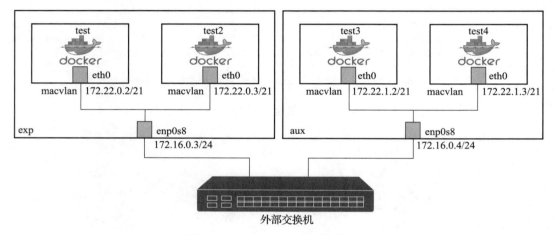

图 6-22　Docker macvlan 方案组网

其组网情况说明如下。

- 容器网络地址段 172.22.0.0/21。
- 为了保证地址不重叠，exp 主机使用 172.22.0.0/24 地址范围，aux 主机使用 172.22.1.0/24 地址范围。
- 每台主机启动 2 个容器，容器地址参考图 6-22（按照顺序启动容器，Docker 按照从小到大的顺序分配地址）。

### 6.4.1　网络配置

在 exp 和 aux 主机上创建容器网络。exp 主机的配置命令如下：

```
docker network create -d macvlan \
    --subnet=172.22.0.0/21 \
```

```
        --ip-range=172.22.0.0/24 \
        --aux-address="host=172.22.0.255" \
        -o parent=enp0s8 -o macvlan_mode=bridge \
        macvlan-net
```

其中的主要参数如下。
- ➤ -d macvlan：指定网络驱动为 macvlan 网络。
- ➤ -o macvlan_mode=bridge：macvlan 工作模式为 BRIDGE 模式。
- ➤ -o parent=enp0s8：macvlan 父接口设备为 enp0s8。
- ➤ --subnet=172.22.0.0/21：容器网络范围，所有的容器均使用本地址段。
- ➤ --ip-range=172.22.0.0/24：本节点网络使用的 IP 地址范围。Docker 仅分配此地址范围内的地址给本机的容器使用，但是容器地址的掩码并不使用本参数的掩码，而是使用"--subnet"参数指定的掩码，故容器地址掩码是 21 位。
- ➤ --aux-address="host=172.22.0.255"⊖：预留地址，本例将此地址预留给宿主机使用。例如，如果存在宿主机应用访问容器网络服务的场景，那么就将此地址分配给宿主机的 macvlan 设备。

aux 主机网络也采用相同的格式，只不过 aux 主机上的容器使用 172.22.1.0/24 地址段：

```
docker network create -d macvlan \
        --subnet=172.22.0.0/21 \
        --ip-range=172.22.1.0/24 \
        --aux-address="host=172.22.1.255" \
        -o parent=enp0s8 -o macvlan_mode=bridge \
        macvlan-net
```

### 6.4.2 容器间通信

分别在 exp 和 aux 主机上启动容器，命令参数"--network macvlan-net"用于指定本容器使用前面创建的 macvlan 网络，之后以同样的命令格式创建另外三个容器。

```
docker run -d --restart=always --name test -p 8081:8080 \
        --network macvlan-net webserver:v2
```

创建完成后，查看 exp 主机 test 容器的地址信息：

```
[root@exp ~]# ifconfig
eth0: flags=4163<UP,BROADCAST,RUNNING,MULTICAST>  mtu 1500
        inet 172.22.0.2  netmask 255.255.248.0  broadcast 172.22.7.255
        ...
```

test 容器的地址为 172.22.0.2，掩码是 21 位，另外三个容器也是同样的道理，最终所有容器位于同一个大二层网络中。尝试在 test 容器访问 test3 容器，执行前在 test 容器所在网

---

⊖ macvlan 使用 --aux-address 参数的说明：https://docs.docker.com/network/drivers/macvlan/#bridge-mode。

络命名空间开启抓包。下面是 ping 命令的执行结果：

```
[root@exp ~]# ping 172.22.1.1
PING 172.22.1.1 (172.22.1.1) 56(84) bytes of data.
64 bytes from 172.22.1.1: icmp_seq=1 ttl=64 time=0.488 ms
64 bytes from 172.22.1.1: icmp_seq=2 ttl=64 time=1.29 ms
^C
```

抓包数据如图 6-23 所示。

| No. | Time | Source | Destination | Protocol | Length | Info |
|---|---|---|---|---|---|---|
| 1 | 0.000000 | 02:42:ac:16:00:02 | Broadcast | ARP | 42 | Who has 172.22.1.1? Tell 172.22.0.2 |
| 2 | 0.000402 | 02:42:ac:16:01:01 | 02:42:ac:16:00:02 | ARP | 60 | 172.22.1.1 is at 02:42:ac:16:01:01 |
| 3 | 0.000437 | 172.22.0.2 | 172.22.1.1 | ICMP | 98 | Echo (ping) request  id=0x0d57, seq=1/256, |
| 4 | 0.000622 | 172.22.1.1 | 172.22.0.2 | ICMP | 98 | Echo (ping) reply    id=0x0d57, seq=1/256, |
| 5 | 1.012502 | 172.22.0.2 | 172.22.1.1 | ICMP | 98 | Echo (ping) request  id=0x0d57, seq=2/512, |
| 6 | 1.012729 | 172.22.1.1 | 172.22.0.2 | ICMP | 98 | Echo (ping) reply    id=0x0d57, seq=2/512, |

图 6-23  Docker macvlan 方案：容器间通信抓包数据

test 容器访问 test3 容器时，首先发起 ARP 请求（见图 6-23 ①），获取对端的 mac 地址后直接进行二层通信（见图 6-23 ②），中间没有经过任何网络地址转换。

### 6.4.3 宿主机访问容器网络

使用 macvlan 和 ipvlan 网络时，宿主机无法直接通过父接口访问容器网络，解决方案也比较简单，即在宿主机上创建一个 macvlan/ipvlan 虚接口设备，宿主机应用通过此设备访问容器网络。接下来在 exp 主机上创建一个 macvlan 虚接口设备，并将创建网络时通过"--aux-address"参数预留的 IP 地址分配给主机上的 macvlan 设备，其组网情况如图 6-24 所示。

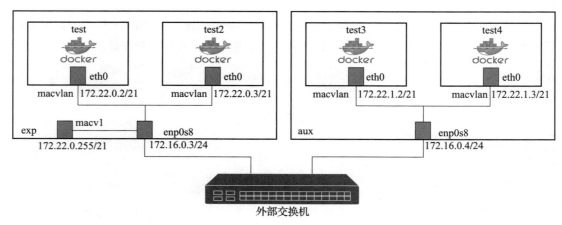

图 6-24  Docker macvlan 方案：宿主机中访问容器网络

在 exp 主机上创建 macv1 设备，并分配地址为 172.22.0.255/21：

```
ip link add link enp0s8 name macv1 type macvlan mode bridge
ip addr add 172.22.0.255/21 dev macv1
ip link set macv1 up
```

查看 exp 主机配置，并尝试在 exp 主机上访问 test3 容器，命令显示网络通信正常：

```
[root@exp ~]# ifconfig macv1
macv1: flags=4163<UP,BROADCAST,RUNNING,MULTICAST>  mtu 1500
        inet 172.22.0.255  netmask 255.255.248.0  broadcast 0.0.0.0
        ...
[root@exp ~]# ping -I macv1 172.22.1.1
PING 172.22.1.1 (172.22.1.1) from 172.22.0.255 macv1: 56(84) bytes...
64 bytes from 172.22.1.1: icmp_seq=1 ttl=64 time=0.444 ms
64 bytes from 172.22.1.1: icmp_seq=2 ttl=64 time=0.661 ms
^C
```

总的来说，使用 macvlan 网络时，完全可以把容器网络当作一个大二层网络。容器之间直接进行二层通信，与 bridge 方案相比，转发效率大幅提升。但是，由于每个 macvlan 设备均需要分配一个独立的 mac 地址，当容器足够多时，这可能会引发交换设备 mac 表溢出，导致转发效率降低，所以一般建议在中小型系统（小于 1000 个容器）中使用 macvlan 方案。

## 6.5 ipvlan 方案

ipvlan 支持三种工作模式，其中 L2 和 L3 均有广泛应用，本节将介绍 L2 和 L3 两种模式的通信原理。

### 6.5.1 ipvlan L2 模式

ipvlan 的 L2 模式在对外呈现上与 macvlan 极为相似，在配置上也是非常相似的。

通过下面的命令创建一个 ipvlanl2 网络：

```
docker network create -d ipvlan \
        --subnet=172.23.0.0/21 \
        --ip-range=172.23.0.0/24 \
        --aux-address="host=172.23.0.255" \
        -o parent=enp0s8 -o ipvlan_mode=l2 \
        ipvlanl2
```

其命令参数与 macvlan 的参数类似，主要差异在于前者通过"-o ipvlan_mode=l2"指定 ipvlan 网络工作在 L2 模式下。这样后续在创建容器时，指定使用 ipvlanl2 网络就可以了。

ipvlanl2 整个网络对外呈现与 macvlan 基本一致，读者如果有兴趣则可自行验证。

### 6.5.2 ipvlan L3 模式

ipvlan 的 L3 模式与 L2 模式差异较大，通过 ipvlan L3 模式可以很容易实现跨地域的

ipvlan 通信。至于 L3S，则是在 L3 的基础上额外复用了宿主机的 Netfilter 规则，应用不是很广，所以本节重点关注 ipvlan 的 L3 模式。

使用 ipvlan 网络与 macvlan 网络存在同样的问题：如何保证多个主机节点上的容器地址不冲突？

对此，ipvlan 也可以采用与 macvlan 相同的方案：为每个主机节点预先分配一个地址段，然后通过 Docker 的 IPAM 做地址管理。ipvlan L2 网络与 macvlan 网络相同，需要保证所有容器地址位于同一个二层网段中，容器之间通信不需要任何路由。ipvlan L3 网络则不要求所有容器位于同一个二层网络，不同节点的容器通过宿主机路由实现通信。

ipvlan L3 网络的组网参考图 6-25。

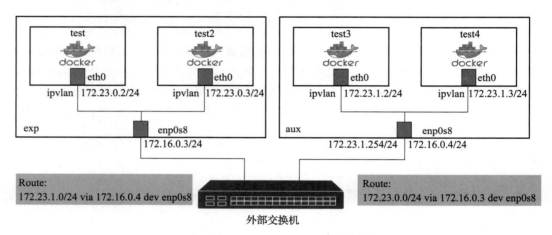

图 6-25　Docker ipvlan L3 方案组网

ipvlan L3 网络的组网情况如下。
- exp 主机中的容器使用 172.23.0.0/24 网络。
- aux 主机中的容器使用 172.23.1.0/24 网络。
- exp 和 aux 主机分别增加通向对端主机容器网络的路由。

### 1. 网络配置

首先在 exp 和 aux 主机上配置容器网络，exp 主机的配置命令如下：

```
docker network create -d ipvlan \
    --subnet=172.23.0.0/24 \
    -o parent=enp0s8 -o ipvlan_mode=l3 \
    ipvlan13
```

其主要参数如下。
- -d ipvlan：指定网络驱动模式为 ipvlan。
- -o ipvlan_mode=l3：ipvlan 工作在 L3 模式下。

> --subnet=172.23.0.0/24：本机容器使用的容器网络地址范围。这里与 macvlan 存在差异，本例直接通过 "--subnet" 参数指定容器网络地址范围。

aux 主机网络配置命令与此类似，只不过 aux 主机上的容器使用地址段 172.23.1.0/24：

```
docker network create -d ipvlan \
    --subnet=172.23.1.0/24 \
    -o parent=enp0s8 -o ipvlan_mode=l3 \
    ipvlanl3
```

接下来分别在 exp 和 aux 主机上配置路由。

exp 主机上增加的路由如下：

```
ip route add 172.23.1.0/24 via 172.16.0.4
```

aux 主机上增加的路由如下：

```
ip route add 172.23.0.0/24 via 172.16.0.3
```

**2. 容器间通信**

在两台主机上创建容器，命令通过 " --network ipvlanl3" 参数指定使用前面创建的 ipvlanl3 网络：

```
docker run -d --restart=always --name test \
    -p 8081:8080 --network ipvlanl3 \
    webserver:v2
```

分别在 exp 和 aux 主机上各创建 2 个容器，容器信息参考图 6-25。

接下来尝试进入 exp 主机上 test 容器所在的网络命名空间，访问 aux 的 test3 容器：

```
[root@exp ~]# nsenter -t `docker inspect --format '{{.State.Pid}}' test` -n
[root@exp ~]# ifconfig eth0
eth0: flags=4291<UP,BROADCAST,RUNNING,NOARP,MULTICAST>  mtu 1500
        inet 172.23.0.2  netmask 255.255.255.0  broadcast 172.23.0.255
        ...
[root@exp ~]# curl 172.23.1.2:8080
HTTP Request information:
    HostAddr        : 172.23.1.2:8080
    ClientAddr      : 172.23.0.2:37938
    Proto           : HTTP/1.1
    Method          : GET
    RequestURI      : /
```

在 test 容器中访问 test3 容器的 8080 端口，结果显示服务端和客户端的地址信息完全符合网络配置，中间未做网络地址转换。

如果存在宿主机应用访问容器网络的场景，那是否需要像 macvlan 或者 ipvlan L2 一样，创建一个虚拟接口后才能访问呢？答案是不需要。ipvlan L3 网络是全部基于路由实现的，宿主机上的应用不需要 ipvlan 虚拟接口也可以正常访问容器网络。

尝试在 exp 主机上直接访问 test3 容器的服务：

```
[root@exp ~]# curl 172.23.1.2:8080
HTTP Request information:
    HostAddr      : 172.23.1.2:8080
    ClientAddr    : 172.16.0.3:43998
    Proto         : HTTP/1.1
    Method        : GET
    RequestURI    : /
```

从 HTTP 返回结果看，访问容器网络的源地址是 172.16.0.3，此地址是 exp 宿主机的物理网络设备 enp0s8 的地址。

## 6.6 总结

不同的容器通信方案适用于不同的应用场景，下面综合比较上述几种方案，参考表 6-3。

表 6-3 容器通信方案比较

| 方案 | 优势 | 劣势 | 适用场景 |
| --- | --- | --- | --- |
| bridge+flannel | 简单，即插即用 | 性能差，为了保证网络隔离，默认 bridge 网络中高频使用网络地址转换功能，导致性能损失；另外，flannel 属于 Overlay 网络，对于报文进行封装/解封装操作也占用大量资源 | 简单并且对性能要求不高的场景 |
| macvlan | 性能高，将所有的容器网络拉平为二层交换网络，容器之间通信无须二次中转，效率高 | 1. 二层网络通信，所有主机节点必须二层直连<br>2. macvlan 网络占用大量 mac 地址，容器数量不宜过多 | 性能要求高、组网相对简单的应用场景 |
| ipvlan L2 模式 | 同 macvlan，性能略低于 macvlan | 1. 二层网络通信，所有节点必须二层直连<br>2. 使用 DHCP 分配地址时必须指定 ClientID | 性能要求高、组网相对简单的应用场景 |
| ipvlan L3 模式 | 性能较高，跨节点的容器之间使用三层通信 | 需要由专门的组件来管理、发布路由 | 性能要求较高、组网复杂的场景 |

注：对于容器网络性能比较，网站给出了测试数据[○]。

---

○ 测试数据：https://datatracker.ietf.org/meeting/104/materials/slides-104-bmwg-considerations-for-benchmarking-network-performance-in-containerized-infrastructures-00。

# 第 7 章　Kubernetes 网络

Docker 的出现使得容器技术得以快速发展，但是 Docker 本身仅仅是一种对应用程序的封装技术，不具备容器的编排、调度能力，远不能满足容器管理系统的要求。所以，容器技术推广后，容器管理系统就变得至关重要。可以将容器管理系统理解为管理容器的操作系统，普通的操作系统管理特定主机范围内的软硬件资源，而容器管理系统则管理用户容器。因此，容器管理系统需要：首先，具备容器调度、生命周期管理能力，维持系统正常运行；其次，具备灵活的编排能力，满足用户的多样化部署需求；再次，具备良好的用户接口，方便用户管理运维等。Kubernetes（常简写为 k8s）正是在这种背景下诞生的。

Kubernetes 在希腊语中是"舵手"的意思，它是 Google 公司开源的一套容器编排调度引擎，其目标是帮助用户更好地管理容器化的应用程序。

在深入了解 Kubernetes 之前，先了解应用部署方式的演进过程（见图 7-1）。

### 1. 传统部署模式

在启用虚拟化系统之前，业务应用直接部署在物理服务器上，一台服务器具备几十个 CPU 核心。为了充分利用硬件能力，系统管理员一般在一台服务器上部署多个应用。但是，这样很难限制应用程序对资源的访问，例如，有可能因为某个应用占用资源过多，导致其他应用得不到调度，从而发生部分应用响应速度过慢的问题。

除了应用管理不便之外，还有一个更麻烦的问题：横向扩展困难。应用是直接部署在物理机上的，如果用户希望通过横向扩展增加系统处理能力，那么必须要由人工部署一套新的物理环境后才能上线。由于人工介入的工作比较多，此过程很难做到自动化。

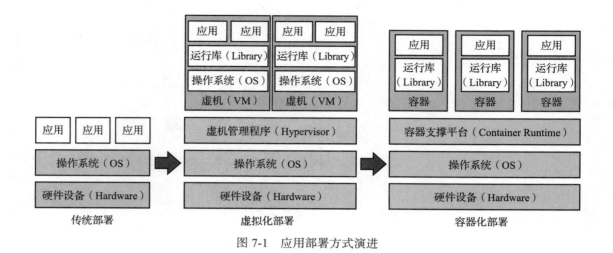

图 7-1 应用部署方式演进

### 2. 虚拟化部署（虚机部署）

虚拟化技术可以很好地解决应用隔离性的问题，一台物理机上可以部署多个虚机，每个虚机独占或者共享 CPU 核心，并且拥有独立的物理内存。运行在虚机上的应用仅能访问本虚机内的资源，不同虚机之间完全隔离，用户无须担心因资源抢占导致应用服务质量下降。同时虚拟化管理系统可以根据系统的负荷自动弹扩、弹缩虚机，使得横向扩展难的问题也得到了很好的解决。

虚拟化系统的缺点也非常明显，即每个虚机拥有自己的内核、文件系统，过于厚重，甚至有些情况下应用程序本身占用的资源小于虚机自身占用的资源，造成资源浪费。除此之外，应用程序运行在虚机上的效率也要低于物理机，毕竟应用与操作系统之间隔了一个虚拟化层。

### 3. 容器化部署

从隔离性角度来说，应用运行在容器中和运行在虚机中的差别不大，两者均是隔离的运行环境，拥有独立的资源。但是从系统层面看，容器和虚机是两种完全不同的概念。容器不包含自己的内核、文件系统，而仅仅是对应用的封装。操作系统将容器编排到一个独立的命名空间中运行，所以可以认为容器是直接运行在物理机上某个隔离空间中的应用程序。运行在容器中的应用等价于直接运行在物理机上，所以与虚机部署相比，部署在容器中的应用比部署在虚机中的应用运行效率要高一些。

考虑到容器化部署的优势，现在越来越多的厂商采用容器化部署方案。容器化部署方案虽好，但是如果没有合适的容器管理系统支撑，再好的方案也只能停留在理论阶段。目前业界存在多种容器管理系统方案，如 Kubernetes、OpenShift、Rancher、Mesos Marathon 等。在这些管理系统中，Kubernetes 可说是最受欢迎、应用最广泛的管理系统了，甚至成为容器管理系统的事实标准。

本书关注的是虚拟化网络系统，所以将重点讨论 Kubernetes 网络通信原理，对于书中用到的其他 Kubernetes 功能，仅做简单介绍。读者如需深入了解 Kubernetes 工作原理，请参考官方文档⊖。

本章介绍 Kubernetes 中与网络功能相关的一些基本概念，然后讲述 Pod 网络工作原理、Service 网络工作原理，最后介绍 Ingress 网络。

## 7.1 Kubernetes 基础

### 7.1.1 软件架构

Kubernetes 整体软件架构⊖参考图 7-2。

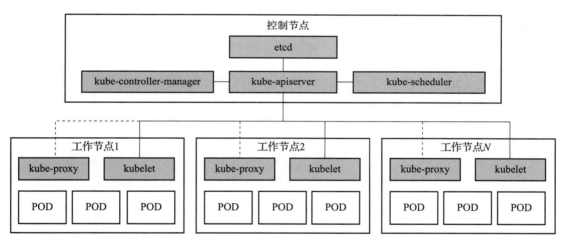

图 7-2　Kubernetes 整体软件架构

Kubernetes 由控制节点和工作节点组成，控制节点负责 Kubernetes 集群系统的管理，工作节点用于部署各种业务容器。图 7-2 展示的是单控制节点的架构，实际产品应用中，一般会部署三个或者更多的控制节点，以满足系统的高可用要求。

Kubernetes 内部由多个组件组成，各组件的功能说明请参考表 7-1。

表 7-1　Kubernetes 各组件功能说明

| 组件 | 说明 |
| --- | --- |
| etcd | etcd 是一个分布式数据库，它保证 etcd 集群范围内数据的一致性。Kubernetes 将系统运行的关键数据存储到 etcd 数据库中 |

---

⊖ Kubernetes 官方文档：https://kubernetes.io/docs/home/。
⊖ Kubernetes 整体软件架构参考文档：https://kubernetes.io/docs/concepts/architecture。

(续)

| 组件 | 说明 |
| --- | --- |
| API Server | API Server 是 Kubernetes 所有管理组件中唯一直接与 etcd 对话的组件。API Server 对外暴露接口，处理系统中各种资源请求，支持资源的读取、写入、更新和监控。其他各组件通过 API Server 接口获取系统运行数据，对于实时性要求较高的场景，外部组件可通过监控（watch）机制检测 Kubernetes 资源数据的变更，并根据变更情况执行动作 |
| scheduler | 负责用户 pod 的调度，scheduler 监控新创建的、尚未指定运行节点的 pod，并根据策略选择一个合适的节点调度该 pod 到目标节点进行运行 |
| controller-manager | controller-manager 是 Kubernetes 内置组件的控制器集合。controller-manager 中包含节点控制器、副本控制器、端点控制器等，这些控制器一起配合实现了 Kubernetes 系统的正常运行。用户可以自定义资源并实现自己的控制器，实现定制化功能 |
| kube-proxy | 作为节点上的网络代理，为外部组件提供访问 Kubernetes Service 服务网络的通道。同时提供负载均衡功能，按照策略将访问服务的请求均衡地分配给服务的后端 pod 实例 |
| kubelet | 运行在每个工作节点的代理进程，负责本节点 pod 的生命周期管理。Kubelet 按照用户配置要求监控 pod 的运行状态，并按照指定的策略对容器进行管理 |

## 7.1.2 基本概念

本节仅介绍与 Kubernetes 网络功能相关的基本概念，更多功能请参考官方文档[一]。

### 1. 命名空间（namespace）

Kubernetes 同样存在"命名空间"的概念，但这里的命名空间与 Linux 内核的命名空间没有任何关系，反而类似于虚机管理系统中的租户或者项目，主要起到管理隔离的作用。用户可以将不同功能的服务放到不同的命名空间中，以便从管理角度实现隔离。

下面的命令用于查看 Kubernetes 系统中的命名空间列表：

```
[root@exp ~]# kubectl get namespaces
NAME              STATUS   AGE
default           Active   6d22h
ingress-nginx     Active   38h
kube-flannel      Active   6d22h
kube-node-lease   Active   6d22h
kube-public       Active   6d22h
kube-system       Active   6d22h
```

安装 Kubernetes 时，默认将其自身组件安装到 kube-system 命名空间中。用户可以在执行 kubectl 命令时通过"-n <namespace>"参数指定命名空间，命令仅操作指定命名空间中的资源。例如，下面的命令用于获取部署在 kube-system 命名空间的 pod 列表：

```
[root@exp ~]# kubectl get pod -n kube-system
NAME                        READY   STATUS    RESTARTS       AGE
coredns-5d78c9869d-5t4mm    1/1     Running   5 (6m2s ago)   6d22h
```

---

一 Kubernetes 网络功能参考文档：https://kubernetes.io/docs/concepts。

```
coredns-5d78c9869d-js5dx              1/1    Running    5  (6m2s ago)    6d22h
etcd-exp                               1/1    Running    73 (6m2s ago)   6d22h
kube-apiserver-exp                     1/1    Running    13 (6m2s ago)   6d22h
kube-controller-manager-exp            1/1    Running    13 (6m3s ago)   6d22h
kube-proxy-jd244                       1/1    Running    1  (5m55s ago)  36h
kube-proxy-tgrn7                       1/1    Running    1  (6m2s ago)   36h
kube-scheduler-exp                     1/1    Running    13 (6m3s ago)   6d22h
```

### 2. pod

在 Kubernetes 中，pod 代表一组容器的集合，这些容器共享 CPU、存储、网络等资源，是系统管理的最小可部署计算单元。pod 一词源于豌豆荚（pea pod），意味着它包含了一组紧密关联的容器，就像豌豆荚包含豌豆一样。

在 Kubernetes 系统中，每个 pod 至少包含两个容器。

➢ **pause 容器**：每个 pod 均关联一个 pause 容器，该容器由 Kubernetes 提供。
➢ **业务容器**：根据用户指定镜像创建的容器，此容器是用户的工作容器。

Kubernetes 在创建用户 pod 时，首先创建 pause 容器，并对该容器的网络进行初始化，待准备工作全部就绪后再创建业务容器。业务容器与 pause 容器共享同一个网络命名空间，所以用户看到这两个容器中的网络配置是完全相同的。

例如，向系统中的某个工作负载增加了一个 pod 副本，通过 ctr 命令看到系统中多出来两个容器（本例使用的容器运行时为 containerd，对应的管理命令为 ctr；如果使用的容器运行时是 docker，则可以通过"docker ps"命令查看）：

```
[root@aux ~]# ctr -n k8s.io c ls
CONTAINER          IMAGE                                  RUNTIME
0565ea8de...       registry.local.io/webserver:v2         io.containerd.runc.v2
106be0567...       registry.k8s.io/pause:3.6              io.containerd.runc.v2
...
```

一般情况下，建议一个 pod 中仅部署一个业务容器。当然，Kubernetes 允许一个 pod 内部署多个业务容器，部署在同一个 pod 中的所有容器具有相同的生命周期。

### 3. 服务（Service）

在 Kubernetes 系统中，pod 是最基本的运行单元，但是直接访问 pod 并不是最好的选择。因为如果 pod 发生重建，那么重建后 pod 的地址很可能会发生变化（依赖 CNI 插件实现）。即便在同一个节点上重建，pod 的地址也会发生变化，所以直接通过 IP 地址访问 pod 是不稳定的。

同时，一个应用包含的 pod 数量也是动态的。应用后端一般由多个同质化的 pod 组成，多个 pod 实例之间以负荷分担方式工作：当服务能力不足时，通过横向扩展 pod 数量达到扩容的目的；当服务能力过剩时，通过缩减 pod 数量达到节能的目的。也就是说，应用后端 pod 数量可以随着业务负荷变化而随时调整。如果要求访问此应用的客户端记录每个 pod 的地址，并维护每个 pod 的状态，这无疑会增加客户端的复杂度。并且，应用将后端 pod 信息暴露给客户端，架构上也不合理。

Kubernetes 提供的服务功能用于解决上述问题，服务为一组 pod 实例提供稳定的访问入口。客户端通过服务访问应用时，Kubernetes 自动选择一个合适的后端 pod 处理用户请求，Kubernetes 确保后端 pod 之间的负载均衡，客户端不必关心服务内部有多少个 pod。

服务使用的地址称为 ClusterIP。Kubernetes 在创建服务时为之分配 IP 地址，后续无论系统发生多少次重启，该服务的 ClusterIP 始终保持不变，所以服务是稳定的。

通过"kubectl describe svc"命令可以查看特定服务的详细信息。下面命令显示 webserver 服务的详细信息：

```
[root@exp ~]# kubectl describe svc webserver
Name:                     webserver
Namespace:                default
Labels:                   app=webserver
Annotations:              <none>
Selector:                 app=webserver
Type:                     NodePort                    # 服务类型
IP Family Policy:         SingleStack
IP Families:              IPv4
IP:                       172.23.0.19                 # 服务 ClusterIP 地址
IPs:                      172.23.0.19
Port:                     <unset> 80/TCP              # 服务对外端口
TargetPort:               8080/TCP                    # 后端 pod 端口
NodePort:                 <unset> 32686/TCP
Endpoints:                172.24.0.2:8080,172.24.1.28:8080,172.24.1.29:8080
Session Affinity:         None
External Traffic Policy:  Cluster
Events:                   <none>
```

Kubernetes 服务参数的关键字段说明参考表 7-2。

表 7-2　Kubernetes 服务参数关键字段说明

| 字段 | 说明 |
| --- | --- |
| Type | 服务类型，标准服务分为 4 种类型：ClusterIP、NodePort、LoadBalancer 和 ExternalName。本例使用的是 NodePort |
| IP | 服务使用的 ClusterIP 地址，此地址在整个服务生命周期内保持不变 |
| Port | 服务对外暴露的端口信息，客户端可以通过此端口访问服务 |
| TargetPort | 后端 pod 暴露的端口，Kubernetes 将目的地址为"ClusterIP:Port"的报文转发到某个后端 pod 的 TargetPort 端口上 |
| NodePort | 此字段仅在服务类型为 NodePort 时有效，此类型的服务允许用户通过节点地址端口访问服务，格式为"NodeIP:NodePort" |
| Endpoints | 后端 pod 列表 |

上述命令结果显示 webserver 的服务地址为 172.23.0.19，并且该服务存在三个后端

pod。下面通过 webserver 的服务地址访问此服务：

```
[root@exp ~]# curl 172.23.0.19            # 访问服务地址
Service: webserver-1                      # 后端 pod 为 webserver-1
Version: v2.0
Local address list : 172.24.0.2
HTTP Request information:
    HostAddr        : 172.23.0.19         # HTTP 头中的 Host 地址为服务地址
    ClientAddr      : 172.24.0.1:56119
    Proto           : HTTP/1.1
    Method          : GET
    RequestURI      : /
[root@exp ~]# curl 172.23.0.19
Service: webserver-0                      # 后端 pod 为 webserver-0
Version: v2.0
Local address list : 172.24.1.28
HTTP Request information:
    HostAddr        : 172.23.0.19
    ClientAddr      : 172.24.0.0:53668
    Proto           : HTTP/1.1
    Method          : GET
    RequestURI      : /
```

客户端发起两次访问，每次均由不同的后端 pod 处理，Kubernetes 实现服务后端 pod 之间的负载均衡。

用户也可以通过域名访问服务，Kubernetes 支持三种格式的域名。

➢ "<serviceName>"：仅指定服务名，访问当前命名空间的指定服务。

➢ "<serviceName>.<namespace>.svc"：访问指定命名空间中的服务。

➢ "<serviceName>.<namespace>.svc.cluster.local"：完整域名格式。

以 webserver 服务为例，使用以上三种格式的域名都是可以正常访问此服务的：

```
[root@exp ~]# curl webserver
[root@exp ~]# curl webserver.default.svc
[root@exp ~]# curl webserver.default.svc.cluster.local
Service: webserver-1
Version: v2.0
Local address list : 172.24.0.2
HTTP Request information:
    HostAddr        : webserver.default.svc.cluster.local
    ClientAddr      : 172.24.0.1:36899
    Proto           : HTTP/1.1
    Method          : GET
    RequestURI      : /
```

#### 4. 工作负载（workload）

一般一个应用由多个 pod 后端同时提供服务，为了减轻用户的管理负担，Kubernetes 提供了工作负载代替用户管理一组 pod。用户可以在工作负载资源文件中描述 pod 的镜像、运行参数、副本数、状态检查等参数。控制器按照用户的要求管理 pod，确保工作负载的运行状态与用户期望的状态一致。

Kubernetes 内置多种工作负载类型。

- ➢ **Deployment/ReplicaSet**：本类型的工作负载适合用来管理无状态应用，在 Deployment/ReplicaSet 中所有 pod 都是对等的，并且随时可以被替换掉。
- ➢ **StatefulSet**：一般用于管理有状态应用。例如，如果应用使用持久存储卷，则可以创建 StatefulSet 类型的工作负载。在此模式下，每个 pod 都会与某个特定的持久存储卷关联起来。这样即便 pod 重建，也可以关联到重建前使用的持久化存储卷，确保数据不会丢失（使用本地存储卷时例外）。
- ➢ **DaemonSet**：此类型的工作负载部署在 Kubernetes 集群的每个节点上，一些为系统管理提供辅助功能的组件会使用这种模式。例如，kube-proxy 部署为 DaemonSet 模式，该组件为每个节点提供访问服务网络的 iptables/ipvs 规则。
- ➢ **Job/CronJob**：任务/计划任务，可以使用 Job 来定义只需要执行一次并且执行后即视为完成的任务，如果需要周期性执行，则可以使用计划任务。

## 7.2 Kubernetes 运行环境

本次功能验证使用的 Kubernetes 网络环境如图 7-3 所示。

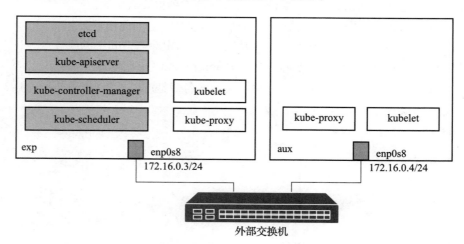

图 7-3 部署 Kubernetes 运行环境

本次验证使用 2 台主机：exp 主机承担控制节点和工作节点的功能，aux 主机仅仅作为工作节点。两台主机的 enp0s8 设备通过外部交换机直连，节点之间通信使用 172.16.0.0/24 网段地址。

Kubernetes 环境配置参考表 7-3。

表 7-3　Kubernetes 环境配置

| 参数 | 配置信息 | 说明 |
|---|---|---|
| Kubernetes 版本 | 1.27.3 | Kubernetes 从 1.24 版本开始使用 containerd 作为默认的容器运行时 |
| Pod 网段 | 172.24.0.0/21 | Pod 网络使用的网段，本测试环境仅部署两台主机，使用 21 位掩码足够 |
| Service 网段 | 172.23.0.0/24 | Service 网络使用的网段，本集群可容纳 254 个 Service |
| 控制节点 VIP | 172.16.0.3 | 本次部署为单机网络环境，所以直接将控制节点的物理设备地址作为 VIP 地址 |

## 7.2.1　准备运行环境

### 1. 准备容器运行时

Kubernetes 从 1.24 版本开始使用 containerd 作为默认的容器运行时，所以在部署 Kubernetes 之前，务必确保系统中已经正确地安装了 containerd。

通过"containerd -v"命令查看 containerd 的运行版本：

```
[root@exp ~]# containerd -v
containerd containerd.io 1.6.21 3dce8eb05...
```

### 2. 部署 Kubernetes 集群

官方推荐用户使用 kubeadm 部署集群，在命令参数中指定 Kubernetes 使用的网络配置。本次部署使用的命令参数如下：

```
[root@exp ~]# kubeadm init --apiserver-advertise-address=172.16.0.3 \
> --kubernetes-version v1.27.3 \
> --service-cidr=172.23.0.0/24 \
> --pod-network-cidr=172.24.0.0/21
```

这些参数的含义如下。

- ➢ --apiserver-advertise-address=172.16.0.3：指定 API Server 地址。工作节点通过此地址找到控制节点。在单控制节点环境中可直接使用物理机的 IP 地址作为 API Server 的地址。
- ➢ --pod-network-cidr=172.24.0.0/21：指定 Pod 网络使用的地址段。Kubernetes 创建 pod 时从此地址段中分配地址。
- ➢ --service-cidr=172.23.0.0/24：指定 Service 网络使用的地址段，Kubernetes 创建服务时从此地址段分配地址。

安装完成后，Kubernetes 显示如下操作指引：

```
Your Kubernetes control-plane has initialized successfully!

To start using your cluster, you need to run the following as a regular user:
```

```
    mkdir -p $HOME/.kube
    sudo cp -i /etc/kubernetes/admin.conf $HOME/.kube/config
    sudo chown $(id -u):$(id -g) $HOME/.kube/config

Alternatively, if you are the root user, you can run:

    export KUBECONFIG=/etc/kubernetes/admin.conf

You should now deploy a pod network to the cluster.
Run "kubectl apply -f [podnetwork].yaml" with one of the options listed at:
    https://kubernetes.io/docs/concepts/cluster-administration/addons/

Then you can join any number of worker nodes by running the following
on each as root:

kubeadm join 172.16.0.3:6443 --token etn585.hrb72ypl5q0w79ij \
        --discovery-token-ca-cert-hash sha256:17e0411cab35...
```

上述操作指引包括三部分内容。

**（1）集群管理配置**

集群安装完成后，用户可以使用 kubectl 命令管理系统。下面的命令用于准备运行 kubectl 命令所需的环境：

```
mkdir -p $HOME/.kube
sudo cp -i /etc/kubernetes/admin.conf $HOME/.kube/config
sudo chown $(id -u):$(id -g) $HOME/.kube/config
```

此命令必须在 exp 节点上执行，执行完成后就可以使用 kubectl 命令管理集群了。

**（2）安装网络插件**

在安装网络插件之前，系统是无法正常创建用户 pod 的，管理员可以按照指引安装网络插件，插件列表请参考官方文档○。

**（3）加入节点**

目前仅仅安装了控制节点，接下来通过操作指引给出的命令向集群增加工作节点。到 aux 节点执行如下命令，此命令将 aux 节点加入 Kubernetes 集群中：

```
kubeadm join 172.16.0.3:6443 --token etn585.hrb72ypl5q0w79ij \
        --discovery-token-ca-cert-hash sha256:17e0411cab35...
```

本次测试仅有 2 台主机，考虑到控制节点目前也是空闲状态，所以本例把控制节点同时作为工作节点使用。

Kubernetes 根据节点配置的污点参数决定该节点是否可以部署用户 pod。默认情况下控制节点配置了"node-role.kubernetes.io/control-plane:NoSchedule"污点属性，Kubernetes 不

---

○ 插件列表：https://kubernetes.io/docs/concepts/cluster-administration/addons。

会向此节点部署用户 pod。

查看节点的污点属性：

```
[root@exp ~]# kubectl describe nodes |grep Taints
Taints:         node-role.kubernetes.io/control-plane:NoSchedule
Taints:         <none>
```

通过下面的命令可以去掉所有节点的污点配置：

```
[root@exp ~]# kubectl taint node --all \
> node-role.kubernetes.io/control-plane-
node/exp untainted
error: taint "node-role.kubernetes.io/control-plane" not found
```

命令结果显示 exp 节点执行成功，aux 节点执行失败，原因是未找到此污点，忽略即可。再次查看节点的污点配置，所有节点污点属性均变为"<none>"，表示均可以部署用户 pod：

```
[root@exp ~]# kubectl describe nodes |grep Taints
Taints:         <none>
Taints:         <none>
```

### 3. 安装网络插件

Kubernetes 集群安装完成后，回到 exp 节点上查看系统中所有 pod 的状态：

```
[root@exp ~]# kubectl get pod -A
NAMESPACE     NAME                              READY   STATUS              RESTART   AGE
kube-system   coredns-5d78c9869d-mn5x4          0/1     ContainerCreating   0         5m53s
kube-system   coredns-5d78c9869d-xxkjm          0/1     ContainerCreating   0         5m53s
kube-system   etcd-exp                          1/1     Running             0         6m7s
kube-system   kube-apiserver-exp                1/1     Running             0         6m4s
kube-system   kube-controller-manager-exp       1/1     Running             0         6m4s
kube-system   kube-proxy-5zddm                  1/1     Running             0         5m53s
kube-system   kube-proxy-cn7wd                  1/1     Running             0         4m18s
kube-system   kube-scheduler-exp                1/1     Running             0         6m4s
```

命令输出的 READY 列呈现该 pod 的就绪情况，值为"就绪容器数量/总容器数量"，STATUS 列呈现当前 pod 的状态。从上面的输出可以看到，只有 coredns 组件处于"容器创建中"（ContainerCreating）状态，其他的容器均已经处于"运行"（Running）状态了。这是为什么？

使用"kubectl describe"命令检查容器无法创建的原因：

```
[root@exp ~]# kubectl -n kube-system describe pod coredns-5d78c9869d-mn5x4
Name:         coredns-5d78c9869d-mn5x4
Namespace:    kube-system
...
Events:
```

```
Successfully assigned kube-system/coredns-5d78c9869d-mn5x4 to exp
Warning  FailedCreatePodSandbox
Kubelet  Failed to create pod sandbox: rpc error: code = Unknown
desc = failed to setup network for sandbox "17a5789435c...
```

从上述命令的输出结果看,coredns 无法启动的原因是它无法为容器沙箱创建网络。系统中未部署有效的 CNI 插件,Kubelet 无法为 pod 创建网络。

对上述现象提供一个解决方案:安装 Kubernetes CNI 网络插件。

Kubernetes 的网络插件种类繁多,flannel 是最常用的插件之一。在了解容器网络时,我们使用 flannel 实现了多节点之间的网络通信,所以本节继续使用 flannel 插件。

用户可以到 flannel 官方[⊖]网站下载 Kubernetes 环境下的配置文件 kube-flannel.yml,下载到本地后需要修改部分参数。

(1)修改 kube-flannel-cfg 配置集

将 kube-flannel-cfg 配置集的 net-conf.json 文件中的 Network 字段替换为本集群的容器网络地址段,设置 Backend.Type 字段值为 vxlan(节点之间通过 VXLAN 隧道传输 pod 之间的通信数据)。

```
apiVersion: v1
kind: ConfigMap
metadata:
    name: kube-flannel-cfg                   # 配置集名称
    namespace: kube-flannel
data:  net-conf.json: |
    {
        "Network": "172.24.0.0/21",          # 设置为本集群的 pod 地址段
        "Backend": {
            "Type": "vxlan"                  # 使用 VXLAN 实现跨节点通信
        }
    }
...
```

(2)修改 flanneld 启动参数

flanneld 容器部署为 DaemonSet 模式,每个节点运行一个 flanneld 实例,默认情况下 flanneld 使用"默认路由"绑定的设备作为跨节点通信设备。如果主机中存在多网卡,并且默认路由绑定的不是集群节点间通信使用的网络设备,就会导致跨节点网络不通。

本例使用的两台主机 exp 和 aux 均存在多个网卡,并且默认路由绑定的网卡不是节点间通信使用的网络设备,所以必须指定 flannel 使用的接口设备。具体办法是修改 flanneld 启动参数,通过"--iface"参数指定跨节点通信使用的网络设备。

```
apiVersion: apps/v1
kind: DaemonSet
```

---

⊖ https://github.com/flannel-io/flannel。

```
metadata:
    name: kube-flannel-ds
    namespace: kube-flannel
spec:
    template:
        spec:
            containers:
            - args:
                - --ip-masq
                - --kube-subnet-mgr
                - --iface=enp0s8       # 指定节点间使用 enp0s8 设备通信
              command:
                - /opt/bin/flanneld    # flanneld 进程
```

修改完配置后，执行下面的命令部署 flannel：

```
[root@exp flannel]# kubectl apply -f kube-flannel.yml
namespace/kube-flannel created
serviceaccount/flannel created
clusterrole.rbac.authorization.k8s.io/flannel created
clusterrolebinding.rbac.authorization.k8s.io/flannel created
configmap/kube-flannel-cfg created
daemonset.apps/kube-flannel-ds created
```

部署完成后，再查看系统中所有 pod 的运行情况，发现所有 pod 均正常工作：

```
[root@exp ~]# kubectl get pod -A
NAMESPACE      NAME                                  READY   STATUS    RESTARTS   AGE
kube-flannel   kube-flannel-ds-dxq4c                 1/1     Running   0          1m7s
kube-flannel   kube-flannel-ds-g529r                 1/1     Running   0          1m25s
kube-system    coredns-5d78c9869d-mn5x4              1/1     Running   0          30m53s
kube-system    coredns-5d78c9869d-xxkjm              1/1     Running   0          30m53s
kube-system    etcd-exp                              1/1     Running   1          31m7s
kube-system    kube-apiserver-exp                    1/1     Running   1          31m4s
kube-system    kube-controller-manager-exp           1/1     Running   1          31m4s
kube-system    kube-proxy-5zddm                      1/1     Running   1          50m53s
kube-system    kube-proxy-cn7wd                      1/1     Running   0          29m18s
kube-system    kube-scheduler-exp                    1/1     Running   1          31m4s
```

至此，Kubernetes 运行环境部署完成。

## 7.2.2 网络配置

对于全新部署的 Kubernetes 集群，用户可通过部署参数直接获取集群的网络配置信息，但是如果使用已经部署好的 Kubernetes 集群，那么要如何获取网络配置信息呢？

使用 kubeadm 部署时，kubeadm 会在 kube-system 命名空间中创建一个名为 kubeadm-config 的配置集（configmap），此配置集中保存了 Kubernetes 集群的网络参数，部分内容示例如下：

```
[root@exp ~]# kubectl -n kube-system get cm kubeadm-config -o yaml
apiVersion: v1
kind: ConfigMap
metadata:
    name: kubeadm-config                          # 配置集名称
    namespace: kube-system
data:
    ClusterConfiguration: |
        ...
        networking:
            dnsDomain: cluster.local
            podSubnet: 172.24.0.0/21              # Pod 网络地址段
            serviceSubnet: 172.23.0.0/24          # Service 网络地址段
...
```

kubeadm-config 配置集中的 ClusterConfiguration 字段保存了本集群使用的地址段信息。
- podSubnet 参数保存了 Pod 网络使用的地址段，与部署时"--pod-network-cidr"参数指定的一致。
- serviceSubnet 参数保存了 Service 网络使用的地址段，与部署时"--service-cidr"参数指定的一致。

接下来了解在 Kubernetes 中如何使用这两个地址段。

**1. pod 地址段细分到每个节点**

在创建 pod 时，我们会发现每个节点上 pod 使用的地址段都不会重叠，这是如何做到的呢？实际上，本功能是由 kube-controller-manager 组件实现的。kube-controller-manager 存在一个名为"--allocate-node-cidrs"的参数，此参数用于决定是否将用户指定的 pod-network-cidr 地址段分配到每个节点上，当取值为 true 时表示需要将 pod 地址段分配到每个节点，kube-controller-manager 保证每个节点分配到的地址段不重叠。

在 exp 主机上查看 kube-controller-manager 进程的运行参数：

```
[root@exp ~]# ps -aux | grep kube-controller-manager
root  2143  2.7  4.3 819736 110048 Ssl  19:33  1:03
kube-controller-manager
--allocate-node-cidrs=true                        # 将 pod 地址段细分到每个节点上
--authentication-kubeconfig=/etc/kubernetes/controller-manager.conf
--authorization-kubeconfig=/etc/kubernetes/controller-manager.conf
--bind-address=127.0.0.1
--cluster-cidr=172.24.0.0/21                      # pod 地址段范围
--cluster-name=kubernetes
...
```

kube-controller-manager 记录下每个节点关联的地址范围并写入节点的属性中，后续用户可通过"kubectl get node -o yaml"命令查看每个节点管理的地址段范围。示例如下：

```
[root@exp ~]# kubectl get node -o yaml
apiVersion: v1
```

```
items:
- apiVersion: v1
  kind: Node
  metadata:
      name: aux                              # aux 节点
  spec:
      podCIDR: 172.24.1.0/24                 # 本节点管理的地址段范围
      podCIDRs:
      - 172.24.1.0/24
  ...
- apiVersion: v1
  kind: Node
  metadata:
      name: exp                              # exp 节点
  spec:
      podCIDR: 172.24.0.0/24                 # 本节点管理的地址段范围
      podCIDRs:
      - 172.24.0.0/24
  ...
```

命令输出所有节点的参数，其中 aux 节点分配到的 podCIDR 为 172.24.0.0/24，aux 节点分配到的 podCIDR 为 172.24.1.0/24。

Kubernetes 创建 pod 时，flannel 插件直接在本节点负责的地址范围内分配地址，这样就能够保证不同节点上 pod 的地址不会重叠。

**2. 服务地址配置**

每创建一个服务，Kubernetes 就会从 service-cidr 地址段中分配一个地址给新建的服务使用，此地址称为 VIP（Virtual IP，虚拟 IP）。由于地址在集群内有效，所以也称为 ClusterIP。如果用户希望自行指定服务的 ClusterIP，则可以在创建服务时通过设置 spec.clusterIP 字段来指定，其前提是指定的地址必须位于 service-cidr 范围内并且未被占用，否则创建服务命令就会执行失败。

刚刚安装完成的 Kubernetes 系统中有两个服务，其地址均位于 172.23.0.0/24 网段。通过下面的命令查看系统中已经部署的服务列表：

```
[root@exp ~]# kubectl get svc -A
NAMESPACE     NAME          TYPE        CLUSTER-IP     PORT(S)         AGE...
default       kubernetes    ClusterIP   172.23.0.1     443/TCP         6d12h ...
kube-system   kube-dns      ClusterIP   172.23.0.10    53/UDP,53/...   6d12h ...
```

命令结果中的 CLUSTER-IP 列描述了该服务使用的 ClusterIP 地址。

一般认为，不管是什么 IP 地址，只有被配置到指定的设备上，此地址才可以被访问。但是在 exp 主机上查看地址配置信息，会发现没有任何设备配置 172.23.0.0/24 网段的地址，那么服务地址究竟配置在哪里呢？

其实，Kubernetes 并没有将服务地址配置到任何设备上，而是通过 iptables/ipvs 规则实现对服务地址的访问控制。由于服务地址没有绑定具体的网络设备，用户是没有办法通过 ping 命令来验证服务网络的连通性的。

Kubernetes 中的 kube-proxy 组件用于在各个节点上设置 iptables/ipvs 规则，从而实现 pod、节点、外部网络对服务地址的访问。用户每向系统中增加一个服务，kube-proxy 同时生成此服务地址对应的转发规则，删除服务时同步删除规则。

### 7.2.3 创建 pod 和服务

继续以 webServer 容器为例说明 pod 和服务的创建过程。在开始之前请先将 webServer 容器镜像推送到指定的镜像仓库中。本次使用的镜像的完整路径：

registry.local.io/webServer:v2。

#### 1. 配置文件说明

首先创建工作负载。为了方便查看，本次使用的工作负载类型为 StatefulSet，配置如下：

```
apiVersion: apps/v1
kind: StatefulSet                              # 工作负载类型为 StatefulSet
metadata:
    labels:
        app: webserver
    name: webserver                            # 工作负载名称
    namespace: default                         # 置入默认网络命名空间
spec:
    replicas: 3                                # 副本数设置为 3
    serviceName: webserver                     # 如果需要通过域名访问 pod，则此项必选
    selector:
        matchLabels:
            app: webserver
    template:
        metadata:
            labels:
                app: webserver                 # 设置 pod 的 app 标签
        spec:
            containers:
            - name: webserver
              image: registry.local.io/webserver:v2    # 指定镜像名称
              imagePullPolicy: IfNotPresent
              ports:
              - containerPort: 8080                    # 容器对外服务端口
                protocol: TCP
              livenessProbe:                           # liveness 检查配置
                httpGet:                               # 通过 HTTP Get 检查服务状态
                    path: /
                    port: 8080
                initialDelaySeconds: 30
                timeoutSeconds: 30
```

本集群只有两个节点，并且其中一个节点作为控制节点使用，工作负荷相对较高，所以如果部署的 pod 数量过少，Kubernetes 很可能将 pod 全部创建到 aux 节点上。为了验证每个节点均能正常分配到 pod，本次特意将副本数设置为 3，正常情况下 exp 节点能够分配到一个 pod。

接下来进行服务配置，其字段说明参考配置文件的注释：

```
kind: Service
apiVersion: v1
metadata:
    labels:
        app: webserver
    name: webserver                  #服务名称
    namespace: default               #归属于默认网络命名空间
spec:
    type: NodePort                   #服务类型为 NodePort，这样既可以通过 ClusterIP
                                     #访问，也可以通过节点物理网卡地址访问
    ports:
    - port: 80                       #服务对外暴露的端口
      targetPort: 8080               #转发到容器端口
    selector:
        app: webserver               #根据 app 标签选择后端
```

将上述两段配置写入 webserver-sts.yaml 文件中，使用 kubectl 命令创建资源：

```
[root@exp kube]# kubectl apply -f webserver-sts.yaml
service/webserver created
statefulset.apps/webserver created
```

### 2. 创建资源说明

查看系统 pod 信息时增加 "-o wide" 参数，命令结果将呈现 pod 的地址信息和归属的节点（为了简化呈现，这里删除了部分不必要的信息）：

```
[root@exp ~]# kubectl get pod -o wide
NAME            READY    STATUS       AGE        IP              NODE
webserver-0     1/1      Running      14m        172.24.1.28     aux
webserver-1     1/1      Running      14m        172.24.0.2      exp
webserver-2     1/1      Running      14m        172.24.1.29     aux
```

本次一共创建了三个副本，其中有两个副本运行在 aux 节点上，一个副本运行在 exp 节点上，符合预期。

检查创建的服务资源：

```
[root@exp ~]# kubectl get svc
NAME          TYPE        CLUSTER-IP      EXTERNAL-IP    PORT(S)        AGE
Kubernetes    ClusterIP   172.23.0.1      <none>         443/TCP        6d16h
Webserver     NodePort    172.23.0.19     <none>         80:32686/TCP   30s
```

系统中增加了一个名为"webserver"的服务，该服务的 ClusterIP 为 172.23.0.19，NodePort 端口为 32686。

### 3. 访问 pod 和服务

用户部署 pod 的目的是对外提供服务，业务该如何访问这些服务呢？下面在 exp 节点上访问刚刚创建的服务，有以下几种途径。

#### （1）直接访问 pod

获取目标 pod 的地址后，直接访问指定的 pod。例如，前面已经获取了 webserver-2 实例的地址为 172.24.1.29，下面直接通过此地址访问 pod：

```
[root@exp kube]# curl 172.24.1.29:8080
Service: webserver-2
Version: v2.0
Local address list : 172.24.1.29
HTTP Request information:
    HostAddr        : 172.24.1.29:8080
    ClientAddr      : 172.24.0.0:44592
    Proto           : HTTP/1.1
    Method          : GET
    RequestURI      : /
```

想要访问指定 pod，则必须先获取 pod 的地址才行。

#### （2）通过服务的 ClusterIP 访问

服务起到了负载均衡的作用，所以通过服务地址访问时，客户端并不知道最终由哪个后端 pod 提供服务。

下面连续发起两次服务请求，结果显示两次请求由不同的后端 pod 处理：

```
[root@exp ~]# curl 172.23.0.19               # 访问服务地址
Service: webserver-1                         # 后端 pod 为 webserver-1
Version: v2.0
Local address list : 172.24.0.2
HTTP Request information:
    HostAddr        : 172.23.0.19            # HTTP 头中的 Host 地址为服务地址
    ClientAddr      : 172.24.0.1:56119
    Proto           : HTTP/1.1
    Method          : GET
    RequestURI      : /

[root@exp ~]# curl 172.23.0.19
Service: webserver-0                         # 后端 pod 为 webserver-0
Version: v2.0
Local address list : 172.24.1.28
HTTP Request information:
    HostAddr        : 172.23.0.19
    ClientAddr      : 172.24.0.0:53668
    Proto           : HTTP/1.1
```

```
    Method        : GET
    RequestURI    : /
```

**（3）通过"NodeIP:NodePort"访问**

本方式仅适用于 NodePort 类型的服务，此类服务相当于监听了节点上的端口，当节点从 NodePort 端口收到请求后，系统直接将请求转发给后端处理。

下面在 aux 节点上通过 exp 节点的地址直接访问 webserver 服务，webserver 服务的 NodePort 为 32686，所以最终访问的地址是 172.16.0.3:32686。其执行结果如下：

```
[root@aux ~]# curl 172.16.0.3:32686
Service: webserver-0                            #后端 pod 为 webserver-0
Version: v2.0
Local address list : 172.24.1.28
HTTP Request information:
    HostAddr      : 172.16.0.3:32686            #HTTP 头的 Host 地址为 exp 主机地址
    ClientAddr    : 172.24.0.0:64984
    Proto         : HTTP/1.1
    Method        : GET
    RequestURI    : /
```

Kubernetes 正常返回了结果，本方式与通过服务的 ClusterIP 访问效果相同。

## 7.3　Pod 网络

Kubernetes 自身不负责 Pod 网络的管理，而是将这部分工作交由 CNI 插件实现并管理。目前社区存在很多开源 CNI 插件解决方案，如 flannel、calico、Cilium 等，每种解决方案的原理不同，性能差异也较大，不过这些插件的目标相同，即实现完整的 Pod 网络管理功能。下面以 flannel 为例介绍 Kubernetes pod 之间的通信原理。

在 5.1 节中，我们已经通过"虚拟网卡对 + 网桥 +flannel"实现了容器网络的跨节点通信功能。其中，"虚拟网卡对 + 网桥"实现了同主机内不同容器之间的通信，flannel 实现了跨节点容器之间的通信。

在容器网络中，flannel 仅仅将本节点负责的容器地址范围传递给 Docker，至于容器地址的分配、释放，均由 Docker 引擎管理。Kubernetes 网络使用 flannel 作为 CNI 插件时，flannel 不仅要负责跨节点 pod 之间的网络通信，还要承担容器接口创建、删除、地址管理等角色。

总体来说，flannel 负责如下几部分工作。

①**创建网络接口设备**：每创建一个 pod，flannel CNI 插件都会为之创建一个虚拟网卡对设备，并将设备的一端置于 pod 所在的网络命名空间中，将另一端连接到宿主机的网桥上。

②**管理容器地址**：flannel CNI 插件负责容器地址的管理，创建容器时分配 IP 地址，删除容器时释放 IP 地址。

③跨节点通信：flannel 通过 VXLAN 隧道传输跨节点 pod 之间的网络通信报文。

## 7.3.1 网络环境

接下来从设备、网络配置两个方面对比 Kubernetes 网络和容器网络。

### 1. 新增网络设备

flannel 部署完成后，主机上新增两个网络设备。下面是 exp 主机上增加的网络设备：

```
[root@exp ~]# ifconfig
cni0: flags=4163<UP,BROADCAST,RUNNING,MULTICAST>  mtu 1450
        inet 172.24.0.1  netmask 255.255.255.0  broadcast 172.24.0.255
        ether 6e:e0:dd:41:02:c7  txqueuelen 1000  (Ethernet)
        RX packets 3962  bytes 366392 (357.8 KiB)
        RX errors 0  dropped 0  overruns 0  frame 0
        TX packets 3961  bytes 398796 (389.4 KiB)
        TX errors 0  dropped 0 overruns 0  carrier 0  collisions 0

flannel1.1: flags=4163<UP,BROADCAST,RUNNING,MULTICAST>  mtu 1450
        inet 172.24.0.0  netmask 255.255.255.255  broadcast 0.0.0.0
        ether 12:01:0c:81:35:ac  txqueuelen 0  (Ethernet)
        RX packets 32  bytes 5095 (4.9 KiB)
        RX errors 0  dropped 0  overruns 0  frame 0
        TX packets 48  bytes 3168 (3.0 KiB)
        TX errors 0  dropped 14 overruns 0  carrier 0  collisions 0...
```

**（1）cni0：网桥设备**

查看设备属性，cni0 为网桥设备：

```
[root@exp ~]# ip -d link
12: cni0: <BROADCAST,MULTICAST,UP,LOWER_UP> mtu 1450 ....
    link/ether 6e:e0:dd:41:02:c7 brd ff:ff:ff:ff:ff:ff promiscuity 0
    bridge forward_delay 1500 ....
```

cni0 设备与容器网络中的 docker0 设备相同，差异仅仅在于网桥的名字不同。容器网络中 docker0 网桥是由 Docker 创建的，而本例 Kubernetes 网络中的 cni0 网桥是由 flannel 创建的。cni0 网桥负责 exp 主机内部 pod 之间的通信。网桥占用了本节点上 pod 地址段的第一个地址 172.24.0.1，此地址同时作为各容器的默认网关。前面在准备运行环境时创建的 webserver-1 实例部署在 exp 节点上，查看该 pod 中的默认路由信息：

```
[root@exp ~]# kubectl exec webserver-1 -- route -n
Kernel IP routing table
Destination     Gateway         Genmask         Flags Metric Ref    Use Iface
0.0.0.0         172.24.0.1      0.0.0.0         UG    0      0        0 eth0
172.24.0.0      0.0.0.0         255.255.255.0   U     0      0        0 eth0
172.24.0.0      172.24.0.1      255.255.248.0   UG    0      0        0 eth0
```

该 pod 默认路由的网关地址为 cni0 设备的地址。

### （2）flannel.1：VXLAN 隧道端点设备

flannel 在每个节点上创建了一个名为 flannel.1 VXLAN 隧道端点设备，该设备实现了 pod 跨主机通信功能，设备属性如下：

```
[root@exp ~]# ip -d link
11: flannel.1: <BROADCAST,MULTICAST,UP,LOWER_UP> mtu 1450 ...
    link/ether 12:01:0c:81:35:ac brd ff:ff:ff:ff:ff:ff promiscuity 0
    vxlan id 1 local 172.16.0.3 dev enp0s8 srcport 0 0 dstport 8472 ...
```

命令输出结果描述了 VXLAN 端点设备的属性信息：VNI 值为 1，本端地址为 172.16.0.3，目的端口号为 8472，建立 VXLAN 隧道使用的物理设备为 enp0s8。

aux 节点配置与 exp 节点配置相似，aux 网络配置如下：

```
[root@aux ~]# ifconfig
cni0: flags=4163<UP,BROADCAST,RUNNING,MULTICAST>  mtu 1450
        inet 172.24.1.1  netmask 255.255.255.0  broadcast 172.24.1.255
        ether ea:b4:74:24:4c:01  txqueuelen 1000  (Ethernet)
        RX packets 2102  bytes 312281 (304.9 KiB)
        RX errors 0  dropped 0  overruns 0  frame 0
        TX packets 2208  bytes 192879 (188.3 KiB)
        TX errors 0  dropped 0  overruns 0  carrier 0  collisions 0

flannel.1: flags=4163<UP,BROADCAST,RUNNING,MULTICAST>  mtu 1450
        inet 172.24.1.0  netmask 255.255.255.255  broadcast 0.0.0.0
        ether be:7b:83:6c:2d:4a  txqueuelen 0  (Ethernet)
        RX packets 48  bytes 3168 (3.0 KiB)
        RX errors 0  dropped 0  overruns 0  frame 0
        TX packets 32  bytes 5095 (4.9 KiB)
        TX errors 0  dropped 14  overruns 0  carrier 0  collisions 0
```

据此可以得到 webserver 服务的网络连接关系，参考图 7-4。

### 2. 网络配置

网络配置包括两部分内容，网桥转发数据库和邻居配置。

#### （1）网桥转发数据库（FDB）

网桥设备依据 FDB 表执行二层转发，FDB 表的索引为 mac 地址，网桥转发时根据 mac 地址查找到表项，然后根据表项指定的端口执行转发。

exp 节点的网桥转发数据库配置如下：

```
[root@exp ~]# bridge fdb
6e:e0:dd:41:02:c7 dev cni0 vlan 1 master cni0 permanent
6e:e0:dd:41:02:c7 dev cni0 master cni0 permanent
be:7b:83:6c:2d:4a dev flannel.1 dst 172.16.0.4 self permanent
...
```

配置项的含义如下。

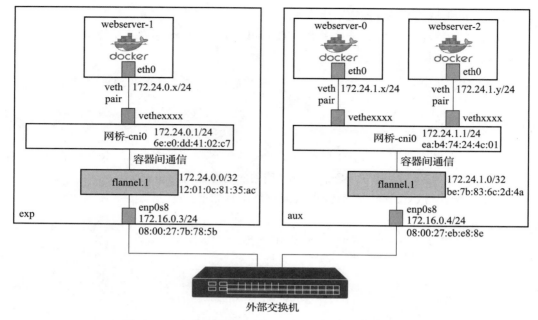

图 7-4  Pod 网络通信流程中的 webserver 网络连接关系

- 第 1、2 条为 exp 节点 cni0 设备的 mac 地址对应的表项。网桥匹配到本条数据后，将报文送到 cni0 设备，内核通过此路径将容器发出来的报文上送到节点默认网络命名空间的内核协议栈。
- 第 3 条为 aux 节点上 flannel.1 设备的 mac 地址，用于实现跨节点容器之间的报文转发。

（2）邻居配置

exp 节点的邻居列表如下：

```
[root@exp ~]# ip neigh
172.24.1.0 dev flannel.1 lladdr be:7b:83:6c:2d:4a PERMANENT
172.24.0.43 dev cni0 lladdr ea:ed:c3:27:01:62 REACHABLE
...
```

命令输出的第一条是由 flannel 静态添加的表项，此表项描述的是 aux 节点 flannel.1 设备的 IP 地址与其 mac 地址的对应关系。exp 主机向 aux 节点二层转发报文时，从这里获取对端的 mac 地址信息。

## 7.3.2  pod 访问本集群其他节点的 pod

Kubernetes 使用本地地址管理机制时，每次 pod 重建都会导致 pod 的地址发生变更，下面是验证本功能时 webserver 服务下所有 pod 的地址信息：

```
[root@exp ~]# kubectl get pod -o wide
NAME          READY     STATUS      AGE       IP              NODE
webserver-0   1/1       Running     6h23m     172.24.1.28     aux
webserver-1   1/1       Running     6h23m     172.24.0.2      exp
webserver-2   1/1       Running     6h23m     172.24.1.29     aux
```

接下来尝试在 webserver-1 实例（位于 exp 节点）访问 webserver-0 实例（位于 aux 节点）。

用户可以通过 "kubectl exec" 命令进入 pod 所在容器执行命令，但是这种方案有限制：只能使用 pod 容器中存在的命令。用户也可以在节点上进入 pod 的网络命名空间后再执行操作，这种方案允许用户利用宿主机的命令执行网络操作。

本例将使用第二种方案，用户先通过 enter-pod-netns.sh 程序进入指定 pod 的网络命名空间，再执行命令。（关于 enter-pod-netns.sh 程序原理请参考附录 B）。

进入 webserver-1 实例所的网络命名空间查看网络的配置。为了方便呈现，这里将命令提示符中的 host 属性修改为 "webserver-1"。

```
[root@exp ~]# enter-pod-netns.sh webserver-1            # 进入 pod 网络命名空间
now we are in pod webserver-1's namespace...
[root@exp ~]# export PS1="[root@webserver-1: \W]# "     # 修改命令提示符
[root@webserver-1: ~]#                                  # 修改后的提示符
```

后续凡是使用 "[root@webserver-1: ~]#" 提示符的命令，均表示此命令是在 webserver-1 实例的网络命名空间中执行的。

查看 webserver-1 的网络配置：

```
[root@webserver-1: ~]# ifconfig
eth0: flags=4163<UP,BROADCAST,RUNNING,MULTICAST>  mtu 1450
      inet 172.24.0.2  netmask 255.255.255.0  broadcast 172.24.0.255
      ether 7e:c1:16:38:75:9a  txqueuelen 0  (Ethernet)
      ...
[root@webserver-1: ~]# ip link
1: lo: <LOOPBACK,UP,LOWER_UP> mtu 65536 qdisc noqueue state ...
    link/loopback 00:00:00:00:00:00 brd 00:00:00:00:00:00
2: eth0@if11: <BROADCAST,MULTICAST,UP,LOWER_UP> mtu 1450 ...
    link/ether 7e:c1:16:38:75:9a brd ff:ff:ff:ff:ff:ff link-netnsid 0
```

webserver-1 的 eth0 设备 IP 地址为 172.24.0.2，mac 地址为 7e:c1:16:38:75:9a，设备类型为虚拟网卡对，容器网络设备 eth0 对应的另一个端口设备的编号为 11。

在宿主机上查找编号为 11 的设备：

```
[root@exp ~]# ip link
11: vetheaadd26f@if2: <BROADCAST,MULTICAST,UP,LOWER_UP> mtu 1450 ...
    link/ether ba:00:d4:4e:7d:9e brd ff:ff:ff:ff:ff:ff link-netnsid 1
...
```

上述命令显示，webserver-1 实例的对端设备为 vetheaadd26f。

进入 webserver-1 实例的网络命名空间后，通过 curl 命令访问 webserver-0 的服务：

```
[root@webserver-1: ~]# curl 172.24.1.28:8080
Service: webserver-0
Version: v2.0
Local address list : 172.24.1.28
HTTP Request information:
    HostAddr        : 172.24.1.28:8080
    ClientAddr      : 172.24.0.2:50704
    Proto           : HTTP/1.1
    Method          : GET
    RequestURI      : /
```

由于本例使用的工作负载类型为 StatefulSet，并且创建 StatefulSet 时通过"spec.serviceName"字段指定了服务名称，所以此时也可以通过域名方式访问 pod。

通过域名访问 pod 的执行结果如下：

```
[root@webserver-1: ~]# curl webserver-0.webserver:8080
Service: webserver-0
Version: v2.0
Local address list : 172.24.1.28
HTTP Request information:
    HostAddr        : webserver-0.webserver:8080
    ClientAddr      : 172.24.0.2:33214
    Proto           : HTTP/1.1
    Method          : GET
    RequestURI      : /
```

从上述的命令输出看，webserver 返回的 ClientAddr 参数中显示的是 pod 自身的地址，中间没有做过源地址转换。而在前面的容器网络内容中验证访问跨节点的容器时，是要做源地址转换的。为什么会存在这种差异呢？接下来看两者产生差异的原因。

### 1. webserver-1 发出请求报文

webserver-1 实例的地址是 172.24.0.2/24，webserver-0 的地址是 172.24.1.28/24，很明显两个地址不在同一个网段，此时内核将根据路由进行转发。

webserver-1 网络命名空间中的路由配置如下：

```
[root@webserver-1: ~]# route -n
Kernel IP routing table
Destination     Gateway         Genmask         Flags   Metric  Ref     Use     Iface
0.0.0.0         172.24.0.1      0.0.0.0         UG      0       0       0       eth0
172.24.0.0      0.0.0.0         255.255.255.0   U       0       0       0       eth0
172.24.0.0      172.24.0.1      255.255.248.0   UG      0       0       0       eth0
```

第一条是默认路由，第三条是 172.24.0.0/21 网段的路由，依据路由最长匹配原则，本次匹配到的是第三条路由，本路由的网关地址为 172.24.0.1，此地址绑定在 exp 主机的 cni0 设备上，内核将此请求报文的目的 mac 地址填写为 cni0 设备的 mac 地址。

pod 使用的是虚拟网卡对。pod 内发出请求后，报文将由虚拟网卡对的另一个端口接收。虚拟网卡对驱动接收报文时，检查发现自身挂载到了网桥设备上，所以调用网桥回调（dev->rx_handler 回调）分发报文。网桥回调根据报文的目的 mac 地址到 FDB 表中进行索引，发现目标设备为 cni0 设备，于是网桥将报文转发给 cni0 设备，从而触发 cni0 设备执行收包操作。接下来内核将执行 IP 报文收包流程。

### 2. 执行 iptables PREROUTING 规则

内核在 cni0 设备上执行接收报文操作，首先执行 iptables 的 PREROUTING 链上的规则。exp 节点上 PREROUTING 规则如图 7-5 所示。

```
[root@exp ~]# iptables -t nat -nL

Chain PREROUTING (policy ACCEPT)
target          prot opt source         destination
KUBE-SERVICES   all  --  0.0.0.0/0      0.0.0.0/0

Chain KUBE-SERVICES (2 references)
target                        prot opt source        destination
KUBE-SVC-NPX46M4PTMTKRN6Y     tcp  --  0.0.0.0/0     172.23.0.1    tcp dpt:443  /* kubernetes服务 */
KUBE-SVC-TCOU7JCQXEZGVUNU     udp  --  0.0.0.0/0     172.23.0.10   udp dpt:53   /* coredns服务 */
KUBE-SVC-UMJOY2TYQGVV2BKY     tcp  --  0.0.0.0/0     172.23.0.19   tcp dpt:80   /* webserver服务 */
```

图 7-5　Pod 网络的 iptables PREROUTING 规则

PREROUTING 链下面只有一个名为 KUBE-SERVICES 的子链，KUBE-SERVICES 子链的所有规则均按照目的地址匹配，且目的地址均是 Kubernetes 的 Service 地址。本次验证的是 pod 之间的通信，目标地址归属于 Pod 网段，所以这里的规则全部匹配失败，相当于 PREROUTING 规则没有执行。

### 3. 执行路由匹配、转发

内核执行完 iptables PREROUTING 流程后进行路由匹配，exp 主机上的路由表如下：

```
[root@exp ~]# route -n
Kernel IP routing table
Destination    Gateway        Genmask         Flags  Metric  Ref  Use  Iface
172.16.0.0     0.0.0.0        255.255.255.0   U      101     0    0    enp0s8
172.24.0.0     0.0.0.0        255.255.255.0   U      0       0    0    cni0
172.24.1.0     172.24.1.0     255.255.255.0   UG     0       0    0    flannel.1
```

本次 webserver-1 请求的目的地址是 172.24.1.28，所以匹配到第 3 条路由，网关地址为 172.24.1.0，对应的出口设备为 flannel.1。

在进入设备驱动层之前，内核继续执行 iptables 的 FORWARD 链上的规则。由于 exp 节点上未配置任何 FORWARD 规则，接下来继续执行 iptables 的 POSTROUTING 规则。

### 4. 执行 iptables POSTROUTING 规则

exp 节点上的 POSTROUTING 规则如图 7-6 所示。

```
[root@exp ~]# iptables -t nat -nL
Chain POSTROUTING (policy ACCEPT)
target            prot opt source            destination
KUBE-POSTROUTING  all  --  0.0.0.0/0         0.0.0.0/0
FLANNEL-POSTRTG   all  --  0.0.0.0/0         0.0.0.0/0

Chain FLANNEL-POSTRTG (1 references)
target       prot opt source            destination
② RETURN     all  --  0.0.0.0/0         0.0.0.0/0         mark match 0x4000/0x4000
③ RETURN     all  --  172.24.0.0/24     172.24.0.0/21     /* flanneld masq */
  RETURN     all  --  172.24.0.0/21     172.24.0.0/24     /* flanneld masq */
  RETURN     all  --  !172.24.0.0/21    172.24.0.0/24     /* flanneld masq */
  MASQUERADE all  --  172.24.0.0/21     !224.0.0.0/4      random-fully
  MASQUERADE all  --  !172.24.0.0/21    172.24.0.0/21     random-fully

Chain KUBE-POSTROUTING (1 references)
target       prot opt source            destination
① RETURN     all  --  0.0.0.0/0         0.0.0.0/0         mark match ! 0x4000/0x4000
  MARK       all  --  0.0.0.0/0         0.0.0.0/0         MARK xor 0x4000
  MASQUERADE all  --  0.0.0.0/0         0.0.0.0/0         random-fully
```

图 7-6　Pod 网络的 iptables POSTROUTING 规则

POSTROUTING 链下面挂载了两条子链，内核按照顺序执行。首先执行 KUBE-POSTROUTING 链，执行图 7-6 的规则①，该规则用于检查此数据报文是否打上了 0x4000 标签，即 nfmark 的第 14 个比特位值是否为 1，如果不是 1 则直接返回，不需要继续匹配剩下的规则（关于数据报文 nfmark，可参考 1.4.4 节比较报文标志的内容）。

该过程用 C 语言描述比较简单：

```
if ( nfmark & 0x4000 != 0x4000 )
    return;
```

在 Kubernetes 网络中，只有通过 Service 地址访问服务时才会在 PREROUTING 阶段打上此标签。本例是 pod 间直接通信，无此标签，故直接返回，内核不再执行 KUBE-POSTROUTING 链上的后续规则。

内核接下来继续执行 FLANNEL-POSTROUTING 链的规则。首先匹配图 7-6 的规则②，此规则要求如果报文打上了 0x4000 标签，则直接返回。本次请求报文没有打 0x4000 标签，所以本条规则不满足条件，继续向下执行匹配图 7-6 的规则③。规则③要求 exp 节点内 pod 发出的、目的地址是整个集群范围内 Pod 网段的报文，直接返回。本例满足此要求，内核不再执行 FLANNEL-POSTROUTING 链的后续规则。返回到 POSTROUTING 链，报文被放行，内核继续将报文发往设备驱动层。

从上述流程可以看到，整个 iptables 规则匹配过程中，没有对报文做任何更改。

### 5. exp 节点外发报文

执行完 iptables 规则后，内核将报文送到邻居子系统。既然是二层转发，内核需要找到目标 IP 地址 172.24.1.0 对应的 mac 地址。exp 主机上的邻居表如下：

```
[root@exp ~]# ip neigh
172.24.0.2 dev cni0 lladdr 7e:c1:16:38:75:9a REACHABLE
172.24.1.0 dev flannel.1 lladdr 3e:e3:be:60:ab:a5 PERMANENT
...
```

目标地址 172.24.1.0 对应的 mac 地址为 3e:e3:be:60:ab:a5，接下来进入设备驱动层，并在此调用 flannel.1 设备驱动的发送接口执行外发。flannel.1 设备按照 VXLAN 的要求封装用户报文，通过隧道将报文送到 aux 主机，至此 exp 主机上发送报文完成。

接下来进入 aux 节点的接收报文流程，本流程与 7.3.4 节所讲的接收流程完全相同，这里不做介绍。aux 的 webserver-0 实例收到请求报文后发回响应报文，响应报文沿原路返回，一直到 webserver-1 实例接收到为止。

与容器网络相比，Kubernetes 中没有生成 pod 间通信需要进行源地址转换这一规则，所以 pod 间通信报文的源目的 IP 地址均是真实地址。

### 7.3.3　pod 访问集群节点应用

实际应用中，存在 pod 访问集群节点应用的场景。本节将在 aux 主机上启动一个 web 服务，然后在 exp 主机的 webserver-1 容器中访问此服务。其组网参考图 7-7，pod 访问节点应用的通信路径参考路径 A。

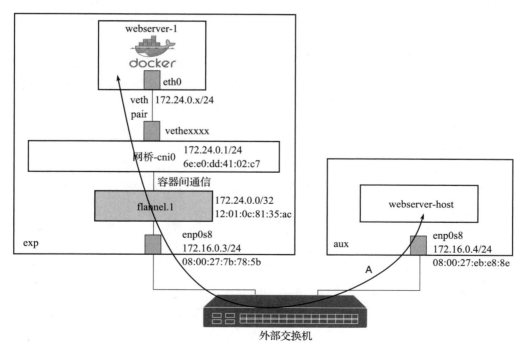

图 7-7　Pod 网络中 pod 访问节点应用

首先在 aux 节点上启动 Web 服务，设置环境变量"SERVICE_NAME="aux web server""，后续客户端访问本服务时，服务器将此环境变量的值写入返回结果的 Service 字段中：

```
[root@aux webServer]# export SERVICE_NAME="aux web server"
[root@aux webServer]# ./webServer
Local address list : 172.16.0.4,172.24.1.0,172.24.1.1
Start web server, listen on :8080...
```

在 webserver-1 实例中发起对 aux 节点应用的访问请求：

```
[root@webserver-1: ~]# ifconfig
eth0: flags=4163<UP,BROADCAST,RUNNING,MULTICAST>  mtu 1450
        inet 172.24.0.2  netmask 255.255.255.0  broadcast 172.24.0.255
        ...
[root@webserver-1: ~]# curl 172.16.0.4:8080      # 访问 aux 节点应用
Service: aux web server                          # aux web server 处理此请求
Version: v2.0
Local address list : 172.16.0.4
HTTP Request information:
    HostAddr        : 172.16.0.4:8080
    ClientAddr      : 172.16.0.3:15862           # 客户端地址
    Proto           : HTTP/1.1
    Method          : GET
    RequestURI      : /
```

从返回的结果看，服务端认为客户端地址为 172.16.0.3，此地址是 exp 主机 enp0s8 设备的地址，而 webserver-1 pod 的地址为 172.24.0.2。也就是说，pod 访问节点应用时做了网络地址转换。

前面流程中描述了 pod 外发报文流程，报文在到达 cni0 设备后，内核执行了完整的"收包+转发"流程。内核执行收包操作时，iptables 的 PREROUTING 和 FORWARD 链上的规则没有起任何作用，所以这里只需要关注外发流程中 iptables 的 POSTROUTING 规则即可。exp 节点上的 POSTROUTING 规则如图 7-8 所示。

内核按照规则进行顺序匹配。

➢ 规则①②已经做过介绍了，这里不再赘述，内核继续匹配规则③。
➢ 规则③描述的是源、目的地址都是 pod 地址段场景下的处理方案。本例不满足此条件，继续向下执行。
➢ 规则④描述的是非 Pod 网段地址发起的、访问 exp 主机上 pod 地址段的规则，即外部网络访问 Pod 网络的规则。本例不满足此条件，继续向下执行。
➢ 规则⑤用于匹配从 pod 发出去的、目的地址不是 224.0.0.0/4（本网段的地址为保留地址）的报文，本例满足此条件。本规则的处理动作是执行网络地址转换。

内核找到最适合的地址作为报文的源地址：此报文通过 enp0s8 设备直接外发到 aux 主机，所以内核使用该设备的地址 172.16.0.3 作为源地址。这也就是服务端响应消息中的 ClientAddr 地址为 172.16.0.3 的原因。

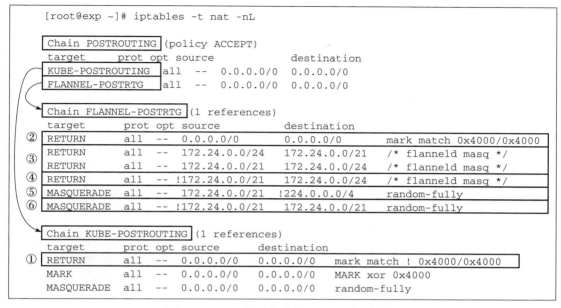

图 7-8    pod 访问节点应用 iptables 规则分析

接下来内核将报文转交给 enp0s8 设备，由 enp0s8 设备执行外发操作，至此发送流程完成。aux 收到请求后回复响应报文，exp 收到后原路返回给 webserver-1 容器。

### 7.3.4    集群节点应用访问 pod 服务

本节介绍集群节点应用访问 pod 服务的通信路径，组网继续参考图 7-7。

aux 主机位于集群范围内，主机应用可直接访问 Pod 网络。在 aux 节点发起对 webserver-1 实例的访问请求，命令执行结果如下：

```
[root@aux ~]# curl 172.24.0.2:8080
Service: webserver-1
Version: v2.0
Local address list : 172.24.0.2
HTTP Request information:
    HostAddr        : 172.24.0.2:8080
    ClientAddr      : 172.24.1.0:48456
```

服务端应答结果显示本次发起请求的客户端地址为 172.24.1.0，此地址是 aux 节点上 flannel.1 设备的地址。之前 webserver-1 访问 aux 主机时使用的源地址是 enp0s8 设备的地址，为何 aux 主机应用发起对 webserver-1 的访问时，使用的却是 aux 的 flannel.1 设备的地址呢？这与 aux 的路由配置有关。下面是 aux 主机的路由配置：

```
[root@aux ~]# route -n
Kernel IP routing table
```

```
Destination      Gateway       Genmask         Flags   Metric  Ref     Use     Iface
172.16.0.0       0.0.0.0       255.255.255.0   U       101     0       0       enp0s8
172.24.0.0       172.24.0.0    255.255.255.0   UG      0       0       0       flannel.1
172.24.1.0       0.0.0.0       255.255.255.0   U       0       0       0       cni0
```

上述命令结果中的第二条路由说明访问 172.24.0.0/24 网段的网关地址为 172.24.0.0，发出此报文的设备为 flannel.1。用户在 aux 节点上通过 curl 命令向 webserver-1 发起请求时匹配本条路由，所以源地址自然是 flannel.1 设备的地址。

aux 节点通过 VXLAN 隧道将请求报文送到 exp 节点的 flannel.1 设备。exp 节点的 flannel.1 设备收到报文后，去掉 VXLAN 封装得到原始报文。原始报文的目的地址为 172.24.0.2，exp 主机的内核继续根据路由转发：

```
[root@exp ~]# route -n
Kernel IP routing table
Destination      Gateway       Genmask         Flags   Metric  Ref     Use     Iface
172.16.0.0       0.0.0.0       255.255.255.0   U       101     0       0       enp0s8
172.24.0.0       0.0.0.0       255.255.255.0   U       0       0       0       cni0
172.24.1.0       172.24.1.0    255.255.255.0   UG      0       0       0       flannel.1
```

本次匹配的是第二条路由，即此报文需要交由 cni0 设备转发。接下来内核开始执行转发，转发报文时执行 iptables 的 POSTROUTING 规则，规则继续参考图 7-8。

内核按照规则的进行匹配。

> 规则①②③已经介绍过了，这里不再赘述。
> 规则④描述的是非 Pod 网段地址发起的访问 exp 主机上 pod 地址段的规则，即外部网络访问 Pod 网络的规则。本规则匹配成功后的处理动作是直接返回，不需要执行网络地址转换。本节场景匹配此规则，**非 Pod 网络访问 pod 服务时，不需要做网络地址转换**。所以本次访问操作，服务端返回的客户端地址依旧是 aux 的 flannel.1 设备的地址。
> 规则⑥描述的是非 Pod 网段地址发起的访问 pod 集群地址段的规则。本规则与规则④存在部分重叠，本规则在规则④的基础上将目的网段扩展到整个 pod 集群地址段。匹配此规则的条件是非 Pod 网段地址发起的访问其他节点的 pod 地址段的报文（也就是需要 exp 节点中转到目的 pod 的场景），需要做网络地址转换。对于本次验证的组网来说，不会发生这种情况，所以此规则在本例中不会生效。

### 7.3.5　Pod 网络通信总结

本节介绍 pod 直接与其他节点的 pod 或者节点应用进行通信的原理。不同的路径下网络通信方案也有差异，这些差异主要是匹配了不同的 iptables 规则导致的。图 7-9 对 pod 访问其他 pod/ 节点应用的通信流程进行了总结。

对该过程进行说明如下。

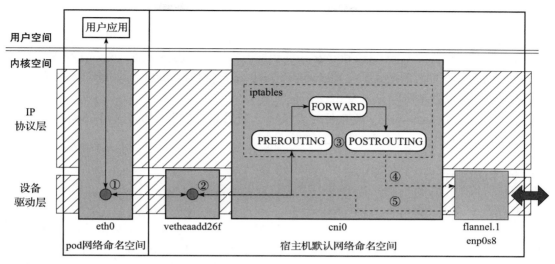

图 7-9　pod 访问其他 pod/ 节点应用的通信流程总结

1）Webserver-1 实例发出请求报文，虚拟网卡对驱动程序将报文转给对端端口设备 vetheaadd26f，参考图 7-9 ①。

2）vetheaadd26f 设备位于宿主机默认网络命名空间，该设备执行收包操作，在设备驱动层调用网桥的回调（dev->rx_handler），进入网桥转发流程，参考图 7-9 ②。cni0 网桥检查此报文的目标网络设备为 cni0，于是将报文转发给 cni0 设备，报文上送内核协议栈。

3）内核在 cni0 设备上执行完整的"收包 + 转发"流程，中间先后执行 iptables 的 PREROUTING、FORWARD、POSTROUTING 三大流程，参考图 7-9 ③。

4）内核根据路由，将报文送往目标设备（参考图 7-9 ④）: pod 之间通信，通过 flannel.1 设备进行外发，flannel.1 设备将报文转发到其他节点的 flannel.1 设备；pod 与节点 / 外部网络之间的通信，通过 enp0s8 设备进行转发。

5）响应报文原路返回，参考图 7-9 ⑤，内核根据连接状态直接将报文返回给 vetheaadd26f 设备，最终送回到 webserver-1 实例中。

Pod 网络通信中用到的 iptables 规则均是由 flannel 管理的规则（FLANNEL-POSTROUTING），接下来继续讨论 Kubernetes Service 网络，将用到由 kube-proxy 管理的规则。

## 7.4　Service 网络

kube-proxy 是 Kubernetes 的核心组件之一，主要实现了服务发现、服务转发、服务内 pod 的负载均衡等与服务网络相关的功能。kube-proxy 监听 API Server 中 Service 和 Endpoint 的数据变化情况，当有数据发生变更后，立即通过 iptables/ipvs 更新 Service 的负载均衡配置。

kube-proxy 支持三种转发模式：用户空间模式、iptables 模式和 ipvs 模式。用户空间模式性能较差，使用较少。iptables 和 ipvs 两种转发模式均位于内核空间。两者在小规模网络模式下的性能差不多，但是到了大规模网络（Service 数量超过 1000 个），iptables 性能会明显低于 ipvs，所以尽量使用 ipvs 模式。

本节首先介绍 kube-proxy 的几种转发模式，最后结合实际案例分析 kube-proxy 通过 iptables 和 ipvs 实现 Service 网络通信的原理。

## 7.4.1 kube-proxy 转发模式

### 1. 用户空间（userspace）代理模式

kube-proxy 进程为每个 Service 打开一个代理端口（随机选择），设置 iptables 规则将访问 Service 的请求重定向到自己的代理端口。任何连接到"clusterIP:port"的请求，都会被 kube-proxy 使用特定的分担算法发送到该 Service 的某个后端 pod 上。默认情况下，用户空间代理模式下的 kube-proxy 通过轮询算法选择后端。

kube-proxy 监听 API Server 的变更，当 Service 或者 Endpoint 有数据发生变更时，kube-proxy 根据变更情况更新 iptables 规则和自身的配置。

kube-proxy 的 userspace 代理模式架构参考图 7-10。其中有两条路径，虚线表示 Kubernetes 配置变更的处理路径，实线代表用户报文的代理转发路径。

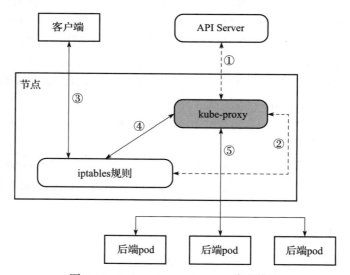

图 7-10　kube-proxy userspace 代理模式

①用户通过 kubectl 命令发起创建 / 删除 Service 资源、修改服务后端 pod 副本数等操作，数据写到 API Server 中，kube-proxy 监听到配置发生变更。

② kube-proxy 根据配置变更情况更新本节点的 iptables 规则：连接到 Service 端口的报文统一重定向到 kube-proxy 进程。同时，kube-proxy 更新服务的负载均衡配置参数，为后续报文转发做好准备。

③ 外部客户端向 Kubernetes 集群发起服务请求，报文转发到 pod 所在节点，内核按照 iptables 规则进行匹配。

④ 内核匹配到规则后，将访问服务的请求统一转发给 kube-proxy 进程。

⑤ kube-proxy 进程收到外部请求报文后，按照负载均衡算法将报文转发到后端 pod。

### 2. iptables 代理模式

本方案中，kube-proxy 直接通过设置 iptables 规则，实现将访问服务的请求按照固定的负载均衡算法转发到后端 pod。

- kube-proxy 为每个 Service 配置入向规则，用于捕获从外部到达该 Service 的请求。
- kube-proxy 为每个后端 pod 配置 iptables 规则，此规则用于确保节点收到访问 Service 的外部请求后，能够选择一个正确的后端 pod。
- kube-proxy 增加从 Service 到后端 pod 的业务报文转发规则，实现从 Service 到后端 pod 的报文转发（负载均衡）。

客户端发起访问某个 Service 的服务请求，报文到达主机节点后，内核按照 iptables 规则进行匹配。对于服务存在多个后端 pod 的场景，iptables 按照指定的分担算法选择一个后端，然后将数据报文转发到此后端。

在此模式下，所有入向报文均通过 iptables 规则转发（运行在内核态），与用户空间代理模式相比，省掉了 kube-proxy 用户空间的中转流程，性能大幅提升。

kube-proxy 的 iptables 代理模式架构参考图 7-11。

路径①②与 userspace 代理模式相似，差异在于 iptables 模式下，kube-proxy 仅需要生成 iptables 规则就可以实现从 Service 到后端 pod 的转发，其规则更为复杂。

iptables 规则配置完成后，外部客户端向 Kubernetes 集群发起服务请求（路径③），报文到达节点后，内核执行 iptables 规则匹配，最后按照特定的负载均衡算法将报文发送给后端 pod（路径④），业务报文的转发不经过 kube-proxy 组件。

### 3. ipvs 代理模式

在大规模集群中（超过 1000 个 Service），

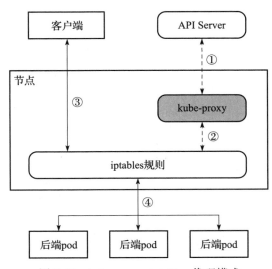

图 7-11　kube-proxy iptables 代理模式

iptables 的转发效率显著降低，此时可以考虑使用 ipvs 代替。在 ipvs 模式下，kube-proxy 监听 Kubernetes 服务和端点，当发现有服务/端点数据发生变更时，实时更新 ipvs 规则。业务访问服务时，ipvs 直接在内核态将流量转发到后端 pod。

ipvs 的原理与 iptables 基本相同，都是通过内核的 Netfilter 功能实现的。iptables 用于实现通用的网络功能，覆盖功能非常广，而 ipvs 的设计目标就是为了实现负载均衡，内部使用哈希表作为基础数据结构，所以转发效率要比 iptables 高很多。iptables 分担算法较为固定，ipvs 提供了更多的负载均衡算法，如轮询、最少连接优先、源地址哈希等。

kube-proxy 的 ipvs 代理模式架构参考图 7-12。

ipvs 代理模式的工作过程与 iptables 基本相同，不再赘述。

本书的主要目的是讲解 Kubernetes 网络通信原理，使用 iptables 能更好地解释系

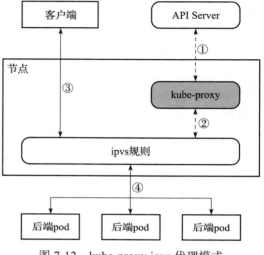

图 7-12　kube-proxy ipvs 代理模式

统内部的工作过程，所以后面会继续使用 iptables 分析 Kubernetes 网络原理。

## 7.4.2　在 pod 中访问服务

本节验证在 pod 内部发起访问本 pod 归属服务的网络通信路径。例如，从 exp 节点的 webserver-1 实例发起对 webserver 服务地址的访问，两次访问路径参考图 7-13 的路径 A 和路径 B。

首先进入 webserver-1 实例所在网络命名空间，在此执行 curl 命令访问 webserver 服务：

```
# 路径 A 访问的是本节点上的 pod，执行结果
[root@webserver-1: ~]# curl 172.23.0.19
Service: webserver-1                    # 后端 pod 为自身：webserver-1
Version: v2.0
Local address list : 172.24.0.2
HTTP Request information:
    HostAddr        : 172.23.0.19
    ClientAddr      : 172.24.0.1:31507   # 本次通信做了源地址转换
    Proto           : HTTP/1.1
    Method          : GET
    RequestURI      : /

# 路径 B 访问其他节点上的 pod，执行结果
```

```
[root@webserver-1: ~]# curl 172.23.0.19
Service: webserver-0                            #后端pod为webserver-0
Version: v2.0
Local address list : 172.24.1.28
HTTP Request information:
    HostAddr         : 172.23.0.19
    ClientAddr       : 172.24.0.2:55340         #本次通信未做源地址转换
    Proto            : HTTP/1.1
    Method           : GET
    RequestURI       : /
```

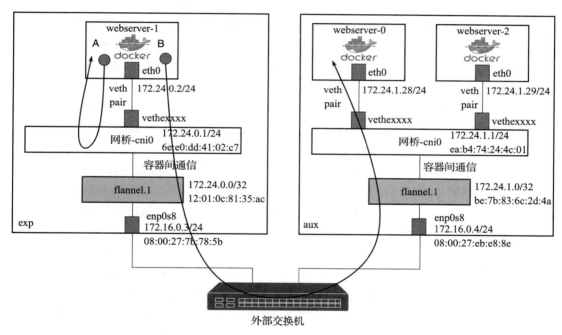

图 7-13　Service 网络中 pod 内访问本集群服务

从命令结果中可以看到如下要点。

> **路径 A**：服务端认为客户端地址是 172.24.0.1，此地址为 exp 本机 cni0 设备的地址，内核对本次请求做了源地址转换。
> **路径 B**：服务端认为客户端地址是 172.24.0.2，此地址为 webserver-1 实例的地址，内核没有对本次请求做源地址转换。

下面按照报文传输路径逐步进行分析。

### 1. webserver-1 实例发出 HTTP 请求报文

webserver-1 实例配置的网关地址为 exp 节点的 cni0 设备的地址，所以 webserver-1 发出的请求报文中目的 mac 地址为 cni0 设备的 mac 地址。

由于 pod 使用的是虚拟网卡对，pod 内发出请求后，内核从虚拟网卡对的另一端执行接收操作，此报文被网桥截获。网桥回调检查此报文需要送到 cni0 设备，于是直接在内核中转发，触发 cni0 设备收包。

接下来将在 cni0 设备上执行 IP 报文收包流程。

### 2. 执行 iptables PREROUTING 规则

内核在 IP 报文接收流程中，首先执行 Netfilter 的 PREROUTING 规则。cni0 设备位于 exp 主机的默认网络命名空间中，所以此时执行的是 exp 主机的 iptables 规则。exp 主机上 iptables nat 表的规则如图 7-14 所示（命令结果删除了与本次调用无关的规则）。

入口为 PREROUTING 链，参考图 7-14 ①，该链中只有一个子链 KUBE-SERVICE，并且是无条件执行的。接下来继续进入 KUBE-SERVICE 子链处理流程，参考图 7-14 ②。

KUBE-SERVICE 链描述了目的地址是 Kubernetes 服务地址的规则，当前系统已经部署的所有服务与 KUBE-SERVICE 子链的对应关系参考图 7-15。

KUBE-SERVICE 下的第三条子链 KUBE-SVC-UMJOY2TYQGVV2BKY 用于处理目的地址是 172.23.0.19 的报文，所以本次通信请求将匹配该子链，参考图 7-14 ④。

KUBE-SVC-UMJOY2TYQGVV2BKY 链下面有 4 条规则。

> 规则 1：源地址不是 Pod 网络的地址、目的地址端口是 172.23.0.19:80 的 TCP 报文，进入 KUBE-MARK-MASQ 链进行处理，参考图 7-14 ③。KUBE-MARK-MASQ 链下面只有一个规则：用于给报文打上 0x4000 标签。凡是打上 0x4000 标签的都要做源地址转换。值得注意的是这里仅仅打标签，到 POSTROUTING 阶段才真正做源地址转换操作。本例请求由 webserver-1 实例发出，与此规则不匹配，继续向下执行。

> 规则 2 ~ 规则 4：这三条规则用于描述 webserver 服务下三个后端 pod 的负载均衡算法，规则后面的 "probability 0.xxx" 属性描述了该规则被选中的概率。按照通常理解，每个 pod 的概率各是 33% 就可以了，但是参考图 7-14 ⑤，第一个 pod 概率为 33%，第二个 pod 的概率为 50%，第三个 pod 为 100%，为何会如此？

iptables 规则是按照顺序进行匹配的，匹配到第一个有效规则后就会终止，后续的规则不会再执行。以此进行推算，假设某个服务中一共有 $N$ 个 pod，并且要求每个 pod 被选中的概率相同，那么即有如下概率分布。

①匹配第一个 pod 时，系统中一共存在 $N$ 个 pod，那么该 pod 被选中的概率为 $1/N$。

②匹配第二个 pod 时，系统中还剩下 $N–1$ 个 pod，那么该 pod 被选中的概率为 $1/(N–1)$。

③以此类推，直到最后一个 pod，系统中就剩下 pod $N$ 自己了，所以该 pod 被选中的概率就是 100%。

综合上述推算，iptables 的负载均衡算法参考图 7-16。

```
[root@exp ~]# iptables -t nat -nL
① Chain PREROUTING (policy ACCEPT)
  target     prot opt source       destination
  KUBE-SERVICES all --  0.0.0.0/0   0.0.0.0/0

② Chain KUBE-SERVICES (2 references)
  target                          prot opt source       destination
  KUBE-SVC-NPX46M4PTMTKRN6Y       tcp  --  0.0.0.0/0    172.23.0.1     tcp dpt:443  /* kubernetes服务 */
  KUBE-SVC-TCOU7JCQXEZGVUNU       udp  --  0.0.0.0/0    172.23.0.10    udp dpt:53   /* coredns服务 */
  KUBE-SVC-UMJOY2TYQGVV2BKY       tcp  --  0.0.0.0/0    172.23.0.19    tcp dpt:80   /* webserver服务 */

③ Chain KUBE-MARK-MASQ (20 references)
  target     prot opt source       destination
  MARK       all  --  0.0.0.0/0    0.0.0.0/0     MARK or 0x4000   /* 打上标签0x4000 */

④ Chain KUBE-SVC-UMJOY2TYQGVV2BKY (2 references)
  target                      prot opt source          destination
  KUBE-MARK-MASQ              tcp  --  !172.24.0.0/21  0.0.0.0/0      172.23.0.19 tcp dpt:80
  KUBE-SEP-6VYK4PRTUF7VOH3I   all  --  0.0.0.0/0       0.0.0.0/0      statistic mode random probability 0.33333333349  ⑤
  KUBE-SEP-EZZMM5IXXAH6X6QF   all  --  0.0.0.0/0       0.0.0.0/0      statistic mode random probability 0.50000000000
  KUBE-SEP-LGX7FLHGFISDQUIV   all  --  0.0.0.0/0       0.0.0.0/0

  Chain KUBE-SEP-6VYK4PRTUF7VOH3I (1 references)
  target           prot opt source       destination
  KUBE-MARK-MASQ   all  --  172.24.0.2   0.0.0.0/0
  DNAT             tcp  --  0.0.0.0/0    0.0.0.0/0      tcp to:172.24.0.2:8080

  Chain KUBE-SEP-EZZMM5IXXAH6X6QF (1 references)
  target           prot opt source       destination
  KUBE-MARK-MASQ   all  --  172.24.1.28  0.0.0.0/0
  DNAT             tcp  --  0.0.0.0/0    0.0.0.0/0      tcp to:172.24.1.28:8080
```

图 7-14　Service 网络的 iptables PREROUTING 规则

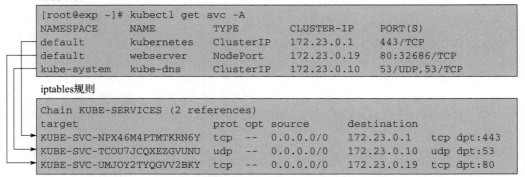

图 7-15 Service 网络中服务与 iptables 规则的对应关系

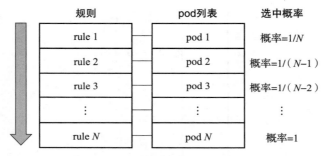

图 7-16 pod 负载均衡概率算法

弄清楚 pod 分担规则后，也就能够理解为什么第一个 pod 概率为 33%，第二个 pod 概率为 50% 了。

继续分析 pod 链下面的规则。图 7-13 的**路径 A** 匹配到 KUBE-SEP-6VYK4PRTUF7VOH3I 链，该链下面有两条规则。

```
Chain KUBE-SEP-6VYK4PRTUF7VOH3I (1 references)
target          prot    opt     source          destination
KUBE-MARK-MASQ  all     --      172.24.0.2      0.0.0.0/0
DNAT            tcp     --      0.0.0.0/0       0.0.0.0/0 tcp to:172.24.0.2:8080
```

➢ **规则 1**：如果源地址是 172.24.0.2（webserver-1 实例的地址），那么打上需要做源地址转换标签，内核根据路由选择一个合适的主机地址作为源地址。本例满足要求，要做源地址转换。

➢ **规则 2**：凡是匹配到此规则的报文统一做目的地址转换，目的地址端口修改为 172.24.0.2:8080，接下来报文就会被送回到 webserver-1 实例。此规则无限制条件，本例满足要求，要做目的地址转换。

最终路径 A 的请求报文同时执行上述两条规则，同时做源地址转换和目的地址转换。

图 7-13 的**路径 B** 匹配到 KUBE-SEP-EZZMM5IXXAH6X6QF 链，该链下面有两条规则。

```
Chain KUBE-SEP-EZZMM5IXXAH6X6QF (1 references)
target           prot opt source          destination
KUBE-MARK-MASQ   all  --  172.24.1.28     0.0.0.0/0
DNAT             tcp  --  0.0.0.0/0       0.0.0.0/0  tcp to:172.24.1.28:8080
```

其分析过程与 KUBE-SEP-6VYK4PRTUF7VOH3I 链类似。
- **第一条规则**：要求只有源地址是 172.24.1.28（webserver-0 实例的地址）的请求报文才打上源地址转换标签，本例不满足此要求，不需要做源地址转换。
- **第二条规则**：统一做目的地址转换，将目的地址端口修改为 172.24.1.28:8080，接下来报文就会被送回到 webserver-0 实例。

最终路径 B 的请求报文仅需要做目的地址转换。

### 3. 执行路由匹配、转发

内核执行完 iptables PREROUTING 流程后，报文的目的地址已经变更为目的 pod 的 IP 地址，此时依旧在收包流程中，接下来执行路由匹配。exp 主机的路由表如下：

```
[root@exp ~]# route -n
Kernel IP routing table
Destination   Gateway       Genmask         Flags  Metric  Ref  Use  Iface
172.16.0.0    0.0.0.0       255.255.255.0   U      101     0    0    enp0s8
172.24.0.0    0.0.0.0       255.255.255.0   U      0       0    0    cni0
172.24.1.0    172.24.1.0    255.255.255.0   UG     0       0    0    flannel.1
```

图 7-13 **路径 A** 的目的地址是 172.24.0.2，所以匹配第二条路由，此路由为二层直连路由，对应的出口设备为 cni0，所以后续继续由 cni0 设备执行外发操作。

图 7-13 **路径 B** 的目的地址是 172.24.1.28，所以匹配到第三条路由，对应的出口设备为 flannel.1，内核后续将报文转交给 flannel.1 设备执行外发。

内核执行转发操作。由于 iptables 的 FORWARD 链上未配置规则，接下来继续执行 iptables 的 POSTROUTING 规则。

### 4. 执行 iptables POSTROUTING 规则

图 7-13 的路径 A 与路径 B 最大的区别在于：此时路径 A 的报文打上了做源地址转换标签（0x4000 标签），而路径 B 的没有打标签。

对于没有打标签的场景（**路径 B**），内核按照图 7-17 虚线标识的顺序执行规则匹配（其原理已经在 7.3 节讲解 pod 网络通信原理时进行了详细分析），最终匹配的规则如图 7-17 的 B 点所示。规则匹配完成后，最终报文被转交到了 flannel.1 设备，接下来由 flannel.1 设备进行隧道封装，将报文转发到目标节点（相关原理请参考 6.3.6 节）。

对于**路径 A**，内核执行规则的顺序参考图 7-17 的实线部分，入口链为 POSTROUTING 链，该链下面有两个子链，首先执行 KUBE-POSTROUTING 链上的规则。

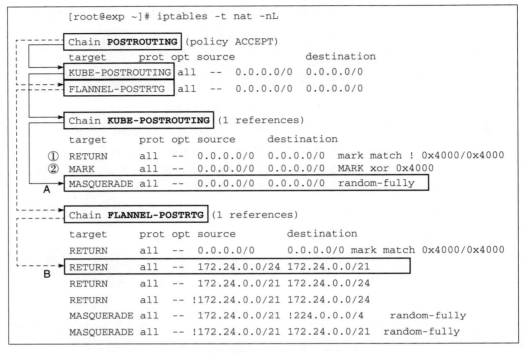

图 7-17 Service 网络的 iptables POSTROUTING 规则

> **规则①**用于判断是否需要继续向下匹配，如果报文打上了 0x4000 标签就继续向下匹配，如果没有打上标签就返回。路径 A 的报文在 PREROUTING 阶段时打上了 0x4000 标签，所以继续向下匹配；

> **规则②**对报文的 nfmark 执行异或操作，其目的是将 0x4000 标签清除，关于 MARK 操作原理请参考 1.4.4 节中设置报文标志部分，执行完成后继续向下匹配。

最终匹配到图 7-17 的 A 位置处的规则，内核执行源地址转换。

### 5. cni0 网桥将请求报文转发给 webserver-1 pod

由于本次报文将由 cni0 设备发出，内核自然而然地选择了此设备地址作为请求报文的源地址。规则匹配完成后，cni0 网桥执行发送操作。根据报文的目的 mac 地址在 FDB 表中找到该地址对应的目标设备。前面看到内核构造转发报文时使用的目的 mac 地址为 7e:c1:16:38:75:9a，在 FDB 表中找到这个地址对应的出口设备为 vetheaadd26。

```
[root@exp ~]# bridge fdb | grep 7e:c1:16:38:75:9a
7e:c1:16:38:75:9a dev vetheaadd26 master cni0
```

cni0 网桥将报文转给 vetheaadd26 设备，该设备与 webserver-1 的 eth0 网络设备是一对虚拟网卡对。余下的流程就比较清晰了：vetheaadd26 设备收到报文后由 veth 驱动将报文转发给虚拟网卡对的对端设备，最终 webserver-1 收到请求报文。

## 6. 通信过程总结

本节介绍了从 pod 访问本 pod 归属服务网络的通信原理，图 7-18 对整个通信流程做了总结。

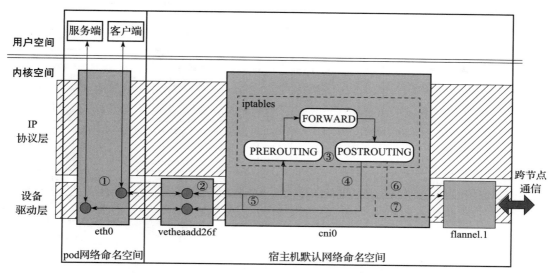

图 7-18　Service 网络中 pod 访问自身服务的流程总结

1）用户在 pod 中发出请求报文，虚拟网卡对驱动程序将报文转给对端端口设备 vetheaadd26f，参考图 7-18 ①。

2）vetheaadd26f 设备位于宿主机默认网络命名空间，内核在该设备上执行收包操作，并在设备驱动层调用网桥的回调（dev->rx_handler），进入网桥转发流程，参考图 7-18 ②。cni0 网桥检查此报文的目标网络设备为 cni0，于是将报文转给 cni0 设备，触发 cni0 设备的收包流程。

3）内核在 cni0 设备上执行完整的"收包+转发"流程，中间先后执行 iptables 的 PREROUTING、FORWARD、POSTROUTING 三大流程（参考图 7-18 ③）。其中，PREROUTING 阶段执行目的地址转换，将报文中的目的 IP 替换为目标 pod 的 IP；POSTROUTING 阶段执行源地址转换，选择外发设备的 IP 作为源 IP 地址。

4）内核根据路由，将报文送往目标设备。目标 pod 为自身时，调用 cni0 网桥发送接口（参考图 7-18 ④），将报文一路转发到 webserver-1 实例。webserver-1 内的服务端收到请求报文后回复响应报文，报文原路返回一直到达 cni0 设备（参考图 7-18 ⑤），内核根据 conntrack 连接修改回报文的源/目的 IP，然后将报文原路送回给 webserver-1 中的客户端。目标 pod 位于其他节点时通过 flannel.1 设备进行转发（参考图 7-18 ⑥），flannel.1 设备将报文转发到其他节点的 flannel.1 设备，随后送达目的 pod。目标 pod 返回响应报文送回 cni0 设备（参考图 7-18 ⑦），内核根据 conntrack 连接修改回报文的目的 IP 地址后，将报文原路送回给

webserver-1 中的客户端。

## 7.4.3 集群节点应用访问服务

有时，集群节点上的应用需要访问 Kubernetes 中部署的服务，下面在 exp 节点上访问 webserver 服务，两次访问路径参考图 7-19 的路径 A 和路径 B。

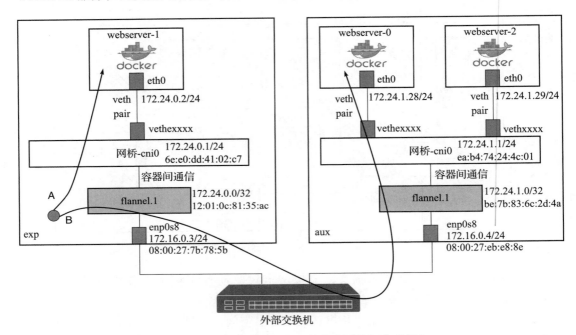

图 7-19 Service 网络中集群节点应用访问集群服务

在 exp 节点上使用 curl 命令访问 webserver 服务：

```
# 路径 A 访问本节点上的 pod
[root@exp ~]# curl 172.23.0.19
Service: webserver-1                    # 后端 pod 为 webserver-1
Version: v2.0
Local address list : 172.24.0.2
HTTP Request information:
    HostAddr        : 172.23.0.19
    ClientAddr      : 172.24.0.1:16189  # exp 主机的 cni0 设备的地址
    Proto           : HTTP/1.1
    Method          : GET
    RequestURI      : /

# 路径 B 访问其他节点上的 pod
[root@exp ~]# curl 172.23.0.19
Service: webserver-0                    # 后端 pod 为 webserver-0
Version: v2.0
```

```
Local address list : 172.24.1.28
HTTP Request information:
    HostAddr        : 172.23.0.19
    ClientAddr      : 172.24.0.0:51886      # exp 主机的 flannel.1 设备的地址
    Proto           : HTTP/1.1
    Method          : GET
    RequestURI      : /
```

命令结果显示，两次访问分别落在不同的后端 pod 上。

- 第一次访问服务的后端 pod 为 webserver-1，服务器返回的结果显示客户端地址为 172.24.0.1，此地址为 exp 主机的 cni0 设备的地址。
- 第二次访问服务的后端 pod 为 webserver-0，命令结果中显示客户端的地址为 172.24.0.0，此地址为 exp 主机的 flannel.1 设备的地址。

从命令结果显示，两次通信的源地址均为 exp 节点上某个设备的地址，那么在整个发送过程中有没有做源地址转换呢？答案是依赖宿主机的路由配置，本例的两种场景均做了源地址转换。接下来看完整的收发报文流程。

### 1. exp 节点发出 HTTP 请求报文

exp 节点发出请求报文时首先查找路由，exp 节点的网络配置如下：

```
[root@exp ~]# route -n
Kernel IP routing table
Destination     Gateway         Genmask         Flags Metric Ref    Use Iface
0.0.0.0         10.0.2.2        0.0.0.0         UG    103    0        0 enp0s3
10.0.2.0        0.0.0.0         255.255.255.0   U     103    0        0 enp0s3
172.16.0.0      0.0.0.0         255.255.255.0   U     101    0        0 enp0s8
172.24.0.0      0.0.0.0         255.255.255.0   U     0      0        0 cni0
172.24.1.0      172.24.1.0      255.255.255.0   UG    0      0        0 flannel.1

[root@exp ~]# ifconfig enp0s3
enp0s3: flags=4163<UP,BROADCAST,RUNNING,MULTICAST>  mtu 1500
        inet 10.0.2.15  netmask 255.255.255.0  broadcast 10.0.2.255
        ether 08:00:27:16:2c:5f  txqueuelen 1000  (Ethernet)
```

exp 节点上另外部署了一个网卡设备 enp0s3 作为本机的默认网络：默认路由的网关地址为 10.0.2.2，出口设备为 enp0s3。本例访问的是 172.23.0.19 地址，访问此地址只能匹配到默认路由，所以本次访问服务地址将使用 enp0s3 设备地址 10.0.2.15 作为请求报文的源地址。

主机外发报文场景下，内核查找完路由之后，将执行 iptables 的 OUTPUT 规则。

### 2. 节点外发报文：iptables 规则（OUTPUT）

exp 节点 iptables 的 OUTPUT 链上的规则如图 7-20 所示。

OUTPUT 链上只有一个名为 KUBE-SERVICES 的子链。这里的 KUBE-SERVICES 与 PREROUTING 链中的 KUBE-SERVICES 的子链完全相同，KUBE-SERVICES 链描述

的是访问 Kubernetes 服务地址的规则，包括访问 webserver 服务的规则。本次请求匹配到如图 7-20 ①所示的规则。该规则要求对源地址不是 Pod 网段并且目标地址为 webserver 服务地址的报文，打上 0x4000 标签，后续在 POSTROUTING 阶段对此报文做源地址转换。

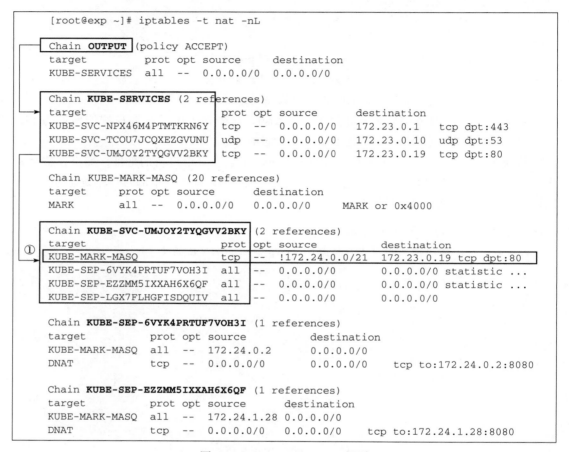

图 7-20 iptables OUTPUT 规则

接下来继续匹配 KUBE-SEP-... 规则，内核按照分担算法选择一个后端 pod，然后执行目的地址转换，执行完成后报文的目标地址已经被替换为目标后端 pod 的地址。

### 3. 继续转发

内核继续执行报文外发操作，执行 iptables 的 POSTROUTING 规则，这些流程与 7.4.2 节所讲的流程完全相同，因此不再赘述。

### 4. 通信过程总结

本节介绍了节点应用访问集群服务地址的通信原理，图 7-21 对整个通信流程进行了总结。

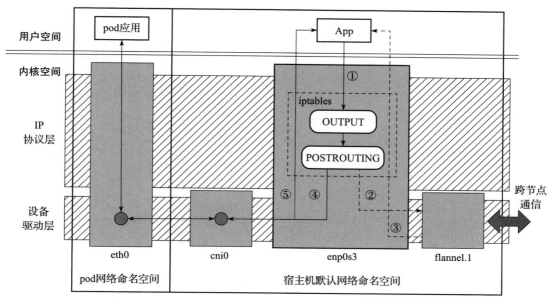

图 7-21　Service 网络中集群节点应用访问集群服务的流程总结

1）节点应用发出请求报文，内核首先根据目标地址查找路由，本例中默认路由关联的是 enp0s3 设备，所以内核使用 enp0s3 设备的地址作为源地址发出请求报文。

2）进入 exp 主机的网络协议栈，内核开始执行 iptables 规则，先后执行 OUTPUT、POSTROUTING 两大流程（参考图 7-21 ①）。其中，OUTPUT 阶段执行了目的地址转换，将报文中的目的 IP 替换为目标 pod 的 IP；POSTROUTING 阶段执行了源地址转换，选择外发设备的 IP 作为源 IP。

3）当本次请求的目的 IP 地址为其他节点的 pod 时，内核根据路由选择 flannel.1 作为外发设备，并将 flannel.1 的地址替换为报文的源 IP 地址（参考图 7-21 ②）。服务端响应报文送回时，内核根据 conntrack 连接修改回报文的源 / 目的 IP，并将报文原路送回给请求端（参考图 7-21 ③）。

4）当本次请求的目的 IP 地址为本节点的 pod 时，内核根据路由选择 cni0 作为外发设备，并将 cni0 的地址替换为报文的源 IP 地址（参考图 7-21 ④）。服务端响应报文送回时，内核根据 conntrack 连接修改回报文的源 / 目的 IP，并将报文原路送回给请求端（参考图 7-21 ⑤）。

### 7.4.4　从集群外部访问服务

集群外部网络可以通过两种方法访问集群内部的服务。

> **通过 ClusterIP 访问**：本方案要求外部网络具备访问集群服务的路由，并且外部网络能够正常地将报文转发到集群内部节点上。
> **通过 NodePort 访问**：本方案要求集群服务部署为 NodePort 类型，凡是能够访问集

群内部节点的外部系统,均可通过"节点 IP+NodePort"的方式直接访问集群内的服务。

不管使用哪种方案,集群外部系统访问集群内服务的过程,与在节点上访问集群内服务的过程基本相同。

下面进行实例化验证。先进行环境配置,新部署 aux2 主机。该主机与 exp 和 aux 主机直连,所用的网段为 172.16.0.0/24,其组网如图 7-22 所示。

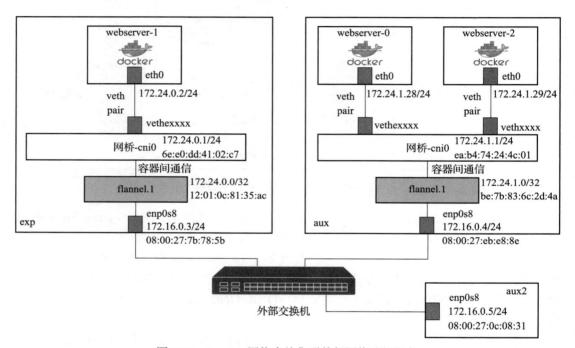

图 7-22 Service 网络中从集群外部网络访问服务

### 1. 通过 ClusterIP 访问

在 aux2 节点上配置访问 172.23.0.19/32 网段的路由,将下一跳地址设置为 172.16.0.3,然后尝试在 aux2 节点上访问服务网络:

```
[root@aux2 ~]# ip route add 172.23.0.19/32 via 172.16.0.3
[root@aux2 ~]# curl 172.23.0.19
Service: webserver-0                              # 后端 pod 为 webserver-0
Version: v2.0
Local address list : 172.24.1.2
HTTP Request information:
    HostAddr        : 172.23.0.19
    ClientAddr      : 172.24.0.0:19291
    Proto           : HTTP/1.1
    Method          : GET
```

```
        RequestURI      : /

[root@aux2 ~]# curl 172.23.0.19
Service: webserver-1                        # 后端 pod 为 webserver-1
Version: v2.0
Local address list : 172.24.0.2
HTTP Request information:
    HostAddr        : 172.23.0.19
    ClientAddr      : 172.24.0.1:11850
    Proto           : HTTP/1.1
    Method          : GET
    RequestURI      : /
```

从服务端返回的结果来看，服务端认为请求报文的源地址为 exp 主机的地址。也就是说，exp 节点对 aux2 节点发起的请求报文做了源地址转换。此路径与在 exp 节点上直接发起访问集群服务的路径基本相同。

### 2. 通过 NodePort 访问

前面创建 webserver 服务时指定的类型为 NodePort，对应的配置如下：

```
[root@exp ~]# kubectl get svc
NAME          TYPE        CLUSTER-IP      EXTERNAL-IP   PORT(S)         AGE
Kubernetes    ClusterIP   172.23.0.1      <none>        443/TCP         6d16h
Webserver     NodePort    172.23.0.19     <none>        80:32686/TCP    30s
```

外部网络可以通过"NodeIP:32686"访问 webserver 服务。例如，在 aux2 上直接通过 exp 主机地址发起服务访问：

```
[root@aux2 ~]# curl 172.16.0.3:32686
Service: webserver-1                        # 后端 pod 为 webserver-1
Version: v2.0
Local address list : 172.24.0.2
HTTP Request information:
    HostAddr        : 172.16.0.3:32686
    ClientAddr      : 172.24.0.1:49211
    Proto           : HTTP/1.1
    Method          : GET
    RequestURI      : /

[root@aux2 ~]# curl 172.16.0.3:32686
Service: webserver-2                        # 后端 pod 为 webserver-2
Version: v2.0
Local address list : 172.24.1.3
HTTP Request information:
    HostAddr        : 172.16.0.3:32686
    ClientAddr      : 172.24.0.0:63001
    Proto           : HTTP/1.1
    Method          : GET
    RequestURI      : /
```

访问效果与通过 ClusterIP 访问类似，最主要的差异在于 HTTP 报文头中的 Host 地址填写的是节点的地址。

对于 exp 主机来说，通过 NodePort 访问服务和直接通过 ClusterIP 访问服务的 iptables 规则略有差异，图 7-23 展示的是通过 NodePort 访问服务的 iptables 规则。

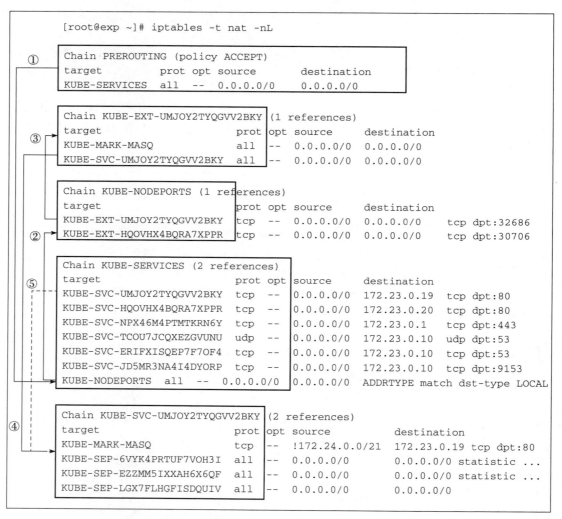

图 7-23　外部网络通过 NodePort 访问服务的 iptables 规则

1) 外部报文到达 exp 节点后，内核首先进入 iptables 的 PREROUTING 流程，参考图 7-23 ①，PREROUTING 链上只有 KUBE-SERVICES 子链，所以接下来继续执行 KUBE-SERVICES 链的规则。KUBE-SERVICES 链中除了最后一条 KUBE-NODEPORTS 外，其他的全部是根据服务的地址进行匹配，所以外部请求报文一定会继续匹配 KUBE-NODEPORTS

链，参考图 7-23 ②。

2）KUBE-NODEPORTS 链中定义的是 NodePort 的处理规则。该链中有两条规则：第一条规则指明目标端口为 32686 的 TCP 报文继续匹配 KUBE-EXT-UMJOY2TYQGVV2BKY 链，参考图 7-23 ③；第二条规则指示目标端口为 30706 的 TCP 报文继续匹配 KUBE-EXT-HQOVHX4BQRA7XPPR 链，原理与第一条规则相似，本次不关注。

3）KUBE-EXT-UMJOY2TYQGVV2BKY 链中存在以下两条规则。
- 规则 1：给报文打上 0x4000 标签，记录该报文发出时需要做源地址转换。
- 规则 2：继续调用 KUBE-SVC-UMJOY2TYQGVV2BKY 链，按照负载均衡规则分发（参考图 7-23 ④）。

仔细观察，对于 KUBE-SERVICES 链的第一条规则，当目的地址为 172.23.0.19 时，继续调用 KUBE-SVC-UMJOY2TYQGVV2BKY 链匹配（参考图 7-23 ⑤）。所以，此时通过 NodePort 访问服务和通过 ClusterIP 访问服务就合并到同一条路线上了。

余下流程与 7.4.3 节讲述的流程完全相同，不再赘述。

### 7.4.5 ipvs 模式

默认情况下，kube-proxy 使用 iptables 作为默认的转发模式，用户可以通过修改配置启用 ipvs。

kube-proxy 的配置集中保存了 kube-proxy 使用的转发模式。执行 "kubectl edit cm kube-proxy -n kube-system" 命令，找到 mode 字段，将其修改为 "ipvs"，修改后内容如下：

```
apiVersion: v1
data:
  config.conf: |-
    apiVersion: kubeproxy.config.k8s.io/v1alpha1
    ...
    kind: KubeProxyConfiguration
    metricsBindAddress: ""
    mode: "ipvs"                    # 设置为 ipvs 模式
```

完成上述操作后，重建所有 kube-proxy 容器：

```
kubectl get pod -n kube-system | grep kube-proxy | awk '{system("kubectl delete pod "$1" -n kube-system")}'
```

待 kube-proxy 重新运行后，查看 exp 主机上的 ipvs 规则，如图 7-24 所示。

有以下两条规则，其转发策略均是 "Masq"，即需要做网络地址转换。

①NodePort 规则：kube-proxy 为本机上每个地址分别创建了一条规则，分发策略为 "rr"（Round Robin），参与分担的 pod 为 webserver 服务的三个后端 pod。

②服务地址规则：kube-proxy 为每个服务地址创建了一条规则，规则中描述了参与分担的后端 pod 列表。

```
[root@exp ~]# ipvsadm -Ln
IP Virtual Server version 1.2.1 (size=4096)
Prot LocalAddress:Port Scheduler Flags
  -> RemoteAddress:Port           Forward Weight ActiveConn InActConn
① TCP  172.16.0.3:32686 rr
  -> 172.24.0.2:8080              Masq    1      0          0
  -> 172.24.1.28:8080             Masq    1      0          0
  -> 172.24.1.29:8080             Masq    1      0          0
  TCP  172.23.0.10:53 rr
  -> 172.24.0.3:53                Masq    1      0          0
  -> 172.24.0.4:53                Masq    1      0          0
  TCP  172.23.0.10:9153 rr
  -> 172.24.0.3:9153              Masq    1      0          0
  -> 172.24.0.4:9153              Masq    1      0          0
② TCP  172.23.0.19:80 rr
  -> 172.24.0.2:8080              Masq    1      0          3
  -> 172.24.1.28:8080             Masq    1      0          3
  -> 172.24.1.29:8080             Masq    1      0          3
① TCP  172.24.0.0:32686 rr
  -> 172.24.0.2:8080              Masq    1      0          0
  -> 172.24.1.28:8080             Masq    1      0          0
  -> 172.24.1.29:8080             Masq    1      0          0
① TCP  172.24.0.1:32686 rr
  -> 172.24.0.2:8080              Masq    1      0          0
  -> 172.24.1.28:8080             Masq    1      0          0
  -> 172.24.1.29:8080             Masq    1      0          0
  UDP  172.23.0.10:53 rr
  -> 172.24.0.3:53                Masq    1      0          0
  -> 172.24.0.4:53                Masq    1      0          0
...
```

图 7-24　exp 主机上的 ipvs 规则

ipvs 的规则相较于 iptables 的规则要简单得多，毕竟 ipvs 是专门实现负载均衡的内核模块，而 iptables 主要提供通用功能。

本书不再细化 ipvs 转发服务请求原理，有兴趣的读者可自行研究。

## 7.5　Ingress 网络

Kubernetes 提供的 Service 网络仅在本集群范围内可见，集群外部无法通过服务地址访问集群内的服务。为了解决此问题，Kubernetes 提供了 Ingress/Egress 机制：Ingress 可以将集群外部的流量导入集群内部，Egress 则将集群内的流量导出到集群外部。这些功能的实现依赖于 Ingress 控制器，Kubernetes 自身并不提供 Ingress 控制器功能，用户可以自行实现或者使用第三方控制器[⊖]。

---

⊖　第三方控制器列表：https://kubernetes.io/docs/concepts/services-networking/ingress-controllers/。

Ingress/Egress 整体网络架构如图 7-25 所示。

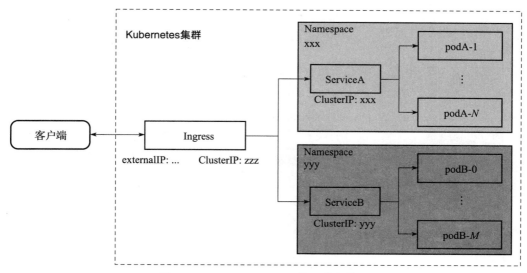

图 7-25 Ingress/Egress 整体网络架构图

Kubernetes 集群内部署了两个服务和一个 Ingress 控制器。
- **业务服务 ServiceA 和 ServiceB**：两个服务均位于 Kubernetes 集群中，其服务地址在集群范围内有效。
- **Ingress 控制器**：该控制器绑定了外部 IP 地址。

集群外部客户端通过 Ingress 的外部 IP 地址访问集群内的服务，Ingress 收到外部请求报文后，根据报文请求中的 URI 信息判断该报文归属哪个服务，然后将请求转发给集群内的服务。

---

 Kubernetes 不负责 Ingress 外部地址的路由，用户必须确保外部报文均能够到达 Ingress 控制器。

---

## 7.5.1 Ingress 资源

Kubernetes 中有两种资源与 Ingress 功能相关。
- **IngressClass 资源**：用于关联 Ingress 控制器。用户应当为每个 Ingress 控制器创建一个 IngressClass 资源，凡是引用本 IngressClass 的转发规则，其报文全部转发到本资源关联的 Ingress 控制器。
- **Ingress 资源**：定义了 Ingress 控制器对业务报文的转发策略。例如，用户可以将指定 Host 的请求报文全部转发到后端某个 Service 上。每个 Ingress 转发规则都会关联一个 IngressClass 资源（如果不指定，则默认关联 IngressClass 资源），匹配该规则的报文全部通过 Ingress 控制器发往后端。

Ingress 和 IngressClass 资源之间的关系如图 7-26 所示。

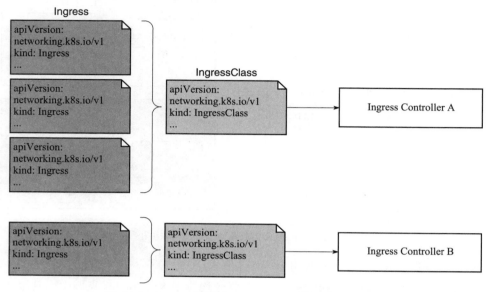

图 7-26  Ingress 资源和 IngressClass 资源之间的关系

Ingress 和 IngressClass 是 $N:1$ 的关系，通过定义不同的 Ingress 实现自定义转发规则。IngressClass 和 Ingress 控制器一般是 $1:1$ 的关系。

### 1. IngressClass 资源

IngressClass 资源唯一绑定了一个 Ingress 控制器，所有引用本 IngressClass 的转发规则，其报文全部转发到本资源关联的 Ingress 控制器。

下面是 IngressClass 资源示例：

```
apiVersion: networking.k8s.io/v1
kind: IngressClass                       # 资源类型为 IngressClass
metadata:
    name: nginx-example
    annotations:
        ingressclass.kubernetes.io/is-default-class: "true"
spec:
    controller: example.com/ingress-controller   # 本资源关联的控制器
    parameters:                                  # 控制器参数，此处参数由控制器自定义
        scope: Cluster
        apiGroup: k8s.example.net
        kind: ClusterIngressParameter
        name: external-config-1
```

其中的关键字段[⊖]如下。

- **metadata.annotations.ingressclass.kubernetes.io/is-default-class 注解**：此注解用于设置本 IngressClass 资源是否是默认资源，设置为 true 表示本资源为默认 IngressClass 资源。如果用户在创建 Ingress 资源时不指定 IngressClass 资源，则相当于关联默认的 IngressClass 资源。
- **spec.controller**：描述本 IngressClass 资源关联的控制器名字，此名字由控制器定义。不同的控制器指定名字的方法不同，具体可参考控制器的帮助文档。
- **spec.parameters**：描述控制器需要的额外资源，可选，内容由控制器定义。示例中使用的是类型为 ClusterIngressParameter 的资源，资源名字为 "external-config-1"。

### 2. Ingress 资源

Ingress 资源定义了 Ingress 控制器对用户报文的转发策略。Ingress 资源示例如下：

```
apiVersion: networking.k8s.io/v1
kind: Ingress                                    # 资源类型为 Ingress
metadata:
    name: simple-fanout-example
spec:
    ingressClassName: example-ingress-class      # 关联 IngressClass 资源
    rules:                                       # 规则定义
    - host: foo.bar.com
      http:
        paths:
        - path: /foo
          pathType: Prefix
          backend:
            service:
                name: service1
                port:
                    number: 4200
```

其中的关键字段[⊖]如下。

- **spec.ingressClassName**：本规则关联的 IngressClass 资源，可选。如不指定，则关联默认的 IngressClass 资源。
- **spec.rules**：规则列表。本示例仅有一个规则，即当 Ingress 接收目的 host 为 foo.bar.com、URI 路径为 /foo 的 HTTP 请求后，将此报文转发到 service1 的 4200 端口。

## 7.5.2　Nginx Ingress 控制器原理

目前业界用的比较广泛的反向代理有 Nginx、HAProxy 等，本次验证基于 Nginx Ingress

---

⊖ IngressClass 接口文档：https://kubernetes.io/docs/reference/kubernetes-api/service-resources/ingress-class-v1/。
⊖ Ingress 文档：https://kubernetes.io/zh-cn/docs/reference/kubernetes-api/service-resources/ingress-v1/。

控制器[一]实现。Nginx Ingress 控制器的工作原理参考图 7-27。

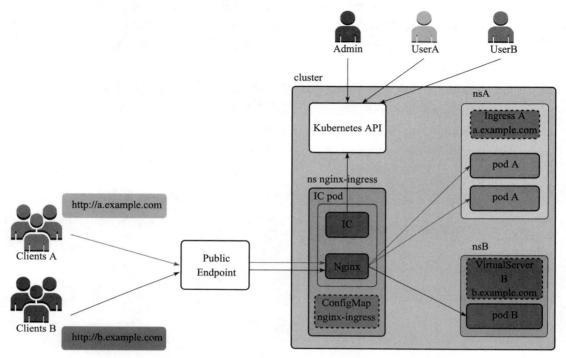

图 7-27　Nginx Ingress 控制器原理[二]

Kubernetes 集群中部署了两个服务和一个 Nginx Ingress 控制器，集群外部署了一个名为 Public Endpoint 组件。该组件代表了 Ingress 控制器外部接口组件，能够将目的地址是 Ingress 控制器 External-IP 的报文转发到 Ingress 控制器上。

Nginx Ingress 控制器内部由两部分组成。

- **IC（Ingress Controller）**：监听 Kubernetes API Server，实时获取系统中配置的 Ingress 规则信息，并将规则转换为配置传递给 Nginx 代理。
- **Nginx 代理**：负责按照固定的规则转发用户报文。

IC 组件负责将 Kubernetes 系统中的资源转换成 Nginx 的配置文件，内部工作原理如图 7-28 所示。

其工作原理如下。

① 用户调用 Kubernetes API 创建了一个新的 Ingress 资源。

② IC 内部创建了一个 Cache，Cache 中保存了 IC 关注的资源，Cache 内的数据与 Kubernetes

---

[一] Ingress Nginx 控制器文档：https://docs.nginx.com/nginx-ingress-controller。

[二] 图片来源：https://docs.nginx.com/nginx-ingress-controller/overview/design。

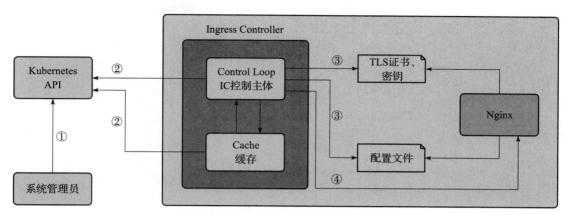

图 7-28　Nginx Ingress Controller 原理㊀

中保存的资源保持同步。当 Kubernetes 中有 IC 关注的资源变更后，Cache 将变更通知发送给 IC，IC 随后从 Cache 中读取本次变更的资源，并将状态更新到 Kubernetes 数据库中。

③ IC 将本次变更的数据提取出来并写入本地配置，主要是两部分：第一部分是 TLS 证书和密钥，用于实现用户报文的 TLS 终结；第二部分是 Nginx 代理的配置文件，Nginx 代理根据此配置执行报文转发。

④ 如果 IC 检查到 Nginx 代理配置发生变更，则发起 Nginx 代理进程的重加载，Nginx 代理重新加载后使用新的配置上电。

Nginx 代理的功能相对单一，代理上电后读取 IC 准备的配置文件，然后按照配置文件要求执行报文转发。

### 7.5.3　部署 Nginx Ingress

#### 1. 获取 Nginx Ingress 版本

Nginx Ingress 版本与 Kubernetes 版本存在依赖关系㊁，如表 7-4 所示。本节使用的 Kubernetes 版本为 1.27，本例选择当前的 Ingress Nginx 版本为 v1.9.6。

表 7-4　Nginx Ingress 与 Kubernetes 版本关系

| Ingress Nginx 版本 | Kubernetes 支持版本 | Alpine 版本 | Nginx 版本 | Helm Chart 版本 |
| --- | --- | --- | --- | --- |
| v1.9.6 | 1.29, 1.28, 1.27, 1.26, 1.25 | 3.19.0 | 1.21.6 | 4.9.1* |
| v1.9.5 | 1.28, 1.27, 1.26, 1.25 | 3.18.4 | 1.21.6 | 4.9.0* |
| v1.9.4 | 1.28, 1.27, 1.26, 1.25 | 3.18.4 | 1.21.6 | 4.8.3 |
| v1.9.3 | 1.28, 1.27, 1.26, 1.25 | 3.18.4 | 1.21.6 | 4.8.* |

---

㊀ 图片来源：https://docs.nginx.com/nginx-ingress-controller/overview/design。
㊁ 版本依赖关系：https://github.com/kubernetes/ingress-nginx。

下载 v1.9.6 对应的部署文件[⊖]到本地，重命名为 ingress-nginx-v1.9.6.yaml。此文件包含部署 Nginx Ingress 需要的所有资源，用户根据需要修改服务参数，其他保持默认即可。

```
apiVersion: v1
kind: Service
metadata:
    name: ingress-nginx-controller
    namespace: ingress-nginx
spec:
    externalTrafficPolicy: Cluster        # 设置为 Cluster 属性，否则外部无法访问
    ipFamilies:
    - IPv4
    ipFamilyPolicy: SingleStack
    ...
    type: LoadBalancer                    # 指定类型为负载均衡器
    clusterIP: 172.23.0.9                 # 指定 Nginx 的服务 ClusterIP
    externalIPs:
        - 10.10.10.10                     # 指定 Nginx 的服务的外部地址
```

其参数的说明如下。

- externalTrafficPolicy: Cluster：设置外部流量策略，可以取值为 Local（默认值）或者 Cluster。当设置为 Local 时，kube-proxy 仅允许集群内部节点访问此服务；当设置为 Cluster 时，则允许集群外部网络访问本服务。本例中设置为 Cluster。
- type:LoadBalancer：将服务类型设置为负载均衡器，此类型的服务可以绑定外部 IP 地址。
- clusterIP: 172.23.0.9：指定此服务的 clusterIP 为 172.23.0.9，用户需要确保此地址未被占用。
- externalIPs：增加外部 IP 配置，本例将外部 IP 地址设置为 10.10.10.10。

2. 部署版本

修改完 ingress-nginx-v1.9.6.yaml 后，执行部署命令：

```
[root@exp ingress]# kubectl apply -f ingress-nginx-v1.9.6.yaml
namespace/ingress-nginx created
serviceaccount/ingress-nginx created
serviceaccount/ingress-nginx-admission created
role.rbac.authorization.k8s.io/ingress-nginx created
role.rbac.authorization.k8s.io/ingress-nginx-admission created
clusterrole.rbac.authorization.k8s.io/ingress-nginx created
clusterrole.rbac.authorization.k8s.io/ingress-nginx-admission created
rolebinding.rbac.authorization.k8s.io/ingress-nginx created
rolebinding.rbac.authorization.k8s.io/ingress-nginx-admission created
clusterrolebinding.rbac.authorization.k8s.io/ingress-nginx created
```

---

⊖ 部署文件：https://raw.githubusercontent.com/kubernetes/ingress-nginx/controller-v1.9.6/deploy/static/provider/cloud/deploy.yaml。

```
clusterrolebinding.rbac.authorization.k8s.io/ingress-nginx-admission created
configmap/ingress-nginx-controller created
service/ingress-nginx-controller created
service/ingress-nginx-controller-admission created
deployment.apps/ingress-nginx-controller created
job.batch/ingress-nginx-admission-create created
job.batch/ingress-nginx-admission-patch created
ingressclass.networking.k8s.io/nginx created
validatingwebhookconfiguration.admissionregistration.k8s.io/ingress-nginx-
    admission created
```

部署成功后检查服务运行情况，ingress-nginx 命名空间中新增了两个服务：

```
[root@exp ingress]# kubectl get svc -n ingress-nginx
NAME                                 TYPE           LUSTER-IP      EXTERNAL-IP    PORT(S)
ingress-nginx-controller             LoadBalancer   172.23.0.9     10.10.10.10    80:30700/TCP
ingress-nginx-controller-admission   ClusterIP      172.23.0.36    <none>         ...
```

ingress-nginx-controller 服务地址满足预期。由于 Nginx Ingress 为 Loadbalancer 类型，此服务具有 ClusterIP、ExternalIP 和 NodePort 三种属性，用户通过任意一条路都可以将报文送到 Nginx Ingress。

继续检查 Nginx Ingress pod 运行情况：

```
[root@exp ingress]# kubectl get pod -n ingress-nginx
NAME                                         READY   STATUS      AGE
ingress-nginx-admission-create-csnnl         0/1     Completed   14m
ingress-nginx-admission-patch-7gs88          0/1     Completed   14m
ingress-nginx-controller-7544b59948-hkfmn    1/1     Running     14m
```

Nginx Ingress 一共部署了以下三个 pod。

- 名字为 ingress-nginx-admission-*** 格式的两个 pod：任务 pod，属于一次性任务，执行完成后处于 Completed 状态。
- 名字为 ingress-nginx-controller-*** 格式的 pod：Ingress 控制器 pod，实现 Ingress 代理功能，必须保证其状态是 Running 状态。

尝试在 exp 上访问 Ingress 提供的服务：

```
[root@exp ~]# curl 10.10.10.10
<html>
<head><title>404 Not Found</title></head>
<body>
<center><h1>404 Not Found</h1></center>
<hr><center>nginx</center>
</body>
</html>
```

Ingress 返回了 "404 Not Found"，因为用户还没有配置任何 Ingress 规则，Ingress 返回的是 Nginx 控制器的默认页面。

### 7.5.4 实例化验证 Ingress 控制器功能

本次测试模拟用户发起 HTTP 请求，验证 Nginx Ingress 按照用户指定的规则将报文发送到 Kubernetes 的后端服务，其组网参考图 7-29。

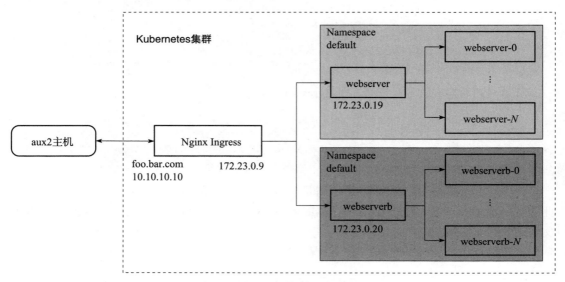

图 7-29　Ingress 控制器实验组网

组网情况说明如下。
- 部署 Nginx Ingress 控制器，服务地址使用 172.23.0.9，外部地址使用 10.10.10.10。
- Kubernetes 集群内部部署两个服务，即 webserver 和 webserverb，两个服务均能直接对集群内提供服务，对应的服务地址分别是 172.23.0.19 和 172.23.0.20，每个服务各部署 $N$ 个后端。
- 客户端通过 Nginx Ingress 的外部地址访问集群。

本次实例化验证设置 Ingress 的外部地址为 10.10.10.10，域名设置为 foo.bar.com，客户端通过域名访问 Ingress 服务。如前面提及，Kubernetes 不负责 Ingress 外部地址的路由，用户自行保证外部报文能够到达集群节点。

#### 1. 部署后端服务

为了验证 Ingress 的分担规则，本次后端部署了两个服务，其中 webserver 是现有服务，现在额外部署 webserverb 服务。

图 7-30 展示了与本次功能验证有关的所有服务和 pod 资源。

下面对资源列表的情况进行说明。
- ① Nginx Ingress 控制器服务，服务类型为 LoadBalancer，外部 IP 为 10.10.10.10。
- ②③ webserver 和 webserverb 服务各部署了三个 pod。

```
[root@exp ~]# kubectl get svc -A
NAMESPACE       NAME                                  TYPE           CLUSTER-IP     EXTERNAL-IP    PORT(S)
default         kubernetes                            ClusterIP      172.23.0.1     <none>         443/TCP
default         webserver                             NodePort       172.23.0.19    <none>         80:30228/TCP
default         webserverb                            NodePort       172.23.0.20    <none>         80:31471/TCP
① ingress-nginx   ingress-nginx-controller              LoadBalancer   172.23.0.9     10.10.10.10    80:30700/TCP...
  ingress-nginx   ingress-nginx-controller-
                  admission                             ClusterIP      172.23.0.36    <none>         443/TCP

[root@exp ~]# kubectl get pod -A -o wide
NAMESPACE       NAME                                         READY   STATUS      AGE    IP            NODE
② default         webserver-0                                  1/1     Running     31h    172.24.1.2    aux
  default         webserver-1                                  1/1     Running     31h    172.24.0.2    exp
  default         webserver-2                                  1/1     Running     31h    172.24.1.3    aux
③ default         webserverb-0                                 1/1     Running     4h39m  172.24.1.4    aux
  default         webserverb-1                                 1/1     Running     4h39m  172.24.0.5    exp
  default         webserverb-2                                 1/1     Running     4h39m  172.24.1.5    aux
  ingress-nginx   ingress-nginx-admission-create-csnnl         0/1     Completed   3h23m  172.24.1.9    aux
  ingress-nginx   ingress-nginx-admission-patch-7qs88          0/1     Completed   3h23m  172.24.1.10   aux
④ ingress-nginx   ingress-nginx-controller-7544b59948-hkfmn    1/1     Running     3h23m  172.24.1.11   aux
```

图 7-30 实例化验证 Ingress 控制器功能：资源列表

> ④ Nginx Ingress 控制器 pod，此控制器运行在 aux 节点上。

### 2. 准备测试机 aux2

aux2 主机通过 172.16.0./24 网段与 exp 和 aux 直连，下面在 aux2 主机上验证通过外部 IP 地址访问 Kubernetes 集群内部服务。

首先在 aux2 主机上增加路由：

```
[root@aux2 ~]# ip route add 10.10.10.10/32 via 172.16.0.3
[root@aux2 ~]# ip route
10.10.10.10 via 172.16.0.3 dev enp0s8
...
```

在 /etc/hosts 文件中增加域名解析：

```
10.10.10.10 foo.bar.com
```

在测试机 aux2 上访问 Ingress：

```
[root@aux2 ~]# curl foo.bar.com
<html>
<head><title>404 Not Found</title></head>
<body>
<center><h1>404 Not Found</h1></center>
<hr><center>nginx</center>
</body>
</html>
```

返回结果与在 exp 上访问的结果相同，可以看到网络通信是正常的。

### 3. 创建 Ingress 规则

Nginx Ingress 的部署文件中包含了一个名为 nginx 的 IngressClass，在配置 Ingress 规则

时直接绑定此 IngressClass。

有以下两个测试目标。

➤ 目的 URI 为 "foo.bar.com/foo" 的报文由 webserver 服务处理。

➤ 目的 URI 为 "foo.bar.com/bar" 的报文由 webserverb 服务处理。

创建 Ingress 资源：

```yaml
apiVersion: networking.k8s.io/v1
kind: Ingress                          # 资源类型为 Ingress
metadata:
    name: simple-ingress-foo-bar
spec:
    ingressClassName: nginx            # 指定 ingressClass
    rules:
    - host: foo.bar.com                # 此规则对应的 host 主机
      http:
        paths:
        - pathType: Prefix             # 分发规则前缀匹配
          path: "/foo"                 # 将指定 foo 的报文发往 webserver
          backend:                     # 后端服务配置
            service:
              name: webserver          # 后端服务为 webserver
              port:
                number: 80
        - pathType: Prefix
          path: "/bar"                 # 将指定 bar 的报文发往 webserverb
          backend:                     # 后端服务配置
            service:
              name: webserverb         # 后端服务为 webserverb
              port:
                number: 80
```

规则说明如下。

➤ "ingressClassName:nginx" 指定本规则绑定的 ingressClass 资源。

➤ "host:foo.bar.com" 表示接收 HTTP 报文头 host 是 "foo.bar.com" 的报文。

➤ 增加两条路径，其中前缀为 "/foo" 的请求发给后端 webserver，前缀为 "/bar" 的请求发给后端 webserverb。

部署 Ingress 资源：

```
[root@exp ingress]# kubectl apply -f simple-ingress-foo-bar.yaml
ingress.networking.k8s.io/simple-ingress-foo-bar created

[root@exp ingress]# kubectl get ingress
NAME                     CLASS   HOSTS         ADDRESS       PORTS   AGE
simple-ingress-foo-bar   nginx   foo.bar.com   10.10.10.10   80      77s
```

接下来验证功能。尝试在 aux2 测试机上访问 foo.bar.com/foo，显示结果如下：

```
[root@aux2 ~]# curl foo.bar.com/foo
Service: webserver-2                    # 后端 pod 为 webserver-2 实例
Version: v2.0
Local address list : 172.24.1.3
HTTP Request information:
    HostAddr        : foo.bar.com       # host 为期望的域名
    ClientAddr      : 172.24.1.11:33614 # Nginx 控制器的地址
    Proto           : HTTP/1.1
    Method          : GET
    RequestURI      : /foo

Header information:
    X-Real-Ip: 172.24.0.0               # 真实的源 IP 地址
    X-Forwarded-For: 172.24.0.0
    X-Forwarded-Host: foo.bar.com
    X-Forwarded-Port: 80
    X-Forwarded-Proto: http
    X-Forwarded-Scheme: http
```

其中包含以下三个关键信息。

- 处理本次请求的后端服务实例为 webserver-2，符合 Ingress 规则预期。
- ClientAddr 表示 aux 主机的 Nginx 控制器地址 172.24.1.11。Nginx 在向后端转发之前，做了源地址转换。
- Nginx 在 HTTP 头中加入了自己的转发信息。X-Real-Ip 表示真实的源地址是 172.24.0.0。

再在测试机上访问 foo.bar.com/bar，显示结果如下：

```
[root@aux2 ~]# curl foo.bar.com/bar
Service: webserverb-1                   # 后端 pod 为 webserverb-1 实例
Version: v2.0
Local address list : 172.24.0.5
HTTP Request information:
    HostAddr        : foo.bar.com
    ClientAddr      : 172.24.1.11:41232
    Proto           : HTTP/1.1
    Method          : GET
    RequestURI      : /bar
...
```

Ingress 控制器按照用户期望的转发规则，将 HTTP 请求正确地转发给了 webserverb 服务。

#### 4. Ingress 默认后端服务

前面配置的 Ingress 规则要求精确匹配，如果未匹配成功，则 Nginx 将报文转给默认的后端服务。此时尚未配置默认后端服务，所以 Nginx 控制器返回了 404 错误。

```
[root@aux2 ~]# curl foo.bar.com
```

```
<html>
<head><title>404 Not Found</title></head>
<body>
<center><h1>404 Not Found</h1></center>
<hr><center>nginx</center>
</body>
</html>
```

用户可以通过"spec.defaultBackend"参数指定默认后端服务。当 Nginx 找不到匹配的规则时，将请求报文发给默认后端服务。在前面的 Ingress 规则中增加如下配置：

```
apiVersion: networking.k8s.io/v1
kind: Ingress
metadata:
    name: simple-ingress-foo-bar
spec:
    ingressClassName: nginx
    defaultBackend:                    # 默认后端服务
        service:
            name: webserver
            port:
                number: 80
```

在测试机上尝试访问 foo.bar.com，显示结果如下：

```
[root@aux2 ~]# curl foo.bar.com
Service: webserver-1                   # 后端 pod 为 webserver-1 实例
Version: v2.0
Local address list : 172.24.0.2
HTTP Request information:
    HostAddr       : foo.bar.com
    ClientAddr     : 172.24.1.11:46968
    Proto          : HTTP/1.1
    Method         : GET
    RequestURI     : /
```

Nginx 将未匹配到的请求报文转给了 webserver 服务。

### 7.5.5 Nginx Ingress 转发原理

Kubernetes 通过 iptables/ipvs 实现了服务地址访问的功能，对于 Ingress 外部地址也采用了相同的思路。所以，只要用户能够将报文送到集群内任意节点，Kubernetes 就能够保证将报文送到 Ingress 控制器上。

前面部署 Ingress 时指定的外部地址是 10.10.10.10，接下来介绍 Kubernetes 是如何实现此外部地址的访问的。部署完成后，Kubernetes 自动添加了 Ingress 外部地址的 iptables 规则，如图 7-31 所示。

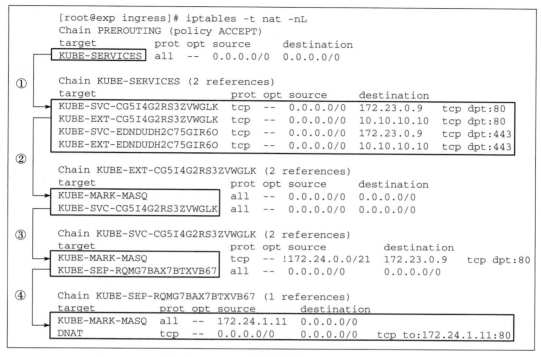

图 7-31　实例化验证 Ingress 控制器功能：Ingress 外部 IP 地址规则

Ingress 接收报文流程说明如下。

1）外部路由器将请求报文转发到集群任意节点时，首先执行 iptables 的 PREROUTING 规则，内核调用 KUBE-SERVICES 子链进行匹配（见图 7-31 ①）。

2）KUBE-SERVICES 下面的规则根据服务目标地址进行匹配。本次请求的目标地址为"10.10.10.10:80"，所以将匹配到 KUBE-EXT-CG5I4G2RS3ZVWGLK 链（见图 7-31 ②）。

3）KUBE-EXT-CG5I4G2RS3ZVWGLK 链下面挂载了两条规则：**规则 1**，给报文打上需要做源地址转换的标签；**规则 2**，继续执行 KUBE-SVC-CG5I4G2RS3ZVWGLK 链（见图 7-31 ③）。

4）KUBE-SVC-CG5I4G2RS3ZVWGLK 链即是 Ingress ClusterIP 对应的链，此时通过外部地址访问和通过 ClusterIP 访问就合并了。接下来继续匹配（见图 7-31 ④），对请求报文做目标地址转换，将请求报文发送给 Nginx Ingress 控制器。

5）Nginx Ingress 控制器按照用户指定的 Ingress 规则进行分发，将报文发送到真正的后端。此时报文的源地址将填充为 Nginx Ingress 控制器 pod 的地址。

总结一下使用 Ingress 控制器的步骤：准备网络，为控制器分配地址，并确保网络流量能够正常导入 Ingress 控制器；部署 Ingress 控制器，创建 IngressClass；创建 Ingress 规则，并绑定前面创建的 IngressClass；测试验证。

Kubernetes 不提供 Ingress 控制器的具体实现，用户可以根据需要选择控制器，如果现有的控制器无法满足需求，也可以自行开发。

从整个通信过程来看，Ingress 不关心报文是如何被送到控制器的，控制器只需按照用户定义的 Ingress 规则执行转发就可以了。通过 Ingress 控制器转发时，报文需要经过控制器二次转发，所以时延会增加，性能也会下降。

## 7.6 总结

本章重点介绍了 Kubernetes 网络的工作原理，包括 Pod 网络、Service 网络、Ingress 网络。理解了各网络功能组件的工作原理后，就可以按照自己的思路去改造网络，使网络功能更适用于产品。

下面将基于对网络的理解，尝试使用 ipvlan、macvlan 插件作为 Kubernetes 的默认网络插件。

第三篇 *Part 3*

# Kubernetes 网络插件原理

- 第 8 章 CNI 网络插件原理及实践
- 第 9 章 动手实现 CNI 插件

本篇围绕 Kubernetes 网络插件展开讲解，涵盖相关概念、原理及应用。本篇包含以下内容。
- ➢ 第 8 章介绍 Kubernetes CNI 网络插件的概念及其在系统中所处的位置，并结合 flannel 插件讲解 CNI 插件的工作原理。最后，结合理论实践在 Kubernetes 中使用 macvlan/ipvlan 网络作为默认网络功能。
- ➢ 第 9 章结合虚拟化网络知识实现 glue 插件。该插件使用 macvlan/ipvlan 作为 Kubernetes 默认网络插件。

第 8 章 Chapter 8

# CNI 网络插件原理及实践

CNI（Container Networking Interface，容器网络接口）定义了 Kubernetes 容器网络插件的标准，凡是支持此标准的任何插件均可以与 Kubernetes 无缝对接。由于其开放性，目前 Kubernetes 社区中有很多不同类型的 CNI 实现，用户可以根据自身需求选择合适的 CNI 插件，也可以自行开发。CNI 开源项目地址为 https://github.com/containernetworking/cni。

本章重点讨论 CNI 模型，并以实例化的方式介绍 CNI 插件的配置和使用。

## 8.1 CNI 插件规范

CNI 插件规范<sup>⊖</sup>定义了如表 8-1 所示的内容。

表 8-1 CNI 插件规范

| 规范 | 说明 |
| --- | --- |
| 配置文件规范 | 规范配置文件格式，所有插件遵循统一的配置文件格式要求 |
| 插件调用规范 | 定义了插件调用过程、操作类型、API 等 |
| 网络配置规范 | 定义了插件执行网络配置的流程 |
| 委托执行规范 | 为了更好地复用现有的功能，插件可以委托调用其他插件执行操作 |
| 执行结果规范 | 规范约定了插件的输出结果 |

---

⊖ CNI 插件规范文档：https://www.cni.dev/docs/spec。

## 8.1.1 配置文件格式

CNI 定义了一套完整的配置文件格式规范，调用者在调用插件程序时将配置文件传递给插件，插件根据配置要求执行。默认情况下，CNI 插件配置文件位于 /etc/cni/net.d 目录下，标准插件配置文件支持以下三种扩展名。

➢ *.conf 和 *.json：标准插件接口，每个文件只配置一个插件。

➢ *.conflist：每个文件可以配置一个或者多个插件，Kubernetes 使用此类型的配置文件。

下面是某 Kubernetes 集群的插件配置文件内容。该配置文件扩展名为 ".conflist"，内部可包含多个插件配置，但是本例仅配置了一个。

```
{
    "cniVersion": "1.0.0",                              # 插件版本
    "name": "dbnet",                                    # 插件网络名称
    "plugins": [                                        # 插件列表
        {
            "type": "bridge",                           # 插件1类型
            "bridge": "cni0",
            "keyA": ["some more", "plugin specific", "configuration"],
            "ipam": {                                   # 地址管理插件
                "type": "host-local",
                "subnet": "10.1.0.0/16",
                "gateway": "10.1.0.1",
                "routes": [
                    {"dst": "0.0.0.0/0"}
                ]
            },
            "dns": {
                "nameservers": [ "10.1.0.1" ]
            }
        }
    ]
}
```

主要的参数说明可参考表 8-2 和表 8-3（更详细的字段说明请参考官网文档[⊖]）。

表 8-2 CNI 插件配置文件参数说明

| 字段 | 数据类型 | 说明 |
| --- | --- | --- |
| cniVersion | string | 指定 CNI 插件的版本号，本例的版本号为 "1.0.0" |
| name | string | 网络名称，系统在 /var/lib/cni/networks 目录下生成以网络名命名的子目录，host-local 插件在此目录下保存本网络上已经分配的地址信息。本例的网络名称为 "dbnet"，所以系统会生成 /var/lib/cni/networks/dbnet 目录 |
| plugins | list | CNI 插件列表，数组格式，这里配置了插件的具体参数，每个插件的参数会有差异，关键参数请参考表 8-3 |

---

⊖ 插件帮助文档：https://www.cni.dev/plugins/current。

表 8-3　CNI 插件配置文件的 plugins 参数说明

| 字段 | 数据类型 | 说明 |
|---|---|---|
| type | string | 插件类型，对应了插件可执行程序的名字，本例的插件类型为 bridge，对应的可执行文件为 /opt/cni/bin/bridge |
| ipMasq | boolean | 插件是否支持网络地址转换，设置为 true 表示插件支持网络地址转换功能 |
| ipam | dictionary | 地址管理插件，包含如下字段：<br>➢ type (string)：IPAM 插件的类型，系统自带插件有 host-local、dhcp 和 static 三种。本例使用的是 host-local，表示从本节点管理的地址段范围分配 IP 地址，host-local 保证运行在本节点上的 pod 地址不会重叠<br>➢ subnet(string)：可分配的地址子网<br>➢ gateway(string)：pod 使用的默认网关<br>➢ routes(list of dictionary)：路由条目，Kubernetes 将配置文件中的路由追加到容器的路由配置中，一条路由由 dst（目的网络）和 gw（网关）组成。如果路由条目未指定网关，则使用 gateway 参数指定的地址作为网关 |
| dns | string | 用于 DNS 配置，包含如下参数：<br>➢ nameservers(list of strings)：DNS 服务器地址，可以有多个<br>➢ domain(string)：域名后缀，与短名称拼接起来形成完整域名 |

## 8.1.2　插件程序列表

CNI 插件由多个独立的程序组成，用户可以在 GitHub<sup>○</sup>下载。本节使用的是 CNI v1.0.0 版本，下载解压后直接将可执行文件复制到 /opt/cni/bin 目录下即可。

CNI v1.0.0 包含如下程序，每个程序对应一个插件：

```
[root@exp ~]# ls /opt/cni/bin
bandwidth  bridge   dhcp       dummy    firewall  host-device
host-local ipvlan   loopback   macvlan  portmap   ptp
sbr        static   tuning     vlan     vrf
```

从功能上划分，CNI 插件分为 Main、IPAM、META 三大类。

### 1. Main 类型

Main 类型插件用于管理网络接口，常用的 Main 类型插件可参考表 8-4。

表 8-4　CNI 插件列表：Main 类型插件

| 插件 | 功能 |
|---|---|
| bridge | 网桥插件，bridge 插件在宿主机中创建一个网桥，**容器运行时**创建容器网络时，调用本插件为每个容器创建一个虚拟网卡对设备，该设备一端连接到网桥上，另一端置于容器的网络命名空间中。Kubernetes 网络中使用的是 flannel 插件，该插件内部正是调用 bridge 插件实现网络管理的 |
| ptp | 创建点到点（point-to-point）网络，同样为每个容器创建一个虚拟网卡对设备，该设备一端置于容器中，另一端置于容器所在宿主机中。此网络模式下，容器报文转发依赖宿主机的路由 |

---
○ 插件源码库：https://github.com/containernetworking/plugins。

（续）

| 插件 | 功能 |
|---|---|
| macvlan | macvlan 插件在指定的父接口设备上创建 macvlan 虚接口，然后将虚接口转移到容器所在的网络命名空间。不同节点的容器之间直接二层通信 |
| ipvlan | ipvlan 插件在指定的父接口设备上创建 ipvlan 虚接口，然后将虚接口转移到容器所在的网络命名空间。L2 模式下，不同节点的容器之间直接二层通信；L3 模式下，不同节点之间通过宿主机的路由通信 |
| host-device | 将宿主机上的某个网络设备转移到容器中 |
| vlan | vlan 插件为每个容器创建一个 VLAN 子接口，其父接口为宿主机上某个网络设备。此方案下，从容器发出去的报文将自动打上 VLAN 标签 |
| loopback | 为容器创建环回设备，启用容器的环回网络 |

### 2. IPAM 类型

Main 类型插件用于管理网络接口，不具备地址管理功能。IPAM 类型的插件则专门用于管理容器地址，一般被 Main 类型的插件调用。

CNI 默认提供的 IPAM 类型插件可参考表 8-5。

表 8-5　CNI 插件：IPAM 类型插件

| 插件 | 功能 |
|---|---|
| host-local | 单机地址管理插件，从指定的地址段中为部署在本机的容器分配地址 |
| dhcp | 使用 DHCP 方式分配地址，依赖外部的 DHCP 服务器 |
| static | 为容器分配静态地址 |

### 3. META 类型

META 类型的插件用于配置网络参数，CNI 默认提供的 META 类型的插件可参考表 8-6。

表 8-6　CNI 插件：META 类型插件

| 插件 | 功能 |
|---|---|
| tuning | 对已经存在的网络接口设备执行 sysctl 系统调用，例如设置设备为混杂模式、设置 MTU 值等 |
| portmap | 基于 iptables 实现端口映射，将宿主机的端口映射到容器端口 |
| bandwidth | 基于 Linux Traffic Control 功能实现容器网络限速 |
| sbr | SBR（Source Based Routing，基于源的路由），一般路由均是基于目的地址进行匹配的，本插件实现根据源地址进行路由匹配 |
| firewall | 防火墙功能，本插件用于生成 iptables 规则，控制容器与外部网络的连接策略 |
| vrf | 本插件用于在特定的网络命名空间中创建 VRF（Virtual Routing and Forwarding，虚拟路由与转发）。每个 VRF 空间拥有自己的路由转发表，应用程序一旦与特定的 VRF 绑定，该应用程序即可使用此 VRF 下属的路由表进行路由转发 |

## 8.1.3　插件运行参数

CNI 插件以独立的程序形式存在，容器运行时调用 CNI 插件管理容器网络，调用过程遵守 CNI 调用规范。CNI 规范要求容器运行时调用插件时，通过环境变量将参数传递给插件，常用的环境变量参数见表 8-7。

表 8-7 调用 CNI 插件时使用的环境变量

| 环境变量 | 功能 |
| --- | --- |
| CNI_COMMAND | 本次执行的动作，参数取值如下：<br>➢ ADD：创建容器网络<br>➢ DEL：删除容器网络<br>➢ CHECK：校验容器网络<br>➢ VERSION：获取版本信息 |
| CNI_CONTAINERID | 容器 ID，容器运行时创建容器后为之分配一个 ID，将此 ID 传递给插件作为容器的唯一标识 |
| CNI_NETNS | 容器归属的网络名称空间，如 /run/netns/<i>&lt;nsname&gt;</i> |
| CNI_IFNAME | 容器内网络设备的名称 |
| CNI_ARGS | 用户在调用时传递给插件的额外参数，其内容为"值对"列表，多个值对之间通过";"分隔，如"FOO=BAR;ABC=123" |
| CNI_PATH | 搜索 CNI 插件可执行文件的路径列表，与 PATH 环境变量类似，多个路径中间通过":"分隔 |

## 8.1.4 委托执行

为了更好地复用现有插件功能，插件可以委托调用其他插件实现自身所需功能。例如，Kubernetes 调用 Main 类型的插件创建接口设备时，Main 插件委托调用 IPAM 类型的插件为接口设备分配 IP 地址，委托 META 类型的插件设置容器网络运行参数。插件调用者不关心委托调用过程，只知道插件执行完成后，容器网络就全部配置完成了。

委托调用执行过程如下。

①委托方在 CNI_PATH 环境变量给定的路径下查找受托方程序，找不到则直接返回失败。

②调用受托方插件，受托方的运行环境与委托方的运行环境完全相同。

③委托方判断受托方插件的执行结果、解析输出，并将结果合并到自己的执行结果中，最后一并返回给上一级调用者。

## 8.1.5 插件执行

下面的配置文件内容取自 CNI 官方配置样例[⊖]：

```
{
    "cniVersion": "1.0.0",
    "name": "dbnet",
    "type": "bridge",
    "bridge": "cni0",
```

---

⊖ 样例文件：https://www.cni.dev/docs/spec/#add-example。

```
    "keyA": ["some more", "plugin specific", "configuration"],
    "ipam": {
        "type": "host-local",
        "subnet": "10.1.0.0/16",
        "gateway": "10.1.0.1"
    },
    "dns": {
        "nameservers": [ "10.1.0.1" ]
    }
}
```

将上述内容保存到 /etc/cni/net.d/11-mynet.conf 文件中，接下来准备插件运行所需的环境变量参数，最后调用插件：

```
export CNI_COMMAND=ADD                              # 准备环境变量参数
export ...
bridge < /etc/cni/net.d/11-mynet.conf               # 调用插件
```

插件执行完成后，程序返回结果有三种取值。
- **Success**：执行成功，插件在标准终端输出最终分配到的网络配置。
- **Error**：执行失败，插件在标准终端输出错误信息。
- **_Version**：未执行，插件在标准终端输出本插件的版本信息。

下面是插件执行 ADD 操作成功时的输出示例，数据为 JSON 格式：

```
{
    "cniVersion": "1.0.0",
    "ips": [
        {
            "address": "10.1.0.5/16",                # 分配的地址
            "gateway": "10.1.0.1",                   # 网关
            "interface": 2                           # 接口数量
        }
    ],
    "routes": [                                      # 容器路由
        {
            "dst": "0.0.0.0/0"
        }
    ],
    "interfaces": [                                  # 接口设备信息
        {
            "name": "eth0",
            "mac": "99:88:77:66:55:44",
            "sandbox": "/var/run/netns/blue"
        }
    ],
    "dns": {                                         # DNS 配置
        "nameservers": [ "10.1.0.1" ]
    }
}
```

其中，输出字段的含义如下。
- cniVersion：插件版本号，与配置文件中的版本号相同，本例中为 1.0.0。
- ips：本次分配到的 IP 地址参数，包括网关地址。
- routes：本容器使用的路由信息。
- interfaces：分配的网络接口设备信息。
- dns：容器使用的 DNS 服务器信息。

## 8.2 CNI 插件实践

CNI 源码[⊖]的 scripts 目录下提供了插件测试程序，用户可以使用这些测试程序进行 CNI 插件功能验证。现有测试程序输出信息较少，为了方便读者理解插件执行过程，本书对测试程序进行了修改，具体原理请参考附录 C。

本章将以 bridge 网络为例，结合修改后的测试程序，分为以下两种场景验证 CNI 插件的工作原理。
- 基于网络命名空间验证：CNI 插件管理特定网络命名空间的网络配置。
- 基于容器验证：以 Docker 容器为基础验证 CNI 插件功能。

### 8.2.1 CNI 插件管理网络命名空间配置

本测试不需要容器支持，直接基于网络命名空间进行验证，测试过程中需要使用 priv-net-run.sh 程序。测试配置参考表 8-8。

表 8-8 基于网络命名空间验证 CNI 插件功能：系统配置

| 配置项 | 取值 |
| --- | --- |
| CNI 网络名 | mynet |
| 插件类型 | bridge |
| 网桥名称 | cni1 |
| 网络地址段 | 172.19.0.0/29 |

**1. 创建 CNI 配置文件**

本节创建了两个 CNI 配置文件，第一个是用户网络配置文件，文件路径为 /etc/cni/net.d/11-mynet.conf，内容如下：

```
{
    "cniVersion": "1.0.0",
    "name": "mynet",                    # 网络名称为 mynet
    "type": "bridge",                   # 使用 bridge 插件
    "bridge": "cni1",                   # 网桥设备名称为 cni1
    "isGateway": true,
    "ipMasq": true,
    "ipam": {
        "type": "host-local",           # 使用 host-local 插件管理容器地址
        "subnet": "172.19.0.0/29",      # 容器网络子网
```

⊖ CNI 源码：https://github.com/containernetworking/cni。

```
            "gateway": "172.19.0.1",          # 网关地址
            "routes": [
                { "dst": "0.0.0.0/0" }         # 默认路由
            ]
        }
}
```

第二个是 loopback 网络，文件路径为 /etc/cni/net.d/99-loopback.conf，内容如下：

```
{
    "cniVersion": "1.0.0",
    "name": "lo",
    "type": "loopback"
}
```

### 2. 创建第一个网络命名空间

调用 priv-net-run.sh 程序创建第一个网络命名空间。传递给 priv-net-run.sh 的参数是创建网络命名空间成功后执行的命令，本例执行 ifconfig 命令。

下面是程序的执行过程：

```
[root@exp cni-script]# ./priv-net-run.sh ifconfig

# 第一段：显示调用 CNI 插件时指定的环境变量值
CNI_PATH=/opt/cni/bin
CNI_COMMAND=ADD
CNI_CONTAINERID=52bb2092a59b4a
CNI_NETNS=/var/run/netns/52bb2092a59b4a
CNI_IFNAME=eth0

# 第二段：调用 CNI 插件，并获取 CNI 插件的输出结果
call plugin, command line = bridge < /etc/cni/net.d/11-mynet.conf
command ret code = 0
plugin stdout = { "cniVersion": "1.0.0", ... "dns": {} }
---------------------------
# 继续调用第二个插件，执行内容与前面类似
CNI_PATH=/opt/cni/bin
CNI_COMMAND=ADD
CNI_CONTAINERID=52bb2092a59b4a
CNI_NETNS=/var/run/netns/52bb2092a59b4a
CNI_IFNAME=eth1
call plugin, command line = loopback < /etc/cni/net.d/99-loopback.conf
command ret code = 0
plugin stdout = { "cniVersion": "1.0.0", ... "dns": {} }
---------------------------
now run user command

# 执行通过参数传递进来的 ifconfig 命令
eth0: flags=4163<UP,BROADCAST,RUNNING,MULTICAST>  mtu 1500
      inet 172.19.0.2  netmask 255.255.255.248  broadcast 172.19.0.7
```

```
              ether ae:19:11:02:45:04  txqueuelen 0  (Ethernet)
              ...

lo: flags=73<UP,LOOPBACK,RUNNING>  mtu 65536
              inet 127.0.0.1  netmask 255.0.0.0
              inet6 ::1  prefixlen 128  scopeid 0x10<host>
              loop  txqueuelen 1000  (Local Loopback)
              ...

press enter to clean
```

priv-net-run.sh 程序遍历 /etc/cni/net.d 目录，以获取此目录下的所有配置文件，解析配置文件中指定的插件程序，然后逐个进行调用。

插件调用过程分为两段：第一段显示了调用插件时传递的参数信息，具体参数说明请参考 8.1.3 节所说的插件运行参数；第二段调用插件程序，并呈现插件程序的执行结果和插件输出到标准终端的信息。

下面是第一个插件的执行结果：

```
{
    "cniVersion": "1.0.0",
    "interfaces": [{
        "name": "cni1",                                  # 网桥设备
        "mac": "4e:96:6c:bb:60:f8"                       # 网桥设备的 mac 地址
    }, {
        "name": "veth91376004",                          # 虚拟网卡对，宿主机端
        "mac": "72:76:fa:20:fd:2c"
    }, {
        "name": "eth0",                                  # 虚拟网卡对，容器端
        "mac": "ae:19:11:02:45:04",
        "sandbox": "/var/run/netns/52bb2092a59b4a"
    }],
    "ips": [{
        "interface": 2,
        "address": "172.19.0.2/29",                      # 分配的地址
        "gateway": "172.19.0.1"                          # 网关地址
    }],
    "routes": [{
        "dst": "0.0.0.0/0"                               # 默认路由设置为网关地址
    }],
    "dns": {}
}
```

第一个插件执行完成后，主机上创建了一个名为 cni1 的网桥设备和一个虚拟网卡对设备。虚拟网卡对设备的两个端点分别位于宿主机和 52bb2092a59b4a 网络命名空间中。位于网络命名空间中的 eth0 设备地址为 172.19.0.2/29。

第二个插件用于在该网络命名空间中创建环回接口，并分配 127.0.0.1 地址。

通过 ip netns 命令进入上述网络命名空间，检查该网络命名空间的网络配置情况：

```
[root@exp ~]# ip netns
52bb2092a59b4a (id: 5)
...
[root@exp ~]# ip netns exec 52bb2092a59b4a ifconfig
eth0: flags=4163<UP,BROADCAST,RUNNING,MULTICAST>  mtu 1500
        inet 172.19.0.2  netmask 255.255.255.248  broadcast 172.19.0.7
        ether ae:19:11:02:45:04  txqueuelen 0  (Ethernet)
        ...

lo: flags=73<UP,LOOPBACK,RUNNING>  mtu 65536
        inet 127.0.0.1  netmask 255.0.0.0
        inet6 ::1  prefixlen 128  scopeid 0x10<host>
        loop  txqueuelen 1000  (Local Loopback)
        ...
```

命令输出结果与 CNI 插件输出的结果一致。

### 3. 创建第二个网络命名空间

打开一个新的命令终端，采用同样的方式创建第二个网络命名空间，CNI 插件执行过程如下：

```
[root@exp cni-script]# ./priv-net-run.sh ifconfig
CNI_PATH=/opt/cni/bin
CNI_COMMAND=ADD
CNI_CONTAINERID=7ce12cb74dce39df
CNI_NETNS=/var/run/netns/7ce12cb74dce39df          # 网络命名空间文件
CNI_IFNAME=eth0
call plugin, command line = bridge < /etc/cni/net.d/11-mynet.conf
command ret code = 0
plugin stdout = { "cniVersion": "1.0.0", "ips": [ { "interface": 2,
"address": "172.19.0.3/29", "gateway": "172.19.0.1" } ] }
---------------------------
...
now run user command
eth0: flags=4163<UP,BROADCAST,RUNNING,MULTICAST>  mtu 1500
        inet 172.19.0.3  netmask 255.255.255.248  broadcast 172.19.0.7
        ether 0a:8b:33:fa:b6:71  txqueuelen 0  (Ethernet)
        ...
```

第二个网络命名空间分配的地址是 172.19.0.3/29，对应的网络命名空间名称为 7ce12cb74dce39df。接下来尝试在第二个网络命名空间访问第一个网络命名空间：

```
[root@exp ~]# ip netns exec 7ce12cb74dce39df ping 172.19.0.2
PING 172.19.0.2 (172.19.0.2) 56(84) bytes of data.
64 bytes from 172.19.0.2: icmp_seq=1 ttl=64 time=0.115 ms
64 bytes from 172.19.0.2: icmp_seq=2 ttl=64 time=0.148 ms
...
```

执行结果显示，两个网络命名空间是互通的。

**4. 清理数据**

在以上两个命令执行过程中,测试程序 priv-net-run.sh 提示用户"press enter to clean"(按回车键清理),用户在命令终端界面输入回车键后,程序将在完成清理工作后退出。

### 8.2.2 容器网络使用 CNI 插件

默认情况下 Docker 使用 CNM 插件管理容器网络,而本例希望 Docker 使用 CNI 插件管理容器网络,实现上述功能要费一些周折。实现思路为:首先使用 docker 命令创建一个不带网络的基础容器,然后使用 CNI 插件给容器分配网络,最后创建用户容器,用户容器与前面创建的基础容器共享网络命名空间。

docker-run.sh 程序正是基于此思路实现了使用 CNI 插件管理容器网络。接下来将使用 docker-run.sh 程序验证在容器网络使用 CNI 插件。

本次测试环境与 8.2.1 节的网络环境完全相同,CNI 插件配置文件也完全相同,下面可以直接进行功能验证。

**1. 创建第一组容器**

调用 docker-run.sh 程序创建第一组容器,容器镜像为 webserver:v2。执行命令如下:

```
[root@exp cni-script]# ./docker-run.sh -d webserver:v2
```

接下来分步介绍上述命令的执行结果。

1)调用 docker 命令创建基础容器,创建时指定参数"--net=none"(不使用网络),执行完成后可获得容器 ID 和网络命名空间信息,此网络命名空间中没有任何网络配置。

```
# 创建初始容器
create init container, contID=b4918ffb...
init container pid = 30197
init container netnspath = /proc/30197/ns/net
call CNI plugin....
```

2)调用 CNI 插件为此容器分配接口和地址,执行完成后容器分配到的地址是 172.19.0.4/29。

```
# 在初始容器中创建网络
CNI_PATH=/opt/cni/bin
CNI_COMMAND=ADD
CNI_CONTAINERID=b4918ffb...
CNI_NETNS=/proc/30197/ns/net
CNI_IFNAME=eth0
call plugin, command line = bridge < /etc/cni/net.d/11-mynet.conf
command ret code = 0
plugin stdout = { "cniVersion": "1.0.0", "ips": [ { "interface": 2,
"address": "172.19.0.4/29", "gateway": "172.19.0.1" } ] ...}
----------------------------
```

```
# 接着创建 loopback 设备
--------------------------
```

3）创建用户容器，命令指定参数"--net=container:$contid"，新创建的容器与前面创建的基础容器共享网络命名空间：

```
# 创建用户容器，用户容器与初始容器共享网络命名空间
create user container, contID=5b0bd576...
----------------------
press enter to delete test container...
```

至此，容器创建成功。查看当前系统中的容器列表：

```
[root@exp ~]# docker ps
CONTAINER ID        IMAGE                    COMMAND                  ...
5b0bd57627e3        webserver:v2             "/bin/webServer"         ...
b4918ffb687e        k8s.gcr.io/pause:3.4.1   "/pause /bin/sleep 1…"   ...
```

其中，b4918ffb687e 为基础容器，对应的镜像为 k8s.gcr.io/pause:3.4.1（用户可以在 docker-run.sh 程序中指定基础容器使用的镜像）。5b0bd57627e3 为用户容器，容器镜像为 webserver:v2。

通过 docker 命令查看用户容器分配的地址，与前面 CNI 插件输出的地址一致：

```
[root@exp ~]# docker exec 5b0bd57627e3 ifconfig eth0
eth0      Link encap:Ethernet  HWaddr 5A:A1:68:93:55:F7
          inet addr:172.19.0.4  Bcast:172.19.0.7  Mask:255.255.255.248
          ...
```

### 2. 创建第二组容器

以同样的方式创建第二组容器，该容器分配的地址是 172.19.0.5/29：

```
[root@exp cni-script]# ./docker-run.sh -d webserver:v2
create init container, contID=52efa0e0...
init container pid = 1207
init container netnspath = /proc/1207/ns/net
call CNI plugin....
CNI_PATH=/opt/cni/bin
CNI_COMMAND=ADD
CNI_CONTAINERID=52efa0e0...
CNI_NETNS=/proc/1207/ns/net
CNI_IFNAME=eth0
call plugin, command line = bridge < /etc/cni/net.d/11-mynet.conf
command ret code = 0
plugin stdout = { "cniVersion": "1.0.0", "ips": [ { "interface": 2,
"address": "172.19.0.5/29", "gateway": "172.19.0.1" } ], }
```

创建容器完成后查看系统中正在运行的容器列表，一共 4 个容器，对应 2 组业务实例：

```
[root@exp ~]# docker ps
CONTAINER ID     IMAGE                       COMMAND
968d8770e142     webserver:v2                "/bin/webServer"
52efa0e0315e     k8s.gcr.io/pause:3.4.1      "/pause /bin/sleep 1..."
5b0bd57627e3     webserver:v2                "/bin/webServer"
b4918ffb687e     k8s.gcr.io/pause:3.4.1      "/pause /bin/sleep 1..."
```

尝试在第二组容器对第一组容器地址进行 ping 测试，结果显示网络是连通的：

```
[root@exp ~]# docker exec 968d8770e142 ping 172.19.0.4
PING 172.19.0.4 (172.19.0.4): 56 data bytes
64 bytes from 172.19.0.4: seq=0 ttl=64 time=0.075 ms
64 bytes from 172.19.0.4: seq=1 ttl=64 time=0.114 ms
^C
```

#### 3. 清理数据

清理数据的工作与前面所述相同，用户在 shell 界面输入回车键后，程序将在完成清理工作后退出。

## 8.3 Kubernetes 调用 CNI 插件

在 Kubernetes 中，容器运行时监听来自 Kubelet 的请求。当收到创建容器请求时，调用 runc 创建容器。容器运行时创建容器的过程如图 8-1 所示。

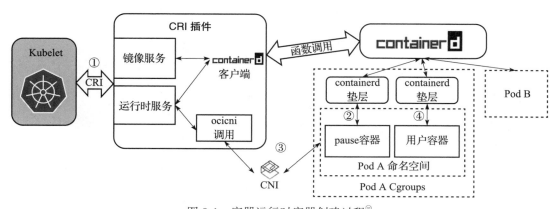

图 8-1　容器运行时容器创建过程[一]

该流程包含如下步骤。

1）用户向 API Server 写入资源数据，Kubelet 监听变更，当发现需要创建 Pod 时，调用 CRI（Container Runtime Interface，容器运行时接口）创建容器（见图 8-1 ①），请求被送到 CRI 运行时服务。

---

[一] 图片来源：https://github.com/containerd/containerd/blob/main/docs/cri/architecture.md。

2）CRI 运行时服务创建一个 pause 容器（见图 8-1 ②）。pause 容器使用独立的网络命名空间，只不过该网络命名空间中没有任何网络配置。

3）CRI 运行时服务调用 CNI 接口初始化此命名空间中的网络配置（见图 8-1 ③），至此 pod 的基础网络环境配置完成。

4）Kubelet 调用 CRI 创建用户容器并启动应用。CRI 运行时服务收到请求后创建容器，创建时指定新创建的容器与前一步创建的 pause 容器共享网络命名空间（见图 8-1 ④），最后启动用户容器。

至此，用户容器创建并启动完成。本节将重点关注上述流程第三步，即 CRI 运行时服务调用 CNI 插件为容器配置网络的过程。

## 8.4 Kubernetes 使用 flannel 插件

本章以最常用的 flannel 插件为例，介绍在 Kubernetes 系统中使用 CNI 插件实现 Pod 网络管理的原理。

### 8.4.1 部署 flannel

前面已经讲述了 flannel 的安装过程，部署完成后系统中新增了一些资源。

#### 1. 工作负载 kube-flannel（DaemonSet 类型）

查看 kube-flannel 命名空间的资源：

```
[root@exp ~]# kubectl get ds -n kube-flannel
NAME              DESIRED   CURRENT   READY   UP-TO-DATE   AVAILABLE
kube-flannel-ds   2         2         2       2            2

[root@exp ~]# kubectl get pod -n kube-flannel
NAMESPACE      NAME                    READY   STATUS    RESTARTS
kube-flannel   kube-flannel-ds-cb9vg   1/1     Running   4 (26h ago)
kube-flannel   kube-flannel-ds-vtzmj   1/1     Running   3 (26h ago)
```

系统中增加了一个 DaemonSet 类型的资源，集群内每个节点均部署一个 kube-flannel-ds 实例，之后称此工作负载为 flanneld。

#### 2. flannel 插件程序

查看 /opt/cni/bin 目录，此目录下增加了一个名为 flannel 的插件程序：

```
[root@exp bins]# ls /opt/cni/bin
bandwidth    bridge       dhcp     dummy     firewall   flannel
host-device  host-local   ipvlan   loopback             macvlan
portmap      ptp          sbr      static    tuning     vlan     vrf
```

原因在于 flanneld 在初始化的时候，将容器中的 flannel 插件程序复制到此目录下。

### 3. cni0 网桥设备

flanneld 创建了 cni0 网桥设备:

```
[root@exp ~]# ip -d link
10: cni0: <BROADCAST,MULTICAST,UP,LOWER_UP> mtu 1450 qdisc ...
    link/ether 02:f0:af:8c:a8:fd brd ff:ff:ff:ff:ff:ff promiscuity 0
    bridge forward_delay 1500 hello_time 200 max_age 2000 ...

[root@exp ~]# ifconfig
cni0: flags=4163<UP,BROADCAST,RUNNING,MULTICAST>  mtu 1450
        inet 172.24.0.1  netmask 255.255.255.0  broadcast 172.24.0.255
        inet6 fe80::f0:afff:fe8c:a8fd  prefixlen 64  scopeid 0x20<link>
        ether 02:f0:af:8c:a8:fd  txqueuelen 1000  (Ethernet)
        ...
```

设备 IP 地址为本节点管理的 pod 地址范围内的第一个地址。例如，exp 主机管理的地址范围是 172.24.0.0/24，cni0 设备则使用此网段的第一个地址 172.24.0.1。

## 8.4.2 flannel 配置

flannel 的部署文件为 kube-flannel.yml，下面按照功能逐步进行分析。

### 1. flannel 配置集（ConfigMap）

flannel 的部分配置存储在配置集中，部署文件中定义了 kube-flannel-cfg 配置集。该配置集中包含两个配置文件：cni-conf.json 和 net-conf.json。

```
apiVersion: v1
kind: ConfigMap
metadata:
    labels:
        app: flannel
        k8s-app: flannel
        tier: node
    name: kube-flannel-cfg
    namespace: kube-flannel
data:
    cni-conf.json: |                            # CNI 插件配置文件
      {
          "name": "cbr0",
          "cniVersion": "0.3.1",
          "plugins": [...]
      }
    net-conf.json: |                            # flannel 网络配置
      {
          "Network": "172.24.0.0/21",           # 配置 Pod 网络范围
          "Backend": {
              "Type": "vxlan"                   # 节点间通信使用的隧道方案
          }
      }
```

配置文件说明如下。
- cni-conf.json 文件为 CNI 插件配置文件，flanneld 初始化时将此文件内容覆写到宿主机的 /etc/cni/net.d/10-flannel.conflist 文件中。
- net-conf.json 文件定义了 flannel 网络配置，包括容器网络地址段和节点间通信方式，用户负责设置此配置文件的内容。

### 2. flanneld 的部署参数

对于 flanneld 的部署配置，下面分段详细介绍。

（1）工作负载定义

```
apiVersion: apps/v1
kind: DaemonSet                      # DaemonSet，每节点运行一份实例
metadata:
    labels:
        app: flannel
        k8s-app: flannel
        tier: node
    name: kube-flannel-ds
    namespace: kube-flannel          # 指定网络命名空间
```

为了更好地实现隔离，flannel 将核心组件部署到 kube-flannel 命名空间中。flanneld 负责节点之间的通信，每个节点都需要部署一份实例，所以理所当然地部署为 DaemonSet 类型。

（2）flanneld 进程运行参数定义

```
spec:
    template:
        spec:
            containers:
            - args:
                - --ip-masq                # 启用网络地址转换
                - --kube-subnet-mgr        # 通过 Kubernetes API 获取本节点的网络参数
                - --iface=enp0s8           # 指定跨节点通信端口设备
              command:
                - /opt/bin/flanneld        # flanneld 进程
                ...
```

flanneld 进程的启动参数说明如下。
- --ip-masq：此参数决定外部网络与容器之间通信时做网络地址转换，flanneld 动态生成相关 iptables 规则。
- --kube-subnet-mgr：指定此参数后，flanneld 将通过 Kubernetes API 获取本节点的管理的 pod 地址段范围。
- --iface=enp0s8：指定跨节点通信时使用的接口设备。

其他参数细节请参考 flannel 帮助文档○。

---

○ flannel 启动参数：https://github.com/flannel-io/flannel/blob/master/Documentation/configuration.md。

（3）flanneld 进程挂载目录

```
spec:
  template:
    spec:
      containers:
        volumeMounts:
        - mountPath: /run/flannel         # 挂载宿主机的目录，生成子网环境信息
          name: run
        - mountPath: /etc/kube-flannel/   # flannel 网络配置文件
          name: flannel-cfg
      volumes:
      - hostPath:
          path: /run/flannel              # 宿主机目录保存子网配置文件
        name: run
      - configMap:
          name: kube-flannel-cfg
        name: flannel-cfg
```

容器目录挂载说明如下。

➢ 将宿主机的 /run/flannel 目录挂载到容器的 /run/flannel 目录下，flanneld 将在此目录下生成子网配置文件 subnet.env。

➢ 将 kube-flannel-cfg 配置集挂载到容器的 /etc/kube-flannel 目录下，flanneld 从此目录下的 net-conf.json 文件中获取 Pod 网络配置。

（4）flanneld 启用主机网络

flanneld 负责节点间通信，需要具备访问宿主机网络权限，所以直接部署为主机模式：

```
spec:
  template:
    spec:
      hostNetwork: true    # flannel 负责节点间通信，所以必须具备主机网络权限
```

（5）初始容器配置

初始容器的配置代码如下：

```
initContainers:                               # 初始容器列表
- args:                                       # 准备插件程序
  - -f
  - /flannel
  - /opt/cni/bin/flannel
  command:
  - cp
  image: docker.io/flannel/flannel-cni-plugin:v1.1.2
  name: install-cni-plugin
  volumeMounts:
  - mountPath: /opt/cni/bin
    name: cni-plugin
- args:                                       # 准备插件配置文件
```

```yaml
    - -f
    - /etc/kube-flannel/cni-conf.json
    - /etc/cni/net.d/10-flannel.conflist
    command:
    - cp
    image: docker.io/flannel/flannel:v0.22.0
    name: install-cni
    volumeMounts:
    - mountPath: /etc/cni/net.d
      name: cni
    - mountPath: /etc/kube-flannel/
      name: flannel-cfg
volumes:
- hostPath:
    path: /opt/cni/bin
    name: cni-plugin                       # CNI 插件可执行文件路径
- hostPath:
    path: /etc/cni/net.d
    name: cni                              # CNI 配置文件保存路径
- configMap:
    name: kube-flannel-cfg
    name: flannel-cfg                      # 配置集文件，保存了初始配置
```

初始容器（Init Container）准备 flannel 插件程序和 CNI 插件配置文件，确保 CNI 配置文件是预配置的，避免因为意外修改 CNI 配置文件导致功能不可用。

初始容器实现的功能如下。

- 将容器中的 /flannel 程序复制到宿主机的 /opt/cni/bin 目录下，此程序文件即是 flannel 插件程序。
- 将容器中的 /etc/kube-flannel/cni-conf.json 文件内容覆写到宿主机的 /etc/cni/net.d/10-flannel.conflist 文件中（CNI 配置文件），文件的源头为 kube-flannel-cfg 配置集中的 cni-conf.json 文件。

**（6）访问 Kubernetes API 使用的服务账号**

flanneld 通过 ServiceAccount 方式访问 Kubernetes API，配置如下：

```yaml
serviceAccountName: flannel
```

相关的权限参数会在后面说明。

### 3. 访问 Kubernetes API 的权限

flanneld 基于 RBAC（Role-based Access Control，基于角色的访问控制）模式访问 Kubernetes API Server，部署文件中定义了 flanneld 访问 Kubernetes API 所需的服务账号和权限信息。

**（1）定义 ClusterRole**

```yaml
ClusterRole
apiVersion: rbac.authorization.k8s.io/v1
```

```
kind: ClusterRole
metadata:
    labels:
        k8s-app: flannel
    name: flannel
rules:
  - apiGroups:                  # 权限规则
    - ...
```

flanneld 具备访问 pod、node 的权限。例如，flanneld 通过访问 node 资源获取每个 node 管理的 pod 子网网段。

（2）定义 ServiceAccount

```
apiVersion: v1
kind: ServiceAccount
metadata:
    labels:
        k8s-app: flannel
    name: flannel
    namespace: kube-flannel
```

flanneld 通过此服务账号访问 Kubernetes API。

（3）绑定 ServiceAccount 和 ClusterRole

```
apiVersion: rbac.authorization.k8s.io/v1
kind: ClusterRoleBinding
roleRef:
    apiGroup: rbac.authorization.k8s.io
    kind: ClusterRole
    name: flannel
subjects:
  - kind: ServiceAccount
    name: flannel
    namespace: kube-flannel
```

通过 ClusterRoleBinding 将 ServiceAccount 和 ClusterRole 绑定在一起。

---

### 关于服务账号（ServiceAccount）

用户使用 kubectl 命令行、客户端库或者直接构造 REST 请求访问 Kubernetes API 时，需要进行认证授权，确保本次请求具备访问资源的权限。

Kubernetes 支持多种认证模式，以下两种模式是最常用的。

> **用户账号（User Account）模式**：基于用户账号的访问控制，用户使用 kubectl 命令管理集群使用的正是这种模式。用户认证信息保存在 kubeconfig 文件中，此文件默认为 "~/.kube/config" 文件，kubectl 命令执行操作前读取此文件中保存的密钥与 Kubernetes API Server 进行认证。

> **RBAC 模式**：基于角色的访问控制。RBAC 模式是一种基于用户角色控制对计算机或网络资源访问的方法。RBAC 声明了 4 种 Kubernetes 对象：Role、ClusterRole、RoleBinding 和 ClusterRoleBinding。可以通过创建这些对象资源实现 pod 对 API Server 的访问控制。

一般情况下建议进行如下操作。

> 在节点上访问 Kubernetes API 时使用用户账号模式。
> 在容器内部访问 Kubernetes API 时使用 RBAC 模式。

使用 RBAC 模式的一般过程如下。

①创建服务账号（ServiceAccount）：容器通过此服务账号访问 Kubernetes API 资源。

②创建权限规则（Role/ClusterRole）：Role/ClusterRole 包含一组代表权限的规则，两者的区别在于 Role 的作用域是命名空间，ClusterRole 的作用域为集群。

③创建绑定关系（RoleBinding/ClusterRoleBinding）：将 Role/ClusterRole 中定义的权限赋予指定的服务账号。RoleBinding/ClusterRoleBinding 的区别在于 RoleBinding 作用域为命名空间，ClusterRoleBinding 作用域为集群。

④容器绑定服务账号：容器通过 serviceAccountName 字段绑定服务账号，后续就可以通过此服务账号访问 Kubernetes API 了。

### 4. 生成配置文件

第 6 章讲解跨主机容器间通信时已经说明了"flannel+etcd"方案的工作原理，用户将容器网络地址段保存到 etcd 中，flannel 启动后从 etcd 读取本节点管理的地址范围。

在 Kubernetes 系统中，flanneld 则通过读取 node 节点的 podCIDR 参数获得本节点管理的地址范围。flanneld 获取配置信息后，将本节点管理的地址段信息写入 /run/flannel/subnet.env 文件中，容器中的 /run/flannel/ 目录直接映射到主机的同名目录，所以也可以在主机中看到此文件。

exp 主机中的 /run/flannel/subnet.env 配置文件内容如下：

```
[root@exp ~]# cat /run/flannel/subnet.env
FLANNEL_NETWORK=172.24.0.0/21            # 整个 Pod 网络地址段
FLANNEL_SUBNET=172.24.0.1/24             # 本节点管理的地址段范围
FLANNEL_MTU=1450                         # 预留 50 个字节填写 VXLAN 隧道头
FLANNEL_IPMASQ=true                      # 启用源地址转换
```

其中的关键字段说明如下。

> FLANNEL_NETWORK 信息来自 kube-flannel-cfg 配置集 net-conf.json 文件中的 Network 字段，此字段保存了整个 Pod 网络地址段。
> FLANNEL_SUBNET 信息来自节点配置中的 podCIDR 字段，表示本节点管理的地址段范围。

还有一个配置文件是 /etc/cni/net.d/10-flannel.conflist，该文件已经讲解过了。总之，

flannel 插件根据这两个配置文件为本节点的容器分配地址。

### 5. 实现跨节点通信

flannel 实现跨节点通信的原理与跨主机容器间通信类似，差异在于如何获取 VXLAN 隧道信息。在容器网络中，flannel 直接从 etcd 获取所有节点的地址、VXLAN 端点信息，据此就可以更新内核的 FDB 表和邻居配置表，之后不同节点上的容器之间就可以通过 VXLAN 隧道通信了。

Kubernetes 网络中，flanneld 在每个节点上建立一个 VXLAN 设备，然后将此设备信息以注解的方式写入节点配置中。这样任意节点上的 flanneld 进程都可以通过节点的注解信息获取当前节点的 vxlan 参数。

下面是 exp 节点信息：

```
[root@exp ~]# kubectl get node exp -o yaml
apiVersion: v1
kind: Node
metadata:
    annotations:
        flannel.alpha.coreos.com/backend-data: '{"VNI":1,"VtepMAC":"46:6d:10:
          6c:ce:83"}'
        flannel.alpha.coreos.com/backend-type: vxlan
        flannel.alpha.coreos.com/kube-subnet-manager: "true"
        flannel.alpha.coreos.com/public-ip: 172.16.0.3
        kubeadm.alpha.kubernetes.io/cri-socket: unix:///var/run/containerd/
          containerd.sock
        node.alpha.kubernetes.io/ttl: "0"
        volumes.kubernetes.io/controller-managed-attach-detach: "true"
        ...
```

注解字段中存在 4 个以"flannel.alpha.coreos.com"字符串开头的字段，这些字段均是由 flanneld 添加进去的，每个节点的 flanneld 负责自己节点参数的更新。

每个节点上的 flanneld 可以通过此途径获取所有节点的 IP 地址、VXLAN 隧道信息，并在节点之间建立 VXLAN 隧道，实现容器跨节点通信。

### 8.4.3 flannel 插件

flannel 插件程序位于 /opt/cni/bin/ 目录下：

```
[root@exp bins]# ls /opt/cni/bin
bandwidth   bridge      dhcp     dummy     firewall   flannel
host-device host-local  ipvlan   loopback  macvlan
portmap     ptp         sbr      static    tuning     vlan      vrf
```

本节介绍关于该插件的关键知识。

#### 1. 插件配置文件

Kubernetes 创建容器网络时，首先检查 /etc/cni/net.d 目录下有哪些配置文件，然后依据配置文件的要求逐个调用插件。

flannel 的配置文件为 /etc/cni/net.d/10-flannel.conflist，下面是此文件的内容：

```
[root@exp ~]# cat /etc/cni/net.d/10-flannel.conflist
{
    "name": "cbr0",                          # 网络名称
    "cniVersion": "0.3.1",
    "plugins": [
        {
            "type": "flannel",               # 插件类型为 flannel
            "delegate": {
                "hairpinMode": true,
                "isDefaultGateway": true
            }
        },
        {
            "type": "portmap",
            "capabilities": {
                "portMappings": true
            }
        }
    ]
}
```

此配置文件与前面做功能验证时使用的配置文件相比，内容更加简单，甚至不包含 pod 地址段信息。其实这也很正常，因为 Kubernetes 调用插件时将此配置文件的内容传递给插件程序，所以文件内容只要能被插件识别就可以了。

本例使用的是 flannel 插件，flannel 需要从其他的两个配置文件中获取网络配置后，才能生成完整的插件配置。在进行下一步之前，先看一下此配置文件的内容。

插件使用的网络名为 cbr0，文件中包含两种插件类型。

（1）flannel 插件

flannel 插件设置委托调用（delegate）属性，但是文件中并没有指定委托的插件类型，所以这部分需要 flannel 补全。阅读源码可知，flannel 默认委托的插件类型为 bridge，即 flannel 插件委托调用 bridge 插件实现容器网络管理。delegate 字段中还指定了 hairpinMode 和 isDefaultGateway 属性，这两个属性也被 bridge 插件使用。由于配置文件中未指定网桥名，flannel 源码中默认将网桥名设置为 cni0。bridge 插件自身不具备地址分配能力，所以继续委托调用 IPAM 插件，如果用户没有在配置文件中指定 IPAM 插件类型，则默认使用 host-local 插件管理容器地址。

（2）portmap 插件

portmap 插件使用 iptables 实现宿主机端口和容器端口的映射。

2. 插件执行过程

图 8-2 展示了 CRI 调用 flannel 插件创建容器网络的执行过程。

第 8 章 CNI 网络插件原理及实践 ❖ 343

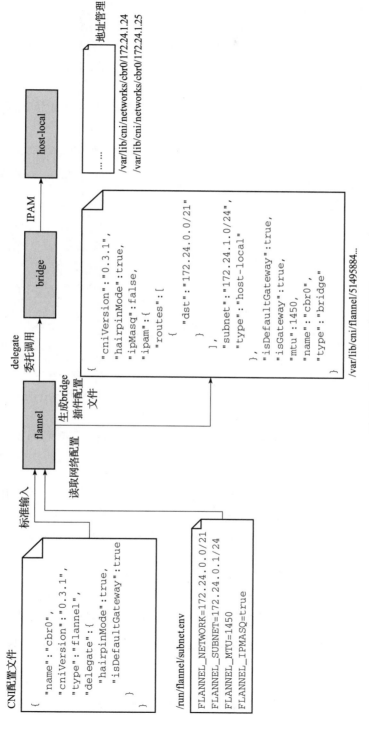

图 8-2 flannel 插件执行过程

### (1)创建容器网络

容器运行时调用 CNI 插件创建容器网络，本实例第一个调用的是 flannel 插件。flannel 插件首先加载子网配置文件 /run/flannel/subnet.env，此文件保存了本节点使用的网络信息。插件根据此文件生成 bridge 插件所需的配置参数，写入以容器 ID 命名的文件中，并保存到 /var/lib/cni/flannel 目录下。

下面是某个容器的配置文件内容，可见此配置文件的格式与前面做功能验证时的插件配置基本相同。

```
[root@exp flannel]# cat 22e26ac9... | jq .
{
    "cniVersion": "0.3.1",
    "hairpinMode": true,
    "ipMasq": false,
    "ipam": {                             # IPAM 参数配置
        "ranges": [...],                  # 指定地址范围
        "routes": [...],
        "type": "host-local"              # 指定地址管理插件
    },
    "isDefaultGateway": true,
    "isGateway": true,
    "mtu": 1450,
    "name": "cbr0",                       # 网络名称
    "type": "bridge"
}
```

flannel 为每个 pod 分配一个插件配置文件，当前节点有多少个 pod 的网络被 flannel 管理，那么 /var/lib/cni/flannel/ 目录下就有多少个配置文件。

flannel 插件委托 bridge 插件创建容器网络，可以将此调用过程理解为执行如下命令：

```
...
export CNI_COMMAND=ADD
export CNI_...
bridge < /var/lib/cni/flannel/22e26ac9...
```

flannel 插件将每个容器的配置文件通过标准输入并传递给 bridge 插件，配置文件的 IPAM 类型为 host-local。host-local 插件将当前网络上已经分配的地址信息保存到 /var/lib/cni/networks/cbr0 目录下，文件名称为容器的 IP 地址。示例如下：

```
[root@exp ~]# ls /var/lib/cni/networks/cbr0/
172.24.0.6  172.24.0.7  172.24.0.8  last_reserved_ip.0  lock
```

bridge 插件执行完成后返回，flannel 将 bridge 插件的执行结果返回给容器运行时，容器运行时继续后续的创建操作。

### (2)删除容器网络

flannel 插件删除容器网络时依赖创建时生成的配置文件，flannel 插件根据容器 ID 在

/var/lib/cni/flannel/ 目录下找到创建本容器时生成的配置文件，并将此配置文件传递给 bridge 插件执行容器网络删除操作。

用户可以将删除容器网络的过程理解为执行如下命令：

```
...
export CNI_COMMAND=DEL
export CNI_...
bridge < /var/lib/cni/flannel/22e26ac9...
```

执行完成后，host-local 插件同时删除 /var/lib/cni/networks/cbr0 目录下对应的以地址命名的文件。

## 8.5 Kubernetes 使用 macvlan 插件

flannel 插件基于"网桥＋虚拟网卡对"方案实现，虽然网络隔离效果好，但是整个网络通信过程非常复杂，传输效率也比较低。为了解决以上问题，本节考虑使用 macvlan 作为 Kubernetes 的默认插件。使用 macvlan 网络后，Kubernetes 集群下所有的 pod 连接在同一个二层网络中，能减少不必要的转发、网络地址转换，通信效率大幅提升。

本次测试继续使用前面的 Kubernetes 环境，组网参考图 8-3。

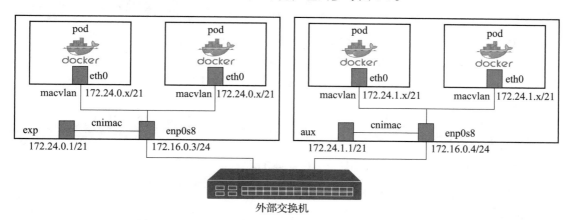

图 8-3　Kubernetes 使用 macvlan 插件作为默认网络插件

需要注意的是，实验验证环节涉及修改 Kubernetes 的默认网络插件，所以在执行验证前需要卸载 flannel 插件，并重启所有节点：

```
[root@exp flannel]# kubectl delete -f kube-flannel.yml
namespace "kube-flannel" deleted
serviceaccount "flannel" deleted
clusterrole.rbac.authorization.k8s.io "flannel" deleted
clusterrolebinding.rbac.authorization.k8s.io "flannel" deleted
configmap "kube-flannel-cfg" deleted
```

```
daemonset.apps "kube-flannel-ds" deleted
[root@exp flannel]# reboot
```

## 8.5.1 CNI 配置文件

macvlan 将整个容器网络平铺为一个大的二层网络，为了避免地址冲突，在组网阶段需要考虑将整个 Pod 网段细分到每个节点上，并且限制每个节点上的 pod 只能使用本节点范围内的地址。参考 7.2 节所讲的网络配置，Kubernetes 的 controller-manager 组件已经实现了此功能，接下来获取这些地址信息并写入 CNI 配置文件中即可。

### 1. 获取集群 pod 地址段范围

使用 kubeadm 部署时，Kubernetes 将集群 pod 地址信息保存在一个名为 kubeadm-config 的配置集中，内容如下：

```
[root@exp ~]# kubectl -n kube-system get configmaps kubeadm-config -o yaml
apiVersion: v1
data:
    ClusterConfiguration: |
        networking:
            dnsDomain: cluster.local
            podSubnet: 172.24.0.0/21             # Pod 网络地址段
            serviceSubnet: 172.23.0.0/24         # Service 网络地址段
```

配置文件中的"data.ClusterConfiguration.networking"字段描述了集群的网络配置，该配置中的 podSubnet 字段描述了本集群 pod 使用的地址段范围。

使用下面脚本进行过滤，仅显示该集群使用的 pod 地址段：

```
[root@exp ~]# kubectl -n kube-system get configmaps kubeadm-config -o yaml \
> | grep podSubnet | awk '{print $2}'
172.24.0.0/21
```

最终得到 Pod 网络地址段的范围为：172.24.0.0/21。

### 2. 获取特定节点的 pod 地址段范围

kube-controller-manager 程序参数"--allocate-node-cidrs"设置为 TRUE 时，kube-controller-manager 自动将用户指定的 pod-network-cidr 地址段分配到每个节点上。用户可以通过"kubectl get node"命令获取各节点管理的 pod 地址段范围。

在 exp 节点上获取本机的 Pod 网络地址段的范围：

```
[root@exp ~]# kubectl get node `hostname` -o yaml
apiVersion: v1
kind: Node
spec:
    podCIDR: 172.24.0.0/24
    podCIDRs:
```

```
        - 172.24.0.0/24
...
```

输出结果中的 podCIDR 字段保存了本节点使用的 pod 地址段范围。如果有多个地址段，则数据将会呈现在 podCIDRs 中。

对于本例，可使用 kubectl 命令的 "-o jsonpath='{.spec.podCIDR}'" 参数直接过滤获取 podCIDR 地址段范围：

```
[root@exp ~]# kubectl get node `hostname` -o jsonpath='{.spec.podCIDR}'
172.24.0.0/24
```

依据上述的地址信息生成 macvlan 所需的配置文件，exp 节点的 macvlan 配置参考表 8-9。

表 8-9 exp 节点的 macvlan 插件配置

| 功能 | 说明 |
| --- | --- |
| macvlan 设备参数 | 父接口设备为 enp0s8，工作模式为 BRIDGE |
| pod 地址段范围 | 地址段为 172.24.0.0/21，写入 macvlan 的 subnet 参数中 |
| 本节点负责的 pod 地址段范围 | 每个节点将 Pod 网段的第一个地址预留为本节点上 pod 的网关，所以 exp 节点的网关地址为 172.24.0.1，本节点上 pod 地址范围为 172.24.0.2 ～ 172.24.0.255 |

手工创建 CNI 配置文件，配置文件内容如下：

```
cat >/etc/cni/net.d/20-macvlan-net.conf <<EOF
{
    "cniVersion": "1.0.0",
    "name": "macvlan-net",                              # 指定网络名称
    "type": "macvlan",                                  # 网络类型为 macvlan
    "master": "enp0s8",                                 # 父接口设备
    "mode": "bridge",                                   # 桥接模式
    "ipam": {
        "type": "host-local",                           # 地址管理插件
        "ranges": [                                     # 管理的地址范围
            [
                {
                    "subnet": "172.24.0.0/21",          # 整个 pod 子网
                    "rangeStart": "172.24.0.2",         # 起始地址范围
                    "rangeEnd": "172.24.0.255",         # 终止地址范围
                    "gateway": "172.24.0.1"             # 网关地址
                }
            ]
        ],
        "routes": [ { "dst": "0.0.0.0/0" } ]            # 默认路由配置
    }
}
EOF
```

关键字段说明如下。

- CNI 网络名称为 macvlan-net，插件类型为 macvlan，父接口指定为 enp0s8，工作在桥接模式下。
- IPAM 插件配置包括：type 参数指定地址管理插件为 host-local；subnet 参数指定本网络的地址范围，填写容器网络地址段 172.24.0.0/21；rangeStart ~ rangeEnd 指定本节点负责的地址范围，本例为 172.24.0.2 ~ 172.24.0.255，首个地址留给节点上的 macvlan 设备使用；gateway 参数指定默认网关，地址为 172.24.0.1；routes 参数用于设置容器内部路由，本例默认路由的下一跳设置为 gateway 参数指定的地址，即 172.24.0.1。

以同样的方式准备 aux 节点上的网络，CNI 配置文件如下：

```
cat >/etc/cni/net.d/20-macvlan-net.conf <<EOF
{
    "cniVersion": "1.0.0",
    "name": "macvlan-net",
    "type": "macvlan",
    "master": "enp0s8",
    "mode": "bridge",
    "ipam": {
        "type": "host-local",
        "ranges": [
            [
                {
                    "subnet": "172.24.0.0/21",
                    "rangeStart": "172.24.1.2",
                    "rangeEnd": "172.24.1.255",
                    "gateway": "172.24.1.1"
                }
            ]
        ],
        "routes": [ { "dst": "0.0.0.0/0" } ]
    }
}
EOF
```

> **注意** aux 节点管理的地址范围是 172.24.1.0 ~ 172.24.1.255，首个地址实际上是 172.24.1.0，但为了保持各节点地址统一，这里不使用 172.24.1.0 地址。

配置完成，重启所有 Kubernetes 节点后生效。

系统启动完成后，检查 pod 状态：

```
[root@exp ~]# kubectl get pod
NAME          READY   STATUS    RESTARTS     AGE
webserver-0   1/1     Running   2 (4s ago)   3m10s
```

```
webserver-1         1/1         Running         13 (4m5s ago)        42m
webserver-2         1/1         Running         0                    92s
```

可以看到 pod 处于运行（Running）状态。但是如果用户设置 pod 通过 httpGet 方式进行检活（即 Liveness 检测），会发现用户 pod 一直在重启。继续以 webserver 为例，在持续运行中，pod 的重启次数不断增加，重启间隔与工作负载配置参数有关：

```
[root@exp ~]# kubectl get pod
NAME                READY       STATUS          RESTARTS             AGE
webserver-0         1/1         Running         5 (43s ago)          9m49s
webserver-1         1/1         Running         17 (3s ago)          49m
webserver-2         1/1         Running         3 (102s ago)         8m11s
```

通过"kubectl describe pod"命令查看 webserver-0 的详情，结果显示如下：

```
[root@exp ~]# kubectl describe pod webserver-0
Name:           webserver-0
Namespace:      default
Status:         Running
IP:             172.24.1.3

Message
-------
Started container webserver
Created container webserver
Successfully pulled image "registry.local.io/webserver:v2" in ...
Liveness probe failed: Get "http://172.24.1.3:8080/": dial tcp 172.24.1.3:8080:
   i/o timeout...
Liveness probe failed: Get "http://172.24.1.3:8080/": context deadline
   exceeded ...
Container webserver failed liveness probe, will be restarted
Pulling image "registry.local.io/webserver:v2"
...
```

命令结果显示 Liveness 检测失败。Kubelet 运行在节点的宿主机环境中，宿主机的 Kubelet 无法访问本节点上的容器网络，所以 Kubelet 对 webserver-0 执行 Liveness 检测失败，超过配置时间后 Kubelet 认为容器出现问题，直接调用 CRI 接口重建 pod。

弄清楚发生问题的原因后就可以对症下药。也就是说，只要保证 Kubelet 能够正常访问 Pod 网络就可以解决问题。对此，解决方案在前述的容器网络部分已经做了详细描述，即在每个宿主机上创建一个 macvlan 虚接口，节点上的 Kubelet 进程通过此接口与容器网络通信。

接下来继续配置宿主机网络。

### 8.5.2 配置宿主机网络

在 exp 和 aux 节点上创建 macvlan 网络设备，参数参考表 8-10。

表 8-10  Kubernetes 使用 macvlan 的宿主机网络配置

| 功能 | 说明 |
| --- | --- |
| macvlan 设备名称 | 设备名称使用 cnimac |
| macvlan 设备配置 | 父接口设备为 enp0s8，工作模式为 BRIDGE |
| exp 节点 macvlan 设备地址 | 地址 172.24.0.1，此地址同时作为本节点上 pod 的默认网关 |
| aux 节点 macvlan 设备地址 | 地址 172.24.1.1，此地址同时作为本节点上 pod 的默认网关 |

exp 节点上执行配置命令：

```
ip link add link enp0s8 name cnimac type macvlan mode bridge
ip addr add 172.24.0.1/21 dev cnimac
ip link set cnimac up
ip link set enp0s8 promisc on
```

aux 节点上执行配置命令：

```
ip link add link enp0s8 name cnimac type macvlan mode bridge
ip addr add 172.24.1.1/21 dev cnimac
ip link set cnimac up
ip link set enp0s8 promisc on
```

待全部执行完成后，过一段时间检查 pod 状态，发现其全部正常，并且 pod 重启次数不再增加：

```
[root@exp ~]# kubectl get pod -o wide
NAME          READY   STATUS    RESTARTS       AGE    IP            NODE
webserver-0   1/1     Running   7 (13m ago)    113m   172.24.1.6    aux
webserver-1   1/1     Running   19 (13m ago)   153m   172.24.0.12   exp
webserver-2   1/1     Running   6 (13m ago)    112m   172.24.1.5    aux
```

至此，Pod 网络正常运行。尝试在 webserver-1 实例中访问另外两个实例：

```
[root@webserver-1: ~]# curl 172.24.1.5:8080
Service: webserver-2
Version: v2.0
Local address list : 172.24.1.5
HTTP Request information:
    HostAddr      : 172.24.1.5:8080
    ClientAddr    : 172.24.0.12:47942
    ...
[root@webserver-1: ~]# curl 172.24.1.6:8080
Service: webserver-0
Version: v2.0
Local address list : 172.24.1.6
HTTP Request information:
    HostAddr      : 172.24.1.6:8080
    ClientAddr    : 172.24.0.12:41822
    ...
```

容器间网络通信正常,并且容器之间通信没有做网络地址转换。

## 8.5.3 访问服务网络

前面创建的 webserver 工作负载的服务地址为 172.23.0.19,此地址在整个服务生命周期内都不会变化。下面验证如何通过不同的路径访问服务网络。

### 1. 在 exp 节点上直接访问服务网络

在 exp 节点上访问 webserver 的服务地址,两次访问结果如下:

```
[root@exp ~]# curl 172.23.0.19
Service: webserver-0                    # 后端 pod 实例 webserver-0
Version: v2.0
Local address list : 172.24.1.6
HTTP Request information:
    HostAddr        : 172.23.0.19
    ClientAddr      : 172.24.0.1:59391   # 源地址为 exp 节点 cnimac 设备地址
    ...

[root@exp ~]# curl 172.23.0.19
Service: webserver-1                    # 后端 pod 实例 webserver-1
Version: v2.0
Local address list : 172.24.0.12
HTTP Request information:
    HostAddr        : 172.23.0.19
    ClientAddr      : 172.24.0.1:54586   # 源地址为 exp 节点 cnimac 设备地址
```

不管后端 pod 位于 exp 节点还是 aux 节点,均可以正常访问。从服务端的返回结果看,两次访问的客户端地址均为 exp 节点的 cnimac 设备地址,但是实际上两次访问均是经过源地址转换的(相关原理可参考 7.4 节中在集群节点上访问服务的内容)。

在集群外部通过 NodePort 访问服务网络与在 exp 节点上通过服务地址访问服务网络的原理相同,不再赘述。

### 2. pod 内访问服务网络

进入 exp 节点的 webserver-1 实例所在的网络命名空间,在此访问 webserver 的服务:

```
[root@webserver-1: ~]# curl 172.23.0.19
Service: webserver-1                    # 后端 pod 实例 webserver-1
Version: v2.0
Local address list : 172.24.0.12
HTTP Request information:
    HostAddr        : 172.23.0.19
    ClientAddr      : 172.24.0.1:57704
    ...

[root@webserver-1: ~]# curl 172.23.0.19
^C
```

```
[root@webserver-1: ~]# curl 172.23.0.19
^C
[root@webserver-1: ~]# curl 172.23.0.19
^C
[root@webserver-1: ~]# curl 172.23.0.19
Service: webserver-1                      # 后端pod实例webserver-1
Version: v2.0
Local address list : 172.24.0.12
HTTP Request information:
    HostAddr       : 172.23.0.19
    ClientAddr     : 172.24.0.1:25004
    ...
```

测试发现，当系统选择的后端 pod 为自身时，网络是通的，但是当选择其他节点的 pod 作为目的后端时，网络不通。确切地说，只要系统选择的后端 pod 不是其自身，网络就不通。下面分析具体原因。

### 8.5.4　pod 内访问服务地址

根据访问的目标 pod 对 pod 内访问服务地址这一过程进行分析。

**1. 目的 pod 是自身时的报文转发过程**

在 webserver-1 实例的网络命名空间访问服务，系统选择的后端 pod 为自身时，报文转发路径参考图 8-4。

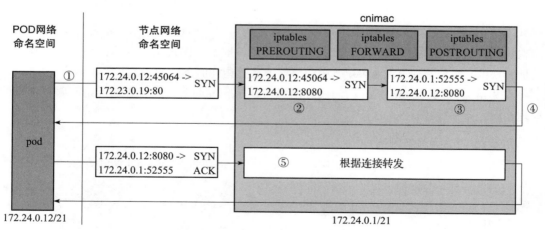

图 8-4　macvlan 作为默认网络插件时，在 pod 内访问服务，后端 pod 是自身

报文转发过程说明如下。

1）pod 发出的是 HTTP 请求（见图 8-4 ①），发出的第一个报文为 TCP SYN 报文，pod 内发出报文时填写的目的 IP 地址为 webserver 服务地址 172.23.0.19，目的 mac 地址为下一跳地址 172.24.0.1 的 mac 地址，即宿主机的 cnimac 设备的 mac 地址。

2）报文被送到 macvlan 驱动层，内核检查报文的目的 mac 地址为本机 cnimac 设备的地址，于是将报文送到 cnimac 设备，接下来在 cnimac 设备上执行收包流程。

3）cnimac 设备位于宿主机默认网络命名空间中，此时进入宿主机的内核协议栈。首先执行 iptables PREROUTING 规则，基于在 pod 中访问服务的实现，这里需要执行目的地址转换（见图 8-4 ②）；并且由于访问服务的源地址为自身，所以需要做源地址转换，这里仅仅打上需要做源地址转换的标志。目的地址转换完成后，报文的目的 IP 地址被替换为 172.24.0.12。内核继续处理，检测到此报文需要转发，于是继续执行 iptables POSTROUTING 规则，报文已经打上了需要做源地址转换的标志，所以这里继续执行源地址转换（见图 8-4 ③），转换完成后源 IP 地址被替换为 172.24.0.1，内核继续发送报文。

4）报文被送到 macvlan 驱动层后，报文的目的 mac 地址已经填写为 webserver-1 pod 所在网络设备的 mac 地址，macvlan 驱动根据目标 mac 地址找到目标设备为本机的 webserver-1 pod 网络设备的地址，于是将报文转给目标设备，触发目标设备收包（见图 8-4 ④）。pod 接收到 TCP SYN 请求报文，随后向发起方进行应答，回复 TCP SYN ACK 报文。ACK 报文被送到宿主机的内核协议栈后，内核直接根据 conntrack 连接进行报文转发（见图 8-4 ⑤），TCP SYN ACK 报文被送回给发起方。

至此，完成了一次 TCP 交互。后续的交互流程直接通过内核的 conntrack 连接直接转发，通信过程正常。

### 2. 目的 pod 不是自身时的报文转发过程

本节分析 webserver-1 访问自身服务，系统选择的后端 pod 为 aux 上 webserver-2 实例时的报文转发过程，转发路径参考图 8-5。

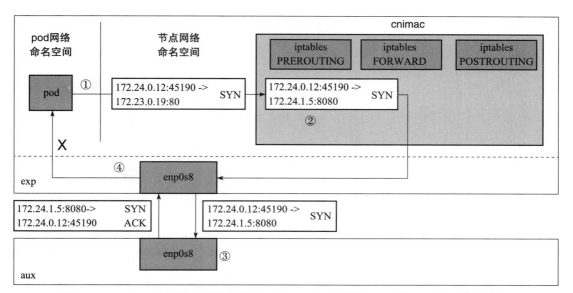

图 8-5　macvlan 作为默认网络插件时，在 pod 内访问服务，后端 pod 位于其他节点

报文转发过程说明如下。

1）与上一次流程相同，本节同样发出 TCP SYN 报文（见图 8-5 ①），报文送到宿主机的 cnimac 设备后执行目的地址转换（见图 8-5 ②），按照 7.4 节所述，在 pod 中访问服务的要点进行分析，跨节点访问时不需要执行源地址转换，报文直接通过 exp 节点的 enp0s8 设备发出。注意：此时 IP 报文的源地址为 webserver-1 的地址 172.24.0.12。

2）aux 的 pod 收到 SYN 请求报文后（见图 8-5 ③），正常处理后回复 SYN ACK 报文，报文的目的地址为请求报文的源地址，即 webserver-1 的地址。

3）应答报文送到 exp 的 enp0s8 设备后（见图 8-5 ④），macvlan 驱动按照目的 mac 地址直接将 SYN ACK 报文送到 webserver-1 实例。

问题就出现在这里：webserver-1 的确发起了 TCP SYN 请求，但是请求报文的目的 IP 地址是 webserver 的服务地址 172.23.0.19，而现在收到的 TCP SYN ACK 的应答报文地址却是 172.24.1.5，所以 webserver-1 会认为收到了错误的报文，向对端应答 RST，最终导致两端无法建连，通信失败。

那么，如何解决这个问题呢？比较简单的一种方案是，在 cnimac 设备执行外发报文时做源地址转换。这样就能确保应答报文被送回到 cnimac 设备，而不是直接送到 webserver-1 实例。

### 3. 修正 pod 内访问服务问题

依据前面的思路，对容器外发到服务网络的报文增加源地址转换。

首先，以 exp 节点为例，增加如下 iptables 规则：

```
iptables -t nat -N CNIMAC-PREROUTING
iptables -t nat -I PREROUTING -j CNIMAC-PREROUTING
iptables -t nat -A CNIMAC-PREROUTING -s 172.24.0.0/24 -d 172.23.0.0/24 -i
    cnimac -j KUBE-MARK-MASQ
```

规则说明如下。

- 规则 1：创建一个名为 CNIMAC-PREROUTING 的规则链。
- 规则 2：将 CNIMAC-PREROUTING 插入 PREROUTING 链的最前端，确保此链位于 KUBE-SERVICES 链的前面。
- 规则 3：同时满足三个条件的报文需要做源地址转换，即报文是 cnimac 设备接收到的、源地址为本节点管理的 pod 地址范围 172.24.0.0/24、目的地址为服务地址。

执行完成后，新增的 iptables 规则如下：

```
[root@exp ~]# iptables -t nat -nL

Chain PREROUTING (policy ACCEPT)
target                   prot opt source               destination
CNIMAC-PREROUTING        all  --  0.0.0.0/0            0.0.0.0/0
KUBE-SERVICES            all  --  0.0.0.0/0            0.0.0.0/0
```

```
Chain CNIMAC-PREROUTING (1 references)
target              prot opt   source              destination
KUBE-MARK-MASQ      all  --    172.24.0.0/24       172.23.0.0/24
```

再次尝试在 webserver-1 所在的网络命名空间发起 HTTP 请求：

```
[root@webserver-1: ~]# curl 172.23.0.19
Service: webserver-2                              # 后端 pod 为 webserver-2
Version: v2.0
Local address list : 172.24.1.5
HTTP Request information:
    HostAddr         : 172.23.0.19
    ClientAddr       : 172.24.0.1:58685
    ...
[root@webserver-1: ~]# curl 172.23.0.19
Service: webserver-0                              # 后端 pod 为 webserver-0
Version: v2.0
Local address list : 172.24.1.6
HTTP Request information:
    HostAddr         : 172.23.0.19
    ClientAddr       : 172.24.0.1:64711
    ...
```

此时无论后端 pod 在哪都能实现正常通信。

在 aux 节点上增加类似的 iptables 规则：

```
iptables -t nat -N CNIMAC-PREROUTING
iptables -t nat -I PREROUTING -j CNIMAC-PREROUTING
iptables -t nat -A CNIMAC-PREROUTING -s 172.24.1.0/24 -d 172.23.0.0/24 -i
    cnimac -j KUBE-MARK-MASQ
```

其差异主要体现在第三条规则的源地址段范围上，aux 主机填写自己节点管理的 pod 地址段范围 172.24.1.0/24。

总结一下，Kubernetes 使用 macvlan 插件作为默认网络插件时，需要准备如下几项配置。
- **CNI 配置文件**：使用 macvlan 插件做网络管理。
- **宿主机上增加 macvlan 设备**：Kubelet 通过宿主机上的 macvlan 设备与 Pod 网络通信。
- **宿主机上增加 iptables 规则**：确保在 pod 内访问服务网络时做源地址转换。

## 8.6 Kubernetes 使用 ipvlan 插件

macvlan 网络中每个 pod 对应一个 mac 地址，当 pod 数量过多时可能会导致外部交换设备转发效率降低，而使用 ipvlan 网络则没有 mac 地址数量限制问题。但是使用 ipvlan 还会带来新的问题。例如，使用 DHCP 分配地址时需要特殊处理、工作在 L2 模式的 ipvlan 设备不能使用宿主机 iptables 规则等。不过这些问题也有解决办法。例如，使用 host-local 插件管理 Pod 网络地址，从而规避 DHCP 分配地址的限制。相较来说，ipvlan 算是比较通用的解决方案。

本节将尝试使用 ipvlan L2 模式作为 Kubernetes 的默认网络插件，但在进入功能验证之前先回顾一下 ipvlan 设备与 macvlan 设备的差异。图 8-6 展示了从 pod 发起访问服务网络的报文发出路径。

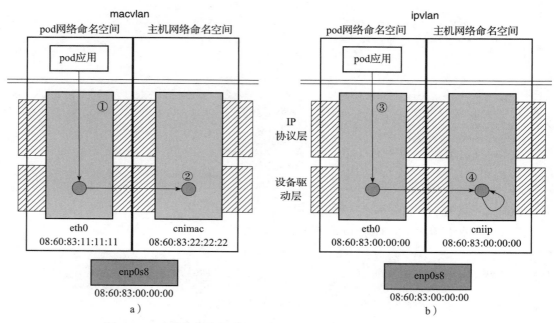

图 8-6　pod 访问服务网络时，使用 macvlan 和 ipvlan 插件的差异

图 8-6a 使用 macvlan 插件，cnimac 设备的地址作为 pod 的网关，所以 pod 在外发服务请求时填写的目的 mac 地址为 cnimac 设备的 mac 地址（见图 8-6 ①）。报文发送到设备驱动层后，macvlan 驱动根据 mac 地址找到目的设备，接下来进入 cnimac 设备的收包流程（见图 8-6 ②），相当于容器发出的报文进入宿主机的协议栈，所以宿主机的 iptables 规则对此报文生效。

图 8-6b 使用 ipvlan 插件，同样将 cniip 设备的地址设置为 pod 的网关地址，pod 在外发服务请求报文时填写的目的 mac 地址为 cniip 设备的 mac 地址（见图 8-6 ③）。但是 ipvlan 设备有个特性，即如果位于同一个网络设备下的所有 ipvlan 设备共用父接口的 mac 地址，且 ipvlan 设备驱动根据目的 IP 地址进行转发。所以，当报文送到设备驱动层后，ipvlan 设备驱动检查此报文的源、目的 mac 地址相同，于是将报文转给父接口设备（图 8-6 ④）。父接口设备收到报文后，根据目的 IP 地址找不到对应的出口设备，报文被丢弃。这就导致了 ipvlan 场景下，pod 无法访问服务地址。

这要如何破解呢？macvlan 网络之所以能够正常使用节点上的 iptables 规则，是因为报文被送到了节点上的 cnimac 设备，在宿主机的内核协议栈绕了一圈，从而有机会执行宿主机上的 iptables 规则。采用相同的思路，只要将 ipvlan 设备发出的报文送回到 cniip 设备，就能够正常使用宿主机上的 iptables 规则，实现 pod 与服务地址的通信了。

但是按照此思路操作，有以下两个问题需要解决。

**（1）如何将 pod 发出去的报文发送到 cniip 设备上？**

Linux 内核提供了流量控制（Traffic Control）功能，简称 TC。TC 通过在网络设备上挂载接收/发送队列，并提供手段允许用户对接收/发送队列上的报文进行控制。其功能之一即可以将匹配到的某类外发报文重定向到指定设备，在被重定向的设备看来，这就像接收外部报文一样。也就是说，将从 pod 发出的、目的地址是服务网络的报文，重定向到宿主机的 cniip 设备上。

假设已经有办法将这个报文从宿主机的 enp0s8 端口上发出，那么此时只需要增加如下 TC 规则，就可以将报文重定向到本机的 cniip 设备：

```
tc qdisc add dev enp0s8 clsact
tc filter add dev enp0s8 egress proto ip u32 match ip dst 172.23.0.0/24
    action mirred ingress redirect dev cniip
```

- **规则 1**：用于给 enp0s8 设备增加 clsact（class-action）队列，此队列提供该设备的 ingress（入向）和 egress（出向）回调入口，通过此设备的所有报文都会进入 clsact 队列。
- **规则 2**：对 enp0s8 设备的出向流量（egress）进行过滤，匹配目的地址为 172.23.0.0/24 的报文，将这些报文重定向到 cniip 设备的入向位置。

有了上述两条规则后，从 enp0s8 发出去的、目的地址为服务网络的报文，都将重定向到本机的 cniip 设备上。

**（2）如何使 pod 访问服务地址的报文从 enp0s8 设备发出？**

Linux 内核协议栈发送报文流程全部依赖路由配置，只要目的地址不是本机，同时又能匹配到路由，内核就会根据路由发出报文。ipvlan 场景下，将 cniip 设备地址作为 pod 的网关地址已经被证明不可行，接下来需要从路由层面考虑如何进行外发。

在 pod 中增加访问服务网络的路由，假设将服务网络的网关设置为地址 A，只要内核能够获取地址 A 对应的 mac 地址，那么内核就一定会执行外发。那要如何构造地址 A 呢？我们可以在 Pod 网段中预留一个地址作为地址 A。既然是"虚假"的，那么在宿主机上增加地址 A 和其 mac 地址的映射关系，就可以"骗"过内核，让内核认为真的存在这样一条二层连接。

上述思路的操作过程如下。

1）在 pod 中增加路由。通过下面的命令将目的网段为服务网络的下一跳地址设置为 172.24.7.253（此地址为整个 Pod 网段的倒数第二个地址）：

```
[root@webserver-1: ~]# ip route add 172.23.0.0/24 via 172.24.7.253
[root@webserver-1: ~]# route -n
Kernel IP routing table
Destination     Gateway         Genmask         Flags Metric Ref    Use Iface
172.23.0.0      172.24.7.253    255.255.255.0   UG    0      0        0 eth0
172.24.0.0      0.0.0.0         255.255.248.0   U     0      0        0 eth0
...
```

2）增加服务网关和 mac 地址的映射关系。通过 "ip neigh" 命令向 pod 中增加 172.24.7.253 地址与 mac 地址的映射关系，务必保证此 mac 地址一定不会在本地网络中出现。这里使用的 mac 地址是 08:60:83:00:00:00。命令必须在 pod 的网络命名空间中执行，示例如下：

```
[root@webserver-1: ~]# ip neigh add 172.24.7.253 \
> lladdr 08:60:83:00:00:00 dev eth0 nud permanent
[root@webserver-1: ~]# ip neigh
172.24.7.253 dev eth0 lladdr 08:60:83:00:00:00 PERMANENT
```

后续 pod 发出访问服务网络的请求时，内核自动将目的 mac 地址设置为 08:60:83:00:00:00。报文到达设备子系统后，ipvlan 驱动直接通过父接口外发，随后匹配到父接口设备上的 TC 规则将此外发报文重定向到 cniip 设备。

至此，在 pod 内访问服务的网络就连通了。按照这个思路构建网络，本次测试环境组网参考图 8-7。

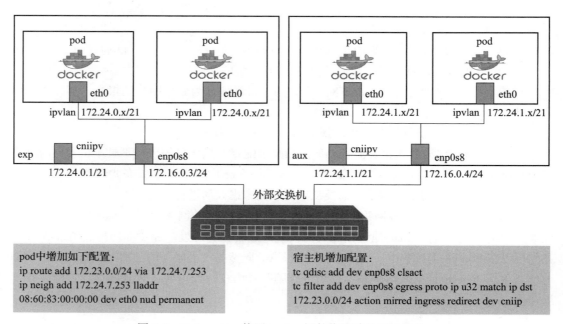

图 8-7　Kubernetes 使用 ipvlan 插件作为默认网络插件

下面按照上述分析思路进行实践。

## 8.6.1 准备 CNI 配置文件

开始验证之前，需要先清理 /etc/cni/net.d 目录，确保此目录下没有多余的插件配置文件。ipvlan 的配置与 macvlan 的配置非常接近，本次验证基于 ipvlan 的 L2 模式，这里直接给出配置内容。

exp 节点的配置命令如下：

```
cat >/etc/cni/net.d/20-ipvlan-net.conf <<EOF
{
    "cniVersion": "1.0.0",
    "name": "ipvlan-net",
    "type": "ipvlan",                    # 使用 ipvlan
    "master": "enp0s8",                  # 指定父接口为 enp0s8
    "mode": "l2",                        # ipvlan 工作在 L2 模式下
    "ipam": {
        "type": "host-local",            # 地址管理插件使用 host-local
        "ranges": [
            [
                {
                    "subnet": "172.24.0.0/21",        # Pod 网段
                    "rangeStart": "172.24.0.1",       # 起始地址范围
                    "rangeEnd": "172.24.0.255",       # 终止地址范围
                    "gateway": "172.24.7.253"         # 默认网关
                }
            ]
        ],
        "routes": [ { "dst": "0.0.0.0/0" } ]
    }
}
EOF
```

简化组网，这里直接将网关地址配置为 172.24.7.253。

aux 节点的配置命令如下：

```
cat >/etc/cni/net.d/20-ipvlan-net.conf <<EOF
{
    "cniVersion": "1.0.0",
    "name": "ipvlan-net",
    "type": "ipvlan",
    "master": "enp0s8",
    "mode": "l2",
    "ipam": {
        "type": "host-local",
        "ranges": [
            [
                {
                    "subnet": "172.24.0.0/21",
                    "rangeStart": "172.24.1.1",
                    "rangeEnd": "172.24.1.255",
```

```
                    "gateway": "172.24.7.253"
                }
            ]
        ],
        "routes": [ { "dst": "0.0.0.0/0" } ]
    }
}
EOF
```

### 8.6.2 宿主机网络配置

除了 TC 规则外，ipvlan 宿主机网络配置与 macvlan 场景基本相同。

#### 1. exp 节点配置

增加 cniip 设备：

```
ip link add link enp0s8 name cniip type ipvlan mode l2
ip addr add 172.24.0.1/21 dev cniip
ip link set cniip up
```

增加 iptables 规则：

```
iptables -t nat -N CNIIP-PREROUTING
iptables -t nat -I PREROUTING -j CNIIP-PREROUTING
iptables -t nat -A CNIIP-PREROUTING -s 172.24.0.0/24 -d 172.23.0.0/24 -i
    cniip -j KUBE-MARK-MASQ
```

增加 TC 规则：

```
tc qdisc add dev enp0s8 clsact
tc filter add dev enp0s8 egress proto ip u32 match ip dst 172.23.0.0/24
    action mirred ingress redirect dev cniip
```

#### 2. aux 节点配置

增加 cniip 设备：

```
ip link add link enp0s8 name cniip type ipvlan mode l2
ip addr add 172.24.1.1/21 dev cniip
ip link set cniip up
```

增加 iptables 规则：

```
iptables -t nat -N CNIIP-PREROUTING
iptables -t nat -I PREROUTING -j CNIIP-PREROUTING
iptables -t nat -A CNIIP-PREROUTING -s 172.24.1.0/24 -d 172.23.0.0/24 -i
    cniip -j KUBE-MARK-MASQ
```

增加 TC 规则：

```
tc qdisc add dev enp0s8 clsact
tc filter add dev enp0s8 egress proto ip u32 match ip dst 172.23.0.0/24
    action mirred ingress redirect dev cniip
```

### 8.6.3  Pod 网络配置

由于 CNI 配置文件中已经将 172.24.7.253 地址设置为了默认网关，此时只需要在 pod 中绑定 172.24.7.253 地址对应的 mac 地址就可以了。

进入需要访问服务网络的 pod 的网络命名空间，执行如下命令：

```
ip neigh add 172.24.7.253 lladdr 08:60:83:00:00:00 dev eth0 nud permanent
```

### 8.6.4  访问服务网络

尝试在节点上和 pod 内访问服务网络，首先在节点上访问服务网络，网络正常：

```
[root@exp ~]# curl 172.23.0.19
Service: webserver-0                    # 后端实例 webserver-0
Version: v2.0
Local address list : 172.24.1.3
HTTP Request information:
    HostAddr        : 172.23.0.19
    ClientAddr      : 172.24.0.1:13963
    ...
[root@exp ~]# curl 172.23.0.19
Service: webserver-1                    # 后端实例 webserver-1
Version: v2.0
Local address list : 172.24.0.3
HTTP Request information:
    HostAddr        : 172.23.0.19
    ClientAddr      : 172.24.0.1:34361
    ...
```

接下来在 pod 中访问服务网络，网络正常：

```
[root@webserver-1: ~]# curl 172.23.0.19
Service: webserver-2                    # 后端实例 webserver-2
Version: v2.0
Local address list : 172.24.1.2
HTTP Request information:
    HostAddr        : 172.23.0.19
    ClientAddr      : 172.24.0.1:27756
    ...

[root@webserver-1: ~]# curl 172.23.0.19
Service: webserver-0                    # 后端实例 webserver-0
Version: v2.0
Local address list : 172.24.1.3
```

```
HTTP Request information:
    HostAddr       : 172.23.0.19
    ClientAddr     : 172.24.0.1:19046
    ...
```

### 8.6.5 访问服务网络分析

下面在 webserver-1 实例上发起服务请求，当系统选择 webserver-0 作为后端时，报文转发流程参考图 8-8。

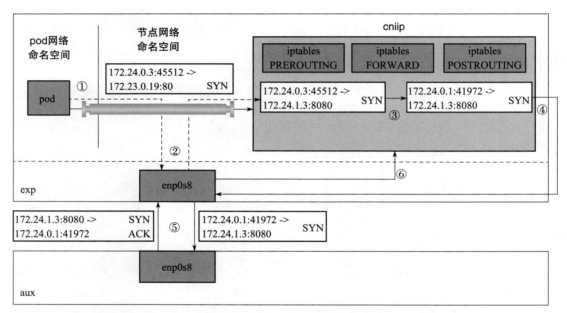

图 8-8　Kubernetes 使用 ipvlan 插件作为默认网络插件的报文转发过程

报文转发过程说明如下。

1）本次 pod 发出的是 HTTP 请求（见图 8-8 ①），所以发出的第一个报文为 TCP SYN 报文。pod 内发出报文，报文的目的地址为 webserver 服务地址 172.23.0.19，目的 mac 地址填写的是 172.24.7.253 的 mac 地址。而此 mac 地址为虚假地址，由用户通过"ip neigh"命令指定。

2）报文被送到 ipvlan 驱动层，内核检查此报文为外发报文，于是通过父接口设备 enp0s8 执行外发。报文进入 enp0s8 的设备驱动层，enp0s8 设备启用了流量控制功能，内核按照 tc 规则将报文转发给 cniip 设备（见图 8-8 ②）。此时就像在 pod 和 cniip 设备之间增加了一条管道，用户可以认为从 pod 发出的、目的地址为服务地址的报文，直接通过此管道被转发到了 cniip 设备。

3）cniip 设备开始执行收包操作，先后执行 iptables PREROUTING 和 POSTROUTING

规则，分别对应了目的地址转换和源地址转换（见图 8-8 ③）操作，全部完成后由 cniip 设备执行外发操作（见图 8-8 ④），通过父接口设备发出请求报文。

4）目标 webserver-0 收到 SYN 报文后会应答 SYN ACK。应答报文送回到 exp 主机的 enp0s8 设备上（见图 8-8 ⑤）。

5）exp 主机的内核协议栈将此报文转发给 cniip 设备处理（见图 8-8 ⑥），后续的流程则是原路返回，不再赘述。

在二层通信网络中，ipvlan 和 macvlan 的表现差异不大，但是当依赖三层 iptables 规则转发时，两者因为工作原理上的差异产生了较大的实现方法上的差异。

## 8.7 总结

本章首先介绍了 CNI 插件相关规范，并分别在网络命名空间模式和容器模式下验证 CNI 插件的工作过程，以了解 CNI 插件的工作原理。接下来介绍了 Kubernetes 基于 flannel 网络插件的工作过程，最后尝试使用 macvlan 和 ipvlan 网络作为 Kubernetes 的默认网络插件，并验证了相关功能。

第 9 章将尝试依照本章的原理创建一个自定义插件——直接采用 macvlan 和 ipvlan 作为 Kubernetes 的默认网络插件。

# 第 9 章

# 动手实现 CNI 插件

目前网络上有很多开源 CNI 插件，Github[⊖]上给出了这些第三方 CNI 插件的链接，用户可以根据需求选用。这些插件实现的原理各异，但是普遍存在一个现象：通用性强的插件通信效率相对较差，而转发性能高的插件对硬件或者内核又有依赖。

本书期望找到一种通信效率相对较高，又对内核、硬件无依赖的插件，目前看 macvlan 和 ipvlan 方案刚好能满足本条件。同时，CNI 官方提供的默认插件也刚好包含了这两种网络类型的插件。如果能将这两种插件作为 Kubernetes 的默认网络插件，想必对整体的网络通信效率会有很大的提升。

为此，8.4 节以手工部署的方式实现了 Kubernetes 使用 macvlan 插件作为默认网络插件功能。而手工方案有一个很大的缺陷，即需要用户预先为每个节点创建 macvlan 配置文件、配置 iptables 规则。如果 Kubernetes 集群节点数比较少，那么手工操作也是一种选择，但是如果节点数量多，再使用手工操作就不太现实了。

于是，我们期望实现一个新的网络插件，它能够使用 macvlan 或者 ipvlan 作为 Kubernetes 集群的默认网络。该插件应该能满足以下功能要求。

- 插件能够支持 macvlan bridge 网络或者 ipvlan L2 网络（不考虑支持 ipvlan L3 模式），用户可以在部署文件中指定工作模式。
- 节点上使用 controller-manager 分配到本节点的 Pod 网络地址段，降低地址管理难度。
- 系统增加节点时，插件能够自动完成该节点上的网络配置，无须人工干预。

---

⊖ https://github.com/containernetworking/cni。

> **注意** 下文中的 macvlan 特指 macvlan BRIDGE 模式，ipvlan 特指 ipvlan L2 模式。

该插件整体上直接复用 macvlan/ipvlan/IPAM 插件提供的功能，所以不涉及网络设备的管理、地址管理等功能，其核心反而是网络辅助功能，主要解决 Kubernetes 使用 macvlan/ipvlan 作为默认网络插件后各种网络不通的问题。该插件更像是"黏合剂"，将系统中已有的功能融合在一起，使它们能够协调工作，所以将插件命名为"glue"（胶水）。

本节将从 glue 的使用入手，分析 glue 工作过程中产生的各项数据并介绍其工作原理，最后介绍其源码的实现。glue 工程源码：https://github.com/xxxx。

## 9.1 总体设计

### 9.1.1 总体流程

glue 插件的设计参考了 flannel 架构，整体流程参考图 9-1。

glue 由进程和插件两部分组成。

#### 1. glued 进程

glued 作为守护进程，每个节点部署一个实例。在 Kubernetes 系统中部署为 DaemonSet 模式。

glued 能够完成以下工作。

- 准备 glue 插件程序，将 glue 插件程序复制到宿主机的 CNI 插件目录 /opt/cni/bin 下。
- 生成 CNI 配置文件 /etc/cni/net.d/10-glue.conflist，文件中指定插件类型为 glue，后续 Kubelet 创建 pod 时就可以调用 glue 插件为 pod 创建网络配置了。
- 从 Kubernetes 中获取当前节点管理的 pod 地址段范围，生成本节点子网配置文件 /run/glue/subnet.json，glue 插件依据此配置文件管理 Pod 网络。

#### 2. glue 插件

glue 插件完全遵循 CNI 插件规范，根据 glued 生成的子网信息，执行容器网络管理。

### 9.1.2 地址段规划

继续以 pod 地址段 172.24.0.0/21 为例。假设整个 Kubernetes 集群中最多存在 8 个节点，每个节点分配了一个 24 位掩码的地址段，并且 pod 地址段范围随节点编号递增，即节点 1 分配的 pod 地址段为 172.24.0.0/24，节点 2 分配的 pod 地址段为 172.24.1.0/24，以此类推。即便如此，每个节点上可用的地址数依旧不同。因为整个 pod 地址段的首个地址和最后一个地址比较特殊，内核将这两个地址作为广播地址使用，所以执行地址分配时要将这两个地址排除掉，这就导致节点 1 和节点 8 比其他节点少一个有效地址。

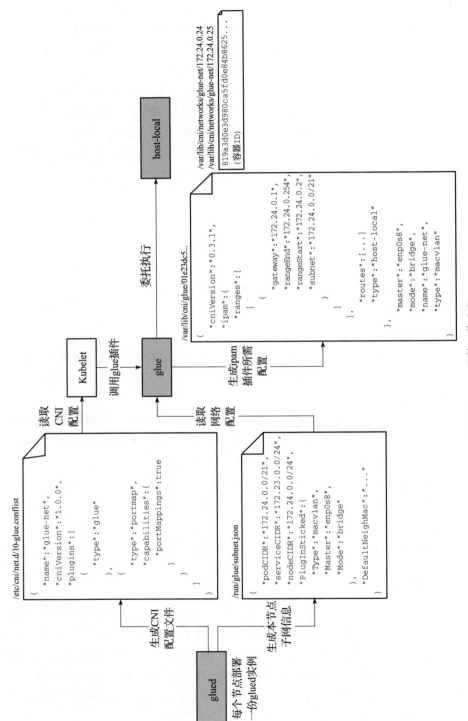

图 9-1 glue 整体工作流程

按照上述思路，进行 macvlan 模式下节点的网络地址规划。
- 将本节点的第一个可用地址留给宿主机的 glue 设备使用，剩下的地址全部给 pod 使用。
- 将 pod 的默认网关地址设置为宿主机 glue 设备的地址。

按照此规划，得到的结果参考表 9-1。

表 9-1 macvlan 网络地址段规划

| 节点 | 节点地址段 | 地址说明 | 地址 / 地址范围 |
|---|---|---|---|
| 节点 1 | 172.24.0.0/24 | 宿主机 glue 设备地址 | 172.24.0.1/21 |
| | | 本节点 pod 地址范围 | 172.24.0.2 ~ 172.24.0.255/21 |
| 节点 $X$ ($2 \leq X \leq 7$) | 172.24.X.0/24 | 宿主机 glue 设备地址 | 172.24.X.0/21 |
| | | 本节点 pod 地址范围 | 172.24.X.1 ~ 172.24.X.255/21 |
| 节点 8 | 172.24.7.0/24 | 宿主机 glue 设备地址 | 172.24.7.0/21 |
| | | 本节点 pod 地址范围 | 172.24.7.1 ~ 172.24.7.254/21 |

ipvlan 与 macvlan 的工作模式有些差异，地址规划也有所不同。ipvlan 模式下宿主机上 glue 设备的地址仅仅用于保证宿主机内的 App 与容器网络之间进行通信，此地址不能作为 Pod 网络的网关使用，所以 ipvlan 场景需要额外考虑网关地址问题。

ipvlan 模式下节点网络地址规划的思路如下：
- 将整个 Pod 网段的最后一个有效地址预留出来，作为整个 ipvlan 网络的网关。
- 将整个 Pod 网段的倒数第二个有效地址预留出来，作为 pod 访问服务网络的网关。
- 节点内将第一个可用地址分配给宿主机的 glue 设备，剩下的有效地址全部给 pod 使用。
- 将 pod 的默认网关地址设置为 Pod 网段的最后一个有效地址。
- 增加服务网络路由，将服务地址网段的下一跳地址设置为整个 Pod 网段中倒数第二个有效地址。

按照此规划，得到的结果参考表 9-2。

表 9-2 ipvlan 网络地址段规划

| 节点 | 节点地址段 | 地址分配 | 说明 |
|---|---|---|---|
| / | / | Pod 网络默认网关 | 172.24.7.254/21 |
| / | / | pod 访问服务网段的下一跳地址 | 172.24.7.253/21 |
| 节点 1 | 172.24.0.0/24 | 宿主机 glue 设备地址 | 172.24.0.1/21 |
| | | 本节点 pod 地址范围 | 172.24.0.2 ~ 172.24.0.255/21 |
| 节点 $X$ ($2 \leq X \leq 7$) | 172.24.X.0/24 | 宿主机 glue 设备地址 | 172.24.X.0/21 |
| | | 本节点 pod 地址范围 | 172.24.X.1 ~ 172.24.X.255/21 |
| 节点 8 | 172.24.7.0/24 | 宿主机 glue 设备地址 | 172.24.7.0/21 |
| | | 本节点 pod 地址范围 | 172.24.7.1 ~ 172.24.7.252/21 |

可以看到，与 macvlan 相比，ipvlan 少了 2 个可用地址。

## 9.2 使用 glue 插件

glue 插件支持两种工作模式：macvlan 模式和 ipvlan 模式。两种模式下配置参数略有差异，本节将分别进行介绍。

### 9.2.1 macvlan 模式

#### 1. 部署 glue

下载 glue-macvlan.yaml 文件后执行部署：

```
[root@exp deploy]# kubectl apply -f glue-macvlan.yaml
clusterrole.rbac.authorization.k8s.io/glue created
serviceaccount/glue created
clusterrolebinding.rbac.authorization.k8s.io/glue created
configmap/kube-glue-cfg created
daemonset.apps/kube-glue-ds created
```

部署完成后查看 kube-system 命名空间的 daemonsets 资源，列表中多出一个名为 kube-glue-ds 的工作负载，此工作负载即为 glued 进程。

```
[root@exp ~]# kubectl -n kube-system get daemonsets
NAME            DESIRED   CURRENT   READY   UP-TO-DATE   AVAILABLE
kube-glue-ds    2         2         2       2            2
kube-proxy      2         2         2       2            2
...
```

查看 kube-system 命名空间的 pod 资源，两个 glued 实例运行正常：

```
[root@exp ~]# kubectl get pod -n kube-system
NAME                     READY   STATUS    AGE
kube-glue-ds-k6tpr       1/1     Running   3m8s
kube-glue-ds-sbcdq       1/1     Running   3m8s
```

#### 2. exp 主机网络配置

检查 exp 主机的网络配置，该主机上增加一个名为 glue 的 macvlan 网络设备。此设备由 glued 进程创建，设备的地址为本节点管理的 Pod 网段的第一个有效地址 172.24.0.1：

```
[root@exp ~]# ifconfig
glue: flags=4419<UP,BROADCAST,RUNNING,PROMISC,MULTICAST>  mtu 1500
        inet 172.24.0.1  netmask 255.255.248.0  broadcast 172.24.7.255
        ether e6:87:5b:5c:ab:54  txqueuelen 1000  (Ethernet)
        ...
[root@exp ~]# ip -d link
```

```
10: glue@enp0s8: <BROADCAST,MULTICAST,PROMISC,UP,LOWER_UP> mtu 1500...
    link/ether e6:87:5b:5c:ab:54 brd ff:ff:ff:ff:ff:ff promiscuity 1
    macvlan mode bridge addrgenmode eui64 numtxqueues 1
    ...
```

继续查看 exp 主机的 iptables 规则：

```
[root@exp ~]# iptables -t nat -nL

Chain PREROUTING (policy ACCEPT)
target             prot  opt  source          destination
GLUE-PREROUTING    all   --   0.0.0.0/0       0.0.0.0/0
KUBE-SERVICES      all   --   0.0.0.0/0       0.0.0.0/0

Chain GLUE-PREROUTING (1 references)
target             prot  opt  source          destination
KUBE-MARK-MASQ     all   --   172.24.0.0/24   172.23.0.0/24
```

glued 进程在 PREROUTING 链中加入了 GLUE-PREROUTING 子链。GLUE-PREROUTING 子链中定义了 pod 访问服务地址的规则，即对于源地址是 pod 地址、目的地址是服务网络的报文，进行源地址转换。

glued 进程启动时从 Kubernetes 节点配置中获取本节点管理的地址段范围，然后将此信息写入配置文件 /run/glue/subnet.json 中。exp 主机的网络配置文件内容如下：

```
[root@exp ~]# cat /run/glue/subnet.json | jq .
{
    "podCIDR": "172.24.0.0/21",
    "serviceCIDR": "172.23.0.0/24",
    "nodeCIDR": "172.24.0.0/24",
    "Master": {
        "Type": "macvlan",
        "Master": "enp0s8",
        "Mode": "bridge"
    },
    "DefaultNeighMac": ""
}
```

该配置文件描述了 Pod 网段、服务网段、节点网段范围，此信息与节点参数中保存的网络信息完全相同。除此之外，此文件还描述了网络插件参数信息，本例使用的是 macvlan 网络，工作模式为 BRIDGE，父接口设备为 enp0s8。

### 3. pod 内部网络配置

进入 webserver-1 实例所在网络命名空间，查看该 pod 内部的网络配置：

```
[root@webserver-1: ~]# route -n
Kernel IP routing table
Destination     Gateway         Genmask         Flags  Metric  Ref  Use  Iface
0.0.0.0         172.24.0.1      0.0.0.0         UG     0       0    0    eth0
172.24.0.0      0.0.0.0         255.255.248.0   U      0       0    0    eth0
```

Pod 网络的网关地址为宿主机的 glue 设备地址。

### 4. 访问服务网络

从宿主机访问服务网络。进行两次访问，其后端实例分别是 webserver-2 和 webserver-1：

```
[root@exp ~]# curl 172.23.0.19
Service: webserver-2                    # 后端实例 webserver-2
Version: v2.0
Local address list : 172.24.1.20
HTTP Request information:
    HostAddr        : 172.23.0.19
    ClientAddr      : 172.24.0.1:3177
    ...

[root@exp ~]# curl 172.23.0.19
Service: webserver-1                    # 后端实例 webserver-1
Version: v2.0
Local address list : 172.24.0.6
HTTP Request information:
    HostAddr        : 172.23.0.19
    ClientAddr      : 172.24.0.1:35300
    ...
```

在 pod 中访问服务网络。进行两次访问，其后端实例分别是 webserver-0 和 webserver-1：

```
[root@webserver-1: ~]# curl 172.23.0.19
Service: webserver-0                    # 后端实例 webserver-0
Version: v2.0
Local address list : 172.24.1.21
HTTP Request information:
    HostAddr        : 172.23.0.19
    ClientAddr      : 172.24.0.1:31423
    ...

[root@webserver-1: ~]# curl 172.23.0.19
Service: webserver-1                    # 后端实例 webserver-1
Version: v2.0
Local address list : 172.24.0.6
HTTP Request information:
    HostAddr        : 172.23.0.19
    ClientAddr      : 172.24.0.1:20627
    ...
```

从主机上和 pod 上访问服务，结果显示网络通信正常。

## 9.2.2 ipvlan 模式

### 1. 部署 glue

下载 glue-ipvlan.yaml 文件，执行部署：

```
[root@exp deploy]# kubectl apply -f glue-ipvlan.yaml
clusterrole.rbac.authorization.k8s.io/glue created
serviceaccount/glue created
...
```

部署完成后的检查方法与 macvlan 相同，不再赘述。

### 2. exp 主机网络配置

检查 exp 主机的网络配置，与 macvlan 模式类似。在 exp 主机上增加一个名为 glue 的 ipvlan 网络设备。此设备由 glued 进程创建，glue 设备的地址为本节点管理的 Pod 网段的第一个有效地址：

```
[root@exp ~]# ifconfig
glue: flags=4163<UP,BROADCAST,RUNNING,MULTICAST>  mtu 1500
        inet 172.24.0.1  netmask 255.255.248.0  broadcast 172.24.7.255
        inet6 fe80::800:2700:17b:785b  prefixlen 64  scopeid 0x20<link>
        ether 08:00:27:7b:78:5b  txqueuelen 1000  (Ethernet)
        ...
[root@exp ~]# ip -d link
9: glue@enp0s8: <BROADCAST,MULTICAST,UP,LOWER_UP> mtu 1500 ...
    link/ether 08:00:27:7b:78:5b brd ff:ff:ff:ff:ff:ff promiscuity 0
    ipvlan  mode l2 addrgenmode ...
```

iptables 规则与 macvlan 模式下的完全相同，不再赘述。

而与 macvlan 相比，ipvlan 增加了流量控制规则。下面是 exp 节点上的流量控制配置数据：

```
[root@exp ~]# tc qdisc show dev enp0s8
qdisc pfifo_fast 0: root refcnt 2 bands 3 priomap 1 2 2 2 1 2 0 0 1 1 1 1 1 1 1 1
qdisc clsact ffff: parent ffff:fff1              # enp0s8 挂载了 clsact 类型的队列

# 查看 exp 节点下的 enp0s8 设备的 egress 规则
[root@exp ~]# tc filter show dev enp0s8 parent egress
filter protocol ip pref 40000 u32 chain 0
filter protocol ip pref 40000 u32 chain 0 fh 800: ht divisor 1
filter protocol ip pref 40000 u32 chain 0 fh 800::800 order 2048 key ht ...
  match ac170000/ffffff00 at 16
      action order 1: mirred (Ingress Redirect to device glue) stolen
      index 1 ref 1 bind 1
```

### 3. pod 内部网络配置

进入 webserver-1 实例的网络命名空间，查看该 pod 内部的网络配置：

```
[root@webserver-1: ~]# route -n
Kernel IP routing table
Destination     Gateway         Genmask         Flags Metric Ref    Use Iface
0.0.0.0         172.24.7.254    0.0.0.0         UG    0      0        0 eth0
172.23.0.0      172.24.7.253    255.255.255.0   UG    0      0        0 eth0
```

```
[root@webserver-1: ~]# ip neigh
172.24.7.253 dev eth0 lladdr 08:60:83:00:00:00 PERMANENT
172.24.0.1 dev eth0 lladdr 08:00:27:7b:78:5b REACHABLE
```

下面对该配置进行说明。

- pod 将网关设置为 Pod 网络的最后一个可用地址，对于本例，该地址是 172.24.7.254。
- 将服务网段 172.23.0.0/24 的下一跳地址设置为 172.24.7.253，此地址未配置在任何设备上，专门用于实现 pod 访问服务网络的报文重入宿主机内核协议栈。
- 邻居表中存在一条静态数据，172.24.7.253 地址对应的 mac 地址为 08:60:83:00:00:00（用户可以配置），此配置保证发往 172.24.7.253 地址的报文从宿主机的 enp0s8 设备发出。

以上三条规则与前期设计的目标相同。接下来，验证访问服务网络。

### 4. 访问服务网络

在宿主机访问服务网络。进行两次访问，其后端实例分别是 webserver-0 和 webserver-2：

```
[root@exp ~]# curl 172.23.0.19
Service: webserver-0                        # 后端实例 webserver-0
Version: v2.0
Local address list : 172.24.1.11
HTTP Request information:
    HostAddr        : 172.23.0.19
    ClientAddr      : 172.24.0.1:54847
    ...
[root@exp ~]# curl 172.23.0.19
Service: webserver-2                        # 后端实例 webserver-2
Version: v2.0
Local address list : 172.24.1.12
HTTP Request information:
    HostAddr        : 172.23.0.19
    ClientAddr      : 172.24.0.1:27362
    ...
```

在 pod 中访问服务网络。进行两次访问，其后端实例分别是 webserver-0 和 webserver-1：

```
[root@webserver-1: ~]# curl 172.23.0.19
Service: webserver-0                        # 后端实例 webserver-0
Version: v2.0
Local address list : 172.24.1.11
HTTP Request information:
    HostAddr        : 172.23.0.19
    ClientAddr      : 172.24.0.1:12336
    ...
[root@webserver-1: ~]# curl 172.23.0.19
Service: webserver-1                        # 后端实例 webserver-1
Version: v2.0
```

```
Local address list : 172.24.0.2
HTTP Request information:
    HostAddr     : 172.23.0.19
    ClientAddr   : 172.24.0.1:8244
    ...
```

从主机上和 pod 上访问服务，结果显示网络通信正常。

## 9.3　glue 工程说明

从功能验证情况来看，glue 在外部呈现上符合预期，接下来看 glue 是如何实现上述功能的。

glue 使用 Go 语言开发。从源码工程角度看，整个工程的代码结构如下：

```
[root@exp glue]# tree
.
├── bin                              # 编译生成的可执行文件
│   ├── glue                         # glue 插件的可执行文件
│   └── glued                        # glued 进程的可执行文件
├── build.sh                         # 编译脚本
├── cni-plugins                      # glue 插件源码
│   └── glue.go
├── glued                            # glued 源码
│   ├── device.go
│   ├── main.go
│   └── tc-config.go
├── go.mod                           # glue go 工程文件
├── go.sum
├── README.md
├── script                           # glue 工程脚本文件
│   ├── image-builder                # 将 glue 打包成容器镜像
│   │   ├── build-image.sh
│   │   └── Dockerfile
│   ├── kube-deploy                  # Kubernetes 部署文件
│   │   ├── glue-ipvlan.yaml
│   │   └── glue-macvlan.yaml
│   └── test                         # 测试脚本
│       ├── basic-test.conf
│       ├── cleanup.sh
│       ├── docker-run.sh
│       ├── exec-plugins.sh
│       ├── ipvlan-ext.conf
│       ├── priv-net-run.sh
│       └── subnet-example.json
└── vendor
```

## 9.3.1 编译工程

**1. 编译工程**

准备好源码后，进入工程的根目录运行 build.sh 程序执行编译：

```
[root@exp glue]# ./build.sh
Building...
Build glue
Build glued
```

编译完成后将在 bin 目录下生成可执行文件：

```
[root@exp glue]# ls bin/
glue   glued
```

用户可以直接运行 glued，也可以将之打包为容器镜像。

**2. 打包镜像**

切换到 script/image-builder 目录下，执行 build-image.sh 程序打包容器镜像，用户可以根据自身环境修改 Dockerfile 内容。工程自带的 Dockerfile 内容如下：

```
[root@exp image-builder]# cat Dockerfile
FROM registry.local.io/busybox-iptable-go:v1
COPY glue /bin/
COPY glued /bin/
CMD ["/bin/glued"]
```

基础镜像为 registry.local.io/busybox-iptable-go:v1。如果用户希望使用自定义基础镜像，则必须确保此镜像中包含 iptables 的运行库，glued 运行时依赖此功能。

接下来执行 build-image.sh 程序。程序支持 1 个参数，此参数用于指定镜像 tag，如果不指定则默认使用"latest"。构建容器镜像过程如下：

```
[root@exp image-builder]# ./build-image.sh
Usage: ./build-image.sh [tag]
Untagged: glue:latest
[+] Building 0.8s (8/8) FINISHED
 => [internal] load build definition from Dockerfile
 => transferring dockerfile: 222B
...
The push refers to repository [registry.local.io/glue]
...
Done
```

执行完成后，当前主机上增加了一个名为 registry.local.io/glue:latest 镜像，并已经推送到镜像仓库：

```
[root@exp image-builder]# docker images
```

```
REPOSITORY                TAG        IMAGE ID       CREATED       SIZE
registry.local.io/glue    latest     9c54a801e321   2 hours ago   39.6MB
```

各节点后续可以通过 registry.local.io/glue:latest 路径直接拉取此镜像（registry.local.io 是本地镜像仓库，读者可以使用本地的镜像仓库代替）。

## 9.3.2 部署文件说明

glue 工程提供了部署样例文件，位于 script/kube-deploy 目录下。本节以 macvlan 的部署文件 glue-macvlan.yaml 为例说明部署 glue 时创建的资源。

### 1. 服务账号

glued 进程需要从 Kubernetes 的节点配置中获得当前节点管理的 podCIDR 地址段。一般认为 pod 内访问 Kubernetes API 的最优方案是通过服务账号（ServiceAccount）实现，所以需要先建立 glued 进程访问 Kubernetes API 的服务账号。

服务账号包含三个资源：ServiceAccount、ClusterRole 和 ClusterRoleBinding。其中 ClusterRole 资源中描述了 glued 进程访问 Kubernetes 集群所需要的权限，内容如下：

```
kind: ClusterRole
apiVersion: rbac.authorization.k8s.io/v1
metadata:
    name: glue
rules:
 - apiGroups:
    - ""
   resources:
    - configmaps        # 需要访问配置集（configmap）资源权限
   verbs:
    - get               # 仅需要 get 权限即可
 - apiGroups:
    - ""
   resources:
    - nodes             # 需要节点资源权限
   verbs:
    - list              # 需要 list 和 watch 两种权限，方便监控变更
    - watch
```

对其关键参数的说明如下：

- glued 进程要求具备配置集的 get 权限，用于获取 kubeadm-config 配置集的数据，从而获得整个集群的 podCIDR 范围。
- glued 进程要求具备 nodes 的 list 和 watch 权限：上电时 glued 获取每个节点管理的 podCIDR 范围，并通过 watch 机制监控节点网络参数的变更，如果当前节点网络参数发生变更则重新更新本节点配置。

glued 部署在 kube-system 命名空间内，所以 ServiceAccount 也需要部署在此命名空间内。

## 2. 配置集

glued 进程存在默认配置，用户可以将默认配置以文件的形式存放在 glued 的容器镜像中。但是，这样就将默认配置固定了，后续不方便修改默认配置。所以，最好的办法是使用配置集保存预置的配置文件，然后在部署环节将配置集映射到 glued 容器中。

glued 定义的配置集内容如下：

```yaml
kind: ConfigMap
apiVersion: v1
metadata:
    name: kube-glue-cfg              # 名称为 glue 配置
    namespace: kube-system            # glued 部署在 kube-system 命名空间中
data:
    cni-conf.json: |                  # CNI 插件配置文件
      {
          "name": "glue-net",
          "cniVersion": "1.0.0",
          "plugins": [
              {
                  "type": "glue"
              },
              {
                  "type": "portmap",
                  "capabilities": {
                      "portMappings": true
                  }
              }
          ]
      }
```

配置集的 data 字段中包含一个名为 cni-conf.json 的文件。此文件定义了 glue 插件的配置，配置文件中包含 glue 和 portmap 两个插件。

- **glue 插件**：配置文件仅指定了 type 参数为 glue，其余参数全部使用默认值。glue 插件在运行时从其他的配置文件中读取本节点管理的 podCIDR、路由等信息。
- **portmap 插件**：CNI 提供的标准插件，此插件用于实现从容器端口到宿主机端口的映射。

## 3. 工作负载

glued 的部署文件比较大，下面将分段讲解。

### （1）工作负载类型：DaemonSet

glued 需要获取每个节点管理的 podCIDR 信息，所以必须保证每个节点部署一份实例。因此，工作负载使用 DaemonSet 类型最为合适。

```yaml
apiVersion: apps/v1
kind: DaemonSet                       # 工作负载类型
metadata:
```

```
      name: kube-glue-ds
      namespace: kube-system
```

### （2）使用 hostnetwork

glued 负责在特定的物理网卡上创建 macvlan/ipvlan 虚接口，所以一定要具备访问宿主机网络的权限。

```
spec:
   template:
      spec:
         hostNetwork: true              # 使用宿主机网络
```

### （3）指定 ServiceAccount

前面创建了 ServiceAccount，这里将 ServiceAccount 注入 glued 容器中，以便 glued 能够正常访问 Kubernetes API Server。

```
spec:
   template:
      spec:
         serviceAccountName: glue    # 指定 ServiceAccount
```

### （4）挂载配置集 / 宿主机目录

glued 从配置集中获取基础的 CNI 插件配置，同时生成宿主机中的 CNI 插件配置文件，所以这里要将宿主机的目录挂载到容器中。

```
spec:
   template:
      spec:
         containers:
            volumeMounts:                        # 容器挂载配置
            - name: run
              mountPath: /run/glue
            - name: cni-bin
              mountPath: /opt/cni/bin/
            - name: glue-cfg
              mountPath: /etc/glue/              # 配置集挂载目录
            - name: cni-conf
              mountPath: /etc/cni/net.d
         volumes:
         - name: run
           hostPath:
             path: /run/glue                     # 宿主机 run 目录，保存本节点子网配置
         - name: cni-conf
           hostPath:
             path: /etc/cni/net.d                # 宿主机 CNI 插件配置文件目录
         - name: cni-bin
           hostPath:
             path: /opt/cni/bin/                 # 宿主机 CNI 插件 bin 文件存储目录
```

```
          - name: glue-cfg
            configMap:
              name: kube-glue-cfg           # 挂载 glue 的配置集
```

glued 挂载目录说明如表 9-3 所示。

表 9-3  glued 挂载目录及说明

| 源文件 / 目录 | pod 目录 | 说明 |
| --- | --- | --- |
| 宿主机 /run/glue | /run/glue | 此目录保存本节点的子网配置文件，glued 进程在此目录下生成 subnet.json 文件，glue 插件读取此文件 |
| 宿主机 /etc/cni/net.d | /etc/cni/net.d | CNI 插件配置文件所在目录，glued 将 CNI 插件配置文件写入此目录下 |
| 宿主机 /opt/cni/bin | /opt/cni/bin | CNI 插件可执行文件所在目录，glued 将 glue 插件程序复制到此目录下 |
| 配置集 kube-glue-cfg | /etc/glue | glued 从配置集中读取预置的 CNI 插件配置 |

**（5）glued 容器启动参数**

glued 容器启动参数说明：

```
spec:
  template:
    spec:
      containers:
        - name: kube-glue
          image: registry.local.io/glue:latest
          imagePullPolicy: Always
          command:
            - /bin/glued                              # glued 进程
          args:
            - -stick-cni-master=enp0s8                # glued 启动参数
            - -stick-cni-type=macvlan                 # 驱动模式为 macvlan
            - -stick-cni-mode=bridge                  # 工作模式 BRIDGE
          securityContext:
            privileged: false                         # 不需要特权模式
            capabilities:
              add: ["NET_ADMIN", "NET_RAW"]           # 需要管理主机网络权限
```

glued 容器的关键参数如下。

① image 参数指定 glued 容器镜像，用户根据自己的环境配置情况修改镜像源，务必保证本集群下所有节点都能正常访问。

② command 和 args 参数指定 glued 进程的启动参数，本例使用 macvlan 网络，工作在 BRIDGE 模式下，父接口是 enp0s8。

③ securityContext 指定本容器具备的网络操作权限，权限申请应遵循最小权限原则，非必要情况下不使用特权模式。glued 仅需要操作宿主机的网络设备，所以申请 NET_ADMIN 和 NET_RAW 两种权限就够了。

### （6）环境变量

glued 使用了三个环境变量，如下所示：

```
env:
- name: POD_NAME
  valueFrom:
    fieldRef:
      fieldPath: metadata.name
- name: POD_NAMESPACE
  valueFrom:
    fieldRef:
      fieldPath: metadata.namespace
- name: GLUE_FILES_TO_COPY_ON_BOOT
  value: /bin/glue:/opt/cni/bin/glue,/etc/glue/cni-conf.json:/etc/cni/net.d/10-
    glue.conflist
```

其中，POD_NAME 和 POD_NAMESPACE 很容易理解，用于标识 pod 名和 pod 归属的命名空间。

而 GLUE_FILES_TO_COPY_ON_BOOT 描述了 glued 启动时执行的文件复制操作，主要作用是初始化运行环境。环境变量的值由一个或者多个 "Key：value" 值对组成，多个值对之间通过 "," 分隔。每个值对代表了一次文件复制操作，即将 ":" 前面的文件覆写到 ":" 后面的文件中。示例配置指定了如下 2 个文件操作。

- ➢ /bin/glue:/opt/cni/bin/glue：用于准备插件程序，glue 插件位于容器镜像的 /bin 目录下，glued 在启动时将 glue 插件复制到宿主机的 /opt/cni/bin 目录下。
- ➢ /etc/glue/cni-conf.json:/etc/cni/net.d/10-glue.conflist：用于准备 CNI 插件配置文件，确保每次 glued 启动时 CNI 插件配置文件内容都是 glued 所期望的。如果用户希望修改默认配置，那么就修改配置集中的 cni-conf.json 文件内容，而不是修改宿主机的配置文件内容。

准备好部署文件后，用户就可以按照 9.2 节中的方法来部署 glue 应用了。

## 9.4 glued 源码分析

glued 部署为 DeamonSet 模式，每个节点运行一个实例，负责获取此节点的网络参数，并生成 CNI 插件所需的配置文件。

下面对 glued 的功能进行详细说明。

- ➢ **生成本节点的网络配置**：获取本节点的 pod 地址范围，结合 Service 网络地址段，生成 CNI 插件所需的网络配置文件。其中，pod 地址段和 Service 地址段既要支持静态配置，又要支持通过 Kubernetes API 自动获取。
- ➢ **运行模式**：glued 既支持部署在容器中，也支持直接运行在主机节点上。如果命令参数指定 glued 从 Kubernetes 集群获取节点网络参数配置，那么 glued 必须支持

Kubernetes 的安全认证。glued 支持 ServiceAccount 和 kubeconfig 两种认证模式，分别用于适配容器运行模式和主机运行模式。

- **粘合插件类型**：glued 支持粘合 macvlan、ipvlan 两种网络插件，允许用户定义父接口、工作模式（macvlan 仅支持 BRIDGE 模式，ipvlan 仅支持 L2 模式）等参数。
- **实现网络通信**：支持 pod 间通信、pod 与 host 间通信、pod 与外部网络间通信，支持通过任何路径访问 Service 网络。

与通用的 Linux 应用程序类似，glued 可以通过修改启动参数控制自身提供的功能。下面是 glued 支持的参数列表：

```
[root@exp bin]# ./glued --help
glue v0.1
Usage of ./glued:
    -ipvlan-neigh-mac string
        default neigh mac address (default "08:60:83:00:00:00")
    -kubeconfig-file string
        (optional) absolute path to the kubeconfig file
    -node-cidr string
        node CIDR
    -pod-cidr string
        cluster podCIDR, if not set, use kubeadm-config
    -service-cidr string
        cluster serviceCIDR
    -stick-cni-master string
        Stick to CNI Plugin, master netcard
    -stick-cni-mode string
        Stick to CNI Plugin, work mode (default "bridge")
    -stick-cni-type string
        Stick to CNI Plugin, support macvlan/ipvlan (default "macvlan")
    -subnet-file string
        subnet file (default "/run/glue/subnet.json")
```

参数说明如下。

- **-kubeconfig-file**：当 glued 运行在主机模式时，使用此参数指定的文件作为 kubeconfig 与 Kubernetes API Server 进行认证。
- **-node-cidr，-pod-cidr，-service-cidr**：分别表示节点网络、Pod 网络和 Service 网络，参数值为 CIDR 格式。
- **-stick-cni-master，-stick-cni-mode，-stick-cni-type**：配置 glue 插件所粘合的插件类型，仅支持 macvlan 和 ipvlan 两种。
- **-subnet-file**：指定子网配置文件全路径，如果不指定，则使用 /run/glue/subnet.json。glue 插件从固定位置读取此文件。
- **-ipvlan-neigh-mac**：仅用于 ipvlan 场景，指定服务网关使用的 mac 地址。如果不指定，则默认使用 08:60:83:00:00:00。

下面从使用角度出发，对 glued 的源码进行分析。

## 9.4.1 生成配置文件

glued 启动时生成了两个配置文件，参考图 9-2。

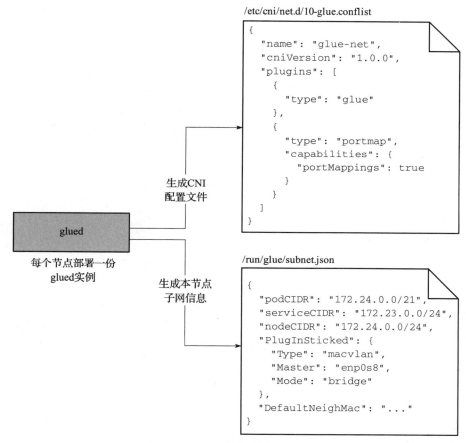

图 9-2 glued 生成子网配置文件

glued 生成的文件功能说明如下。

- /etc/cni/net.d/10-glue.conflist 文件是 CNI 插件配置文件，Kubernetes 根据此配置文件决定调用哪个 CNI 插件。
- /run/glue/subnet.json 文件是 glue 插件使用的子网配置文件，glue 插件运行时从固定的目录中读取该配置文件。

### 1. 生成 CNI 插件配置文件

部署文件配置了环境变量 GLUE_FILES_TO_COPY_ON_BOOT，内容如下：

```
- name: GLUE_FILES_TO_COPY_ON_BOOT
  value: /etc/glue/cni-conf.json:/etc/cni/net.d/10-glue.conflist, ...
```

glued 启动时按照环境变量的要求执行文件复制操作，将 /etc/glue/cni-conf.json 文件（此文件来源于 kube-glue-cfg 的配置集）覆写到 /etc/cni/net.d/10-glue.conflist 文件中。

下面是 glued 复制文件操作的源码，位于 glued/main.go 文件中：

```
func main() {
    ...
    // 根据环境变量取值决定是否复制文件
    env := os.Getenv("GLUE_FILES_TO_COPY_ON_BOOT")
    if env != "" {
        fmt.Printf("Copy file on boot...\n")
        filesToRCopy := strings.Split(env, ",")           // 获得所有值对
        for _, pair := range filesToRCopy {               // 循环处理所有值对
            kv := strings.Split(pair, ":")
            ...
            os.Remove(kv[1])                              // 删除老文件
            err := copyFile(kv[0], kv[1])                 // 复制新文件
            ...
        }
    }
}
(glued/main.go)
```

程序首先获取环境变量 GLUE_FILES_TO_COPY_ON_BOOT 的值，如果不为空，则使用 "," 分隔字符串，得到每个 "key : value" 值对。最后循环，将 key 对应的文件覆写到 value 对应的文件。

为什么不使用初始容器（initContainer）机制实现文件复制呢？的确，目前很多 App 执行类似操作时都是通过初始容器实现的。例如，flannel 在部署文件中创建了一个名为 install-cni 的初始容器。此容器用于完成配置文件的准备工作：

```
initContainers:                                           # 初始容器
- name: install-cni
  image: quay.io/coreos/flannel:v0.14.0
  command:
  - cp                                                    # 执行复制文件操作
  args:
  - -f
  - /etc/kube-flannel/cni-conf.json                       # 源、目的文件
  - /etc/cni/net.d/10-flannel.conflist
```

但是使用初始容器准备配置文件有个问题，即容器退出时，配置文件无法得到清理。例如，flannel 的初始容器执行完成后将会生成 /etc/cni/net.d/10-flannel.conflist 文件，但是当 flannel 被删除时，此文件依旧存在。

glued 使用环境变量实现文件复制的初衷，正是解决配置文件无法自动清理的问题。glued 启动时监听可能引发进程退出的信号，并定义了自定义处理函数 tearDown()。glued 进

程在退出前调用 tearDown() 函数执行清理操作：

```go
func main() {
    ...
    // 监听所有引发进程退出的信号
    c := make(chan os.Signal)
    signal.Notify(c, syscall.SIGHUP, syscall.SIGINT, syscall.SIGTERM, syscall.
        SIGQUIT)
    go func() {
        for s := range c {
            tearDown(s)           // 信号发生时调用用户自定义函数
        }
    }()
```

tearDown() 函数在进程退出前执行资源清理，包括清理 GLUE_FILES_TO_COPY_ON_BOOT 环境变量指定的配置文件：

```go
func tearDown(s os.Signal) {
    switch s {
    case syscall.SIGHUP, syscall.SIGINT, syscall.SIGTERM, syscall.SIGQUIT:
        CleanDevices()               // 清理设备
        Cleaniptables()              // 清理 iptables 配置
        CleanTcConfig()              // 清理 TC 配置

        os.Remove(*argSubnetFile)             // 删除子网配置文件

        // 删除环境变量 GLUE_FILES_TO_COPY_ON_BOOT 准备的配置文件
        env := os.Getenv("GLUE_FILES_TO_COPY_ON_BOOT")
        if env != "" {
            filesToRCopy := strings.Split(env, ",")
            for _, pair := range filesToRCopy {
                kv := strings.Split(pair, ":")
                err := os.Remove(kv[1])        // 删除目标配置文件
            }
        }
    }
}
```

当然，有些应用可能希望即使进程退出了依旧保留配置文件。如果存在这种场景，则建议继续使用初始容器来实现。

### 2. 子网配置格式文件

JSON 文件具有较好的兼容性，通用性强，所以本节生成的子网配置文件采用 JSON 格式。下面是 exp 主机的子网配置文件：

```
[root@exp ~]# cat /run/glue/subnet.json | jq .
{
    "podCIDR": "172.24.0.0/21",
    "serviceCIDR": "172.23.0.0/24",
```

```
    "nodeCIDR": "172.24.0.0/24",
    "Master": {
        "Type": "macvlan",
        "Master": "enp0s8",
        "Mode": "bridge"
    },
    "DefaultNeighMac": ""
}
```

其字段说明请参考表 9-4。

表 9-4 glued 生成的子网配置文件格式说明

| 字段 | 说明 |
| --- | --- |
| podCIDR | 整个 Pod 网络使用的地址段。使用 macvlan 和 ipvlan 时，可以将整个 Pod 网络看作一个大二层网络，所有 pod 二层直连 |
| serviceCIDR | Service 网络地址段。glued 在各节点上配置访问服务网络的 iptables 规则、TC 规则，确保用户可以在 pod、host 和系统外部均能访问服务网络 |
| nodeCIDR | 本节点管理的 Pod 网段。Kubernetes 将整个 podCIDR 划分到每个节点上，并保证每个节点管理的地址段不会发生冲突，glue 插件保证本节点上的 pod 分配的地址均位于此地址段内 |
| Master | glue 插件粘合的网络插件参数如下：<br>➢ Type 表示使用的网络类型，支持 macvlan 和 ipvlan 两种格式<br>➢ Master 为父接口设备，macvlan 和 ipvlan 通用<br>➢ Mode 表示网络工作模式，macvlan 和 ipvlan 模式不同。macvlan[一]仅支持 BRIDGE 模式，ipvlan[二]仅支持 L2 模式 |
| DefaultNeighMac | 仅适用于 ipvlan 模式，表示服务网关使用的 mac 地址 |

子网配置文件内容与源码中的 GlueSubnetConf 结构体（位于 glued/main.go 文件）对应，结构体字段增加了 JSON 描述声明，后续可以使用 json 包提供的序列化和反序列化功能完成对象与文件之间的转换。

GlueSubnetConf 结构体定义如下：

```
// glue 子网参数结构体定义
type GlueSubnetConf struct {
    PodCIDR     string `json:"podCIDR"`
    ServiceCIDR string `json:"serviceCIDR"`
    NodeCIDR    string `json:"nodeCIDR"`
    Master      struct {
        Type   string `json:"type"`
        Master string `json:"master"`
        Mode   string `json:"mode"`
    }
    DefaultNeighMac string `json:"defaultNeighMac,omitempty"`
```

---

[一] 参考文档：https://www.cni.dev/plugins/current/main/macvlan。
[二] 参考文档：https://www.cni.dev/plugins/current/main/ipvlan/。

```
}

var (
    subnetConf GlueSubnetConf         // 定义保存子网配置对象
)
```

程序中定义了 writeSubnetConf() 函数，此函数完成 JSON 文件的写操作：

```
func writeSubnetConf() error {
    // 如果子网文件所在路径不存在，则创建它
    subNetfileDir := filepath.Dir(*argSubnetFile)
    if exist, err := FileExists(subNetfileDir); err != nil || !exist {
        if err := os.MkdirAll(subNetfileDir, 0700); err != nil {
            return fmt.Errorf("Error: create subnet dir fail\n")
        }
    }

    //JSON 数据的序列化，写入文件中
    buf, _ := json.Marshal(subnetConf)
    return ioutil.WriteFile(*argSubnetFile, buf, 0600)
}
(glued/main.go)
```

程序中用到的子网参数保存在 subnetConf 对象中，随后调用 writeSubnetConf() 函数就可以完成子网配置文件的生成。

### 3. 通过命令参数获取子网参数

glued 支持通过两种方式获取子网配置参数：从命令行参数获取与从 Kubernetes 集群配置获取。本节介绍通过命令参数获取子网参数。

用户可以通过下面的三个参数指定本节点的网络参数：

```
-node-cidr string
        node CIDR
-pod-cidr string
        cluster podCIDR, if not set, use kubeadm-config
-service-cidr string
```

其字段说明参考表 9-5。

表 9-5　glued 命令行参数：指定网络参数

| 字段 | 说明 |
| --- | --- |
| -pod-cidr | 指定 Pod 网络地址段。此参数值将写入子网配置文件的 podCIDR 字段中 |
| -service-cidr | 指定 Service 网络地址段。此参数值将写入子网配置文件的 serviceCIDR 字段中，glued 根据 Service 网络地址段生成 iptables 规则和 TC 规则（ipvlan 场景），确保访问服务的流量能够正常转发 |
| -node-cidr | 指定 node 网络地址段，即本节点管理的 pod 地址段。此参数值将输出到子网配置文件的 nodeCIDR 字段中，本节点的 pod 的地址均位于此段中 |

用户可以通过"-pod-cidr"参数指定当前节点管理的 pod 地址段范围，如果不指定，则 glued 自动从 Kubernetes 集群配置中获取。serviceCIDR 也是同样的道理，只不过此参数表示集群服务地址段范围。

下面的示例中，通过参数指定 podCIDR、serviceCIDR 和 nodeCIDR 参数，glued 启动时显示用户自定义的 CIDR：

```
[root@exp glue]# ./bin/glued -pod-cidr 10.10.0.0/16 \
> -service-cidr 10.11.0.0/24 -node-cidr=10.10.0.0/24
glue v0.1
Use default interface enp0s3 as master netcard
Parse podCIDR
Use user defined CIDR:              // 显示 glued 使用的地址段信息
    podCIDR is 10.10.0.0/16
    serviceCIDR is 10.11.0.0/24
    nodeCIDR is 10.10.0.0/24
...
```

检查 glued 输出的子网配置文件，可以看到该文件中的 podCIDR、serviceCIDR 和 nodeCIDR 均是用户在命令行参数中指定的：

```
[root@exp ~]# cat /run/glue/subnet.json | jq .
{
    "podCIDR": "10.10.0.0/16",
    "serviceCIDR": "10.11.0.0/24",
    "nodeCIDR": "10.10.0.0/24",
    ...
```

后续在创建容器时，glue 插件就可以从此地址段中分配地址了。

以上三个参数定义位于 glued/main.go 中。用户定义命令行参数（使用 flag 包）后，系统自动生成参数的帮助信息：

```
func parseArg() error {
    ...
    argPodCIDR = flag.String("pod-cidr", "", "cluster podCIDR, if not set...")
    argServiceCIDR = flag.String("service-cidr", "", "cluster serviceCIDR")
    argNodeCIDR = flag.String("node-cidr", "", "node CIDR")
```

parseArg() 函数用于解析用户参数，解析完成后继续执行数据合法性校验。一般认为用户指定了"-pod-cidr"就表示从命令行参数中获取网络配置，所以指定此参数的同时必须同步指定"-service-cidr"和"-node-cidr"。

parseArg() 函数返回后，main 函数检查用户是否指定了 podCIDR。如果指定了，则直接根据此参数生成子网配置文件：

```
func main() {
    ...
    // 参数解析
```

```
        if err := parseArg(); err != nil {
           ...

    // 如果用户指定了 podCIDR，则优先使用用户执行的
    if subnetConf.PodCIDR != "" {
        fmt.Printf("Use user defined CIDR:\n")
        fmt.Printf("    podCIDR is %v\n", subnetConf.PodCIDR)
        fmt.Printf("    serviceCIDR is %v\n", subnetConf.ServiceCIDR)
        fmt.Printf("    nodeCIDR is %v\n", subnetConf.NodeCIDR)

        showglueRunning(&subnetConf)          // 生成子网配置文件
        UpdateglueConf()
    }
```

### 4. 从 Kubernetes 集群获取子网参数

本节介绍 glued 从 Kubernetes 集群配置获取子网参数。Kubernetes API Server 提供 REST API，用户可通过此接口操作集群中的资源。如果直接调用此接口，则用户程序需要自行实现身份认证、发送请求、解析响应等流程，过程比较烦琐。为了简化客户端程序开发流程，Kubernetes 提供了不同语言的客户端库[一]，基于客户端库与 Kubernetes API Server 交互，用户可以将重心放到关注的数据上，无须关注与 Kubernetes API Server 的交互细节。

Kubernetes 官方推荐的 Go 语言客户端为 client-go。glued 基于 client-go 库[二]访问 Kubernetes API，获取 Kubernetes 集群配置集、节点参数等信息。

整体功能的函数调用栈如下：

```
main()
├── getClientSet()                               // 创建 ClientSet 对象
│   └── kubernetes.NewForConfig(config)
├── getClusterCIDR(clientset)                    // 获取集群网络参数
├── clientset.CoreV1().Nodes().Watch()           // 监控节点配置
└── go func()                                    // 创建 go 线程处理节点配置变更
```

go 线程的调用栈如下：

```
go func()
└── UpdateglueConf()                             // 更新 glue 配置
    ├── UpdateglueDev(subnetConf)                // 更新 glue 设备参数
    └── writeSubnetConf()                        // 更新子网配置文件
```

下面按照程序的执行过程分步介绍。

（1）创建 ClientSet 对象

创建 ClientSet 对象的目的是实现授权访问 Kubernetes API，在 Kubernetes 安全框架下有两种方式可以通过授权访问——RBAC 模式和 User 模式，Client-go 客户端库均支持。

---

一 https://v1-24.docs.kubernetes.io/docs/reference/using-api/client-libraries/。
二 client-go 库地址：https://github.com/kubernetes/client-go。

glued 将获取 ClientSet 对象的功能封装到了 getClientSet() 函数中，构造 ClientSet 对象同样有两种方式：通过 ServiceAccount 构造（RBAC 模式）和通过 kubeconfig 文件（User 模式）构造，getClientSet() 函数均支持。

当 glued 以容器形式部署时，Kubernetes 将用户指定的 ServiceAccount 信息存放到容器的 /var/run/secrets/kubernetes.io/serviceaccount 文件中，所以只要此文件存在，就认为 glued 是以容器形式部署的，并且可以通过此 ServiceAccount 访问 KubernetesAPI。

getClientSet() 函数首先检查用户是否注入了 ServiceAccount，如果有，则优先使用 ServiceAccount 构造 ClientSet 对象：

```go
func getClientSet() (*kubernetes.Clientset, error) {
    //检查 pod 中是否存在 serviceaccount 文件，如果有，则直接使用此账号创建对象
    saok, err := FileExists("/var/run/secrets/kubernetes.io/serviceaccount")
    if err == nil && saok {
        config, err := rest.InClusterConfig()
        if err == nil {
            clientset, err := kubernetes.NewForConfig(config) //创建 ClientSet 对象
            if err == nil {
                return clientset, nil
            }
        }
    }
```

如果 glued 不是部署在 pod 中，则继续使用用户传递的 kubeconfig-file 创建 ClientSet 对象：

```go
    ... ...
    //加载 kubeconfig 配置文件，第一个参数为空字符串
    config, err := clientcmd.BuildConfigFromFlags("", *argKubeconfig)
    if err != nil {
        return nil, fmt.Errorf("Cannot create client-go config\n")
    }
    return kubernetes.NewForConfig(config)              //创建 ClientSet 对象
}
```

如果 kubeconfig-file 有效，则使用此文件创建一个配置，然后基于此配置创建 ClientSet 对象。

至此，ClientSet 对象创建成功，后续可以通过此对象从 Kubernetes 集群中获取运行数据。

（2）获取 Cluster 网络配置

kubeadm-config 配置集保存了 Pod 网络参数，本节重点关注如何获取此配置集中的 podSubnet 和 serviceSubnet 字段。这两个字段保存在 ".data.ClusterConfiguration" 数据段中，数据格式为 yaml。这里考虑使用 yaml 反序列化机制，将配置文件转换成程序中的对象。

首先，定义 yaml 文件对应的数据结构 CMClusterConfig，代码维护本结构中的成员与

yaml 文件字段的映射关系如下：

```go
type CMClusterConfig struct {
    Networking struct {
        PodSubnet        string `yaml:"podSubnet"`       // 字段映射
        ServiceSubnet    string `yaml:"serviceSubnet"`
    }
}
```

接下来，解析此 ConfigMap 中的数据，提取出 ".data.ClusterConfiguration" 字段，然后执行反序列化，把 CMClusterConfig 对象返回给调用者：

```go
func getClusterCIDR(clientset *kubernetes.Clientset) (*CMClusterConfig, error) {
    conf := &CMClusterConfig{}

    // 等价命令: kubectl get cm -n kube-system kubeadm-config
    cm, err := clientset.CoreV1().ConfigMaps("kube-system").
                    Get(context.TODO(), "kubeadm-config", metav1.GetOptions{})
    if err == nil {
        // 将配置集中的 ClusterConfiguration 字段作为 yaml 数据执行反序列化
        err = yaml.Unmarshal([]byte(cm.Data["ClusterConfiguration"]), &conf)
        return conf, nil
    }
}
```

main() 函数调用 getClusterCIDR() 获取集群网络参数，并将返回的 Pod 网络信息和 Service 网络信息保存到 subnetConf 对象中，供后续使用：

```go
func main() {
    ...
    conf, err := getClusterCIDR(clientset)              // 获取集群网络配置
    ...
    subnetConf.PodCIDR = conf.Networking.PodSubnet       // 保存 PodCIDR
    subnetConf.ServiceCIDR = conf.Networking.ServiceSubnet  // 保存 ServiceCIDR
    ...
}
```

（3）获取节点网络配置

通过 "kubectl get nodes ..." 命令查看节点详情。exp 节点信息如下：

```
[root@exp ~]# kubectl get nodes exp -o json | jq .spec
{
    "podCIDR": "172.24.0.0/24",
    "podCIDRs": [
        "172.24.0.0/24"
    ]
}
```

其中，podCIDR 字段保存了本节点的网络配置，将此数据提取出来就可以了。对此，

有两种方案。
> **方案 1**：glued 启动时获取，此操作是一次性的。
> **方案 2**：动态监控 podCIDR 数据，如果发生变更则立即更新 glued 的网络配置。

节点在运行过程中可能会发生变化，所以这里采用监控资源的方式来获取节点的网络配置。一旦节点网络发生变更，glued 就立即重新生成子网配置数据。

下面是其具体实现。首先调用 ClientSet 库接口创建监控对象 nodeWatcher：

```go
func main() {
    ...
    // 监控节点配置变更
    nodeWatcher, err := clientset.CoreV1().Nodes().
                        Watch(context.TODO(), metav1.ListOptions{})
    if err != nil {
        fmt.Printf("Error: Get pod list fail!!!\n")
        return
    }
}
```

然后创建一个线程处理节点参数变更事件：

```go
go func() {
    for event := range nodeWatcher.ResultChan() {
        p, ok := event.Object.(*apiv1.Node)         // 获取发生变更的节点
        hn, _ :=os.Hostname()                       // 获取本机主机名
        if p.ObjectMeta.Name != hn {
            Continue      // 如果节点名称与本机主机名不匹配，则不处理
        }
        if subnetConf.NodeCIDR == p.Spec.PodCIDR {
            Continue      // 如果 podCIDR 无变化，则无须处理
        }
        // 更新节点配置，生成子网配置文件
        subnetConf.NodeCIDR = p.Spec.PodCIDR
        showglueRunning(&subnetConf)
        UpdateglueConf()
    }
}()
```

当节点参数发生变更时，nodeWatcher.ResultChan() 函数返回本次发生变更的数据。函数处理过程中先检查发生变更的主机名是否与本机一致。如果一致，则继续检查 podCIDR 是否发生了变更。当且仅当本节点的 podCIDR 发生变化时，才调用 UpdateglueConf() 函数更新配置。

UpdateglueConf() 函数的内容如下：

```go
func UpdateglueConf() {
    UpdateglueDev(subnetConf)
    writeSubnetConf()
}
```

此函数需要实现两个操作。
> **更新 glue 设备参数**：主机地址段变更可能会导致节点上的 glue 设备地址发生变更。
> **写子网配置文件**：将变更后的地址范围写入子网配置文件中。

至此，配置文件生成。

### 9.4.2 节点网络配置

为了解决 macvlan/ipvlan 虚机口与父接口设备无法直接通信，导致宿主机应用无法访问 Pod 网络的问题，glued 在宿主机上创建一个 macvlan/ipvlan 虚接口设备，Kubelet 通过此设备与 pod 通信。

图 9-3 展示了部署了 webserver 应用的 Kubernetes 集群的网络拓扑。

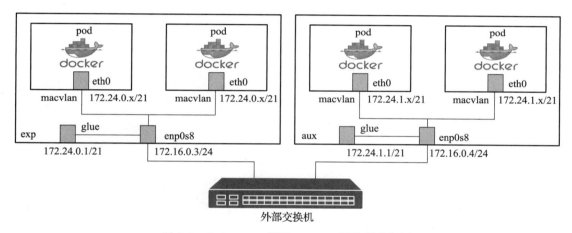

图 9-3  Kubernetes 使用 macvlan 网络插件组网

配置说明如下。
> 每个节点上创建一个名为 glue 的网络设备，节点上的应用通过此设备与 Pod 网络通信。
> 将本节点管理的 pod 地址范围内的第一个有效地址留给节点的 glue 设备。例如，exp 主机负责的 pod 地址段为 172.24.0.0/24，此节点上 glue 设备的地址为 172.24.0.1/21。

本功能全部位于 UpdateGlueDev() 函数中，调用栈如下：

```
UpdateGlueDev()
├── AddDevice()
│   ├── netlink.LinkAdd()                    // 创建设备
│   └── netlink.SetPromiscOn(link)           // macvlan 模式下设置父接口为混杂模式
├── getNetInfo()                             // 生成网络信息
├── netlink.AddrAdd(glueDev, addr)           // 设置宿主机 glue 设备的 IP 地址
├── netlink.LinkSetUp(glueDev)               // 使能设备
├── Updateiptables()                         // 更新设备的 iptables 规则
└── UpdateipvlanTcConfig()                   // 仅 ipvlan 场景需要
```

下面逐一介绍上述各部分功能。

### 1. 参数指定父接口

glued 提供命令行参数,允许用户指定父接口、网络模式(macvlan 或者 ipvlan)以及设备的工作模式,参数如下:

```
argStickCniType = flag.String("stick-cni-type", "macvlan",
                    "Stick to CNI Plugin, support macvlan/ipvlan")
argStickCniMaster = flag.String("stick-cni-master", "",
                    "Stick to CNI Plugin, master netcard")
argStickCniMode = flag.String("stick-cni-mode", "bridge",
                    "Stick to CNI Plugin, work mode")
```

如果用户通过命令参数指定了父接口设备,则以用户指定的为准。如果用户不指定,则 glued 自动选择当前默认路由关联的设备作为父接口。实现原理如下:

```
func parseArg() error {
    ...
    // 如果没有指定父接口,则选择默认路由所属设备作为父接口
    if *argStickCniMaster == "" {
        master, err := GetDefaultGatewayInterface()  // 获取默认路由设备
        if err!=nil {
            return fmt.Errorf("ERROR: Must specify Master netcard.\n")
        }
        argStickCniMaster = &master        // 使用此设备作为父接口
    }
    // 写入子网配置参数中
    subnetConf.PlugInSticked.Type = *argStickCniType
    subnetConf.PlugInSticked.Master = *argStickCniMaster
    subnetConf.PlugInSticked.Mode = *argStickCniMode
```

GetDefaultGatewayInterface() 函数位于 glued/device.go 文件中。其工作原理为首先获取系统所有路由条目,然后检查路由列表中是否有目的地址是 "0.0.0.0/0" 的路由条目(即默认路由)。如果有,则找到此路由关联的设备,将此设备名返回给调用者。

```
func GetDefaultGatewayInterface() (string, error) {
    // 获取路由列表
    routes, err := netlink.RouteList(nil, syscall.AF_INET)
    for _, route := range routes {
        // 查找默认路由
        if route.Dst == nil || route.Dst.String() == "0.0.0.0/0" {
            if route.LinkIndex <= 0 {
                return "", errors.New("... no valid interface")
            }
            // 找到默认路由关联的设备
            intf, err := net.InterfaceByIndex(route.LinkIndex)
            if err != nil {
                return "", errors.New("Cannot get interface name")
```

```
            }
            return intf.Name, nil      // 返回默认路由设备名
        }
    }
    return "", errors.New("Unable to find default route")
}
```

#### 2. 节点上增加 glue 设备

根据组网图，在每个节点上创建一个名为 glue 的虚接口设备，节点上的应用通过此设备与 Pod 网络通信。macvlan 场景下，此设备地址将作为本节点上所有 pod 访问 Kubernetes 服务网络的网关。

**（1）创建设备**

使用 netlink 包可以轻松创建网络设备。创建设备的代码位于 AddDevice() 函数中，此函数首先获取父接口设备的 netlink 对象，并准备好虚接口属性信息：

```
func AddDevice(conf GlueSubnetConf) error {
    ...
    // 获取父接口 link 对象
    link,err := netlink.LinkByName(conf.PlugInSticked.Master)
    ...
    la := netlink.NewLinkAttrs()          // 创建虚接口属性信息，通用的
    la.Name = DefaltglueDeviceName        // 指定设备名称为"glue"
    la.ParentIndex = link.Attrs().Index   // 指定父接口
```

该函数然后根据不同的网络模式，创建网络设备。创建 macvlan 设备的过程和 ipvlan 设备基本相同，其差异在于 macvlan 设备创建完成后，要将父接口设置为混杂模式。

下面以创建 macvlan 设备代码为例进行说明：

```
func AddDevice(conf GlueSubnetConf) error {
    if conf.PlugInSticked.Type == "macvlan" {
        link := &netlink.macvlan{          // 准备 macvlan 设备对象
            LinkAttrs: la,                 // 填写前面准备的接口属性数据
            Mode: mapmacvlanMode(conf.PlugInSticked.Mode),
        }
        if err:=netlink.LinkAdd(link); err!=nil {  // 创建设备
            return err
        }
        // macvlan 需要设置父接口为混杂模式
        netlink.SetPromiscOn(link)
        return nil
    }
```

此时创建出来的 glue 设备还没有地址信息，接下来为其分配地址。

**（2）计算地址**

集群中每增加一个节点，Kubernetes 自动为此节点分配一个地址段。glued 监控到节点

podCIDR 参数发生变更后，通过 getNetInfo() 函数计算本节点上的网络配置。

getNetInfo() 函数的入参为子网配置对象，出参包含如下 5 项。

- rangStart、rangeEnd：本节点管理的 pod 地址段范围，分别对应起始值和结束值。
- nodeIP：当前节点上 glue 设备的 IP 地址。
- ipvlanGW：pod 的默认网关地址，本参数仅在 ipvlan 网络场景下有效（ipvlan 模式下所有 pod 使用同一个网关地址）。
- ipvlanSvcGW：pod 访问服务网络的网关地址，本参数仅在 ipvlan 网络场景下有效（pod 将服务网络的下一跳地址设置为本地址）。

getNetInfo() 函数的关键算法如下。

- Pod 网络的第一个地址和最后一个地址不可用，这两个地址用作广播地址，排除。本例中的 Pod 网段为 172.24.0.0/21，所以 172.24.0.0 和 172.24.7.255 地址都不可用。
- 将每个节点上的第一个有效地址留给节点使用，pod 从第二个地址开始分配。这里要特别注意的是第一个节点管理的 pod 地址段 172.24.0.0/24，第一个有效地址为 172.24.0.1/21，其他节点的第一个有效地址是 172.24.x.0/21（$1 \leqslant x \leqslant 7$）。
- ipvlan 场景下，预留整个 Pod 网段中最后一个有效地址，作为所有 pod 的默认网关；预留整个 Pod 网段的倒数第二个有效地址，作为 pod 访问服务网络的默认网关。

有了上述思路后，代码就很容易实现了，示例如下：

```go
func getNetInfo(subnet *GlueSubnetConf) (rangStart net.IP,
            rangeEnd net.IP, nodeIP net.IP,
            ipvlangw net.IP, ipvlansvcgw net.IP, err error) {
    //解析节点网段和 Pod 网段信息
    _, nodeIpv4Net, err := net.ParseCIDR(subnet.NodeCIDR)
    _, podIpv4Net, _ := net.ParseCIDR(subnet.PodCIDR)

    //将 pod 地址段和 node 地址段转换成 UINT32 类型，方便计算
    nodeIpv4Int := Ipv4ToUint32(nodeIpv4Net.IP)
    nodeMaskInt := ^Ipv4ToUint32(nodeIpv4Net.Mask)
    podIpv4Int := Ipv4ToUint32(podIpv4Net.IP)
    podMaskInt := ^Ipv4ToUint32(podIpv4Net.Mask)

    //计算网段范围
    var rangeStartOff uint32 = 1;
    if nodeIpv4Int==podIpv4Int {
        rangeStartOff++;         //第一个节点减掉 1 个地址
    }
    var rangeEndOff uint32 = nodeMaskInt;
    if nodeIpv4Int+nodeMaskInt==podIpv4Int+podMaskInt {
        if subnet.Master.Type == "macvlan" {
            rangeEndOff -= 1      //macvlan 最后一个节点减掉 1 个地址
        } else {
            rangeEndOff -= 3      //ipvlan 最后一个节点减掉 3 个地址
```

```
        }
    }
    ipvlanGW := Uint32ToIpv4(podIpv4Int+podMaskInt-1)
    ipvlanSvcGW := Uint32ToIpv4(podIpv4Int+podMaskInt-2)

    // 返回数据
    return Uint32ToIpv4(nodeIpv4Int+rangeStartOff),
           Uint32ToIpv4(nodeIpv4Int+rangeEndOff),
           Uint32ToIpv4(nodeIpv4Int+rangeStartOff-1),
           ipvlanGW,
           ipvlanSvcGW,
           nil
}
```

### （3）更新设备 IP 地址

最后回到整体流程上。UpdateglueDev() 调用 getNetInfo() 计算出所有地址信息后，将函数返回的 nodeGateway 地址配置到 glue 设备上，并使能设备。

```
func UpdateglueDev(conf GlueSubnetConf) (error) {
    ...
    // 获取节点上的网络设备，仅获取节点配置的 IP 地址
    glueDev, err := netlink.LinkByName(DefaltglueDeviceName)
    _, _, _, _, nodegw, err := getNetInfo(&conf)

    // 配置本机地址
    myip.IP = nodegw
    addr, _:= netlink.ParseAddr(myip.String())
    err = netlink.AddrAdd(glueDev, addr)
    ...
    netlink.LinkSetUp(glueDev)           // 使能设备
    ...
```

至此，节点网络配置完成。

### 3. 配置 iptables 规则

设备更新完成后，UpdateglueDev() 继续调用 Updateiptables() 完成本节点 iptables 规则的更新：

```
func UpdateglueDev(conf GlueSubnetConf) (error) {
    ...
    // 更新 iptables 配置
    Updateiptables(conf, nodegw)
    ...
}
```

自行实现 iptables 比较麻烦，本例将直接基于 go-iptables 开发包进行开发。
首先导入包：

```go
import (
    ...
    "github.com/coreos/go-iptables/iptables"
)
```

本次实现在 PREROUTING 阶段增加规则，规则链名定义为"GLUE-PREROUTING"：

```go
const(
    DefaultgluePREChainName = "GLUE-PREROUTING"
)
```

Updateiptables() 实现以下三部分功能。
➢ 创建 GLUE-PREROUTING 链，glue 自定义规则链。
➢ 向 GLUE-PREROUTING 链追加 pod 访问服务网络的规则。
➢ 将 GLUE-PREROUTING 链插入 PREROUTING 链的最前端，确保优先执行。

接下来是具体的代码实现，可结合其中注释进行理解：

```go
func Updateiptables(conf GlueSubnetConf, nodegw net.IP) error {
    ...
    ipt, err := iptables.New()         // 获取 iptables handle

    // 检查 GLUE-PREROUTING 链是否存在，如果存在则证明已经更新过，无须处理
    isExists, err := ipt.ChainExists("nat", DefaultgluePREChainName)
    if err==nil && isExists {
        return nil
    }

    // 创建 GLUE-PREROUTING 链
    err = ipt.NewChain("nat", DefaultgluePREChainName)

    // 向 GLUE-PREROUTING 链中增加规则
    err = ipt.Append("nat", DefaultgluePREChainName,
                    "-s", conf.NodeCIDR,          // 源地址为本节点的 Pod 网段
                    "-d", conf.ServiceCIDR,       // 目的地址为服务网络地址
                    "-i", DefaltglueDeviceName,   // 出口设备为 glue
                    "-j", "KUBE-MARK-MASQ")       // 执行源地址转换

    // 将 GLUE-PREROUTING 链插入 PREROUTING 链上
    err = ipt.Insert("nat", "PREROUTING", 1, "-j", DefaultgluePREChainName)
```

最后，增加清理操作。glued 进程退出时，tearDown() 函数调用 Cleaniptables() 删除本次添加的规则。

Cleaniptables() 关键代码如下：

```go
func Cleaniptables() error {
    ipt, err := iptables.New()         // 获取 handler

    // 在 PREROUTING 链上删除 GLUE-PREROUTING 子链
```

```
        ipt.Delete("nat", "PREROUTING", "-j", DefaultgluePREChainName)
        ipt.ClearChain("nat", DefaultgluePREChainName)      // 清理 GLUE-PREROUTING 链
        ipt.DeleteChain("nat", DefaultgluePREChainName)     // 删除 GLUE-PREROUTING 链
    ...
```

### 4. ipvlan 模式增加 TC 规则

使用 ipvlan 网络时，glued 在节点上增加 TC 规则，即将 pod 发出的、目的地址为服务网络的报文重定向到 glue 设备上，以确保此报文重入宿主机的内核协议栈。

更新设备的入口函数为 UpdateglueDev()。函数先判断当前是否使用 ipvlan 网络模式，如果是，则调用 UpdateipvlanTcConfig() 更新 TC 配置：

```
func UpdateglueDev(conf GlueSubnetConf) (error) {
    // 当使用 ipvlan 网络模式时，更新 tc 配置
    if conf.PlugInSticked.Type == "ipvlan" {
        err = UpdateipvlanTcConfig(conf)       // 更新 ipvlan 配置
        ...
```

本功能基于 netlink 库开发，使用 netlink 接口向系统中增加 TC 规则。其整个开发过程与命令调用过程非常相似，下面逐步进行说明。

**（1）创建 clsact 类型的队列**

首先查找 ipvlan 父接口设备的 qdisc 列表。如果已经存在 clsact 类型的队列，那么就直接使用，否则创建新的 qdisc 队列：

```
func addClsact(link netlink.Link) error {
    qds, err := netlink.QdiscList(link)
    for _, q := range qds {
        // 如果存在 clsact 类型的队列，直接使用就可以了
        if q.Type() == "clsact" {
            return nil
        }
    }

    // 构造 clsact 类型的队列
    qdisc := &netlink.GenericQdisc{
        QdiscAttrs: netlink.QdiscAttrs{
            LinkIndex: link.Attrs().Index,
            Parent:    netlink.HANDLE_CLSACT,
            Handle:    netlink.HANDLE_CLSACT & 0xffff0000,
        },
        QdiscType: "clsact",        // 指定类型
    }
    // 替换该设备的 qdisc 列表
    if err := netlink.QdiscReplace(qdisc); err != nil {
        return fmt.Errorf("replace clsact qdisc for dev...")
    }
    return nil
}
```

### (2)增加过滤规则

创建过滤器,并调用 netlink.FilterAdd() 追加该过滤器。需要注意在实现时先检查过滤器是否存在,如果已经存在,就将其删除重新添加。代码如下:

```go
func UpdateipvlanTcConfig(conf GlueSubnetConf) error {
    ...
    // 获取服务网络地址段范围
    _, svcnet, _ := net.ParseCIDR(conf.ServiceCIDR)
    // 创建过滤器,u32 类型
    u32Filter := createTCU32Filter(link.Attrs().Index, svcnet)
    // 创建重定向 ACTION
    u32Filter.Actions = creatTCRedirectActions(linkto.Attrs().Index)
    ...
    // 获取处父接口设备 egress 队列规则,如果存在此规则,则删除
    parent := uint32(netlink.HANDLE_CLSACT&0xffff0000 |
                     netlink.HANDLE_MIN_EGRESS&0x0000ffff)
    filters, err := netlink.FilterList(link, parent)
    for _, filter := range filters {                    // 对过滤器逐个进行匹配
        if filterMatch(u32Filter, filter) {
            netlink.FilterDel(filter)                   // 删除查找到的过滤器
        }
    }
    u32Filter.Parent = parent
    // 添加过滤器
    if err := netlink.FilterAdd(u32Filter); err != nil {
        return fmt.Errorf("add filter for %s error, %w" ...)
    }
}
```

创建 u32 过滤器和重定向 ACTION 的代码实现请参考源码。

### (3)增加清理函数

glued 程序退出后需要清理 TC 规则,以避免影响现有功能。这里只需要清理过滤器规则就可以:

```go
func CleanTcConfig() {
    link, _ := netlink.LinkByName(subnetConf.PlugInSticked.Master)
    // 构造过滤器
    filter := &netlink.U32{
        FilterAttrs: netlink.FilterAttrs{
            LinkIndex: link.Attrs().Index,
            Parent   : uint32(netlink.HANDLE_CLSACT&0xffff0000 |
                              netlink.HANDLE_MIN_EGRESS&0x0000ffff),
        },
    }
    // 删除过滤器
    err := netlink.FilterDel(filter)
}
```

至此,宿主机上的各项网络参数配置完成。

## 9.4.3　glued 开发总结

glued 仅仅实现了基础功能，用户可以在此基础上继续完善。例如，增加 glued 的检活机制，确保 glued 发生宕机后 Kubelet 能够重新拉起容器。

使用现有的库可以大大降低开发难度。在 glued 的开发过程中使用了很多开源的开发库，如果不清楚这些库如何使用，则可以参考 https://pkg.go.dev 上的帮助文档。

## 9.5　glue 插件源码分析

glued 在启动时将 glue 插件复制到宿主机的 /opt/cni/bin 目录下，并生成了 glue 插件运行所需的配置文件，后续 Kubelet 创建、删除 pod 时，就可以调用 glue 插件实现 Pod 网络管理了。

glue 插件的主要功能如下。

- **为 pod 创建网络接口**：glue 插件根据配置文件中指定的网络类型，委托调用 ipvlan/macvlan 插件创建网络接口。
- **pod 地址管理**：glue 插件委托调用 IPAM 插件执行地址管理。
- **配置容器网络**：ipvlan 场景下，glue 插件负责容器内服务网段路由配置、服务网关 mac 地址配置。

下面从使用者角度出发，进行插件的代码分析。

### 9.5.1　CNI 插件开发框架

CNI 官方默认插件的开源代码位于 GitHub[⊖] 上。在该工程的 plugins/sample 目录下存放了一份 CNI 插件样例工程，glue 直接基于此样例工程开发。

样例工程中的 main.go 文件提供了完整的 CNI 插件开发框架：

```
# 导入 CNI 插件依赖的软件包
import (
    ...
    "github.com/vishvananda/netlink"
    "github.com/containernetworking/cni/pkg/invoke"
    "github.com/containernetworking/cni/pkg/skel"
    "github.com/containernetworking/cni/pkg/types"
    "github.com/containernetworking/cni/pkg/version"
    "github.com/containernetworking/plugins/pkg/ns"
    "github.com/containernetworking/plugins/pkg/utils/buildversion"
)

# 插件回调函数
```

---

⊖ https://github.com/containernetworking/plugins。

```
func cmdAdd(args *skel.CmdArgs) error { ... }
func cmdDel(args *skel.CmdArgs) error { ... }
func cmdCheck(args *skel.CmdArgs) error { ... }

# 主程序
func main() {
    skel.PluginMain(cmdAdd, cmdCheck, cmdDel, version.All,
                    buildversion.BuildString("glue"))
}
```

对该开发框架的说明如下。

① 导入 CNI 插件依赖的软件包。

② 定义插件操作处理函数，前面定义的 cmdAdd()、cmdDel() 和 cmdCheck() 三个函数分别对应插件的 ADD、DEL、CHECK 三种操作。

③ 在 main() 函数中调用 skel.PluginMain() 将用户定义的处理函数注册在 CNI 开发库中，对 skel.PluginMain() 函数<sup>○</sup>的前三个参数填写前面定义的三个操作函数，对最后一个参数填写插件名称。

接下来就可以按照 CNI 插件的标准模式进行开发了。

### 9.5.2 CNI 插件 ADD 操作

glue 插件创建容器网络的流程如图 9-4 所示。

Kubelet 创建 pod 时，调用 glue 插件创建 Pod 网络。插件首先读取 glued 生成的子网配置文件 /run/glue/subnet.json，解析出本次使用的网络类型和本节点管理的 pod 地址段范围；接着生成委托调用配置，并持久化这些配置；最后委托调用 macvlan/ipvlan 插件创建容器网络设备、委托调用 IPAM 插件执行地址分配操作。

glue 插件 ADD 操作对应的处理函数为 cmdAdd()，函数调用栈如下：

```
cmdAdd()
  ├── loadNetConf()
  ├── loadglueSubnet()
  ├── genDelegateInfo()
  ├── saveContNetConf()
  ├── invoke.DelegateAdd()
  └── updateNeigh()
```

其调用过程如下。

① 调用 loadNetConf() 从标准输入读取插件配置参数。

② 调用 loadglueSubnet() 加载本节点的子网配置文件 /run/glue/subnet.conf。

③ 调用 genDelegateInfo() 生成委托调用 ipvlan/macvlan 插件和 IPAM 插件使用的参数。

---

○ skel 帮助文档：https://pkg.go.dev/github.com/containernetworking/cni/pkg/skel。

第 9 章 动手实现 CNI 插件 ❖ 401

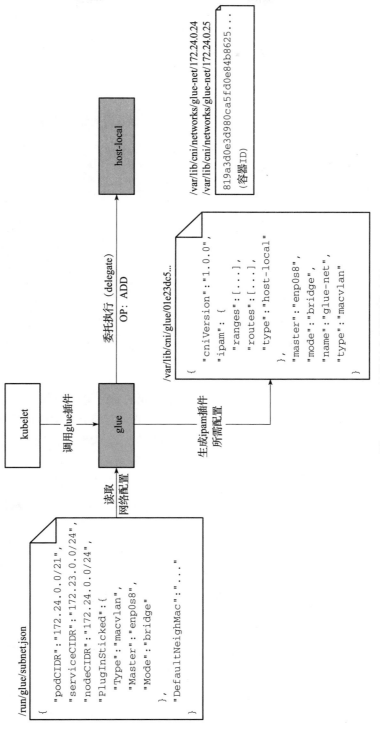

图 9-4 glue 插件创建容器网络流程

④调用 saveContNetConf() 将上一步生成的配置信息写入以容器 ID 命名的文件中，并保存到 /var/lib/cni/glue 目录下。

⑤调用 invoke.DelegateAdd() 接口，执行委托调用，创建网络设备并分配地址。

⑥调用 updateNeigh() 更新容器内的网络参数。

### 1. 读取 CNI 配置文件

/etc/cni/net.d/ 目录下保存了插件的配置文件，本例使用的配置文件如下：

```
[root@exp ~]# cat /etc/cni/net.d/10-glue.conflist
{
    "name": "glue-net",                # 网络名称
    "cniVersion": "1.0.0",
    "plugins": [
        {
            "type": "glue"             # 插件类型1
        },
        {
            "type": "portmap",         # 插件类型2
            "capabilities": {
                "portMappings": true
            }
        }
    ]
}
```

配置文件的注意点如下。

- 本插件配置的网络名称为"glue-net"，所以在执行地址分配操作后，host-local 插件将在 /var/lib/cni/networks/glue-net 目录下保存本节点已经分配的地址信息。
- "plugins.type"字段指明调用的插件类型，系统根据此参数查找对应的插件程序。上述配置文件支持两种插件类型，分别是 glue 和 portmap。

不管配置文件中包含多少个插件，当 CNI 插件程序执行时，通过标准输入方式传入的配置文件格式始终保持标准的单插件文件格式。例如，调用 glue 插件时传入标准输入的数据格式如下：

```
{
    "cniVersion": "1.0.0",
    "name": "glue-net",
    "type": "glue"
}
```

所以，CNI 插件程序中只需要关注标准的配置文件格式即可。

Kubelet 传递给插件程序的配置文件为 JSON 格式。代码直接使用 json 库实现 JSON 文件与内存对象之间的转换。代码中定义的配置文件格式如下：

```
type NetConf struct {
    types.NetConf
```

```
    IPAM        map[string]interface{}  `json:"ipam,omitempty"`
    Delegate    map[string]interface{}  `json:"delegate"`
    SubnetFile  string                  `json:"subnetFile"`
    DataDir     string                  `json:"dataDir"`
}
```

cmdAdd() 函数调用 loadNetConf() 从标准输入读取配置,下面是 loadNetConf() 的关键代码:

```
//直接将固定的配置文件名称写入代码中,用户按需变更
const (
    defaultSubnetFile = "/run/glue/subnet.json"
    defaultDataDir    = "/var/lib/cni/glue"
)

func loadNetConf(bytes []byte) (*NetConf, error) {
    n := &NetConf{
        SubnetFile: defaultSubnetFile,
        DataDir:    defaultDataDir,
    }
    //反序列化,得到 NetConf 对象
    if err := json.Unmarshal(bytes, n); err != nil {
        return nil, fmt.Errorf("failed to load netconf: %v", err)
    }

    //解析配置文件中委托调用参数,如果配置文件中未指定,那就直接创建
    if n.Delegate == nil {
        n.Delegate = make(map[string]interface{})
    }

    //设置委托调用版本号
    n.Delegate["cniVersion"] = n.CNIVersion
    return n, nil
}
```

本函数的目的是依据配置文件创建 NetConf 对象。如果配置文件中未指定委托参数,那么直接创建委托参数,之后根据子网配置文件内容完善委托参数。

### 2. 读取子网配置文件

子网配置文件由 glued 进程生成,具体格式可参考 9.4.1 节生成配置文件过程中的样例,glue 插件复制了 glud 定义的 GlueSubnetConf 数据结构。

cmdAdd() 调用 loadglueSubnet() 函数获取本节点的 GlueSubnetConf 对象,源码如下:

```
func loadglueSubnet(path string) (*GlueSubnetConf, error) {
    netConfBytes, err := ioutil.ReadFile(path)
    ...
    subnet := &GlueSubnetConf{}
    //反序列化配置文件,得到 subnet 对象
```

```
        if err = json.Unmarshal(netConfBytes, subnet); err != nil {
            return nil, fmt.Errorf("failed to parse netconf: %v", err)
        }

        // 校验配置文件合法性
        if subnet.PodCIDR == "" || subnet.NodeCIDR == "" {
            return nil, fmt.Errorf("get gule config fail,...")
        }
        ...
        // 如果未指定服务网络网关，则设置为固定值
        if subnet.DefaultNeighMac == "" {
            subnet.DefaultNeighMac = "08:60:83:00:00:00"
        }
        return subnet, nil
}
```

程序实现的功能如下。

- 反序列化对象：读取子网配置文件并反序列化为 subnet 对象。
- 配置文件数据合法性校验：glue 插件校验配置文件中各字段的合法性。
- 更新参数默认值：如果用户没有定义 ipvlan 服务网关的 mac 地址，则默认使用 08:60:83:00:00:00。

### 3. 生成委托调用（delegate）参数

CNI 规范期望每个插件提供最基本的功能，当需要更复杂的功能时，可以通过类似搭积木的方式将现有的插件功能组合起来使用。这样就可以最大化地利用现有资源，减少重复开发。最常见的被委托调用的插件是 IPAM 插件，IPAM 插件提供了三种 IP 地址管理方案，用户可以根据需要复用此插件实现地址管理，而不需要重新实现一遍。

本次实现的 glue 插件需要在用户容器中创建 macvlan/ipvlan 设备，此时可直接复用现有的 macvlan/ipvlan 插件。glue 填写好委托调用参数后，委托给 macvlan/ipvlan 插件执行即可。容器的地址管理功能则可以直接委托给 IPAM 插件执行，glue 固定使用 host-local 插件管理容器地址。

通过委托方式调用其他插件之前，需要准备好被调用插件用到的参数。glue 代码中的 genDelegateInfo() 函数即用于实现此功能。

下面介绍 genDelegateInfo() 函数实现的功能，完整的代码请参考源码。

1）准备传递给 macvlan/ipvlan 的配置参数。glued 生成的子网配置文件中的 Master 字段描述了调用 ipvlan/macvlan 时使用的参数，示例如下：

```
"Master": {
    "Type": "macvlan",
    "Master": "enp0s8",
    "Mode": "bridge"
},
```

反序列化后，上述数据保存在 subnet 对象中。下面的代码将 subnet 对象中的配置信息写入委托配置中，如下所示：

```go
func genDelegateInfo(n *NetConf, subnet *GlueSubnetConf) (map[string]string,
    error) {
    //n.Delegate 为委托调用时使用的配置参数
    n.Delegate["name"] = n.Name
    n.Delegate["type"] = subnet.Master.Type         // 子网配置文件指定插件类型
    n.Delegate["master"] = subnet.Master.Master     // 子网配置文件指定父接口
    n.Delegate["cniVersion"] = n.CNIVersion         // 委托调用版本号

    if subnet.Master.Mode != "" {                    // 优先使用子网配置文件指定的工作模式
        n.Delegate["mode"] = subnet.Master.Mode
    } ...
}
```

2）准备地址范围。本节点管理的地址范围的计算方法与 glued 进程中的算法相同，首先调用 getNetInfo() 函数生成本节点使用的地址参数，然后将这些参数写入 IPAM 插件的配置中。其关键代码如下：

```go
// 获取本机网络参数配置，包括地址段、网关等信息
start, end, gw, svcgw, nodegw, err := getNetInfo(subnet)
ipam := map[string]interface{}{}                // 构造 IPAM 参数
ipam["type"] = "host-local"                     // 使用 host-local 插件执行地址分配

var rangesSlice [][]map[string]interface{}
if subnet.Master.Type == "macvlan" {            // 区分 macvlan 和 ipvlan
    rangesSlice = append(rangesSlice, []map[string]interface{}{
        {
            "subnet":     subnet.PodCIDR,
            "rangeStart": start.String(),
            "rangeEnd":   end.String(),
            //macvlan 网络中使用节点上 glue 设备的 IP 作为网关
            "gateway":    nodeIP.String(),
        },
    })
} else {
    rangesSlice = append(rangesSlice, []map[string]interface{}{
        {
            "subnet":     subnet.PodCIDR,
            "rangeStart": start.String(),
            "rangeEnd":   end.String(),
            // ipvlan 网络中使用 getNetInfo 返回的 ipvlanGW，所有 pod 共用一个网关
            "gateway":    ipvlanGW.String(),
        },
    })
}
ipam["ranges"] = rangesSlice            // 设置 ipam 的地址段参数
```

glue 代码中固定使用 host-local 插件执行地址分配。用户如果有不同的需求，则可以考虑允许用户在配置文件中指定 IPAM 插件类型，glue 会优先使用用户所配置的。目前 glue 不需要，所以直接将 IPAM 插件类型硬编码为 host-local 插件。

macvlan 网络与 ipvlan 网络的网关地址有以下差异。

➤ macvlan 场景下，node 节点上的 glue 设备地址将作为本节点上容器的默认网关。

➤ ipvlan 场景下，将整个 podCIDR 网络的最后一个地址作为所有 pod 的默认网关。

3）增加路由。按照组网要求，macvlan 的默认网关同时作为访问服务网络的网关，ipvlan 访问服务网络的网关设置为整个 podCIDR 网络的倒数第二个地址，所以 ipvlan 场景还需增加独立的路由：

```
// 默认路由不指定网关地址，使用 CNI 配置文件中的网关即可
rtes = append(rtes, types.Route
            {Dst: net.IPNet{ net.IPv4(0,0,0,0), net.CIDRMask(0,32)}})

// 仅 ipvlan 场景下增加服务网段路由
if subnet.Master.Type == "ipvlan" {
    _, svcNet, _ := net.ParseCIDR(subnet.ServiceCIDR)
    // 服务网络的下一跳地址为 getNetInfo() 返回的服务网关地址
    rtes = append(rtes, types.Route{ Dst: *svcNet, GW: ipvlanSvcGW } )
}
```

4）增加邻居配置（仅适用于 ipvlan 网络）。邻居配置的作用是为服务网关写一个虚假的 mac 地址，确保节点能够将目的地址为服务网络的报文从物理设备上发出，从而通过流量控制功能将发出的流量重定向到当前节点的 glue 设备上。

```
// 计算 neighs 参数，将 mac 地址写入 map 表中
nei := make(map[string]string)
if subnet.Master.Type == "ipvlan" {
    nei[ipvlanSvcGW.String()] = subnet.DefaultNeighMac
}
```

准备好服务网关 IP 地址和 mac 地址的对应关系后，将其报文保存到 nei map 表中，后续创建 pod 时写入 pod 网络命名空间的邻居表中。

### 4. 保存委托调用配置

上述数据全部生成后，cmdAdd() 继续调用 saveContNetConf() 函数将上述委托调用配置保存到以容器 ID 命名的文件中，并保存到 /var/lib/cni/glue 目录下：

```
func cmdAdd(args *skel.CmdArgs) error {
    ...
    buf, _ := json.Marshal(n.Delegate)         // 序列化为 JSON 文件
    path, err := saveContNetConf(args.ContainerID, n.DataDir, buf)
```

下面是某个 pod 的配置文件示例：

```
[root@exp ~]# cat /var/lib/cni/glue/dc12a034... | jq .
{
    "cniVersion": "1.0.0",
    "ipam": {
        "ranges": [...],
        "routes": [...],
        "type": "host-local"
    },
    "master": "enp0s8",
    "mode": "bridge",
    "name": "glue-net",
    "type": "macvlan"
}
```

此配置文件与标准的 ipvlan 插件配置文件格式相同。

**5. 委托调用执行**

cmdAdd() 调用 invoke.DelegateAdd() 执行委托调用，其入参为前面创建的委托调用配置数据：

```
func cmdAdd(args *skel.CmdArgs) error {
    ...
    result, err := invoke.DelegateAdd(context.TODO(),
                        n.Delegate["type"].(string), buf, nil)
    if err != nil {
        _ = os.Remove(path)     // 如果执行失败，则删除委托调用配置文件
        return err
    }
}
```

invoke.DelegateAdd() 的第二个参数为被委托的插件程序。委托调用执行过程中，macvlan/ipvlan 插件则根据配置参数，在指定的父接口设备上创建虚接口设备，并将设备转移到容器网络命名空间中。接口创建完成后继续委托调用 host-local 插件为容器分配 IP 地址，host-local 插件在 /var/lib/cni/networks/glue-net 目录下保存本节点已经分配的 IP 地址信息。例如，exp 节点上分配的地址信息如下：

```
[root@exp ~]# ls /var/lib/cni/networks/glue-net/
172.24.0.8  172.24.0.9  last_reserved_ip.0  lock
```

每个 IP 地址对应一个文件，last_reserved_ip.0 文件保存最后一次分配的 IP 地址，下次分配地址时在此文件内容的基础上增加。这样可以避免刚刚释放的地址立即又被启用的情况发生。

**6. 创建邻居配置**

本功能仅仅在 ipvlan 场景下使用，由 cmdAdd() 调用 updateNeigh() 实现邻居配置更新。其操作流程如下：

① 调用 ns.GetNS() 获取 pod 所在的网络命名空间。
② 解析参数传递进来的邻居配置数据。

③调用 netlink.NeighAdd()，将邻居配置到当前的网络命名空间中。

该功能的源码如下：

```go
func updateNeigh(neighs map[string]string, args *skel.CmdArgs) error {
    netns, err := ns.GetNS(args.Netns)   // 获取网络命名空间
    defer netns.Close()

    ifName := "eth0"                      // 设备名称
    for k, v := range neighs {            // 遍历邻居配置项
        ip := net.ParseIP(k)              // 解析参数传递进来的邻居参数数据
        hw, err := net.ParseMAC(v)        // 得到 IP 地址和 mac 地址

        // 在 netns 中执行指定的函数
        err = netns.Do(func(_ ns.NetNS) error {
            iflink, err := netlink.LinkByName(ifName)   // 获取设备
            neigh := &netlink.Neigh{                    // 构建邻居参数
                LinkIndex: iflink.Attrs().Index,
                Family: syscall.AF_INET,
                State: netlink.NUD_PERMANENT,
                IP: ip,
                HardwareAddr: hw,
            }

            err = netlink.NeighAdd(neigh)   // 等价于执行 "ip neigh" 命令
            return nil
        })
    }
}
```

至此，容器网络创建流程执行完成。

### 9.5.3 CNI 插件 DEL 操作

插件释放容器网络的工作流程如图 9-5 所示。

Kubernetes 执行 pod 删除时调用插件的操作类型为 DEL。CNI 插件要求在执行删除时将创建网络使用的配置信息传入。glue 插件在创建容器网络时将此信息保存到文件中，执行删除时将此信息读取出来，然后委托调用 macvlan/ipvlan 执行删除操作就可以了。待 Pod 网络删除完成后，再删除此 pod 关联的配置文件。

该功能的源码如下：

```go
func cmdDel(args *skel.CmdArgs) error {
    // 配置数据来自标准输入
    n, err := loadNetConf(args.StdinData)
    // 获取创建资源时使用的配置文件
    cleanup, netConfBytes, err := consumeContNetConf(
                                    args.ContainerID, n.DataDir)

    // 函数退出时删除无用的文件
```

```
        defer func() {
            cleanup(err)
        }()

        ncToDel := &types.NetConf{}
        // 反序列化配置信息，得到 ncToDel 对象
        if err = json.Unmarshal(netConfBytes, ncToDel); err != nil {
            return fmt.Errorf("failed to parse netconf: %v", err)
        }
        // 委托 macvlan/ipvlan 执行删除操作
        return invoke.DelegateDel(context.TODO(),
                    ncToDel.Type, netConfBytes, nil)
    }
```

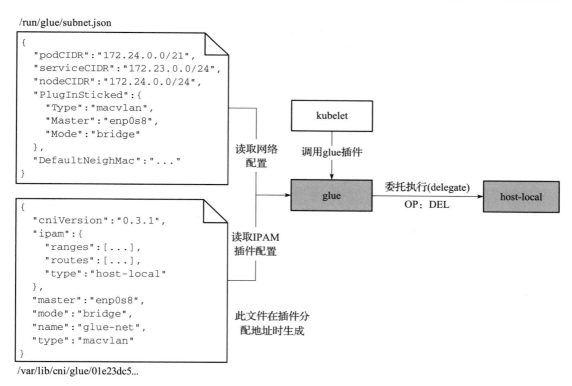

图 9-5　glue 插件释放容器网络的工作流程

至此，容器网络删除流程执行完成。

### 9.5.4　插件开发总结

在创建容器网络时，CNI 插件可以根据需要在容器网络命名空间中插入、修改网络配置，给用户以极大的自由度。并且，与实现 glued 相比，开发 glue 插件过程中大量复用了现

有的插件功能，工作量要小很多。

所以，当现有插件无法满足需求时，用户可以考虑自定义 CNI 插件。

## 9.6 总结

本章介绍了 glue 插件的工作原理及其核心代码，通过实践方式讲述了 CNI 插件的实现过程，起到抛砖引玉的作用，读者可以根据自身需求量身定制自己的 CNI 插件。

本书仅仅实现插件基础功能，以保证能够正常使用 macvlan/ipvlan 网络，用户如果有其他需求，则可以在此基础上继续完善。

# 附  录

- 附录 A　mount 用法说明
- 附录 B　pod 网络命名空间程序
- 附录 C　CNI 插件测试程序
- 附录 D　测试工具 rawudp 程序

附录提供拓展性知识点，整理分析虚拟化网络实践中常用的命令与工具，以便读者更好地理解及应用 Kubernetes 网络技术。

附录包含以下内容。
- ➢ 附录 A：详细介绍 mount 命令的多种用法。
- ➢ 附录 B：提供进入 pod 网络命名空间的代码和说明，方便调试。
- ➢ 附录 C：提供 CNI 插件的测试程序，该程序能有效验证 CNI 插件的工作过程。
- ➢ 附录 D：提供 rawudp 测试工具的实现原理。

附录 A

# mount 用法说明

大部分读者应该知道 mount 命令可用于将特定的设备挂载到指定的目录上，但实际上 mount 命令的功能远不止这些，下面重点讲解本书中用到的几个功能。

mount 命令的帮助信息如下：

```
[root@exp ~]# mount -h
Usage:
    mount [options] [--source] <source> | [--target] <directory>
Operations:
    -B, --bind              mount a subtree somewhere else (same as -o bind)
    -R, --rbind             mount a subtree and all submounts somewhere else
    --make-shared           mark a subtree as shared
    --make-private          mark a subtree as private
    --make-rshared          recursively mark a whole subtree as shared
    --make-rprivate         recursively mark a whole subtree as private
```

## A.1 绑定文件 / 目录

使用 "--bind" 参数，mount 命令可以将两个文件或者目录 "连接" 在一起。这里的 "连接" 不是指通常的软链接或者硬链接，而是在操作系统的虚拟文件系统层面进行挂载。例如，执行如下命令将 dir2 挂载到 dir1 上：

```
[root@exp test]# mount --bind dir2 dir1
```

访问挂载点的过程与访问文件链接的过程不同。当用户访问 dir1 目录时，内核发现 dir1 是一个挂载点，接着查找挂载到 dir1 上的真实节点信息，继续访问真实节点。对外呈现时，用户感受到的就是两个目录连接到一起了。mount 的绑定操作同样支持文件的挂载。下面的命令用于将 file2 挂载到 file1 上，此后访问 file1 就等同于访问 file2：

```
[root@exp test]# mount --bind file2 file1
```

接下来进行一个较为复杂的 mount 验证。执行操作之前的目录结构参考图 A-1 的"原始目录"，然后连续执行两次 mount 命令，如下：

```
[root@exp test]# mount --bind dir3 dir2/subdir2_1
[root@exp test]# mount --bind dir2 dir1
```

第一次将 dir3 目录挂载到 dir2/subdir2_1 目录下，第二次将 dir2 挂载到 dir1 目录下，两次命令执行结果参考图 A-1。

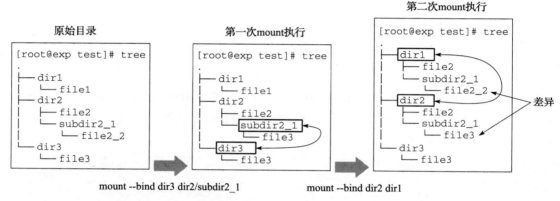

图 A-1　两次执行 mount 命令使用"--bind"参数

在第二次 mount 执行完成后，dir1 和 dir2 的目录结构并不相同，差异参考图 A-1 中的说明。通过 dir1 看到的是 dir2 目录的原始内容，而在 dir2 目录下看，subdir2_1 目录下的内容是 dir3 的内容。也就是说，第二次挂载并没有将 dir2 目录下的挂载信息复制到 dir1 中。

查看当前的 mountinfo 信息，只有两个结果：

```
[root@exp test]# cat /proc/self/mountinfo
117 45 253:0 /root/test/dir3 /root/test/dir2/subdir2_1 rw,relatime shared:1
120 45 253:0 /root/test/dir2 /root/test/dir1 rw,relatime shared:1
```

如果用户希望在 dir1 中同样呈现 dir2 目录下的挂载信息，则可以考虑使用递归绑定参数。

## A.2　递归绑定文件/目录

"--rbind"用于实现递归绑定，与"--bind"的差异在于使用递归绑定能够将源目录下的 mount 信息一起传递到目标节点。继续基于上述例子，将"--bind"替换为"--rbind"，命令如下：

```
[root@exp test]# mount --rbind dir3 dir2/subdir2_1
[root@exp test]# mount --rbind dir2 dir1
```

命令执行过程参考图 A-2。

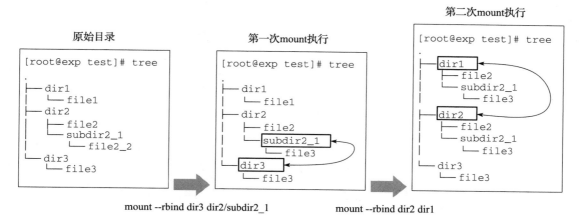

图 A-2　两次执行 mount 命令使用 "--rbind" 参数

执行完成后，dir1 和 dir2 的目录结构完全相同。

再次查看当前的 mountinfo 信息，出现了三个 mount 结果：

```
[root@exp test]# cat /proc/self/mountinfo
117 45 253:0 /root/test/dir3 /root/test/dir2/subdir2_1 rw,relatime shared:1
120 45 253:0 /root/test/dir2 /root/test/dir1 rw,relatime shared:1
121 120 253:0 /root/test/dir3 /root/test/dir1/subdir2_1 rw,relatime shared:1
```

第三个结果的增加即递归参数发挥的作用，将 dir2 子目录的挂载信息传递到了 dir1 目录下。

## A.3　挂载信息同步

继续根据前面的目录结构来进行验证，如图 A-3 所示。如果先将 dir2 挂载到了 dir1 上，再将 dir3/file3 文件挂载到 dir2/subdir2_1/file2_2 文件，之后会发生什么呢？

为了看清楚挂载过程，使用 findmnt 命令查看挂载路径详情。将 dir2 挂载到 dir1 上之后，findmnt 命令中增加了一条记录如下：

```
[root@exp test]# findmnt
TARGET              SOURCE                                       FSTYPE
/                   /dev/mapper/centos-root
└─/root/test/dir1   /dev/mapper/centos-root[/root/test/dir2]     xfs
```

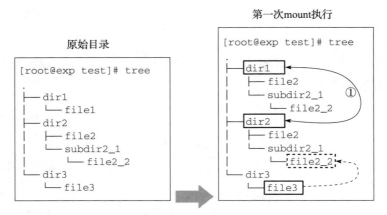

图 A-3 挂载信息同步验证(1)

接下来将 dir3/file3 文件挂载到 dir2/subdir2_1/file2_2 文件上,执行如下命令:

```
[root@exp test]# mount --bind dir3/file3 dir2/subdir2_1/file2_2
```

挂载完成后,查看 dir2/subdir2_1/file2_2 和 dir1/subdir2_1/file2_2 的文件内容:

```
[root@exp test]# cat dir3/file3
regfile3
[root@exp test]# cat dir2/subdir2_1/file2_2
regfile3
[root@exp test]# cat dir1/subdir2_1/file2_2
regfile3
```

发现两个文件的内容与 dir3/file3 的内容完全相同。也就是说,此挂载信息在 dir1 挂载点上也生效了。

继续通过 findmnt 查看挂载信息,如图 A-4 所示,系统中增加了两条挂载记录。图 A-4 ② 是指真正地将 dir3/file3 挂载到 dir2/subdir2_1/file2_2 文件上,而①是因为父目录 dir1 是 dir2 的挂载点,所以在 dir2 上的操作自然而然地就传递到了 dir1 挂载点上。

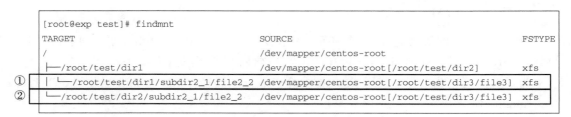

图 A-4 挂载信息同步验证(2)

最终挂载完成后的效果如图 A-5 所示。

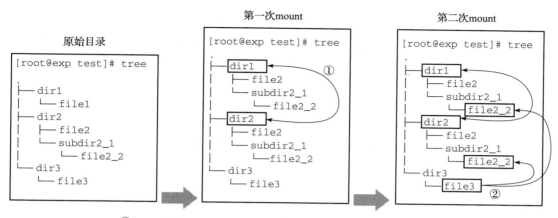

图 A-5　挂载信息同步验证（3）

## A.4　共享 / 私有属性

Mount 的共享 / 私有属性用于控制挂载点是否可以被不同的 mount 命名空间共享。
➢ 如果设置为共享（shared），则此挂载点下面的子挂载信息将同步传递给所有 mount 命名空间。
➢ 如果设置为私有（private），则此挂载点下的子挂载点归本命名空间私有，对其他 mount 命名空间不可见。

下面是打印的挂载信息：

```
[root@exp test]# cat /proc/self/mountinfo
117 45 253:0 /root/test/dir3 /root/test/dir2/subdir2_1 rw,relatime shared:1 ...
120 45 253:0 /root/test/dir2 /root/test/dir1 rw,relatime shared:1 ...
```

行中的"shared"标识表示此挂载点是共享的，该挂载点下的所有子挂载点对所有 mount 命名空间可见。如果没有这个标识，则表示挂载点是私有的。

接下来进行验证。执行命令之前的目录结构如图 A-6 所示的"初始状态"，然后执行如下命令：

```
[root@exp test]# mount --bind --make-private dir2 dir1
[root@exp test]# mount --bind dir4 dir3
```

执行完成后的目录结构参考图 A-6 所示的"默认命名空间"，其中虚线框表示私有挂载点，实线框为共享挂载点。
查看挂载属性信息：

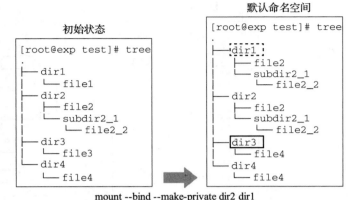

图 A-6　mount 目录中的共享和私有属性

```
[root@exp test]# cat /proc/self/mountinfo
117 45 253:0 /root/test/dir2 /root/test/dir1 rw,relatime
120 45 253:0 /root/test/dir4 /root/test/dir3 rw,relatime shared:1
```

ID 为 117 的挂载信息中显示 dir1 挂载点的属性为私有。也就是说，后续在此目录下挂载任何内容，对其他 mount 命名空间来说都是不可见的。前面所有操作均是在**默认命名空间**中执行的，为了验证在不同命名空间的访问情况，接下来创建一个新的挂载命名空间。

打开 shell 终端，在该终端下通过 unshare 命令启用一个新的 mount 命名空间，参数中指定传递策略为"unchanged"，即继承父进程的配置：

```
[root@exp test]# unshare -m --propagation unchanged sh
sh-4.2#
```

查看**新命名空间**下的挂载属性信息：

```
sh-4.2# cat /proc/self/mountinfo
968 124 253:0 /root/test/dir2 /root/test/dir1 rw,relatime
969 124 253:0 /root/test/dir4 /root/test/dir3 rw,relatime shared:1
```

可以看到这两个 mount 信息是从默认命名空间中传递过来的。如图 A-7 所示，新命名空间的挂载属性与默认命名空间的属性相同。

接下来回到默认命名空间中，在 dir1 下面挂载一个新的目录：

```
[root@exp test]# mount --bind --make-private dir4 dir1/subdir2_1/
```

命令参数中携带了 --make-private 参数，实际上无论是否携带此参数，其效果都一样。此参数仅决定本命令关联的挂载点的属性，而不会影响父挂载点。

命令执行完成后查看默认命名空间下的挂载属性信息，发现增加了一条编号为 970 的挂载信息：

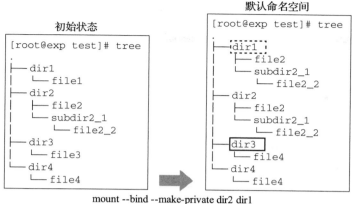

图 A-7　创建新挂载命名空间

```
[root@exp test]# cat /proc/self/mountinfo
117 45 253:0 /root/test/dir2 /root/test/dir1 rw,relatime
120 45 253:0 /root/test/dir4 /root/test/dir3 rw,relatime shared:1
970 117 253:0 /root/test/dir4 /root/test/dir1/subdir2_1 rw,relatime
```

回到新创建的命名空间中查看挂载属性信息，没有任何变化：

```
sh-4.2# cat /proc/self/mountinfo
968 124 253:0 /root/test/dir2 /root/test/dir1 rw,relatime
969 124 253:0 /root/test/dir4 /root/test/dir3 rw,relatime shared:1
```

也就是说，在私有挂载点属性目录的子目录中再次执行 mount 操作，该操作并没有传递到新命名空间中。操作执行完成后的默认命名空间和新命名空间的目录效果参考图 A-8。

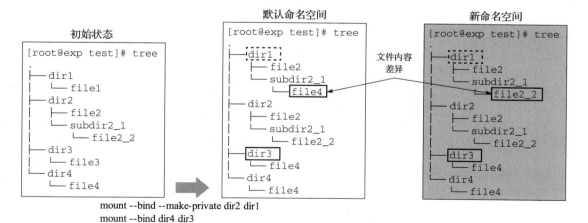

图 A-8　默认命名空间和新命名空间的目录

# 附录 B

# pod 网络命名空间程序

enter-pod-netns.sh 程序用于进入特定 pod 的网络命名空间。此命令对节点运行环境有要求，即该节点必须支持使用 kubectl 命令管理集群。例如，当前环境中运行了三个 pod：

```
[root@exp ~]# kubectl get pod
NAME            READY    STATUS         RESTARTS     AGE
webserver-0     1/1      Running        0            5h26m
webserver-1     1/1      Running        0            5h26m
webserver-2     1/1      Running        0            5h26m
```

其中 webserver-1 运行在 exp 节点上，使用 enter-pod-netns.sh 程序进入此 pod 所在的网络命名空间，命令如下：

```
[root@exp bin]# enter-pod-netns.sh webserver-1
now we are in pod webserver-1's namespace...
[root@exp bin]# ifconfig
eth0: flags=4163<UP,BROADCAST,RUNNING,MULTICAST>  mtu 1450
        inet 172.24.0.45  netmask 255.255.255.0  broadcast 172.24.0.255
        ether 66:31:5a:74:80:22  txqueuelen 0  (Ethernet)
        RX packets 37562  bytes 2985215 (2.8 MiB)
        ...
```

有了此命令后，就可以使用宿主机的程序调试 pod 内部网络了。例如，在 pod 的网络命名空间中使用宿主机的 curl 命令访问外部服务，使用 tcpdump 命令执行抓包。如果不使用此程序，那么用户就需要将 curl、tcpdump 命令加入 pod 的容器镜像中。

enter-pod-netns.sh 程序源码如下：

```sh
#!/bin/sh

# 检查命令参数的合法性
if [[ "$1" == "" ]]; then
    echo "usage: $0 <pod-name>"
    exit
fi

# 获取 pod 的容器 ID, 不管 pod 中有多少个容器, 只需要获取第一个容器 ID
# 因为一个 pod 内的所有容器共享同一个网络命名空间
continfo=`kubectl get pod $1 -o yaml | grep containerID`
arr=($(echo "$continfo" | sed 's/ //g' | sed 's/\//\n/g'))

# 获取容器 ID
contid=${arr[1]}

# 检查容器 ID 合法性, 使用 containerd 时, 容器 ID 长度固定为 64 字节
if [[ "$contid" != "" && ${#contid}==64 ]]; then
        pidInfo=`ctr -n k8s.io c info $contid 2>/dev/null | grep /ns/net`

        # 获取该容器 ID 的网络命名空间文件, 如 /proc/3571/ns/net
        pid=($( echo $pidInfo | sed 's/\"//g' | sed 's/:/\n/g'))

        # 如果网络命名空间文件存在, 则证明 pod 位于本机, 可以继续执行
        # 如果找不到文件, 证明此 pod 不在本机, 提示出现错误
        if [ -f "${pid[1]}" ]; then
                echo now we are in pod $1\'s namespace...
                nsenter --net=${pid[1]}
        else
                echo "please input podname on this node!"
        fi
fi
```

# 附录 C

# CNI 插件测试程序

## C.1 priv-net-run.sh 程序

priv-net-run.sh 程序能够基于网络命名空间验证 CNI 插件的工作过程。其命令格式如下：

```
priv-net-run.sh <userCommand...>
```

priv-net-run.sh 程序的工作流程如下。

① 生成一个随机数字作为网络命名空间名称 NETNS。
② 调用 "ip netns add $NETNS" 命令创建网络命名空间。
③ 调用 CNI 插件给网络命名空间分配网络接口和地址。
④ 执行用户通过参数传递进来的命令。
⑤ 清理程序分配的资源。

下面对该程序中的关键代码进行分析。

1）使用随机数构造容器 ID，此 ID 将作为网络命名空间名称。

```
#!/usr/bin/env bash
set -e
if [[ ${DEBUG} -gt 0 ]]; then set -x; fi

contid=$(printf '%x%x%x%x' $RANDOM $RANDOM $RANDOM $RANDOM)
netnspath=/var/run/netns/$contid
```

2）使用命令创建网络命名空间，然后调用 exec-plugins.sh 命令执行容器网络创建。

```
ip netns add $contid
CNI_PATH=/opt/cni/bin ./exec-plugins.sh add $contid $netnspath
```

3）执行用户命令。

```
echo now run user command
ip netns exec $contid "$@"
```

4）等待用户输入回车键后结束程序。

```
echo press enter to clean
read
```

5）程序退出时清理资源。

```
function cleanup() {
    CNI_PATH=/opt/cni/bin ./exec-plugins.sh del $contid $netnspath
    ip netns delete $contid
}
trap cleanup EXIT
```

实际上，该程序的主体功能是由 exec-plugins.sh 程序实现的，exec-plugins.sh 的相关源码会在后面介绍。

## C.2 docker-run.sh 程序

docker-run.sh 程序基于容器网络验证 CNI 插件的工作过程。其命令格式如下：

```
docker-run.sh <dockerArgs>
```

docker-run.sh 程序的工作流程如下。
① 创建一个不带网络的容器 1（基础容器）。
② 调用 CNI 插件为容器 1 分配网络接口和地址。
③ 创建真正的用户容器 2（用户容器），容器 2 与容器 1 共享网络命名空间。
下面对该程序中的关键代码进行分析。

1）创建基础容器并记录容器 ID，"docker run"命令下的"--net=none"参数表示创建本容器时不创建网络。命令中指定容器镜像为 k8s.gcr.io/pause:3.4.1，用户可以将此容器修改为自己的容器。

```
#!/usr/bin/env bash
contid=$(docker run -d --net=none k8s.gcr.io/pause:3.4.1 /bin/sleep 10000000)
echo create init container: $contid
```

2）获取容器进程的 PID，以便进入容器网络命名空间：

```
pid=$(docker inspect -f '{{ .State.Pid }}' $contid)
netnspath=/proc/$pid/ns/net

echo init container pid = $pid
echo init container netnspath = $netnspath
```

3）调用 exec-plugins.sh 执行容器网络创建：

```
echo "call CNI plugin...."
CNI_PATH=/opt/cni/bin ./exec-plugins.sh add $contid $netnspath
```

4）创建用户容器，在"docker run 命令"下通过"--net=container:$contid"参数指定。新创建的容器与之前创建的容器共享网络命名空间。

```
realcontid=$(docker run --net=container:$contid $@)
echo create user container: $realcontid
```

5）等待用户输入回车键，程序结束并执行清理操作：

```
echo ----------------------
echo -n "press enter to delete test container..."
read

function cleanup() {
    CNI_PATH=/opt/cni/bin ./exec-plugins.sh del $contid $netnspath
    docker rm -f $contid >/dev/null
    docker rm -f $realcontid >/dev/null
}
trap cleanup EXIT
```

## C.3　exec-plugins.sh 程序

由前可知 priv-net-run.sh 和 docker-run.sh 仅仅做了环境准备，真正调用 CNI 插件实现网络管理的代码全部位于 exec-plugins.sh 程序中。

下面对该程序中的关键代码进行分析。

1）准备 CNI 插件运行所需的环境变量参数：

```
NETCONFPATH=${NETCONFPATH-/etc/cni/net.d}
function exec_plugins() {
    i=0
    contid=$2
    netns=$3
    # 准备环境变量
    export CNI_COMMAND=$(echo $1 | tr '[:lower:]' '[:upper:]')
    export PATH=$CNI_PATH:$PATH
    export CNI_CONTAINERID=$contid
    export CNI_NETNS=$netns
    echo ==================================
```

2）遍历 /etc/cni/net.d 目录，找到该目录下的所有配置文件，然后逐个调用插件，每个插件对应一个网络设备。如果 /etc/cni/net.d 目录下存在多个配置文件，那么 exec-plugins.sh 就在容器网络命名空间中创建多个网络设备。

```
for netconf in $(echo $NETCONFPATH/*.conf | sort); do
    name=$(jq -r '.name' <$netconf)              # 获取网络名称
    plugin=$(jq -r '.type' <$netconf)            # 获取插件名称
    export CNI_IFNAME=$(printf eth%d $i)

    # 准备插件所需的环境变量
    echo CNI_PATH=$CNI_PATH
    echo CNI_COMMAND=$CNI_COMMAND
    echo CNI_CONTAINERID=$CNI_CONTAINERID
    echo CNI_NETNS=$CNI_NETNS
    echo CNI_IFNAME=$CNI_IFNAME

    # 调用 CNI 插件程序
    echo call plugin, command line = $plugin "<" $netconf
```

3）解析插件调用返回结果，并将结果显示到控制台上：

```
        res=$($plugin <$netconf)
        if [ $? -ne 0 ]; then                    # 返回非 0 值，表示出现错误
            errmsg=$(echo $res | jq -r '.msg')
            if [ -z "$errmsg" ]; then
                errmsg=$res
            fi

            echo "${name} : error executing $CNI_COMMAND: $errmsg"
            exit 1
        elif [[ ${DEBUG} -gt 0 ]]; then
            echo ${res} | jq -r .
        fi

        echo result    = $res                    # 显示执行结果
        let "i=i+1"                              # 下一个网络设备
    done

    echo ==================================
}
```

# 附录 D

# 测试工具 rawudp 程序

rawudp 程序基于 raw socket 编程开发,用户可以任意构造报文中的所有字段,并将构造的报文通过指定的接口发送出去。其命令格式如下:

```
rawudp <intface> <dstMac> <srcMac> [ <dstIP> <srcIP> ] <data>
```

rawudp 命令只支持以下指定的参数,参数个数为 4 个或者 6 个。
- <intface>:指定发送报文的端口设备。
- <dstMac>:指定报文的目的 mac 地址。
- <srcMac>:指定报文的源 mac 地址。
- "<dstIP> <srcIP>"(可选):指定报文的目的和源 IP 地址,两个参数要么同时出现,要么都不出现。
- <data>:报文内容。

## D.1 编译程序

rawudp 程序使用 C 语言编写,源码中只有两个文件,如下:

```
[root@exp rawudp]# tree
.
├── Makefile
└── rawudp.c
```

进入源码目录直接编译,编译后生成可执行文件 rawudp:

```
            ]# make
          awudp.c
         dp]# ls -l
    [root
     gcc hxg   hxg        32 Apr 18 23:32 Makefile
         root root     13384 Apr 18 23:50 rawudp
         hxg   hxg      3310 Apr 18 23:34 rawudp.c
```

## ·析

### 参数

效首先获取用户输入的参数：

```
int main(int argc, char *argv[])
{
    if (argc!=5 && argc!=7) {         //最简单的校验：仅校验参数个数
        return -1;
    }

    uint8_t src[6]={0}, to[6]={0};    //默认 mac 地址全为 0

    stringToMac(argv[2], to);         //获取用户指定的目的 mac 地址
    stringToMac(argv[3], src);        //获取用户指定的源 mac 地址
    if (argc==7) {                    //如果用户指定了 IP 参数，那就使用用户指定的 IP 地址
        dstIP = argv[4];
        srcIP = argv[5];
    }
```

本程序仅仅用于测试，满足功能即可，所以并没有对参数进行严格的合法性检查。其关键点如下：

➢ 通过硬编码使命令最多支持 4 个或者 6 个额外参数，所以总参数数量必须是 5 个或者 7 个，不满足要求直接报错。

➢ 用户填写的参数数据有多少是合法的就用多少，不合法的字段用默认值。例如，程序使用 inet_addr() 函数解析用户输入的 IP 地址，如果用户输入地址为 "10"，那么最终解析出来的地址就是 "0.0.0.10"。

### 2. 创建 raw socket

main() 函数调用 socket() 接口创建 raw socket，参数中指定 socket 类型为 SOCK_RAW：

```
int main(int argc, char *argv[])
{
    ...
    int sock = socket(PF_PACKET, SOCK_RAW, 0);
    if (sock < 0) {
```

```
        fprintf(stderr, "Fail to create socket");
        return -1;
    }
```

### 3. 绑定端口设备

main() 函数调用 bindInterface() 函数绑定 socket 到指定的设备上:

```
int main(int argc, char *argv[])
{
    ...
    if (bindInterface(sock, argv[1]) == -1) {
        fprintf(stderr, "Fail to bind socket with iface");
        return -1;
    }
```

绑定端口设备的 bindInterface() 函数的实现如下:

```
int bindInterface(int s, const char *iface)
{
    struct ifreq ifr;
    // 通过系统调用获取目标端口设备信息
    strncpy(ifr.ifr_name, iface, 15);
    if (ioctl(s, SIOCGIFINDEX, &ifr) == -1) {
        return -1;
    }

    // 准备绑定使用的数据
    struct sockaddr_ll sockll;
    bzero(&sockll, sizeof(sockll));
    sockll.sll_family = AF_PACKET;
    sockll.sll_ifindex = ifr.ifr_ifindex;
    sockll.sll_pkttype = PACKET_HOST;

    // 执行绑定操作
    if(bind(s, (struct sockaddr *)&sockll, sizeof(sockll)) == -1) {
        printf("bind interface %s failed!\n", iface);
        return -1;
    }

    return 0;
}
```

bindInterface() 首先通过系统调用获取目标端口设备信息，然后调用 bind() 接口将用户指定的 socket 绑定到该设备上。绑定成功后，本程序将通过该设备发送 UDP 报文。

### 4. 构造并发送报文

main() 函数在栈中准备报文缓冲区，填写报文的以太网头信息（14 字节），然后调用 encapPacket() 函数填写 IP 报文主体，最后调用 sendto() 接口发送报文:

```c
int main(int argc, char *argv[])
{
    ...
    uint8_t sendbuff[1500];

    //构造以太网报文头
    memcpy(sendbuff, to, 6);
    memcpy(sendbuff+6, src, 6);
    *((uint16_t *)(sendbuff+12)) = htons(0x0800);

    //构造整个IP报文
    int iplen = encapPacket(sendbuff+ETHER_HEADER_SIZE, argc==7?argv[6]:argv[4]);

    //发送报文
    if (sendto(sock, sendbuff, iplen+ETHER_HEADER_SIZE, 0, NULL, 0) == -1) {
        fprintf(stderr, "Fail to send ethernet frame");
        return -1;
    }
```

encapPacket() 函数根据用户参数构造报文结构。例如，下面的代码用于构造报文的 IP 头信息：

```c
uint16_t encapPacket(uint8_t* buffer, const char *data)
{
    struct iphdr *iph = (struct iphdr *) (buffer);

    iph->ihl = 5;                              //IP报文头长度
    iph->version = 4;                          //IP报文版本号
    iph->tos = 16;
    iph->id = htons(8125);
    iph->ttl = 64;
    iph->protocol = 17;                        //报文类型为UDP
    iph->saddr = inet_addr(dstIP);             //目的IP地址
    iph->daddr = inet_addr(srcIP);             //源IP地址
```

### 5. 测试验证

打开命令终端，验证程序外发报文的效果。本次发送两个报文，数据长度不同：

```
[root@exp rawudp]# ./rawudp enp0s8 08:00:63:00:00:00 08:00:63:00:00:FF 10.0.0.1
    10.1.1.1 "Hello rawdup"
[root@exp rawudp]# ./rawudp enp0s8 08:00:63:00:00:00 08:00:63:00:00:FF 10.0.0.1
    10.1.1.1 "Hello rawdup #2"
```

执行上述命令之前打开另一个终端，开启 tcpdump 抓包，运行结果如下：

```
[root@exp ~]# tcpdump -i enp0s8 -v
tcpdump: listening on enp0s8, link-type EN10MB (Ethernet), capture size
    262144 bytes
00:16:23.042945 IP (tos 0x10, ttl 64, id 8125, offset 0, flags [none], proto UDP
```

```
            (17), length 40)
    10.0.0.1.italk > 10.1.1.1.italk: UDP, length 12
00:16:28.475566 IP (tos 0x10, ttl 64, id 8125, offset 0, flags [none], proto UDP
            (17), length 43)
    10.0.0.1.italk > 10.1.1.1.italk: UDP, length 15
^C
2 packets captured
2 packets received by filter
0 packets dropped by kernel
```

从抓包数据来看，rawudp 程序满足预期。